鑑定図鑑

日本の樹木

枝・葉で見分ける540種

三上常夫・川原田邦彦・吉澤信行 著
(社)日本植木協会 編集協力

柏書房

刊行にあたって

　数十年前のことであるが、江戸時代から続く植木の産地として知られる埼玉県川口市安行を中心とした地域には、ツバキの葉を見ただけで品種を識別したり、果樹の苗木の葉が落ちた冬の芽だけで品種を識別するような大先輩がいた。しかし、現在では残念ながら、それほど優れた目利きにはなかなかお目にかかれない。せいぜい、昨今人気の「お宝鑑定」番組に登場する各分野の目利きに感心する程度である。環境緑化樹木に関わる私たちの仲間の中からも、少しでも多くの目利きが出てきてほしいと思う。

　そうした願いもあって、環境緑化樹木に関わる生産・設計・施工の業者や官公庁の職員、さらには趣味家も対象として、2007年から社団法人日本植木協会が環境緑化樹木の識別検定を実施している。ところが、検定試験の結果を見て、あまりにも正答率が低いのに驚き、少々残念に思った。筆者は同業者として、上級向けの1・2級はもう少し合格率が高いだろうと予想していたのである。

　ところで、日本造園学会誌『ランドスケープ研究』(Vol.71, No.3, 2007)に、「皇居は江戸・東京の母樹の森だ!!」として皇居の森の管理方針に関する提言が掲載された。その内容は、①樹木の品種、地域性の明確化に対し、種類や産地を特定できるように仕様書の作成を工夫する、②種類や産地の確認方法の導入について苗木生産業者に協力を要請する、③植物識別士（仮称）による鑑定を求めるなど管理体制を整備する——などである。また、東京都の緑化担当者からも、識別検定の1級取得者と今後どのように取り組めるか検討したいという話があった。つまり、環境緑化樹木の発注者やユーザーは、樹木をどれだけよく知っているかが重要だと考えているのであり、生産・設計・施工に携わる者はこうした要求に応えていかなければならないのである。

　本書に掲載した写真は、7月上旬から8月上旬にかけて枝葉を撮ったものである。春の葉の展開後に特徴を表す種類の中でも、春のうちは葉の表裏に毛があるが後に無毛になるものなどは、本来特徴のある時期に撮った写真の方がよい。しかし、その時期に撮ると、葉肉が薄く、葉色はほとんどが淡い黄緑となってしまう。そのため、針葉樹・常緑樹・広葉樹・落葉樹それぞれの特徴を最も正確に表せる時期を選んだ。

　写真に使われた枝葉については、若木と老木では別種かと思うほど変化するものもある。そのため、できるだけ標準的な特徴を備えた枝葉を集める努力はしたが、すべてが完全な枝葉の状態とは言い切れない。また、1本の樹でも頂部の枝葉と下枝とでは大きな差が出るため、できるだけ中間の枝葉を採取するようにした。

　今回掲載した樹種（品種を含む）は540であるが、これだけでは不完全かと思う。これは、枝葉を採取しても、状態が悪かったものや特徴が判別できないものは除外したためであり、今後機会があれば、より充実したものになるようにしたい。

　今回の出版が、趣味家をはじめ、樹木に興味を持たれる方や専門家の目利きの参考になれば幸いに思う次第である。

三上常夫

「環境緑化樹木識別検定」の傾向と対策

　環境緑化樹木と呼ばれる樹木には、目的によって350〜450種類の基本種があり、園芸品種を加えると700種類内外になると思われる。識別検定の試験結果を見るといくつかの傾向が見えてくる。下記にまとめたので参照されたい。

1　取扱業者の特性
　環境緑化樹木を取り扱っている業者では、消費地の卸問屋と呼ばれる人たちの正答率が高い。一方、生産主体の人たちは、自分で生産している種類については自信を持って識別できるが、普段取り扱っていないものについてはまったく分からない場合が見受けられる。

2　地域性の特徴
　北海道や東北地方の人たちは常緑樹の正答率があまり高くない。それと同様に九州地方の人たちは北方系・寒冷地の樹木の正答率があまり高くない。このように地域的な特徴が表れている。
　また、東京・大阪等の消費地で樹木の卸売業を行っている人たちは、日頃取り扱っている樹種が多いため、正答率が高い。ユーザーニーズの多種類少量という傾向がますます強くなっていることも一因であろう。その結果、草本性の植物や、それぞれの樹種の品種をも含めると1000〜1500種類もの植物を取り扱うような現状となっている。
　多くの植物の種類を知り、また取り扱えることが、今後の生き残りの最も重要な条件になってきた今日、自分自身をレベルアップするチャンスとして識別検定に取り組んでいただきたい。

3　正確な樹種名を覚える
　90％以上の高い正答率を記録した樹種は14種類あり、以下の通りである。

　アジサイ、キンモクセイ、クロガネモチ、コウヤマキ、サンゴジュ、シャリンバイ、トベラ、ハマヒサカキ、ヒイラギモクセイ、マテバシイ、ムクゲ、モッコク、ヤマモモ、ユズリハ

　この14種は葉の形に類似種が少なく、日頃よく使われている樹種が主である。それに対し、正答率が10％台と極めて低い樹種は、

　ウコギ（ヒメウコギ）、カキノキ、カマツカ（ウシコロシ）、シナレンギョウ、シラキ、セイヨウシャクナゲ、ハルニレ、ヒコサンヒメシャラ、ミツバウツギ

の9種類であり、20％台のものは、

　アカガシ、イヌエンジュ、ウツギ（ウノハナ）、セイヨウバクチノキ、サンシュユ、チャノキ、

ナナミノキ、ニワウルシ（シンジュ）、ハゼノキ、ホソバタイサンボク、ムクノキ

の11種類になる。また、普段馴染みがありながら間違っているものの中には、標準和名を正しく表現できていないものがいくつか含まれているので、正しい標準和名をしっかり覚えることが大事である。

　間違いの中でも代表的なものを拾い上げてみると以下のようなものがある。

(1)　（正）サンシュユ　　　　　　（誤）サンシュウ、サンシュ、サンシュー
(2)　（正）シキミ　　　　　　　　（誤）シキビ
(3)　（正）アカシデ　　　　　　　（誤）イヌシデ、シデ、アカメゾロ
(4)　（正）ユズ　　　　　　　　　（誤）ユズノキ、イッサイユズ、ミカン、ホンユズ
(5)　（正）エンジュ　　　　　　　（誤）アオエンジュ、クロエンジュ
(6)　（正）セイヨウシャクナゲ　　（誤）シャクナゲ、ヒメユズリハ、ユズリハ、タブ
(7)　（正）ヒイラギ　　　　　　　（誤）オニヒイラギ
(8)　（正）スダジイ　　　　　　　（誤）シイノキ、シイ
(9)　（正）アカガシ　　　　　　　（誤）アラカシ、アカカシ
(10)　（正）ビヨウヤナギ　　　　　（誤）ビジョウヤナギ、ビジョヤナギ
(11)　（正）ドイツトウヒ　　　　　（誤）トウヒ、トーヒ、アカエゾ、ドイツトーヒー
(12)　（正）チャノキ　　　　　　　（誤）オチャノキ、チャ、オチャ
(13)　（正）ナツツバキ　　　　　　（誤）シャラ、シャラソウジュ
(14)　（正）クスノキ　　　　　　　（誤）クス
(15)　（正）モチノキ　　　　　　　（誤）モチ、ホンモチ
(16)　（正）シナレンギョウ　　　　（誤）チョウセンレンギョウ、レンギョウ、チョウセンレンギョ
(17)　（正）セイヨウバクチノキ　　（誤）セイヨウバクチ、バクチノキ、タラヨウ、サンゴジュ
(18)　（正）コムラサキシキブ　　　（誤）ムラサキシキブ
(19)　（正）ヤブニッケイ　　　　　（誤）ニッケイ
(20)　（正）マルバノキ　　　　　　（誤）ハナズオウ、カツラ
(21)　（正）ヤブツバキ　　　　　　（誤）ツバキ、カンツバキ
(22)　（正）カキノキ　　　　　　　（誤）カキ、ハクモクレン、コブシ、モクレン

　以上のほかにも、ヤブツバキをツバキとするような誤りもあった。全体を見渡すとカキノキ、クスノキ、モチノキのように「ノキ」のつくものを省略してカキ、クス、モチ等と書く場合と、逆にユズをユズノキ、ナギをナギノキなどと「ノキ」をつけてしまうような場合が多い。標準和名を正確に書けるようにしておきたい。

本書の使い方

本書で取り上げた樹木

本書では、都市の公共空間や公園・緑地、住宅のガーデニングなどに使われる樹木をはじめ、山野で見られる樹木、外国から導入された樹木など身近で見かけることの多い緑化樹木を中心に540種・品種を収載しています。樹の名前を知ることは樹と仲良くなることです。樹と仲良くなることに本書をお役立てください。

一般に樹の名前を調べるには葉を使うことが多く、葉を利用して名前を調べる本はいろいろ出版されています。しかし、葉だけではなかなか名前を調べることは困難です。それは葉のつき方やそれによって醸し出される枝の雰囲気などが名前を調べるための重要なキーポイントとなることが多いからです。

本書ではそのキーポイントに着目し、より名前を調べやすくするために、葉のつき方やそれによって醸し出される枝の雰囲気などが分かるように葉のついた枝を切り取り、なるべく自然な状態で撮影し掲載しています。

同時に、一枚一枚の葉についても分かりやすいように表と裏の写真を掲載し、判定のポイントとなる特徴・特性を解説文で説明しています。なお、特に判定のポイントとなる葉の特徴については、葉の写真にマークし、そのポイントを簡潔に解説しました。

本図鑑の配列

本書は、樹木の鑑定図鑑です。そのため、図鑑としての機能を優先し、樹木の配列は原則として学名のアルファベット順に掲載しています。学名による配列を採用することにより、属レベルで同じ仲間が集まり、種レベルでの特徴や特性などの比較が容易に行えます。

なお、複数の種・品種を見開きで掲載することにより分かりやすくなるよう編集している部分があります。そのため、見開きの前後では一部アルファベット順になっていない部分があります。

① 樹木名

- 標準和名を記載しています。標準和名のない外国産の植物などの場合は、一般的に用いられている学名の読み、および品種名の読みを呼称名として用いています。なお、一部に学名の属名読みのみで表記している種類もあります。
- 標準和名や品種名のなかで、一般的に漢字表記されることの多い種・品種については、標準和名の後に漢字名を記載しています。

② 学名

- 学名とは世界中で通用するよう国際命名規約に基づいて表記した樹木名です。属名と種名で表記しています。なお、命名者名は省略しています。
- 種小名の前の×印は交配・交雑種を、ssp.は亜種を、var.は変種を、f.は品種を、cv.は園芸品種を示しています。

③ 科名・属名

- 植物分類学上の科名・属名を示したもので、和名を原則としました。ただし、わが国に自生のない植物などでは科名・属名の和名のない場合も多く、その場合は学名の読みを用いています。

④ 観賞時期（月）

- 花、実、葉について、観賞価値がある場合に絞ってその時期を該当する月で示しました。

⑤ 自生地

- 自生地は掲載樹木の自然分布地域を、日本の自生種については日本地図を、外国産の樹種については該当するエリアの外国地図を使っておおまかに表示しました。また、地図だけでは表現しにくいので、国や地域、県名など具体的に文字でも記載しました。なお、中国のように国名を表記した場合、必ずしも国土全体を指すわけではありません。

⑥ 特徴・特性

- 葉を利用して樹種を判定する場合の最も特徴的なポイントを簡潔に解説しています。葉の写真と見比べて確認してください。
- 判定ポイントは、標準的な葉を例に、大きさ、葉身の形、先端や基部の形、葉の表や裏の色及び毛の有無、厚さ、質感などの特徴、葉縁の鋸歯の有無や形の特徴などを中心に解説しています。
- 複葉の場合は上記のほか、小葉のつき方（3出、掌状、奇数・偶数羽状の別）や枚数、大きさは特に記載無き場合は小葉の大きさを解説しています。
- 葉以外に判別する特徴がある場合、花や実など適宜特徴を解説しています。
- 特性は魅力面や生態面など、フィールドで確認できる判別ポイントなどを解説しています。

メグスリノキ 目薬木 ●別名……チョウジャノキ（長者木）

Acer nikoense
カエデ科 カエデ属

対生　落葉高木

自生地
本州〔山形・宮城県以南〕、四国、九州

特徴・特性
葉は3出複葉。小葉は長さ5〜12cmの楕円形で厚みがあり、先は鋭頭で基部はくさび形。縁に波状の不規則な鋸歯がある。表は濃緑色で葉脈上に毛が少しあり、裏は淡緑色で全面に毛があるが特に脈上に灰褐色の開出毛が密生する。若枝には皮目があり、灰白色の毛が多い。秋の紅葉はカエデの仲間でも最もすばらしい樹種のひとつ。雌雄異株といわれている。

類似種　アーサー グリセウム、オニメグスリ、ミツデカエデ
◆見分け方……アーサー グリセウムの葉は縁に大きい鋸歯があり、両面とも濃緑色。質は薄い。オニメグスリの葉は鋸歯が大きいが連続しておらず、数も少ない。質は薄い。ミツデカエデの葉は側小葉に小柄があり、葉柄が長い。質は薄い。

利用法
紅葉がすばらしいのでシンボルツリーに最適である。株立ち仕立ての利用も多い。

その他
樹皮を煎じ目薬を作って長者になったという伝説があり、別名チョウジャノキという。

先は鋭頭
表 40%
波状の不規則な鋸歯
基部はくさび形
葉脈上に毛が少しあり
裏 30%

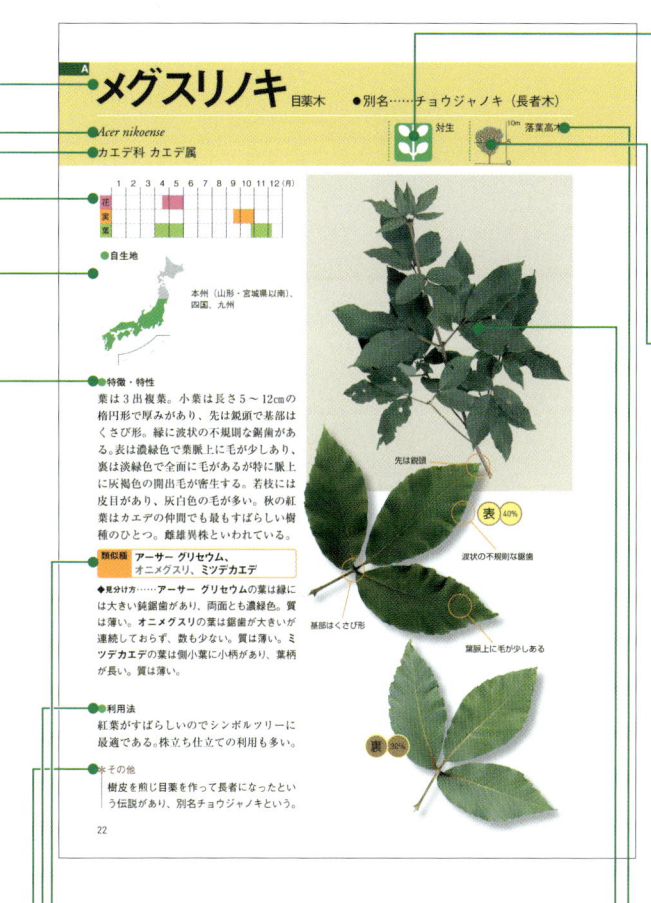

---

⑦ 類似種
- 掲載樹木によく似ている樹木を類似種として挙げ、枝葉で見分ける上で最も特徴的な判別ポイントに絞って簡潔に解説し、必要に応じて花や実、幹肌などについても解説しています。
- 掲載樹木は黒字で、その他は灰色の字で表記しました。
- 掲載樹木と葉の色や斑入り、花の色などに違いはあるが、形態上はほとんど変わりがなく、品種レベルで区別されているものは、類似種として掲載していない場合もあります。
- 形態上は似ていても同じ仲間とは限りません。属や種レベルで異なる樹木の場合はその旨を文頭に記載しています。

⑧ 利用法
- 造園的な利用を前提に、利用法や場所を具体的に解説しています。また、薬用や果実酒など、その他の利用にも適宜触れています。

⑨ その他
- 掲載樹木の持っている観賞ポイント、文化や歴史的な情報、名前のいわれ、日本への導入経緯などを適宜解説しています。

⑩ 葉のつき方
- 枝の写真を掲載しているので写真からも判断できますが、葉の密生しているものなどでは判別しにくい場合もありますので、互生、対生、輪生、束生などの一般的な葉のつき方を表示しました。

互生　対生　十字対生　輪生　束生

⑪ 樹形および樹高
- 樹形は成木となった樹木の枝葉が形成する特徴的な形をおおまかに示したもので、高木と低木、その他に分けて示しています。

高木
広円錐形　円錐形　狭円錐形　広円柱形　球形
ファスティギアータ形　広杯形　杯形　枝垂れ形

低木
卵形　半球形　倒卵形　半枝垂れ形　ヤシ形

その他
つる性形　這性形

- 樹高は造園的に利用する場合の成木のおおまかな高さを数字で示しています。一般的な図鑑で用いられている生態的な最大樹高より低くなっています。ちなみに欧米ではこの区分（treeとshrub）が一般的です。

⑫ 形態分類
- 常緑・落葉の区分および高木、低木、つる植物など形態の違いをもとに区分しました。ただし、高木および低木の区分は樹高による区分ではなく、明らかな1本の幹からなっている（幹立ち）ものを高木とし、地際から複数の細い幹を叢生する（株立ち）ものを低木としています。

⑬ 枝の写真
- 枝葉は採取する場所で葉の大きさや形、厚さ、光沢などが微妙に異なります。枝および葉の採取にあたっては目にする機会の多い、中間の枝葉を採取するように努めましたが、一部には条件を満たしていない枝葉もあります。
- 撮影にあたっては、自然な状態を損なわないように置いた状態で撮影しました。
- 葉は表と裏をセットで掲載し、大きさは縮尺をパーセントで表示しています。
- 葉の写真では、特に判定のポイントとなる葉の特徴について、葉の写真にマークし、そのポイントを簡潔に解説しました。

目次　鑑定図鑑　日本の樹木

刊行にあたって ………………………………… i
「環境緑化樹木識別検定」の傾向と対策 ……… ii
本書の使い方 …………………………………… iv
樹木図鑑 …………………………………… 1
樹木用語辞典 …………………………………… 457
学名索引 ………………………………………… 462
和名索引 ………………………………………… 468

アベリア

●別名……ハナゾノツクバネウツギ

Abelia × grandiflora
スイカズラ科 ツクバネウツギ属

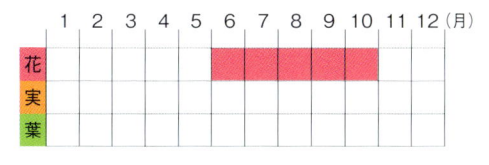

対生　半常緑低木

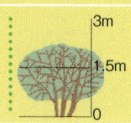

	1	2	3	4	5	6	7	8	9	10	11	12 (月)
花						■	■	■	■	■		
実												
葉												

●**自生地**　なし

●**特徴・特性**

葉は光沢があり対生か3輪生し、長さ2～4cmの卵状披針形で縁に鈍鋸歯がある。先は鈍く尖り、基部は広いくさび形。表は濃緑色で裏は淡緑色。大気汚染や排気ガスにも強く街路に向く。夏に咲く花は芳香がある。乾燥に耐え、開花期間の最も長い樹種のひとつである。

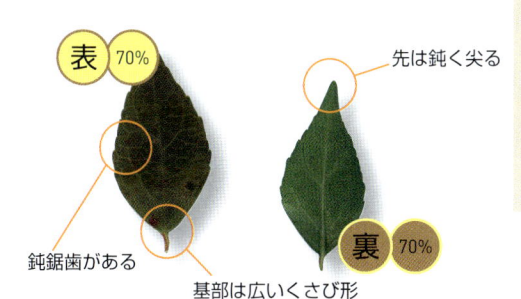

表 70%　　先は鈍く尖る
鈍鋸歯がある　　基部は広いくさび形　　裏 70%

| 類似種 | アベリア'エドワード ゴーチャー'、アベリア シネンシス、コツクバネウツギ |

◆**見分け方**……'**エドワード ゴーチャー**'は葉がやや薄く、色は暗い。**アベリア シネンシス、コツクバネウツギ**はいずれも葉が薄く落葉性である。アベリア シネンシスは花の香りがよく、秋の紅葉も美しい。

●**利用法**

よく日の当たる場所に向く。自然樹形や刈り込みに耐えるので大刈り込みや生垣等に。

アベリア'フランシス メイソン'
Abelia × grandiflora 'Francis Mason'

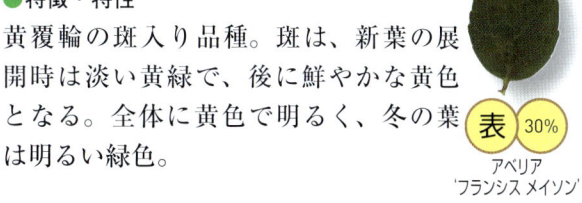

●**特徴・特性**

黄覆輪の斑入り品種。斑は、新葉の展開時は淡い黄緑で、後に鮮やかな黄色となる。全体に黄色で明るく、冬の葉は明るい緑色。

表 30%
アベリア'フランシス メイソン'

アベリア'ホープレイズ'
Abelia × grandiflora 'Hopleys'

●**特徴・特性**

黄覆輪の品種。冬の寒さにあうと黄色の部分が赤みを帯びる。生長が遅く高さも低いコンパクトな品種。

| 類似種 | アベリア'サンライズ' |

◆**見分け方**……'**サンライズ**'も黄覆輪だが、さらに黄色が強い。

表 40%
アベリア'ホープレイズ'

アベリア 'エドワード ゴーチャー'

Abelia dielsii 'Edward Goucher'
スイカズラ科 ツクバネウツギ属

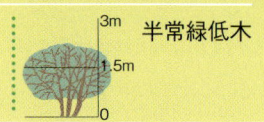

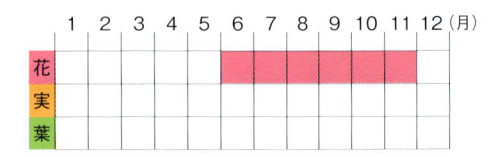

対生　半常緑低木　3m / 1.5m

	1	2	3	4	5	6	7	8	9	10	11	12 (月)
花						●	●	●	●	●	●	
実												
葉												

● 自生地　なし

● 特徴・特性
園芸品種でアベリアとは種が異なる。ピンク花の品種で樹の大きさは小形。先は尖り、基部は円形。縁には小さい鋸歯がまばらにある。葉の色は濃い緑色。耐寒性はやや弱い。

類似種　アベリア、アベリア シネンシス

◆見分け方……**アベリア**は、葉が厚く、色は濃緑色だがエドワード ゴーチャーの方が暗い。**アベリア シネンシス**は、落葉で葉は薄く、秋の紅葉は美しい。

● 利用法
よく日の当たる場所に適し、自然樹形や刈り込みに耐えるので、大刈り込みに利用する。

＊その他
1911年にアメリカで作出された。アベリアとAbe.schumanhiiの交雑種。

- 先は尖る
- 小さい鋸歯がまばらにある
- 表 230%
- 基部は円形
- 裏 180%

ツクバネウツギ

衝羽根空木　　●別名……コツクバネ

Abelia spathulata
スイカズラ科 ツクバネウツギ属

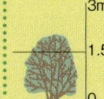

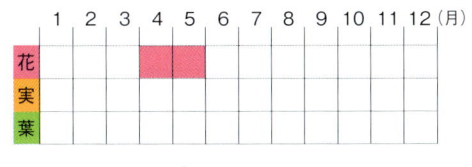

対生　　3m／1.5m／0　落葉低木

	1	2	3	4	5	6	7	8	9	10	11	12 (月)
花				■	■							
実												
葉												

●自生地
本州、四国、九州

●特徴・特性
葉は長さ2～5cmの広卵形か長楕円形で縁に粗い鋸歯がある。先は鋭尖頭または急鋭尖頭で、基部はくさび形または円形。表は緑色、裏は淡緑色。枝の色は灰白色。日当たりの良い山地に生え、5月に淡黄色の花をつける。萼片は5枚。

類似種　ベニバナノツクバネウツギ、コツクバネウツギ

◆見分け方……**ベニバナノツクバネウツギ**は若い枝が赤褐色。葉の先端は尾状に長く尖り、縁に浅い鋸歯がある。花は紅色。**コツクバネウツギ**は枝が灰白色で、葉は長さが2～3cmの卵形。葉の先が急に細くなる。基部はくさび形で縁に粗い鋸歯がある。葉の数が多く全体的に密な樹形となる。萼片は2～3枚。

粗い鋸歯がある
先は鋭尖頭または急鋭尖頭
表 160%
裏 130%
基部はくさび形または円形

●利用法
雑木の庭での低木利用。

ウチワノキ 団扇の木

Abeliophyllum distichum
モクセイ科 ウチワノキ属

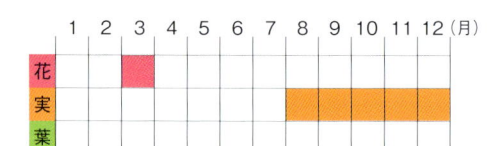

対生 / 落葉低木

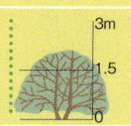

● 自生地 
朝鮮半島

● 特徴・特性
葉は対生で2〜5cmの卵形で縁は全縁。先は尖り、基部は広いくさび形。両面ともに淡緑色。雌雄異株で雌株につく実が、翼状の扁平な円形でその形をうちわに見立てた。花は蕾の時は薄いピンクで、開花するにしたがい白くなり、芳香がある。花の咲いた姿からシロバナレンギョウとも呼ばれる。

類似種　コルクウィッチア

◆見分け方……**コルクウィッチア**は科、属が異なり、葉は長さ3〜8cmの広卵形で先端が尖り、縁にわずかに鋸歯がある。裏面の脈上には毛がある。若い枝は有毛。

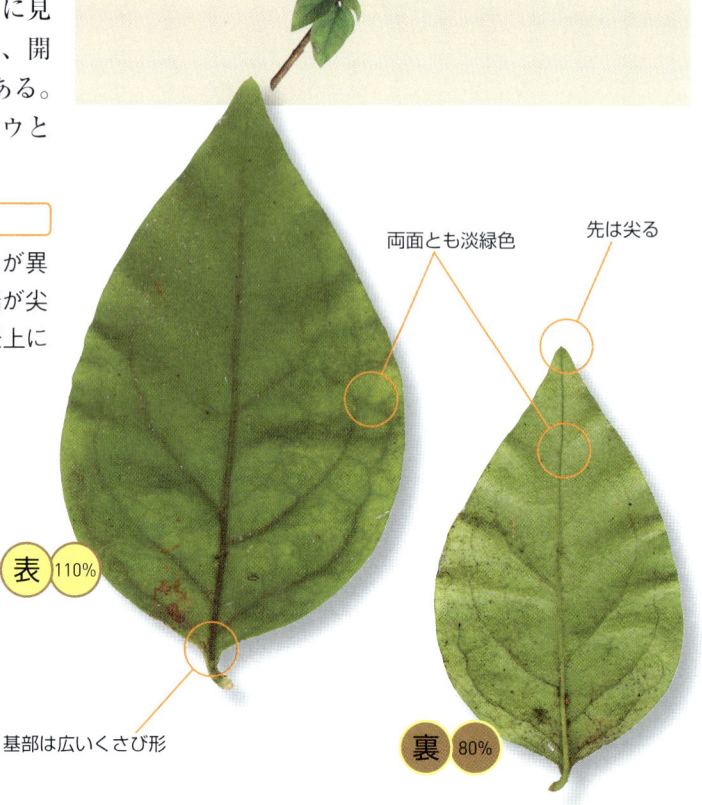

両面とも淡緑色
先は尖る
表 110%
基部は広いくさび形
裏 80%

● 利用法
花を楽しむ、公園や庭園の寄せ植え。

コンコロールモミ

Abies concolor
マツ科 モミ属

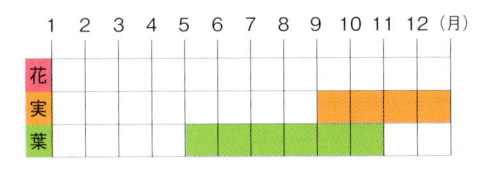

互生　常緑高木

	1	2	3	4	5	6	7	8	9	10	11	12	(月)
花													
実													
葉													

● 自生地

アメリカ西部、メキシコ北部

● 特徴・特性

樹冠はピラミッド形。葉は長さ4〜5.5cmで細く曲がり、灰緑色。先は鈍頭。毬果は長さ7〜12cmで帯緑色または帯紫色。

類似種　モミ、ウラジロモミ

◆見分け方……**モミ**は、葉先が2裂し、触れると痛い。**ウラジロモミ**は、表は濃緑色で、裏に白い気孔線が2条あり、白く見える。

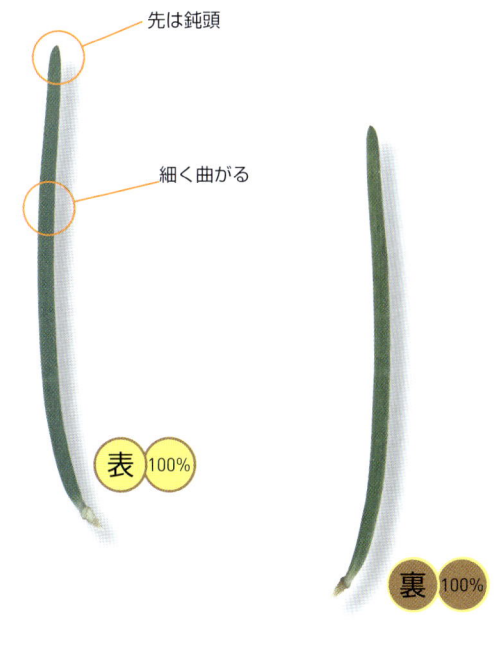

先は鈍頭

細く曲がる

表 100%

裏 100%

枝 40%

ウラジロモミ 裏白樅

Abies homolepis
マツ科 モミ属

互生 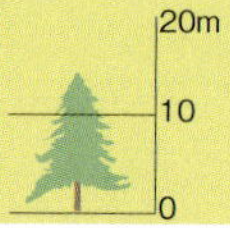　常緑高木　20m

	1	2	3	4	5	6	7	8	9	10	11	12 (月)
花												
実									■	■	■	■
葉												

● 自生地

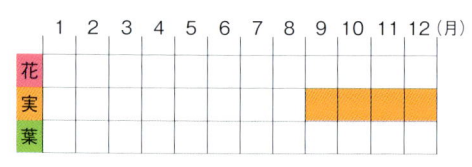

本州（福島県～中部地方、紀伊半島）、四国

● 特徴・特性

葉の幅は2～3mmで、表は濃緑、裏は白く幅広い気孔線が2条あり白く見える。一年生枝は無毛で縦溝が深い。冬芽は円錐形で大きい。毬果は7～12cmの暗紫色で後に黄褐色を帯びる。

類似種　モミ、オオシラビソ、シラビソ、トドマツ

◆見分け方……**モミ**は下記参照。**オオシラビソ**の葉は、幅2～2.5mmで厚く、線形で先のほうが広い。葉裏には白い幅広い気孔線が2条あり、葉は上方に向かって広がる。毬果は5～10cmで紫藍色になる。**シラビソ**の葉は、幅2mmくらいで、やや扁平な線形。表は青みを帯びた濃緑色、裏には白い気孔線が2条ある。若枝の毛は灰白色～灰褐色で後に無毛になる。毬果は4～6cmで暗青紫色。**トドマツ**の葉は、幅1.5mm内外で線形。若木の葉は先が鈍い凹形か鈍形。表は緑色、裏には幅の狭い2条の気孔線がある。毬果は5～8.5cmで黒褐色になる。

● 利用法

小さいうちはクリスマスツリーに利用するほか、シンボルツリー、遮蔽等にも用いる。

濃緑　　白く幅広い気孔線が2条ある

表 300%　　裏 300%

モミ

Abies firma

● 特徴・特性

葉の幅は2～4mm。若木の葉は先が深く2裂する。ふれると痛い。表は緑色、裏には灰白色の気孔線が2条ある。若枝には灰黒褐色の軟毛がある。冬芽は大形。毬果（コーン）は10～15cmで苞鱗の先は外に抽出し、色は灰褐緑色。

表 210%　モミ

チョウセンシラベ 'シルバーロック'

Abies koreana 'Silberlocke'
マツ科 モミ属

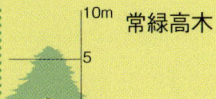

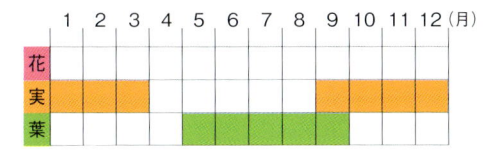

互生　常緑高木

	1	2	3	4	5	6	7	8	9	10	11	12 (月)
花												
実	■	■	■						■	■	■	■
葉					■	■	■	■	■			

● 自生地

朝鮮半島、シベリア南部

● 特徴・特性
葉の表は深緑色で、裏が白い。英名はシルバーチェーンで葉がカールしており、裏の白色がよく目立つ。春の展開期が最も美しく、時間とともに薄くなる。紫色の毬果はコニファーの中では最も美しい。

枝 30%

白色がよく目立つ

表 250%

裏 330%

深緑色

● 利用法
それほど大きくならないので、個人庭のシンボルツリーやガーデニングに適している。

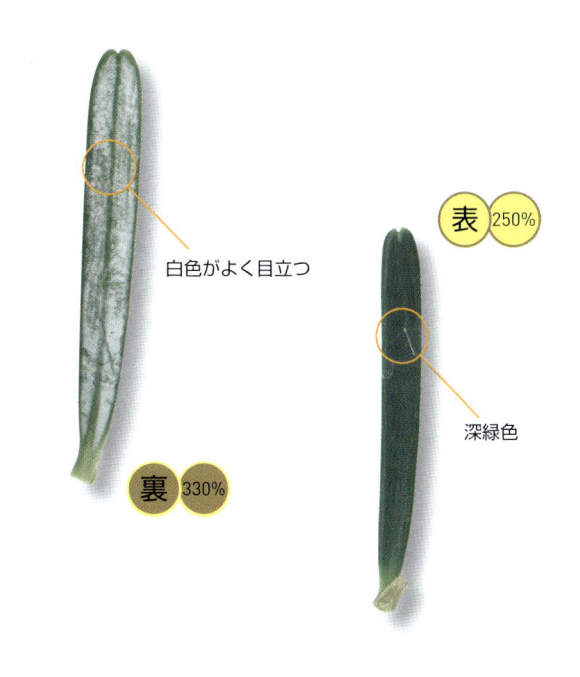

トドマツ　椴松　●別名……アカトドマツ

Abies sachalinensis
マツ科 モミ属

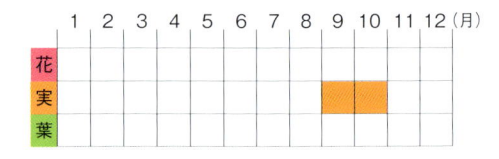

互生　常緑高木

	1	2	3	4	5	6	7	8	9	10	11	12 (月)
花												
実									■	■		
葉												

● 自生地

北海道、南千島

● 特徴・特性
葉は、幅1.5mm内外で線形。若木の葉は先が鈍い凹形か鈍形。表は緑色、裏には幅の狭い2条の気孔線がある。毬果は5〜8.5cmで黒褐色になる。

類似種　モミ、ウラジロモミ、オオシラビソ、シラビソ

◆見分け方……モミの葉は幅2〜4mm。若木の葉は先が深く2裂する。ふれると痛い。表は緑色、裏には灰白色の気孔線が2条ある。若枝には灰黒褐色の軟毛がある。冬芽は大形。毬果（コーン）は10〜15cmで苞鱗の先は外に抽出し、色は灰褐緑色。**ウラジロモミ**の葉は幅2〜3mmで、表面は濃緑。葉裏は白い幅広い気孔線が2条あり白く見える。一年生枝は無毛で縦溝が深い。冬芽は円錐形で大きい。毬果は7〜12cmの暗紫色で後に黄褐色を帯びる。**オオシラビソ**の葉は、幅2〜2.5mmで厚く、線形で先のほうが広い。葉裏には白い幅広い気孔線が2条あり、葉は上方に向かって広がる。毬果は5〜10cmで紫藍色になる。**シラビソ**は右記参照。

● 利用法
あまり出回らないが小さいうちはクリスマスツリーに用いる。シンボルツリー、遮蔽木として利用される。

葉は1.5mm内外の線形

表 160%　裏 160%　枝 50%

シラビソ
Abies veitchii

● 特徴・特性
葉は幅2mmくらいで、やや扁平な線形。表は青みを帯びた濃緑色、裏には白い気孔線が2条ある。若枝の毛は灰白色〜灰褐色で後に無毛になる。毬果は4〜6cmで暗青紫色。

表 70%　シラビソ

オオモミジ 大紅葉

Acer amoenum
カエデ科 カエデ属

対生 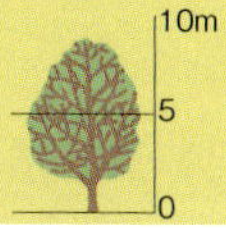 / 10m 落葉高木

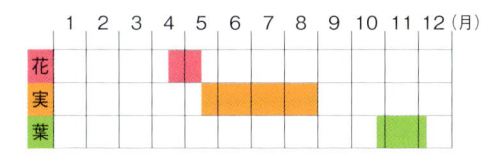

● 自生地

北海道、本州、四国、九州、朝鮮半島

● 特徴・特性

葉は5～10cmの掌状で7～9に中裂する。裂片の先は尖り、基部は浅心形または切形。縁は単鋸歯または重鋸歯。表は緑色、裏は淡緑色で、両面ともはじめ毛があるがのちになくなり、掌状脈の基部と脈腋に毛が残る。葉柄には毛がない。花序は枝先から曲がり垂れ、翼果は大きく、長さ2～2.5cmでほぼ水平に開く。樹形は立ち性。実生変異が多く葉の形状は個体差が大きい（右の写真の枝葉と葉は個体が異なる）。

● 主な品種

'大盃' '濃紫' '猩々' '藤波錦' '錦糸'

類似種 イロハモミジ、ヤマモミジ

◆見分け方……**イロハモミジ**は葉は小形で4～6cm。5～7に深裂。花序は枝先に直生し、翼果は小形で長さ1.5cmほどで斜めに開くか、ほぼ水平に開く。**ヤマモミジ**の葉は裂片の先が尾状の鋭尖頭になり、縁は大きめの不ぞろいの欠刻状重鋸歯。翼果は斜開する。

● 利用法

四季の変化も楽しめ、古くから庭園に植栽され、人気が高い。

先は尖る
7～9裂する
単鋸歯または重鋸歯がある
表 70%
基部は浅心形または切形
裏 50%

オオモミジ '猩々'

Acer amoenum 'Shoujou'

● 特徴・特性

一般にショウジョウノムラと言われ、新芽の展開が濃い赤紫で夏はややくすんだ色になるが一年を通して赤紫を保つ。秋の紅葉は濃い赤になる。

表 30%
オオモミジ '猩々'

ギンヨウアカシア

● 別名……ミモザ

Acacia baileyana
マメ科 アカシア属

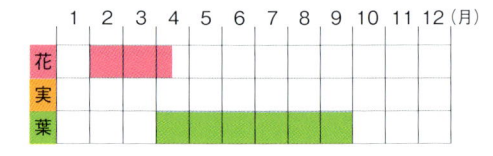

互生　常緑高木

● 自生地

オーストラリア南東部

● 特徴・特性
葉は2回偶数羽状複葉で長さ5〜10cm、4〜10枚の羽片からなる。小葉は長さ0.5cmほどで羽片1枚に16〜50枚つく、先は丸い。両面とも銀白色を帯びる。花は早春の2月から開花する。'プルプレア'という葉の色が紫色を帯びる品種がある。

● 利用法
花が楽しめるのでコニファーと組み合わせても趣がある。シンボルツリー、ガーデニングに利用されるようになった。

＊その他
一般にミモザとはフサアカシアを指すが、本種もミモザと呼ばれることがあり、フサアカシアと混同されることが多いが葉の形状も違いまったく似ていない。

羽片は4〜10枚

小葉は羽片1枚に16〜50枚つく

先は丸い

表 110%
裏 80%

サンカクバアカシア

Acacia cultriformis　マメ科 アカシア属

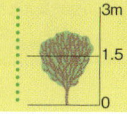

常緑低木

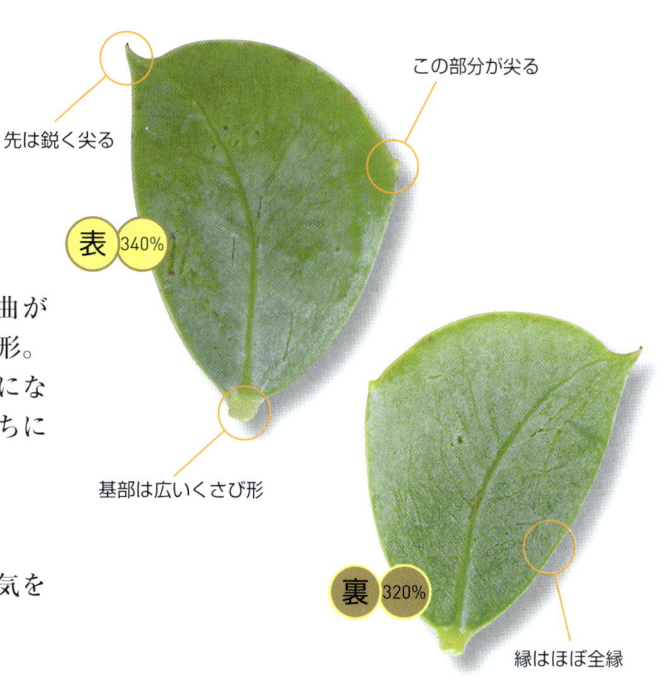

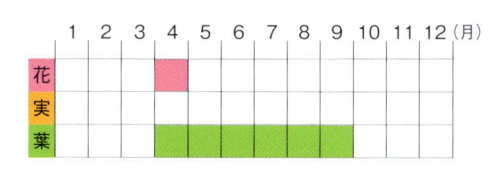

● 特徴・特性
葉の形が三角状に曲がり（主脈の先が曲がる）、先は鋭く尖る。基部は広いくさび形。縁はほぼ全縁であるが、先端とやや対称になる部分が尖る。色は銀白色。樹形は株立ちになりやすい。花は黄色で目立つ。

● 利用法
葉色を生かした植栽やオセアニア的雰囲気をかもし出すための植栽、切花。

- 先は鋭く尖る
- この部分が尖る
- 表 340%
- 基部は広いくさび形
- 裏 320%
- 縁はほぼ全縁

モリシマアカシア

Acacia mearnsii　マメ科 アカシア属

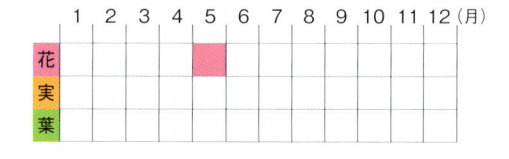

常緑高木

● 特徴・特性
葉は2回偶数羽状複葉で羽片は16～50枚あり、小葉は1枚の羽片に60～120枚つき長さ0.3cmの線形。葉の表は暗緑色で光沢があり、裏は白い軟毛が密生する。葉軸の表には羽片の基部近くに1個の蜜腺がある。豆果は有毛。花の色は淡黄色で開花期は他のアカシアより遅い5月。

● 利用法
フサアカシアと間違われ出回ることがある。公園樹。

- 小葉は羽片1枚に60～120枚つく
- 裏 30%
- 表 40%
- 暗緑色で光沢がある
- 白い軟毛が密生する
- 羽片は16～50枚

ヤマモミジ 山紅葉

Acer amoenum var. *matsumurae*
カエデ科 カエデ属

対生　落葉高木　10m

	1	2	3	4	5	6	7	8	9	10	11	12 (月)
花					■							
実						■	■	■				
葉										■	■	

● 自生地

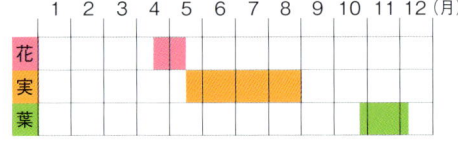

本州（青森県から福井県までの日本海側）

● 特徴・特性
葉は5～10cmで7～9に深裂する。裂片の先は尾状の鋭尖頭になり、基部は浅心形または切形。縁は大きめの不ぞろいの欠刻状重鋸歯。表は濃緑色、裏は緑色で掌状脈の基部と脈腋に毛がある。花序は枝先から曲がり垂れる。翼果は大きく、長さ2～2.5cmで斜開する。秋の紅葉は赤または黄色。

● 主な品種
'切錦'、紅枝垂グループ、'青竜''天城時雨'

類似種　オオモミジ、イロハモミジ

◆見分け方……**オオモミジ**の葉は5～10cm、7～9に中裂。縁は細鋸歯または重鋸歯。花序は枝先から曲がり垂れ、翼果は大きく、長さ2～2.5cmでほぼ水平に開く。樹形は立ち性。
イロハモミジの葉は小形で4～6cm、5～7に深裂。縁は細鋸歯または重鋸歯。花序は枝先に直生し、翼果は小形で長さ1.5cmほどで斜めに開くか、ほぼ水平に開く。

● 利用法
オオモミジと同じ。

先は尾状の鋭尖頭
基部は浅心形または切形
表 70%
裏 70%
大きめの不ぞろいの欠刻状重鋸歯がある

＊その他
一般には、イロハモミジも含めて区別せず「山モミジ」と呼ぶことが多いが、山に生えるからそう呼ぶだけで、両者は別種である。ヤマモミジは日本海側に自生し、イロハモミジ・オオモミジは主に太平洋側に自生する。

アオシダレ '切錦'
青枝垂れ '切錦'

Acer amoenum var. *matsumurae* 'Kirenishiki'　カエデ科 カエデ属

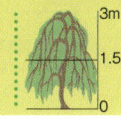

落葉高木

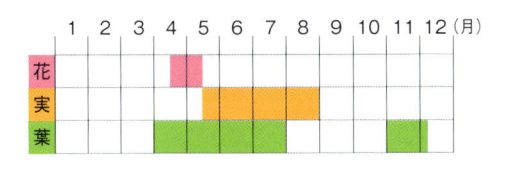

	1	2	3	4	5	6	7	8	9	10	11	12 (月)
花				■								
実					■	■	■	■				
葉					■	■	■	■	■	■	■	

● 特徴・特性
ヤマモミジの枝垂れ品種。新芽の展開から緑色で秋の紅葉は黄色からオレンジ色。裂片は細長く、鋸歯が大きい。アオシダレの品種はベニシダレの品種より少ないが、本品種はその代表的な品種である。またアオシダレはベニシダレより大木が少ない。

● 類似品種　'鷹の尾'

● 利用法　庭園に利用。

ベニシダレ '奥州枝垂'
Acer amoenum var. *matsumurae* 'Oushuu shidare'

● 特徴・特性
ヤマモミジの枝垂れ品種。新芽の展開から鮮やかな赤紫色で後に緑色を含んだ色に変化する。裂片は細長く、鋸歯が大きい。

● 類似品種
'手向山' '猩々枝垂' '稲葉枝垂' '花纏'

● 利用法
庭園に利用。海外ではコニファーガーデンにもよく植栽されている。

ベニシダレ '奥州枝垂'

ベニシダレ '手向山'
Acer amoenum var. *matsumurae* 'Tamuke yama'

● 特徴・特性
ヤマモミジの枝垂れ品種。新芽の展開から茶赤色で後に緑色を含んだ色に変化する。裂片は細長く、鋸歯が大きい。

● 利用法
庭園に利用。海外ではコニファーガーデンにもよく植栽されている。

ベニシダレ '手向山'

トウカエデ 唐楓 ●別名……サンカクカエデ

Acer buergerianum
カエデ科 カエデ属

対生　落葉高木 20m

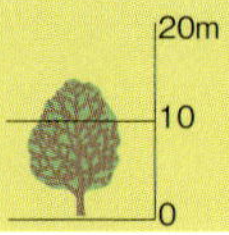

	1	2	3	4	5	6	7	8	9	10	11	12 (月)
花				■								
実									■	■		
葉										■	■	

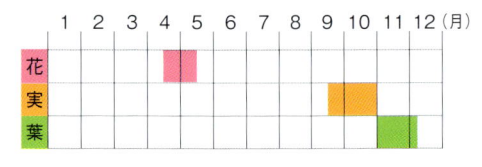

● 自生地

中国東南部

● 特徴・特性

葉は長さ4〜8cmの倒卵形で3浅裂する。裂片は三角形で先は尖り、基部は切形または円形。基部からは三行脈状の脈が出る。縁は全縁で大きな波状になる。若木は3裂が深く、大きな鋸歯もある。表は光沢のある濃緑色、裏は青白緑色。両面とも無毛またはわずかに葉脈上に毛がある。秋の紅葉は赤から黄色。樹形は横張りする。樹勢が強い。

類似種　ハナノキ、ベニカエデ、フウ

◆見分け方……**ハナノキ**の葉は広卵形で、基部は円形または浅心形。縁には不ぞろいな鋸歯がある。**ベニカエデ**の葉は3〜5中裂し、縁には不ぞろいの鋸歯がある。脈に沿って赤いすじが入ることがある。裏は白っぽい。**フウ**（タイワンフウ）は科・属が異なり、葉は互生し、長さ、幅ともに7〜15cmで葉は3中裂する。縁に細かい鋸歯がある。

● 利用法

シンボルツリー、街路樹、刈り込みに耐え、よく芽吹くので生垣にも向く。

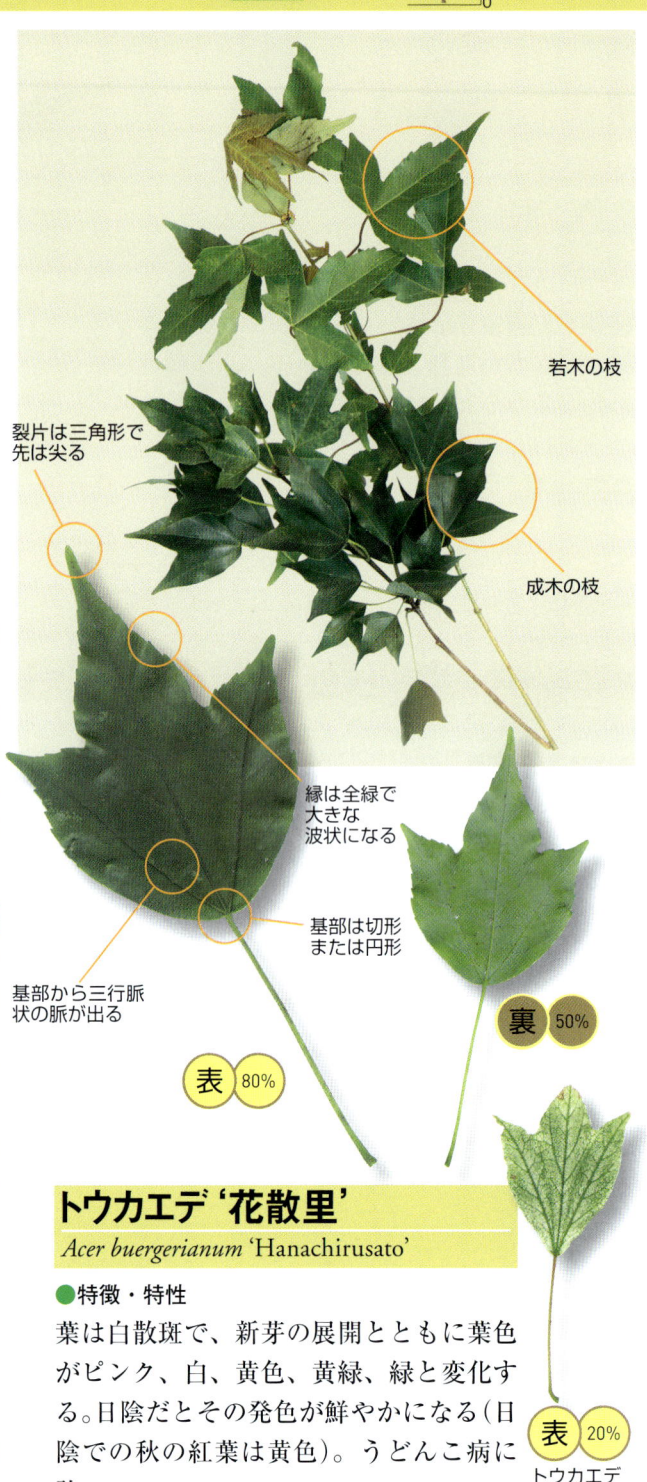

若木の枝

裂片は三角形で先は尖る

成木の枝

縁は全縁で大きな波状になる

基部は切形または円形

基部から三行脈状の脈が出る

表 80%　裏 50%

トウカエデ'花散里'
Acer buergerianum 'Hanachirusato'

● 特徴・特性

葉は白散斑で、新芽の展開とともに葉色がピンク、白、黄色、黄緑、緑と変化する。日陰だとその発色が鮮やかになる（日陰での秋の紅葉は黄色）。うどんこ病に強い。

表 20%
トウカエデ'花散里'

コブカエデ

Acer campestre
カエデ科 カエデ属

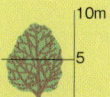

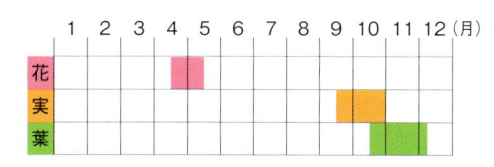

対生　落葉高木 10m

	1	2	3	4	5	6	7	8	9	10	11	12	(月)
花				■	■								
実									■	■			
葉										■	■		

● 自生地

ヨーロッパ

● 特徴・特性
葉は長さ5〜8cmの広卵形で、5浅裂し、裂片は丸味を帯びる。基部は浅い心形または切形。鋸歯は大きいが連続しておらず、数も少ない。両面とも濃緑色。性質は丈夫で、斑入りや銅葉の品種がある。

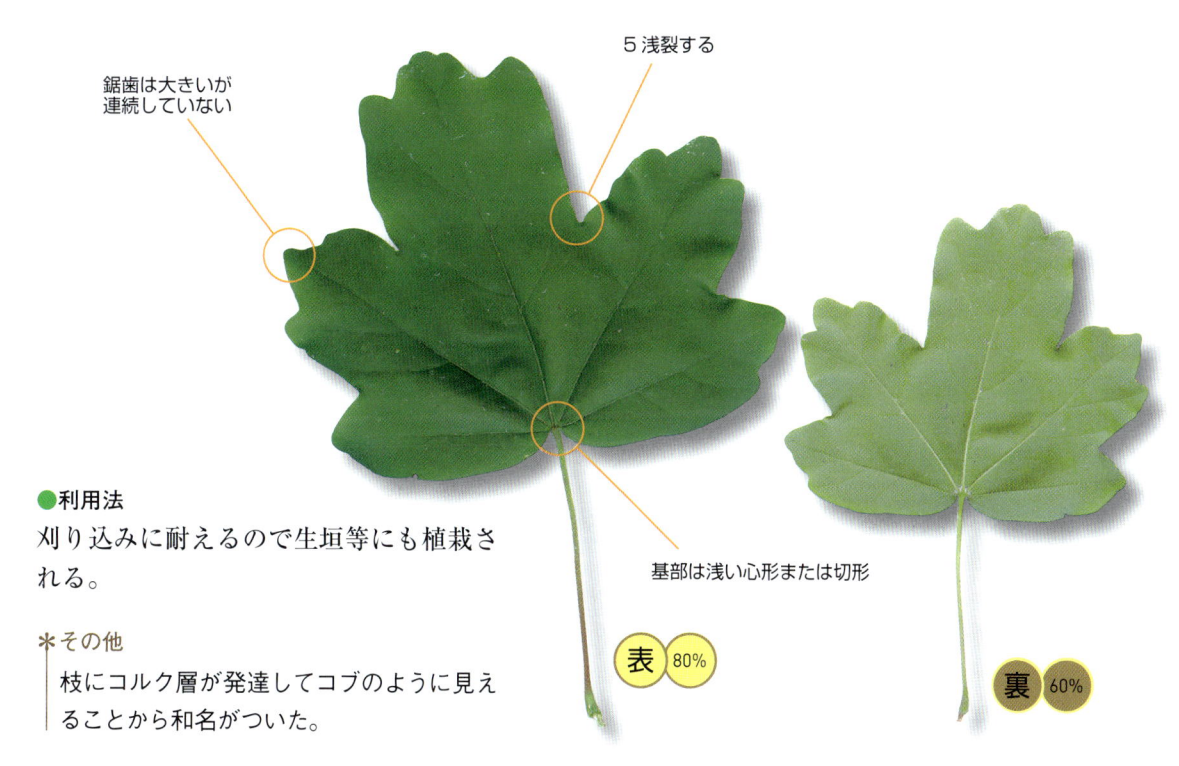

● 利用法
刈り込みに耐えるので生垣等にも植栽される。

＊その他
枝にコルク層が発達してコブのように見えることから和名がついた。

鋸歯は大きいが連続していない

5浅裂する

基部は浅い心形または切形

表 80%　裏 60%

チドリノキ 千鳥樹　●別名……ヤマシバカエデ

Acer carpinifolium
カエデ科 カエデ属

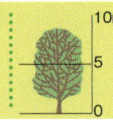

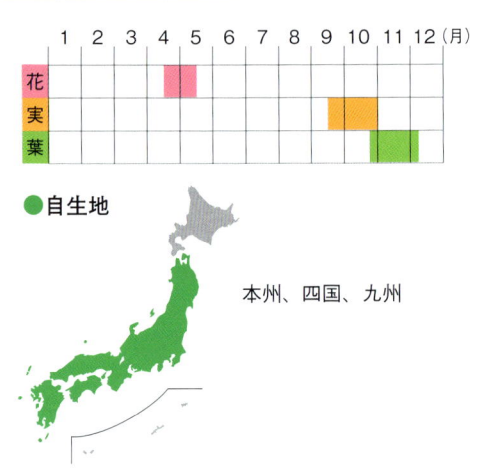

対生　落葉高木

●自生地
本州、四国、九州

●特徴・特性
葉の長さ7～15cmで卵状長楕円形または長楕円形。先は鋭尖頭で尾状に尖り、基部は浅心形または円形。平行する側脈は対生し約20対で葉裏に突出しよく目立つ。縁には鋭い重鋸歯がある。表は緑色、裏は淡緑色で脈腋に毛が多く葉脈上にも粗毛がある。カエデの仲間としては例外的で掌状にならない。秋の紅葉は黄色。

類似種　**クマシデ、サワシバ**

◆見分け方……**クマシデ**は科・属が異なり、葉は互生し、長さ5～10cmの長楕円形か披針状楕円形で先端は長く鋭く尖り、基部は心形か円形。側脈は20～24対で目立ち、互生する。縁には鋭い重鋸歯がある。若い枝には長い毛が密生する。**サワシバ**の葉は互生し、長さ6～15cmの広卵形で基部は深い心形。側脈は15～20対でやや目立ち、互生する。縁には小さい重鋸歯がある。

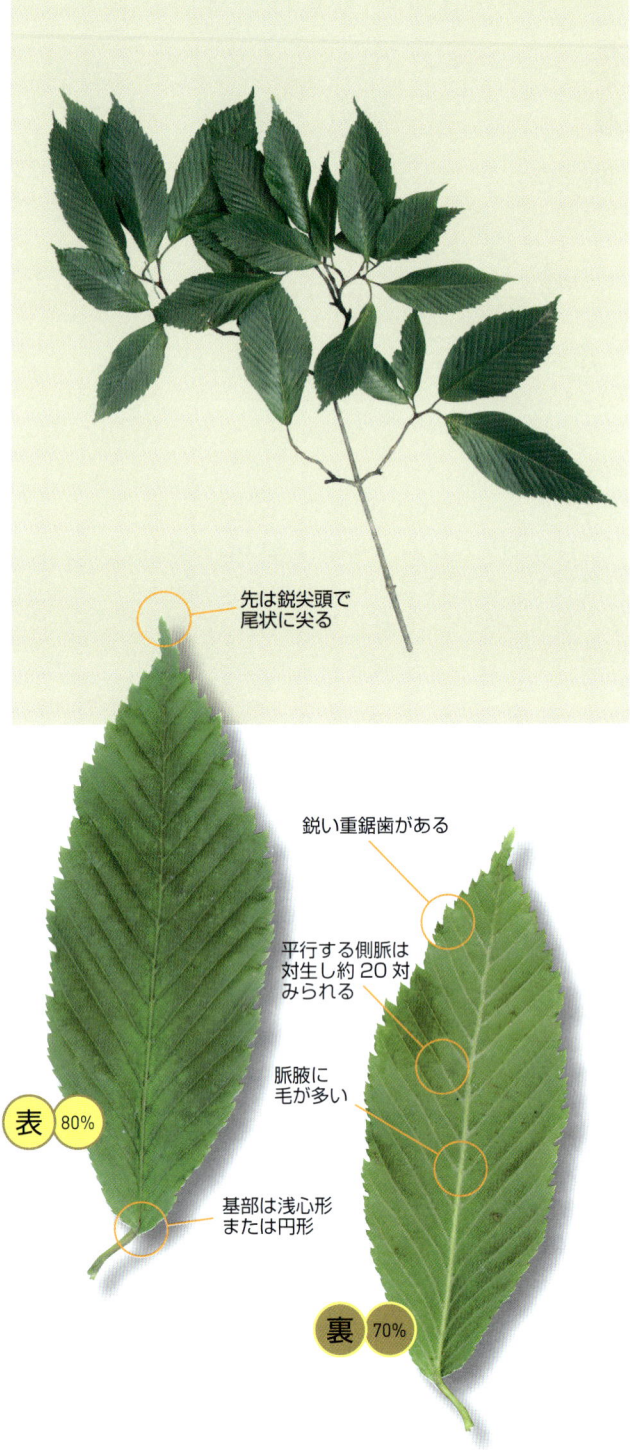

先は鋭尖頭で尾状に尖る

鋭い重鋸歯がある

平行する側脈は対生し約20対みられる

脈腋に毛が多い

基部は浅心形または円形

表 80%
裏 70%

●利用法
雑木の庭の構成樹。

ミツデカエデ 三手楓

Acer cissifolium
カエデ科 カエデ属

対生　落葉高木　10m

● 自生地

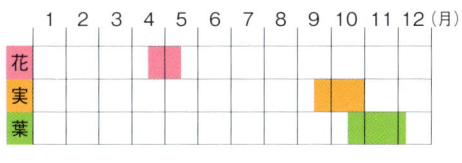

北海道（夕張山脈以南）、本州、四国、九州（中央山脈）

● 特徴・特性

葉は3出複葉で、小葉は長さ5〜11cmの長楕円形で、先は鋭尖頭または尾状鋭尖頭で、基部はくさび形。上半分に大きい鋸歯があり、鋸歯の先端は短く芒状に突出する。ふつう側小葉は下部がゆがむ。表は濃緑色、裏は緑色、両面とも粗毛がある。葉柄が長い。雌雄異株。秋の紅葉は赤。

類似種　アーサー グリセウム、メグスリノキ、オニメグスリ

◆見分け方……**アーサー グリセウム**の葉は長さ5〜8cmの楕円形。縁には大きい鈍鋸歯があり、両面とも濃緑色で、裏の主脈上に毛が多い。**メグスリノキ**の葉は葉脈上に毛が密生し、葉柄が短い。厚みがある。**オニメグスリ**は葉が大きく、鋸歯が大きいが連続しておらず、数も少ない。幹は灰褐色で皮が少しはがれる。

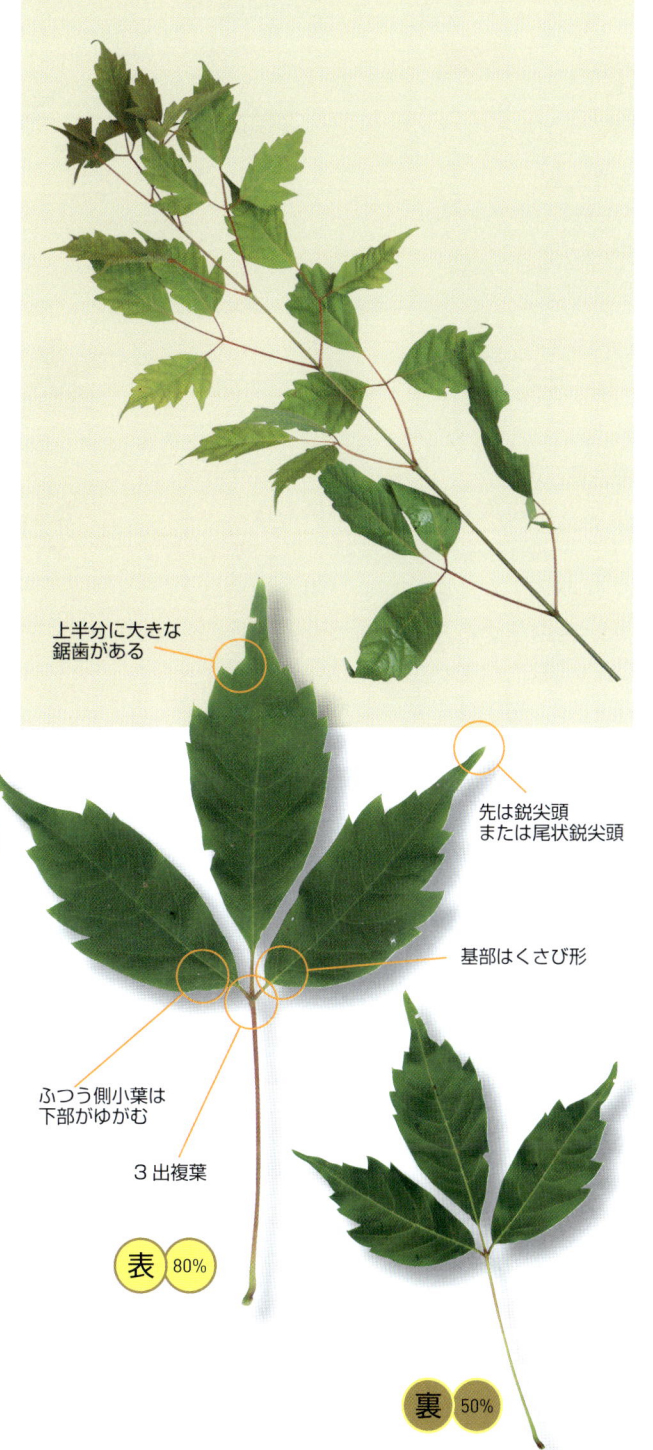

上半分に大きな鋸歯がある

先は鋭尖頭または尾状鋭尖頭

基部はくさび形

ふつう側小葉は下部がゆがむ

3出複葉

表 80%
裏 50%

● 利用法

雑木の庭、シンボルツリー。

17

アーサー グリセウム

Acer griseum
カエデ科 カエデ属

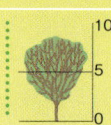

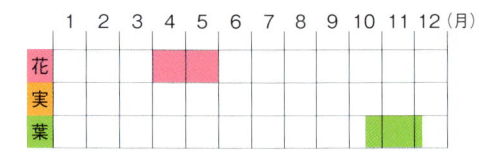

対生　落葉高木　10m / 5 / 0

	1	2	3	4	5	6	7	8	9	10	11	12 (月)
花				■	■							
実												
葉										■	■	■

● 自生地

中国（四川・湖北省）

● 特徴・特性

葉は3出複葉で側小葉に小柄がない。長さ5～8cmの楕円形で先は尖り、基部はくさび形または広いくさび形。縁には大きい鈍鋸歯があり、両面とも濃緑色で、裏の主脈上に毛が多い。秋の紅葉が赤く美しい。樹皮は生長とともに赤褐色に変わり、紙のようにはがれるためペーパーバークメープル Paper bark Maple と呼ばれる。

類似種 メグスリノキ、オニメグスリ、ミツデカエデ

◆見分け方……**メグスリノキ**は葉が大きく、鋸歯が小さく連続しており、鋸歯の数が多い。**オニメグスリ**は葉が大きく、鋸歯が大きいが連続しておらず、数も少ない。幹は灰褐色で皮が少し剥がれる。**ミツデカエデ**は側小葉に小柄あり。葉柄が長い。

先は尖る
主脈上に毛が多い
縁には大きな鈍鋸歯がある
表 80%
基部はくさび形または広いくさび形
裏 60%

● 利用法

日当たりのよい場所の公園樹、庭園樹、シンボルツリー等。

ハウチワカエデ

葉団扇楓
● 別名……メイゲツカエデ
　　　　　ウチワカエデ

Acer japonicum
カエデ科 カエデ属

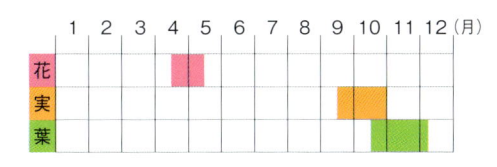

対生　落葉高木

● 自生地

北海道、本州、四国、朝鮮半島

● 特徴・特性

葉の大きさは直径7～12cmで、基部は心形、掌状に浅く9～11裂する。裂片は卵形で先は鋭く尖り、縁には重鋸歯がある。表は緑色、裏は淡緑色。若葉の両面には白い毛があるが、後に裏の脈の基部以外は無毛になる。秋の紅葉はモミジ類の中でもメグスリノキと並び特に美しい。

● 利用法

雑木の庭の増加で人気樹種に、株立ち仕立ても利用が多い。

＊その他

コハウチワカエデ、オオイタヤメイゲツ（ハウチワカエデの別名がメイゲツカエデ）など似た名前があるがいずれも別種。

裂片は卵形
先は尖る
縁には重鋸歯がある
基部は心形

表 50%
裏 30%

ハウチワカエデ'舞孔雀'

Acer japonicum 'Parsonsii'

● 特徴・特性

ハウチワカエデの品種で葉が基部までほぼ9～13全裂し、裂片はさらに多くの不規則な切れ込みとなる。

表 50%
ハウチワカエデ'舞孔雀'

ネグンドカエデ

● 別名……トネリコバノカエデ

Acer negundo
カエデ科 カエデ属

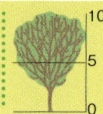

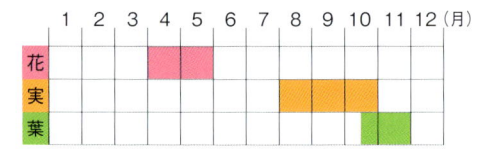

対生 / 10m 落葉高木

	1	2	3	4	5	6	7	8	9	10	11	12 (月)
花				●	●							
実								●	●	●		
葉										●	●	

● 自生地

北米

● 特徴・特性
葉は長さ10〜25cmの奇数羽状複葉で、小葉は3、5、7枚で卵形あるいは卵状楕円形。葉先は尖り、基部はくさび形または円形。縁には鋸歯がある。先端の小葉は浅く3裂する場合があり、頂小葉は他の2枚より大きくなる傾向がある。両面とも緑色。若葉にはいくらか毛があるが、のちに無毛になる。秋の紅葉は黄色。斑入り、カラーリーフの品種が多い。

類似種 アオダモ、ミツデカエデ

◆見分け方……**アオダモ**とは科・属が異なり、小葉は長楕円形で連続した鋸歯がある。**ミツデカエデ**の小葉は3枚ともほぼ同じ大きさで楕円形。

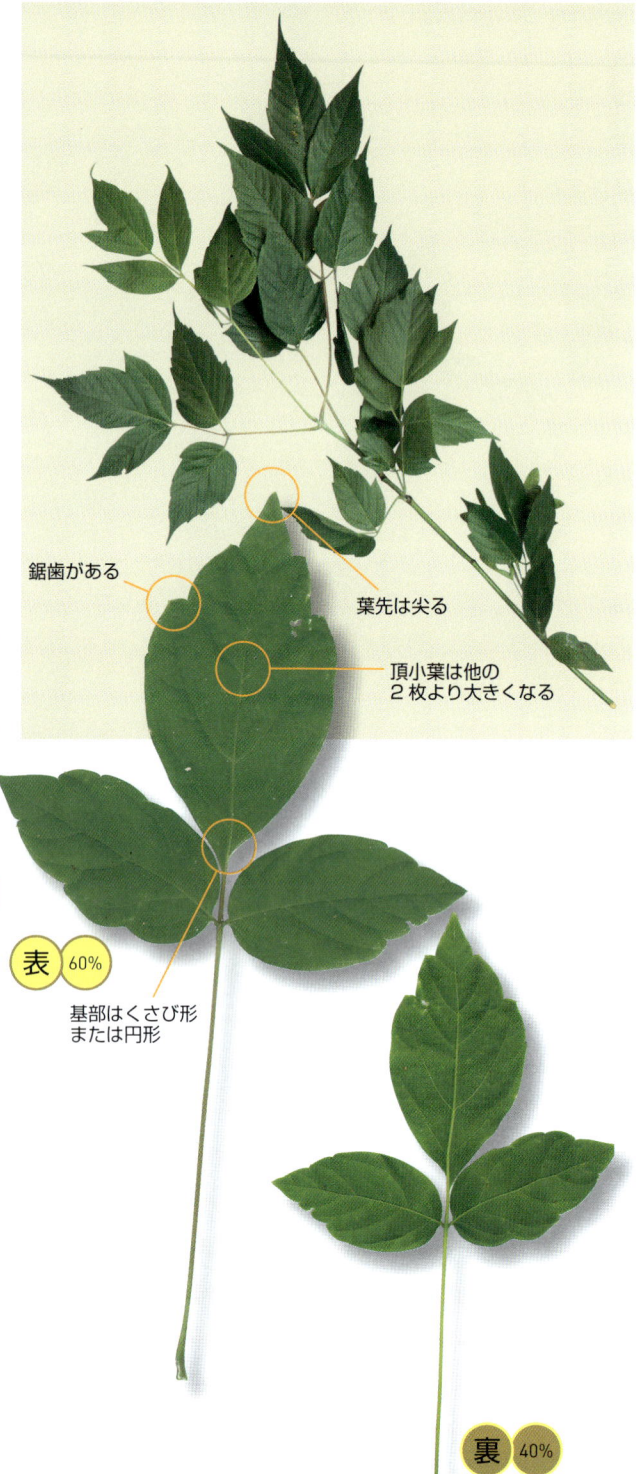

● 利用法
洋風庭園、街路樹、公園樹。

- 鋸歯がある
- 葉先は尖る
- 頂小葉は他の2枚より大きくなる
- 基部はくさび形または円形
- 表 60%
- 裏 40%

ネグンドカエデ'フラミンゴ'

Acer negundo 'Flamingo'　カエデ科 カエデ属

落葉高木

	1	2	3	4	5	6	7	8	9	10	11	12 (月)
花				■	■							
実												
葉					■	■					■	

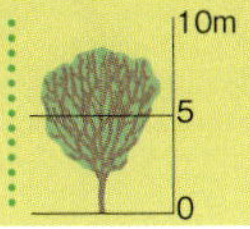

● 特徴・特性

斑入りで芽出しは濃いピンク色に出て段々薄くなり、最後に白くなる。葉により濃いピンク、淡いピンク、白、緑と同じ期間に楽しめるが全体がピンク色に見えるところから名がついた。夏には白斑になるが、軽く剪定することにより、再萌芽して葉色の変化が楽しめる。

類似種　ネグンドカエデ'バリエガータ'

◆見分け方……'バリエガータ'は、白斑で最後まで色は変わらない。

芽出しは濃いピンク色だが、夏には白斑になる

表 50%
裏 30%

ネグンドカエデ'バリエガータ'

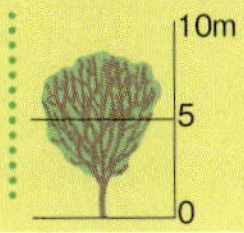

Acer negundo 'Variegata'　カエデ科 カエデ属

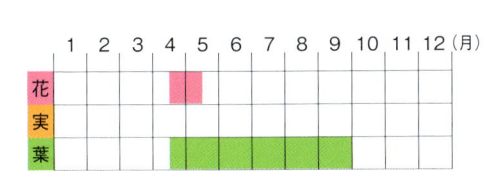

落葉高木

	1	2	3	4	5	6	7	8	9	10	11	12 (月)
花				■								
実												
葉					■	■	■	■	■	■		

● 特徴・特性

斑入り品種。白斑で最初から最後まで色は変わらない。

類似種　ネグンドカエデ'フラミンゴ'、ネグンドカエデ'ケリーズ ゴールド'

◆見分け方……'フラミンゴ'は上記参照。'ケリーズ ゴールド'は、葉は新芽が黄金色でのちに黄緑色に変化する。

表 70%
裏 50%

最初から最後まで斑の色は変化しない

メグスリノキ 目薬木 ●別名……チョウジャノキ（長者木）

Acer nikoense
カエデ科 カエデ属

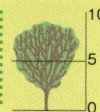

対生　落葉高木　10m

	1	2	3	4	5	6	7	8	9	10	11	12 (月)
花				■	■							
実									■	■		
葉				■	■	■				■	■	

● 自生地

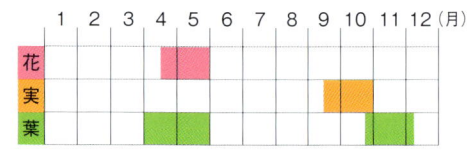

本州（山形・宮城県以南）、四国、九州

● 特徴・特性
葉は3出複葉。小葉は長さ5〜12cmの楕円形で厚みがあり、先は鋭頭で基部はくさび形。縁に波状の不規則な鋸歯がある。表は濃緑色で葉脈上に毛が少しあり、裏は淡緑色で全面に毛があるが特に脈上に灰褐色の開出毛が密生する。若枝には皮目があり、灰白色の毛が多い。秋の紅葉はカエデの仲間でも最もすばらしい樹種のひとつ。雌雄異株といわれている。

類似種 アーサー グリセウム、オニメグスリ、ミツデカエデ

◆見分け方……**アーサー グリセウム**の葉は縁には大きい鈍鋸歯があり、両面とも濃緑色。質は薄い。**オニメグスリ**の葉は鋸歯が大きいが連続しておらず、数も少ない。質は薄い。**ミツデカエデ**の葉は側小葉に小柄があり、葉柄が長い。質は薄い。

● 利用法
紅葉がすばらしいのでシンボルツリーに最適である。株立ち仕立ての利用も多い。

＊その他
樹皮を煎じ目薬を作って長者になったという伝説があり、別名チョウジャノキという。

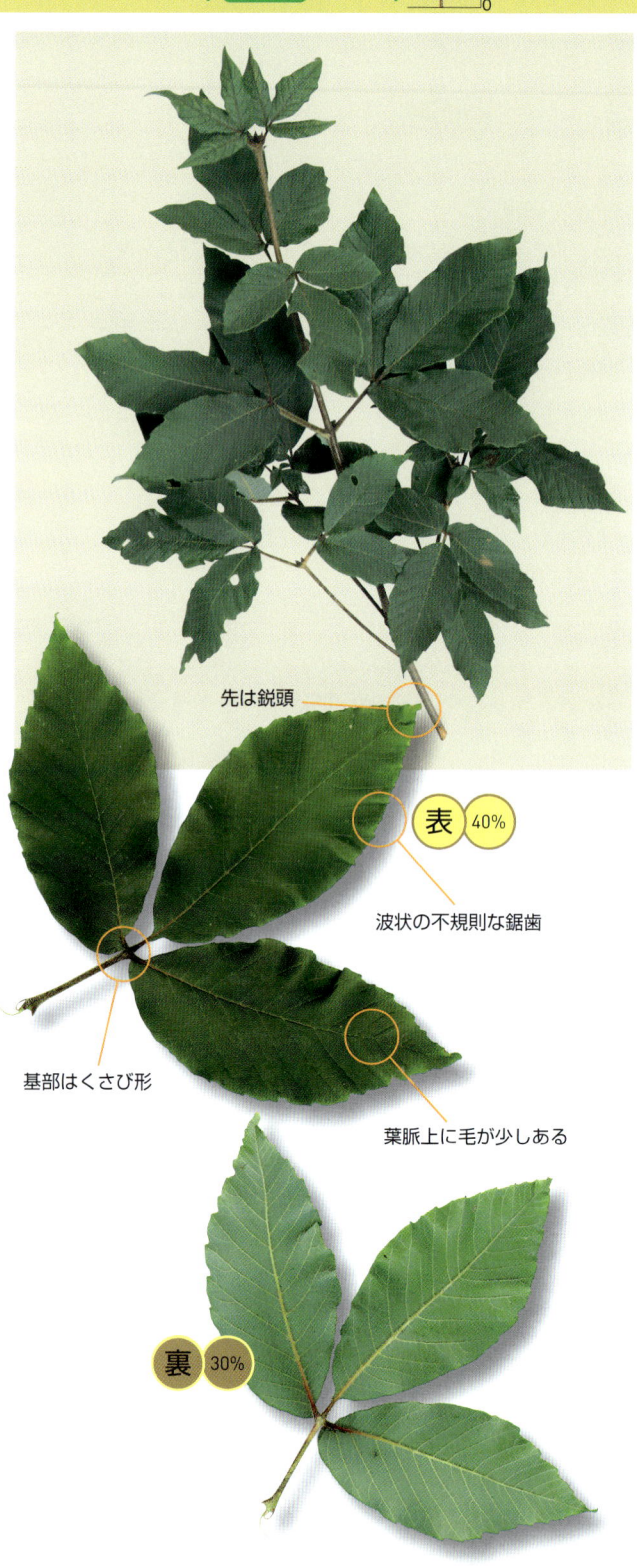

先は鋭頭
表 40%
波状の不規則な鋸歯
基部はくさび形
葉脈上に毛が少しある
裏 30%

クスノハカエデ 楠の葉楓

Acer oblongum ssp. *itoanum*
カエデ科 カエデ属

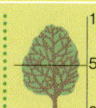

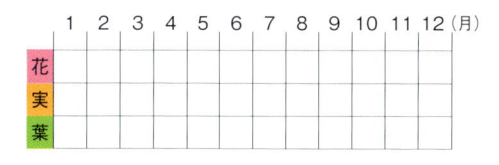

対生　常緑高木

	1	2	3	4	5	6	7	8	9	10	11	12 (月)
花												
実												
葉												

●自生地

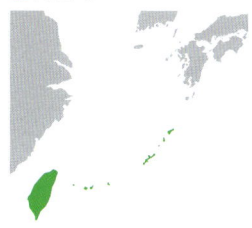

奄美（大島・与論島・沖永良部島）、沖縄、台湾

●特徴・特性

葉の長さは5～10cmで楕円形。先端は細長く尖り、基部は広いくさび形。葉は全縁または鈍鋸歯がある。薄い革質で3脈が目立ち、表は緑色、裏は緑白色。日本のカエデでは唯一の常緑種。関東地方南部までは戸外で越冬する。雌雄異株。

類似種　クスノキ

◆見分け方……**クスノキ**は科・属が異なる。巨木になり、葉は互生で長さは5～12cmの卵形または楕円形で葉先は尖り、基部は広いくさび形。クスノキのほうが3脈が目立つ。やや革質。枝葉を切ると樟脳のにおいがする。耐寒性はクスノキのほうが強い。

先は細長く尖る

全縁または鈍鋸歯

基部は広いくさび形

表 100%　　裏 70%

●利用法

庭植えはもちろんだが、鉢植えで観葉植物としても利用できる。

イロハモミジ 以呂波紅葉

●別名……イロハカエデ、タカオモミジ（高雄紅葉）、モミジ

Acer palmatum
カエデ科 カエデ属

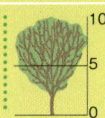

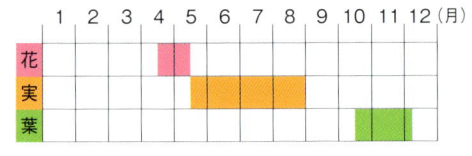

対生　10m　落葉高木

●自生地
本州（福島県および福井県以南）、四国、九州、対馬

●特徴・特性
葉は長さ4～6cmで掌状に5～7深裂する。裂片は披針形か広披針形で先は尖り、基部は浅心形または切形。縁には細鋸歯または重鋸歯がある。表は緑色、裏は淡緑色。両面ともはじめ毛があり、のちに無毛になるが、掌状脈の基部と脈腋に毛が残る。葉柄には毛がない。翼果は長さ1.5cmくらいで斜めか水平に開く。花序は枝先に直生する。樹形は横張りする。

●主な品種
'桂'　'出猩々'　'舞森'　'流泉'　'茜'

類似種　オオモミジ、ヤマモミジ

◆見分け方……**オオモミジ**は葉が掌状で大きさは5～10cm、7～9に中裂する。花序は枝先から曲がり垂れる。翼果は大きく、長さ2～2.5cmでほぼ水平に開く。樹形は立ち性。**ヤマモミジ**は葉が5～10cmで7～9に深裂する。縁は大きめの不ぞろいの欠刻状重鋸歯。花序は枝先から曲がり垂れる。翼果は大きく、長さ2～2.5cmで斜開する。

●利用法
四季の変化が豊かで特に秋の紅葉が目立つ。日本の紅葉のシンボルともいえ、庭園や公園などに広く利用される。

先は尖る
裏 50%
細鋸歯または重鋸歯がある
表 60%
基部は浅心形または切形

表 40%
イロハモミジ'獅子頭'

イロハモミジ '獅子頭'
Acer palmatum 'Shishigashira'

●特徴・特性
葉は7深裂し、裂片の縁に欠刻状の重鋸歯があり、内側に曲がり縮れている。枝の節間はつまる。生長が極めて遅いので国内で大木を見ることはまれで、枝があまり伸びず全体が乱れない。

イタヤカエデ 板屋楓

Acer pictum
カエデ科 カエデ属

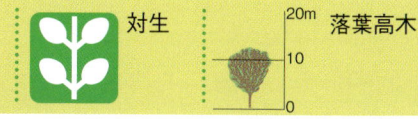

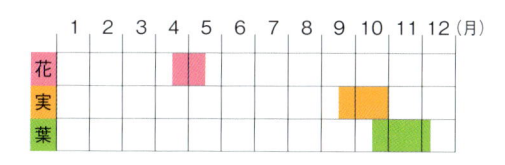

対生　落葉高木

●自生地

北海道、本州、四国、九州

●特徴・特性

葉は直径7～15cmで5～7中裂か浅く裂ける。裂片の先は鋭く尖り、全縁。葉裏は無毛で粉白色を帯びない。両面とも灰緑色。地域変異が多い。

| 類似種 | アカイタヤ、オニイタヤ、エゾイタヤ、ウラジロイタヤ、イトマキイタヤ |

◆見分け方……**アカイタヤ**は北海道、本州西部、佐渡島に自生。葉は半円形、直径8～15cmで横に長い。若い枝が赤いので名がついたが、緑色の枝も多い。**オニイタヤ**は北海道（胆振、日高）、本州、四国、九州、対馬に自生。裏には全面に短毛がある。**エゾイタヤ**は北海道、東北、北陸、隠岐島、朝鮮半島、中国東北部、モンゴル、ウスリー地方に自生。葉は10～15cmで浅裂。裏は無毛か脈または脈腋のみ有毛。**ウラジロイタヤ**は山形、福島、新潟に自生。葉は小ぶりで裏は無毛。粉白色だが若木では白くない。**イトマキイタヤ**は関東・中部の太平洋側、近畿（高山）、高知県に自生。葉は大きく、基部にのみ毛がある。

先は鋭く尖る

縁は全縁

表 60%　裏 40%

●利用法

雑木の庭の構成樹。

ノルウェーカエデ 'クリムソン キング'

Acer platanoides 'Crimson King'
カエデ科 カエデ属

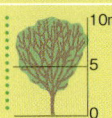

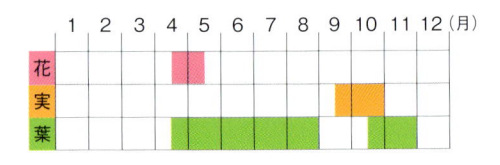

対生　落葉高木　10m

	1	2	3	4	5	6	7	8	9	10	11	12 (月)
花				■	■							
実									■	■		
葉				■	■	■	■	■	■	■	■	

● 自生地

(基本種) ヨーロッパ、小アジア

● 特徴・特性

葉は掌状で5〜7裂し、裂片の先は鋭く尖る。基部は心形で葉柄は長い。裏は緑色で、そのために暗く見える。花は黄色で美しく、新芽は明るい赤紫色で、後に光沢のある紅紫色になる。

類似種　ノルウェーカエデ 'ロイヤル レッド'

◆見分け方……'ロイヤル レッド' は、色は同様だが裏も赤いので全体に明るく見える。また、枝はこころもち細い。'クリムソン キング' のほうが樹高も高い。

ノルウェーカエデ 'プリンストン ゴールド'
Acer platanoides 'Princeton Gold'

● 特徴・特性

葉色が黄色の品種で初夏は黄金色になり、夏でも葉焼けせず、秋まで美しい黄色を保つ。紫葉の品種の 'クリムソン キング' と組み合わせることにより、さらに引き立つ。

● 利用法

洋風庭園、街路樹。

先は鋭く尖る
基部は心形
表 50%
表 30%　ノルウェーカエデ 'プリンストンゴールド'
裏 40%

ハナノキ 花之木　●別名……ハナカエデ

Acer pycnanthum
カエデ科 カエデ属

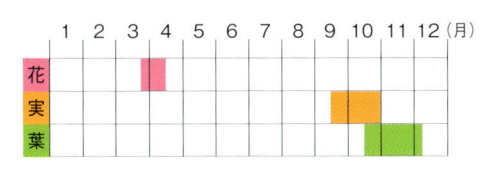

対生　落葉高木

	1	2	3	4	5	6	7	8	9	10	11	12	(月)
花													
実													
葉													

● 自生地

本州（長野・岐阜・愛知県）

● 特徴・特性
葉は長さ4〜7cmの広卵形で浅く3裂し、先は鋭頭で、基部は円形または浅い心形。縁には不ぞろいな鋸歯がある。表は濃緑色、裏は粉白色で葉脈にわずかに毛がある。基部から脈が3本分岐する。カエデの仲間では花が売り物で、葉の出る前に鮮紅色の花が咲き、美しいので名づけられた。雌雄異株でとくに雄株の花が目立つ。秋の紅葉も美しい種類である。

類似種　ベニカエデ、トウカエデ、フウ

◆見分け方……ベニカエデの葉は3〜5中裂する。脈に沿って赤いすじが入ることがある。トウカエデは縁が全縁で大きな波状になる。若木のうちは3裂が深く、大きな鋸歯もある。フウは科・属が異なり、葉は互生し、長さ、幅ともに7〜15cm。縁に細かい鋸歯がある。

● 利用法
雑木の庭や洋風庭園に向く。

＊その他
レッドデータブックの絶滅危惧II種に分類される。本種とベニカエデは、大陸の東側に存在する共通種の代表。岐阜県中津川市坂本の自生地は大正9年（1920）に国の天然記念物第1号に指定されている。

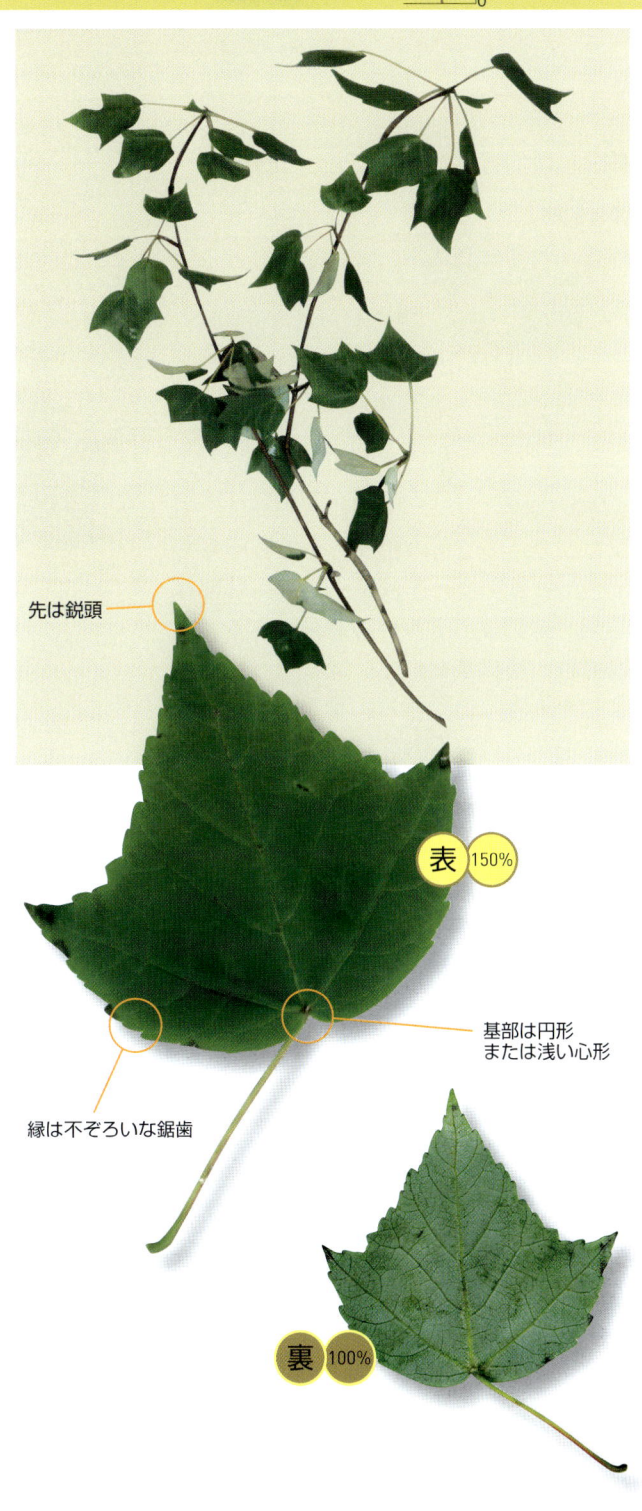

先は鋭頭

表 150%

基部は円形
または浅い心形

縁は不ぞろいな鋸歯

裏 100%

ベニカエデ 紅槭
● 別名……アメリカハナノキ

Acer rubrum
カエデ科 カエデ属

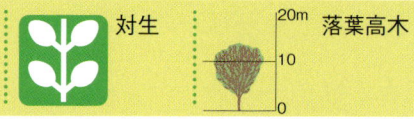

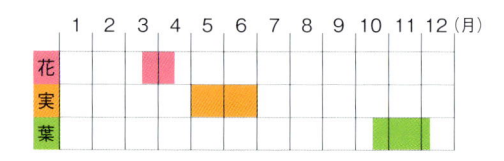

対生　落葉高木

● 自生地

カナダ

● 特徴・特性
葉は長さ4〜7cmの楕円形または卵形で3〜5中裂する。先は鋭く尖り、基部は心形。縁には不ぞろいの鋸歯がある。表は緑色、裏は淡緑白色。脈に沿って赤いすじが入ることがある。葉より先に橙紅色〜濃紅色の花が枝先に集まって咲く。雌雄異株で雄株の花が目立つ。秋の紅葉は赤くなり美しい。品種が多い。

類似種 ハナノキ、トウカエデ、フウ

◆見分け方……**ハナノキ**は広卵形で浅く3裂する。表は濃緑色、裏は粉白色で葉脈にわずかに毛がある。基部から脈が3本分岐する。**トウカエデ**は倒卵形で、縁は全縁で大きな波状になる。若木のうちは3裂が深く、大きな鋸歯もある。**フウ**は科・属が異なり、葉は互生し、長さ、幅ともに7〜15cm。縁に細かい鋸歯がある。

● 利用法
洋風庭園、街路樹。

縁は不ぞろいの鋸歯
先は鋭く尖る
基部は心形
表 50%
裏 50%

ギンカエデ 銀楓

Acer saccharinum
カエデ科 カエデ属

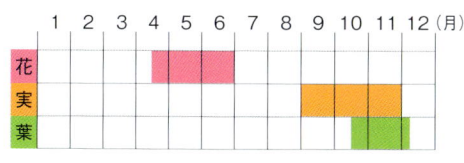

対生 / 落葉高木

	1	2	3	4	5	6	7	8	9	10	11	12 (月)
花				■	■	■						
実									■	■	■	
葉											■	■

● 自生地

北米東部

● 特徴・特性
葉は長さ7～15cmで掌状に5深裂する。裂片は長く先は尖り、基部は心形。縁に重鋸歯がある。表は濃緑色で少し毛がある。裏は銀白色。秋の紅葉は黄色になる。樹液からメイプルシロップを採取する。葉変わりや、樹形の異なる品種がある。

類似種　サトウカエデ

◆見分け方……**サトウカエデ**は葉が直径7～15cmで掌状に3～5中裂する。中央3裂片は大きく、縁は歯牙状になる。裏の脈腋に毛がある。秋の紅葉は黄色、橙色、赤色等になる。メイプルシロップを採取し、ボウリングのピンはこの材からつくる。カナダの国旗のモデル。

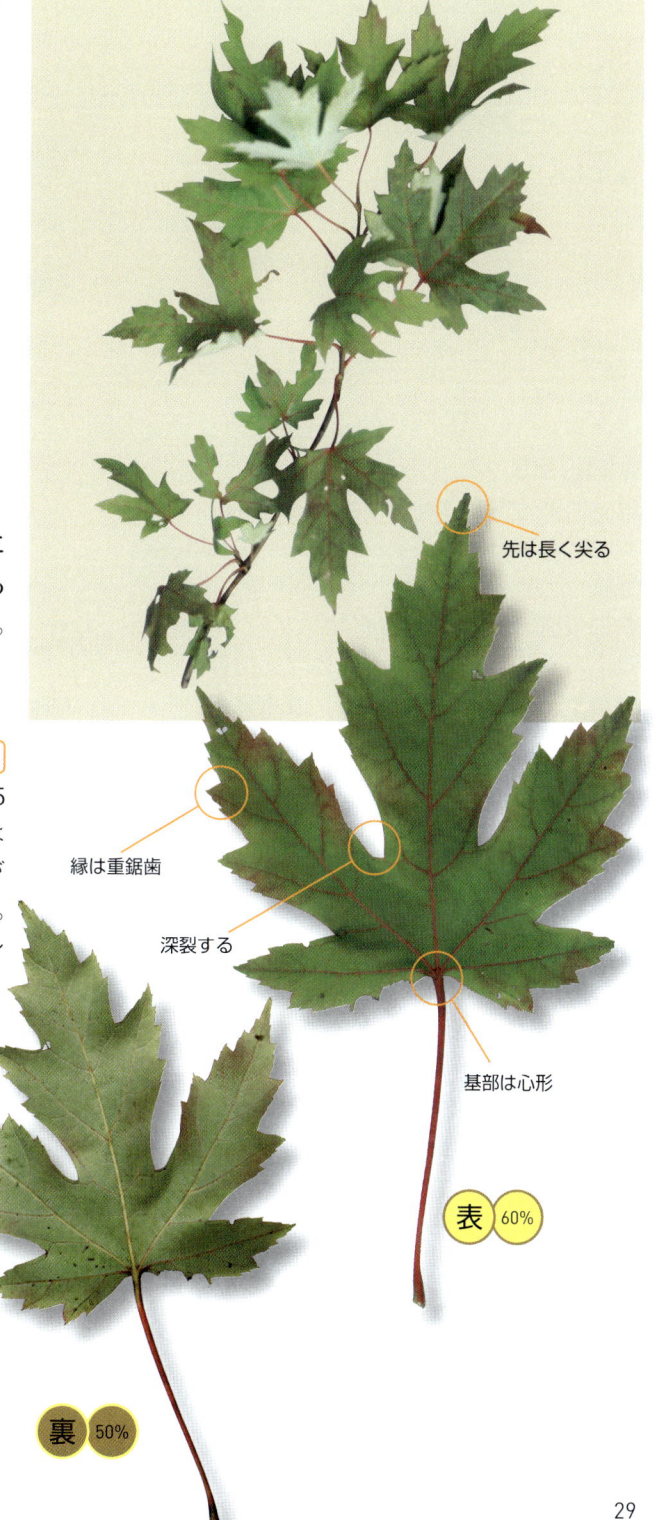

先は長く尖る
縁は重鋸歯
深裂する
基部は心形
表 60%
裏 50%

● 利用法
洋風庭園、公園樹。

オオイタヤメイゲツ '金隠れ'

大板屋明月
金隠れ

Acer shirasawanum 'Kin kakure'
カエデ科 カエデ属

対生 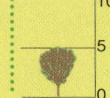　落葉高木　10m

	1	2	3	4	5	6	7	8	9	10	11	12 (月)
花					■							
実									■	■		
葉				■	■	■	■	■	■	■	■	

● 自生地

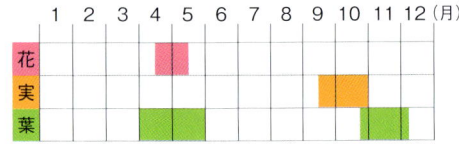

（基本種）本州（宮城県以南）

● 特徴・特性

新葉は黄色の強い黄緑色。夏は薄い緑色。秋の紅葉は橙色から黄色になる。生長は遅く、大きくならない。基本種の葉は洋紙質で直径6〜10cm、掌状に9〜11中裂する。基部は心形、裂片は卵状披針形でやや細かい重鋸歯がある。若葉は両面にまばらに毛がある。葉柄は無毛。

基本種の類似種　コハウチワカエデ、ヒナウチワカエデ

◆見分け方……**コハウチワカエデ**の葉は直径6〜8cm、掌状に7〜11中裂する。裂片は狭卵形または広披針形で、先は短く尖り、鋭い鋸歯がある。若枝や葉柄には軟毛がある。**ヒナウチワカエデ**は葉の直径は4〜5cmで薄い。掌状に7〜9中裂し、ときに深裂する。縁に欠刻状の重鋸歯がある。

中裂する
縁に細かい重鋸歯
基部は心形

表 100%
裏 70%

コハウチワカエデ 小羽団扇楓

●別名……イタヤメイゲツ
　　　　　キバナハウチワカエデ

Acer sieboldianum
カエデ科 カエデ属

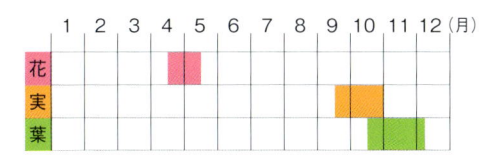

対生　落葉高木

●自生地

本州、四国、九州、対馬、屋久島

●特徴・特性
葉は洋紙質で直径6～8cm、掌状に7～11中裂する。基部は心形または切形で鋭い鋸歯がある。裂片は狭卵形または広披針形で、先は短く尖る。若枝や葉柄には軟毛がある。秋の紅葉はオレンジがかる赤で美しい。

類似種　ヒナウチワカエデ、オオイタヤメイゲツ

◆見分け方……**ヒナウチワカエデ**は葉の直径は4～5cmで薄い。掌状に7～9中裂し、ときに深裂する。縁に欠刻状の重鋸歯がある。**オオイタヤメイゲツ**は葉は洋紙質で直径6～10cmで掌状に9～11中裂する。基部は心形で裂片は卵状披針形でやや細かい重鋸歯がある。若葉は両面にまばらに毛がある。葉柄は無毛。

先は短く尖る
鋭い鋸歯がある
基部は心形または切形
表 90%
裏 50%

●利用法
雑木の庭での人気が高い。

ミヤママタビ 深山木天蓼

Actinidia kolomikta
マタタビ科 マタタビ属

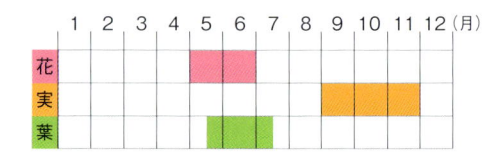

互生　落葉つる

	1	2	3	4	5	6	7	8	9	10	11	12 (月)
花					■	■						
実									■	■	■	
葉						■	■					

● 自生地

北海道、本州（中部以北）、アジア東北部

● 特徴・特性

葉は薄く光沢は無い。長さ5～10cmの卵形～倒卵形あるいは長楕円形、基部は深い心形で、不規則な細鋸歯がある。また、花期には葉先が白くのちに赤みをさす。日当たりが悪いと赤みを帯びない。果実は1.5～2cmの長楕円形で先は尖らない。またよく虫えい果になり、薬用に使われる。

類似種　マタタビ、サルナシ、シマサルナシ

◆見分け方……**マタタビ**の葉は卵円形で長さ10cm。裏は淡緑色で、花期には枝先の葉が白くなる。果実は3cmの長楕円形で先が尖る。**サルナシ**の葉は楕円形または広楕円形で、長さ5～12cm。表は光沢があり、先は尖り、縁には刺状の鋸歯がある。果実は2～2.5cmの広楕円形または球形。**シマサルナシ**の葉は卵形または卵状広楕円形で、長さ6～15cm。表は光沢があり、先は短く尖り、縁には浅い細鋸歯がある。果実は長さ2～4cmの広楕円形。

● 利用法

棚、フェンス。

基部は深い心形
表 60%
縁は不規則な細鋸歯
裏 40%

ベニバナトチノキ 紅花栃の木、紅花橡木

Aesculus × carnea
トチノキ科 トチノキ属

対生　落葉高木

	1	2	3	4	5	6	7	8	9	10	11	12 (月)
花					■							
実										■		
葉												

● **自生地**　なし（セイヨウトチノキとアメリカアカバナトチノキの交雑種）

● **特徴・特性**

葉は15〜30cmの掌状複葉で、小葉は倒卵状長楕円形で先は尖り、基部は鋭いくさび形で、5〜7枚あり波打つ。縁に粗い重鋸歯がある。表は濃緑色、裏は淡緑色。花は紅色で円錐花序。接木で作るため小さいうちから花がつく。

| 類似種 | セイヨウトチノキ、アメリカアカバナトチノキ、トチノキ、インドトチノキ、アエスクルス パービフローラ |

◆見分け方……**セイヨウトチノキ**の小葉はやや丸みがあり、先は鋭く尖る。重鋸歯がある。**アメリカアカバナトチノキ**の小葉は流線形で鋸歯は小さい。**トチノキ**は、小葉の先が急に尖り、鋸歯はやや小さい。**インドトチノキ**の葉は15〜25cm。葉は掌状複葉で小葉は5〜7枚あり、鋸歯はない。トチノキの仲間では葉が細い。花は白で花弁の基部に赤や黄色の点がある。**アエスクルス パービフローラ**の葉は10〜20cm。掌状複葉で小葉は5〜7枚あり、鋸歯はない。花は白で7〜8月に開花。株元から新芽を出し広がる。

表 40%

縁は粗い重鋸歯

基部は鋭いくさび形

先は尖る

裏 30%

セイヨウトチノキ

西洋栃の木
●別名……マロニエ、ウマグリ

Aesculus hippocastanum
トチノキ科 トチノキ属

対生 　20m　落葉高木

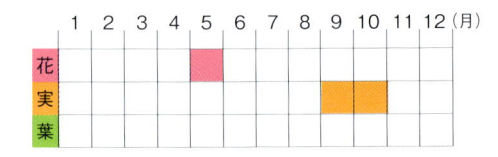

	1	2	3	4	5	6	7	8	9	10	11	12 (月)
花					■							
実									■	■		
葉												

● 自生地

ギリシア北部、ブルガリア、アルバニア

● 特徴・特性

品種がある。葉は15～30cmの掌状複葉で、小葉は卵状長楕円形で先は鋭く尖り、基部は鋭いくさび形で、5～7枚あり、縁には重鋸歯がある。表は緑色、裏は淡緑色。花は白黄色に赤い点があり、爪は萼片より短い。実には刺がある。

| 類似種 | ベニバナトチノキ、アメリカアカバナトチノキ、トチノキ、インドトチノキ、アエスクルス パービフローラ |

◆見分け方……ベニバナトチノキの小葉は倒卵状長楕円形で、縁に粗い重鋸歯がある。**アメリカアカバナトチノキ**の小葉は流線形で鋸歯は小さい。**トチノキ**の小葉は先が急に尖り、重鋸歯が小さい。**インドトチノキ**の葉は15～25cmで鋸歯がない。**アエスクルス パービフローラ**の葉は10～20cmで鋸歯がない。

先は鋭く尖る

裏 80%

重鋸歯がある

表 100%

基部は鋭いくさび形

● 利用法

シンボルツリー、街路樹、景観樹。

アメリカアカバナトチノキ

●別名……アカバナトチノキ

Aesculus pavia
トチノキ科 トチノキ属

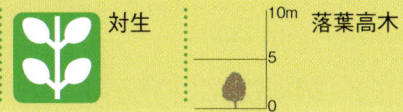

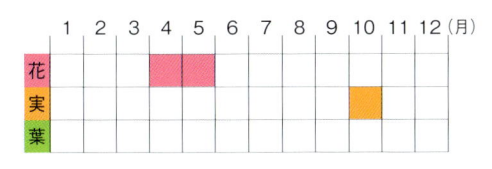

対生　落葉高木

● 自生地

北米南部

● 特徴・特性

葉は 10 ～ 20cm で光沢がある。掌状複葉で小葉は長楕円形で先は鋭く尖り、基部は鋭いくさび形で 5 ～ 7 枚あり、縁に小鋸歯がある。表は緑色、裏は淡緑色でやや毛がある。花は赤で爪は萼片より長い。樹高 2 ～ 3m。若木から花つきが良い。コンパクトで実生の 2 ～ 3 年目に花芽をつける。トチノキを台木にして本品種を接木すると、立ち上がり、樹形がまったく違う円錐形になるので狭い場所に向き、花つきがきわめてよく開花が早い。

類似種 ベニバナトチノキ、セイヨウトチノキ、トチノキ、インドトチノキ、アエスクルス パービフローラ

◆見分け方……**ベニバナトチノキ**の小葉は倒卵状長楕円形で粗い重鋸歯がある。**セイヨウトチノキ**の小葉はやや丸味があり、先は鋭く尖る。重鋸歯がある。**トチノキ**の小葉は先が急に尖り、重鋸歯は小さい。**インドトチノキ**の葉は 15 ～ 25cm で鋸歯がない。**アエスクルス パービフローラ**の葉は鋸歯がない。

● 利用法

狭い庭でも楽しめる。景観樹、コンテナ栽培にも向く。

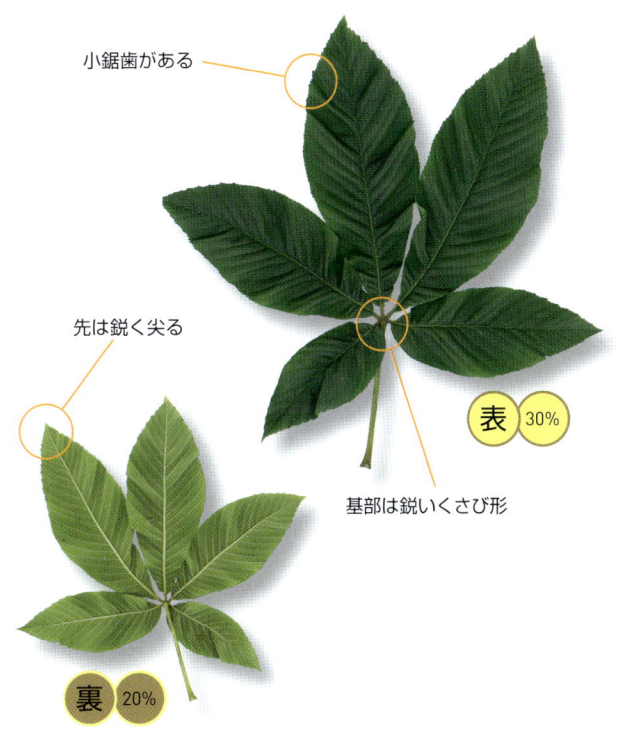

小鋸歯がある
先は鋭く尖る
基部は鋭いくさび形
表 30%
裏 20%

トチノキ 栃、橡

Aesculus turbinata
トチノキ科 トチノキ属

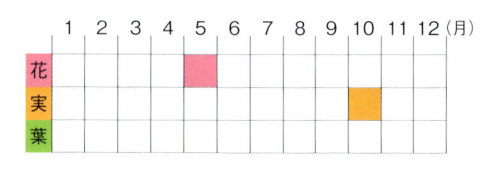

対生　落葉高木　20m

	1	2	3	4	5	6	7	8	9	10	11	12 (月)
花					■							
実										■		
葉												

● 自生地

北海道、本州、四国、九州

● 特徴・特性

葉は15〜40cm。小葉は倒卵状長楕円形で先は短く尖り、基部は鋭いくさび形。縁に鈍い重鋸歯があり、葉裏には赤褐色の軟毛がある。花は白で基部はやや赤色を帯びる。冬芽は樹脂が多く粘る。谷筋に自生が多い。大木になり、家具や道具の材として知られ、花から蜂蜜を採る。実はあく抜きしてトチモチ等を作り食べられる。

類似種　ベニバナトチノキ、セイヨウトチノキ、アメリカアカバナトチノキ、インドトチノキ、アエスクルス パービフローラ

◆見分け方……ベニバナトチノキの小葉は倒卵状長楕円形で、縁に粗い重鋸歯がある。セイヨウトチノキの小葉はやや丸味があり、先は鋭く尖る。粗い重鋸歯がある。アメリカアカバナトチノキの小葉は流線形で鋸歯は小さい。インドトチノキの葉は15〜25cmで鋸歯がない。アエスクルス パービフローラの葉は10〜20cmで鋸歯がない。

先は鋭く尖る

鈍い重鋸歯がある

基部は鋭いくさび形

表 15%

裏 10%

● 利用法

景観樹、街路樹。

ニワウルシ 庭漆　●別名……シンジュ（神樹）

Ailanthus altissima
ニガキ科 ニワウルシ属

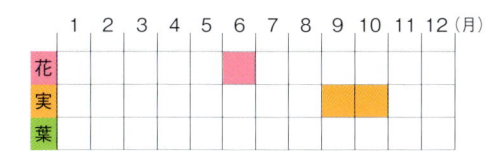

互生 　落葉高木

●自生地
中国北中部

●特徴・特性
葉は大型の奇数羽状複葉で長さ90cmにもなる。小葉は6〜12対あり、長さ8〜10cmの長卵形または卵状披針形で先は鋭く尖る。基部は円形または切形。縁には1〜3個の鋸歯があり、鋸歯の先に腺点がある。表は緑色で光沢があり、裏は淡緑色。雌雄異株。

●利用法
広い場所の目隠し。

＊その他
生長が早く、天にも届く樹を意味する英名からドイツ語のGötterbaum転じ、これを和訳して神樹（シンジュ）という。

- 先は鋭く尖る
- 基部は円形または切形
- 1〜3個の鋸歯がある

表 40%　裏 30%

アケビ 木通、通草　●別名……アケビカズラ

Akebia quinata
アケビ科 アケビ属

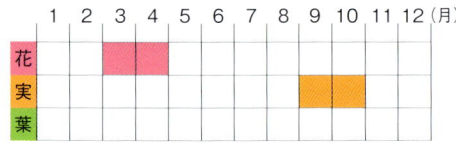

互生　落葉つる　8m

	1	2	3	4	5	6	7	8	9	10	11	12 (月)
花												
実												
葉												

● 自生地

本州、四国、九州、朝鮮半島、中国

● 特徴・特性

葉は掌状複葉。小葉は5枚で長さ6cmの狭長楕円形で基部はくさび形または円形。縁は全縁。表は濃緑色、裏は淡緑色。花は淡紫色で花弁がなく3個の萼片がある。果実は裂開し食べられる。白花で白実の品種がある。

類似種　ミツバアケビ、ゴヨウアケビ、ムベ

◆見分け方……**ミツバアケビ**の葉は3出複葉で長い柄がある。小葉は長さ4〜6cmの卵形または広卵形で縁に波状の大きな鋸歯がある。花は黒紫色。**ゴヨウアケビ**はアケビとミツバアケビの自然交雑種。小葉は卵形で縁に波状の粗い鋸歯がある。花はミツバアケビに似るがやや淡い暗紫色。**ムベ**は属が異なり、別名をトキワアケビという。小葉は3〜7枚。長さ6〜10cmの楕円形または卵形で革質。花の6個の萼片は淡黄緑色を帯び、内側は暗紅紫色。果実は裂開せず食べられる。

基部はくさび形または円形　　縁は全縁

表 70%　　裏 60%

● 利用法

つる性なので、棚、フェンス、アーチ、エスパリエなどに利用する。

ミツバアケビ 三葉木通、三葉通草

Akebia trifoliata
アケビ科 アケビ属

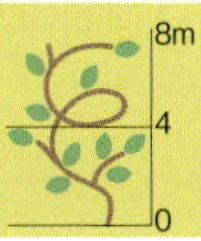

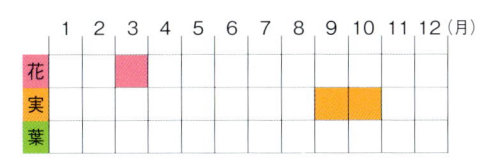

互生　落葉つる

●自生地

北海道、本州、四国、九州、中国

●特徴・特性
葉は3出複葉で長い柄がある。小葉は長さ4～6cmの卵形または広卵形で、先は凹頭で先端に微突起がある。基部は広いくさび形か切形、または浅心形。縁には大きい鋸歯がある。表は濃緑色で、裏は淡緑色。花は濃紫色または暗赤色。果実は紫色に熟し、食べられる。

類似種　**アケビ、ゴヨウアケビ**

◆見分け方……**アケビ**の葉は掌状複葉で、小葉が5枚。縁は全縁。花は淡紫色。**ゴヨウアケビ**はアケビとミツバアケビの自然交雑種。葉は掌状複葉で、小葉が5枚。卵形で縁に波状の粗い鋸歯がある。花はミツバアケビよりやや薄い暗紫色。

●利用法
フェンス、パーゴラ、アーチ、棚、トレリス、鉢植え、果樹。

＊その他
他花受粉のため、異なる株あるいは種が必要。

先は凹頭で先端に微突起がある

表 60%

基部は広いくさび形か切形

柄は長い

大きい鋸歯がある

裏 50%

ネムノキ 合歓木　●別名……ネム、ネブ

Albizia julibrissin
マメ科 ネムノキ属

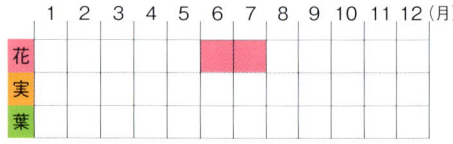

互生　落葉高木

	1	2	3	4	5	6	7	8	9	10	11	12 (月)
花						●	●					
実												
葉												

● 自生地

本州、四国、九州、沖縄、朝鮮半島、中国

● 特徴・特性

葉の長さ20～30cmの偶数2回羽状複葉で、羽片は14～24枚。小葉は36～58枚で長さ0.5～1.5cm、幅0.25～0.4cm。縁は全縁で短毛がある。表は緑色、裏は緑白色で短毛がある。夜には小葉がとじて垂れ下がる。

類似種　形が最も似ているヒネムは属が異なり、熱帯には仲間が多いが、日本では特にない

● 利用法

枝が広がるので広めの庭や公園、緑陰樹。

ネムノキ'サマー チョコレート'

Albizia julibrissin 'Summer Chocolate'

● 特徴・特性

ネムノキの紫葉の品種で、7月頃まで退色しないカラーリーフのすぐれた品種。花の色も薄いピンクなので葉の色とともに楽しめる。

葉の縁は全縁で短毛

裏 30%

表 20%
ネムノキ
'サマー チョコレート'

表 35%

アメリカザイフリボク

●別名……ジューンベリー

Amelanchier canadensis
バラ科 ザイフリボク属

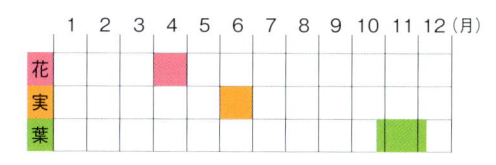

互生　落葉高木

● 自生地

北米東部、中部

● 特徴・特性

葉は長さ5〜7cmの卵形または倒卵形で先は短く尖り、基部は心形または円形。縁に細かい鋸歯がある。表は深緑色で、裏は灰緑色。秋の紅葉は赤橙色で美しい。6月に赤い果実が後に黒く熟し食べられるので、ジューンベリーといわれる。

| 類似種 | ザイフリボク |

◆ 見分け方……**ザイフリボク**は、別名シデザクラといい、実は秋に黒く熟す。葉は長さ5〜7cmの楕円形で先は尖る。アメリカザイフリボクより葉がやや長細い。縁には細かい鋸歯がある。表は無毛で、裏は若葉の頃は白色の軟毛が密生し、後にほぼ無毛となり主脈にわずかに毛が残る。

先は短く尖る

裏 90%

基部は心形
または円形

細かい鋸歯がある

表 120%

● 利用法

若木のうちから花が咲き果もなるので、個人庭でよく利用される。株立ちとしてもよい。果実は食用になり、生食やジャム等になる。

モモ 桃

Amygdalus persica
バラ科 モモ属

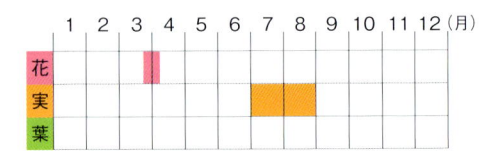

互生　落葉高木

● 自生地

中国北西部

● 特徴・特性

葉は長さ7～16cmの広倒卵形または楕円状披針形または倒卵状披針形で、先は細く尖り、基部はくさび形で、基部または葉柄の上部に1対の蜜腺がある。縁には細かい鋸歯がある。両面とも緑色で葉脈上にわずかに毛がある。花は白、紅色で芳香がある。果実は表面がビロード状の毛に覆われる。

● 利用法

庭園樹、生け花、薬用、果樹。

＊その他

観賞や果樹として広く栽培されている。花を観賞する花モモと果実を食べる実モモがある。品種が多い。主な品種は花モモが'関白''菊桃''矢口''源平''相模枝垂れ''源平枝垂れ'実モモが'白鳳''倉片早生''大久保''白桃'など。「古事記」「日本書紀」に登場し、「万葉集」にも花を観賞する歌がある。

先は細く尖る

裏 80%

細かい鋸歯がある

表 100%

基部はくさび形で1対の蜜腺がある

葉脈上にわずかに毛がある

ムクノキ 椋木　●別名……ムクエノキ、ムク、モク

Aphananthe aspera
ニレ科 ムクノキ属

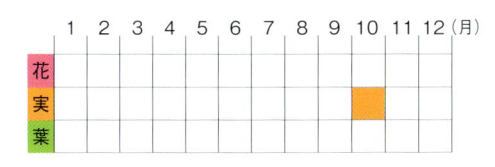

互生　落葉高木

	1	2	3	4	5	6	7	8	9	10	11	12 (月)
花												
実										■		
葉												

● 自生地

本州（関東以南）、四国、九州、沖縄、アジア東南部

● 特徴・特性

葉は長さ4〜12cmの卵形または狭卵形で、先は細く長く尖り、基部は広いくさび形で縁には鋭い鋸歯がある。質はやや薄く、表面はざらつく。表は濃緑色、裏は緑色。実は黒く熟す。

類似種　**ケヤキ、エノキ**

◆見分け方……**ケヤキ**は2〜7cmの卵形または卵状披針形で、先は長い鋭尖形で基部は円形またはやや心形で縁には鋭い鋸歯がある。質はやや薄く、表はやや光沢があってざらつく。裏は淡緑色。**エノキ**は長さ4〜10cmの広卵形または楕円形で、先は鋭尖形で基部は広いくさび形で左右がゆがむ。縁の上部に鈍鋸歯がある。表は緑色でやや照りがあり、無毛か葉脈ぞいにわずかに毛が残る。裏は淡緑色で葉脈ぞいに毛があり、葉脈がはっきりしている。実は赤褐色に熟す。

● 利用法

高木になるので景観樹によい。また、実は熟すと食べられるし、鳥を呼ぶのにもよい。

先は細く尖る
鋭い鋸歯がある
裏 90%
表 110%
基部は広いくさび形

アローカリア アローカーナ

•別名……チリマツ、モンキーパズルツリー

Araucaria araucana
ナンヨウスギ科 ナンヨウスギ属

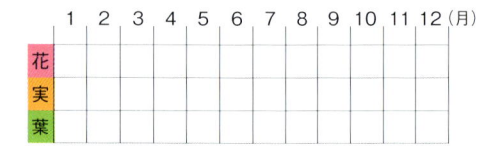

互生　常緑高木

●自生地

チリ、アルゼンチン

●特徴・特性
葉は扁平で長さ2〜5㎝、色は深緑色。楕円形で密に重なり合う。葉は小枝の各方向につく。果鱗に翅がない。世界三大美樹のひとつで、独特の樹形になる。葉の先端が鋭く痛いので、猿も登るのが難しいだろうということからモンキーパズルという別名がある。ナンヨウスギ属では最も寒さに強い。移植を好まず、移植すると美しい樹形はみだれる。

| 類似種 | ブラジルマツ |

◆見分け方……ブラジルマツの葉は扁平で長さ3〜6㎝。果鱗に翅がない。子葉は2枚。葉は灰緑色で狭披針形で疎生するのでアローカリア アローカーナよりは痛くない。葉は小枝の各方向につく。

表 200%
裏 200%
深緑色の楕円形
葉は扁平

●利用法
シンボルツリー。

＊その他
和名チリマツ。

ヒメイチゴノキ 姫苺の木

Arbutus unedo 'Compacta'
ツツジ科 アルブタス属

互生 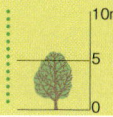 / 10m 常緑高木

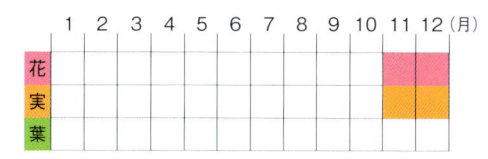

	1	2	3	4	5	6	7	8	9	10	11	12	(月)
花											●	●	
実											●	●	
葉													

●自生地

南ヨーロッパ、アイルランド

●特徴・特性
葉は長さ5〜10cmの長楕円形または倒卵形、先は鈍頭で基部はくさび形。縁には連続した鋸歯があり、革質。表は濃緑色で光沢があり、裏は淡緑色。基本種は5〜10mの樹高になるが、本種は3〜4mほどである。11〜12月に白いスズランに似た花をつけ、1年後に赤い実が熟すので、花と実が同時に楽しめる。実はジャムや果実酒に利用できる。

●利用法
洋風庭園、公園。

＊その他
基本種のイチゴノキは、大木になり、幹が赤褐色で目立つ。潮風に強い。

- 先は鈍頭
- 連続した鋸歯がある
- 裏 140%
- 濃緑色で光沢がある
- 表 140%
- 基部はくさび形

マンリョウ 万両

Ardisia crenata
ヤブコウジ科 ヤブコウジ属

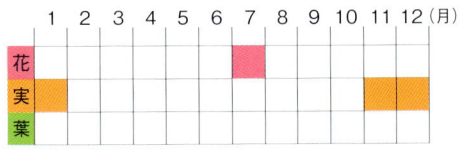

互生　常緑低木

	1	2	3	4	5	6	7	8	9	10	11	12 (月)
花							■					
実											■	■
葉												

● 自生地

本州（茨城県以南）、伊豆七島、四国、九州、沖縄、台湾、済州島、中国、東南アジア

● 特徴・特性

葉は長さ4〜13cmの長楕円形。鋭頭で基部はくさび形。縁は全縁で波状。葉の質は厚い。表は暗緑色で裏は緑色。実は赤いが、白やピンクもあり、紅白の寄せ植えなどに使われる。実は普通は下にさがってつくが、立ち上る立実の品種がある。斑入り品種も多い。

先は鋭頭
縁は全縁で波状
裏 70%
表 70%
基部はくさび形

● 利用法

根締め、日陰の庭、縁起物として寄せ植え。正月の寄せ植えで、センリョウ、アリドオシと合わせた'千両・万両・有通し'は人気がある。

カラタチバナ 枸橘　●別名……ヒャクリョウ（百両）

Ardisia crispa
ヤブコウジ科 ヤブコウジ属

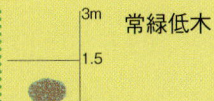

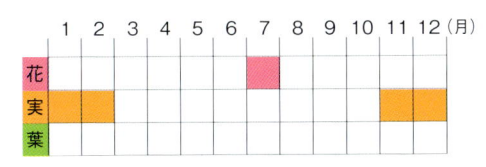

互生　常緑低木

●自生地

本州（茨城・新潟県以南）、四国、九州、対馬、沖縄、台湾、南中国

●特徴・特性
葉は長さ8～18cmの披針形で先にいくほど細く尖る。基部は細いくさび形。葉の質は厚く、表は濃緑色でやや光沢があり、裏は淡緑色。実は赤いが白や黄もある。葉変わりの品種が多く、古典植物の代表。

先にいくほど細く尖る

濃緑色でやや光沢がある

表 60%

裏 60%

基部は細いくさび形

●利用法
根締め、日陰の庭、縁起物としての寄せ植え。

＊その他
江戸時代、空前のブームがあり、数百両で取り引きされたことからヒャクリョウといわれ、この仲間での人気は特に高かった。同属のヤブコウジはジュウリョウ（十両）と呼ばれ、こちらも葉変わりの品種が多く、明治時代に最盛期があった。

ブンゴウメ 豊後梅

Armeniaca × 'Bungo'
バラ科 ウメ属

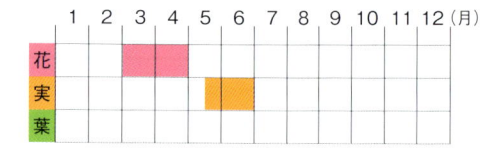

互生　落葉高木　10m

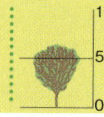

	1	2	3	4	5	6	7	8	9	10	11	12 (月)
花												
実												
葉												

● 自生地　なし

● 特徴・特性
葉は卵形で大きく、長さ5～10cm。花が淡いピンク色で美しく、果実も大きく、樹勢が強い。一般には一重だが、八重咲きもある。果実をとるには受粉樹が必要。

● 主な品種
（実梅）'梅郷''玉英''鶯宿''白加賀''南高''甲州最小'

類似種　**アンズ**

◆見分け方……**アンズ**は、葉は先は鋭く短く尖り、基部は円形または切形で1対の蜜腺がある。鋸歯は不ぞろいで鈍い。葉裏の脈腋に毛がある。

卵形で大きい

表 80%
裏 80%

＊その他
ウメは大きく分けると花を観賞する花梅と果実を採る実梅がある。ブンゴウメは実梅の代表であるがあまり市場性は無い。

ウメ 梅

Armeniaca mume
バラ科 ウメ属

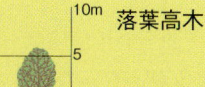

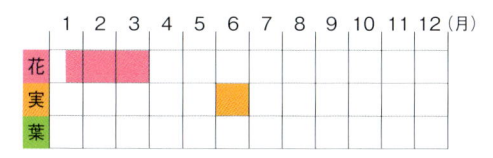

互生　落葉高木　10m

	1	2	3	4	5	6	7	8	9	10	11	12 (月)
花		■	■									
実						■						
葉												

● 自生地

中国、九州（大分・宮崎県）

● 特徴・特性

葉は長さ4～9cmの倒卵形または楕円形で、先は尾状に鋭く尖り、基部はくさび形または円形。縁には細かい重鋸歯がある。表は緑色で裏は淡緑色。両面と葉柄に微毛がある。葉柄は1cmくらい。品種が多い。果実をとるには、普通は受粉樹が必要。

類似種　アンズ

◆見分け方……**アンズ**の葉はウメより幅が広く、葉柄が2～3cmと長い。

● 利用法

庭園樹、公園樹、シンボルツリー、鉢植え、果樹、縁起木、薬用。

シダレウメ ペンデュラグループ

Prunus mume f. *pendula*

● 特徴・特性

ウメの枝垂れ品種。約30ほどの品種が知られている。ほとんどが花を観賞する花梅であるが、'実成枝垂'は果実も楽しめる。

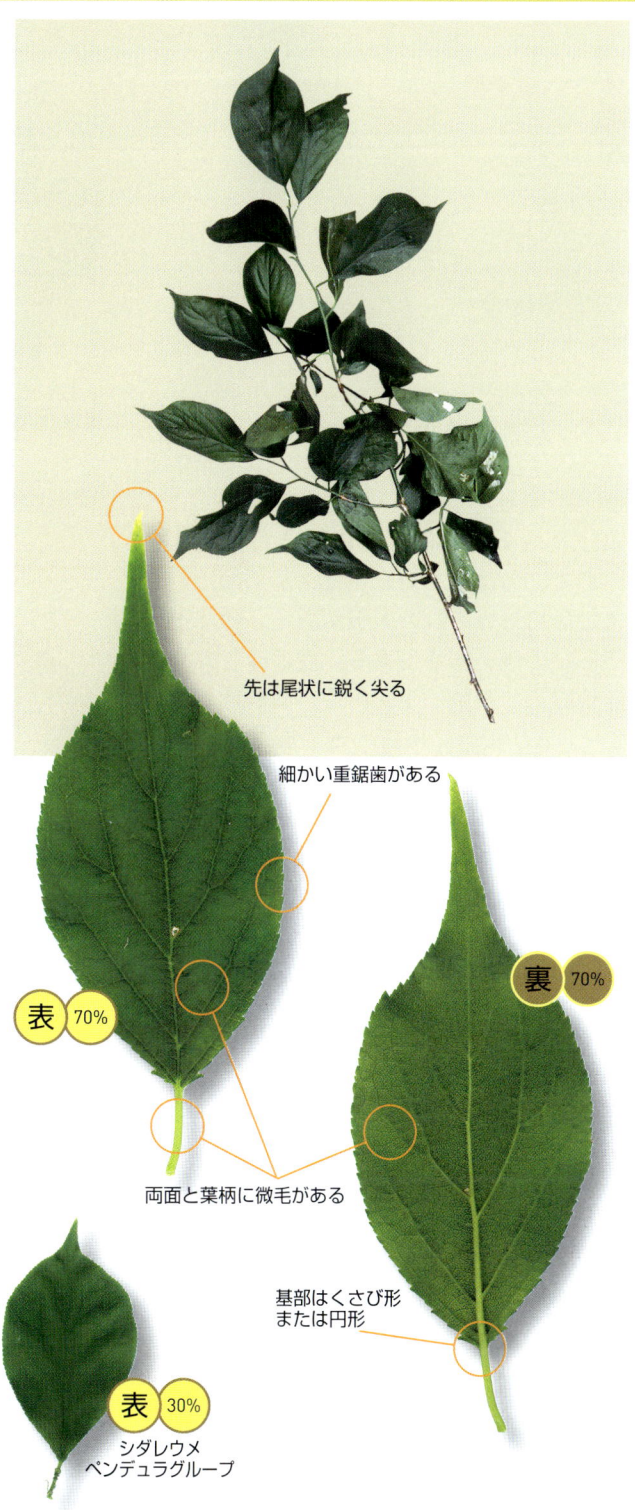

先は尾状に鋭く尖る
細かい重鋸歯がある
両面と葉柄に微毛がある
基部はくさび形または円形

表 70%　裏 70%

表 30%
シダレウメ
ペンデュラグループ

アンズ 杏

Armeniaca vulgaris
バラ科 ウメ属

互生　10m 落葉高木

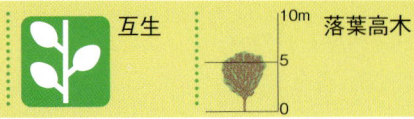

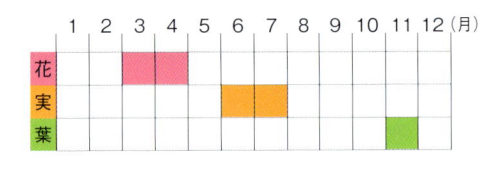

	1	2	3	4	5	6	7	8	9	10	11	12 (月)
花			■	■								
実						■	■					
葉											■	

●自生地

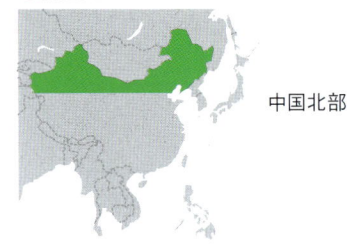

中国北部

●特徴・特性

葉は長さ7〜13cmの卵円形または広楕円形で、先は鋭く短く尖り、基部は円形または切形で1対の蜜腺がある。縁は不ぞろいの鈍い鋸歯がある。表は緑色、裏は淡緑色で脈腋に毛がある。葉柄は長さ2〜3cmと長い。果樹として広く栽培される。3〜4月に淡紅色の花が咲き、果実が橙黄色に熟し食べられる。果実は生食、ジャム、果実酒にする。品種がある。果実をとるには、普通は受粉樹が必要。

| 類似種 | ウメ、ブンゴウメ |

◆見分け方……**ウメ**は、葉柄が長さ1cmほどと短く、葉の幅が狭い。**ブンゴウメ**の葉は大きく丸みがあり、葉面に毛がある。枝は緑色で、日に焼けて赤みを帯び、霜で紫紅色になる。花の芳香は少ない。

先は鋭く短く尖る
不ぞろいの鈍い鋸歯がある
表 70%
1対の蜜腺がある
裏 70%
基部は円形または切形

●利用法

庭園樹、公園樹、街路樹、果樹、薬用。

アロニア メラノカルパ

Aronia melanocarpa
バラ科 アロニア属

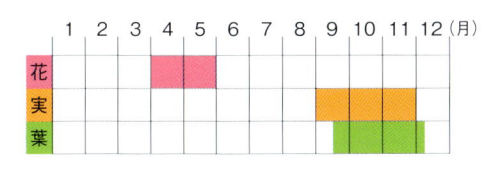

互生　落葉低木

● 自生地

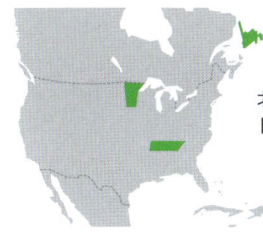

北米（ニューファンドランド、ミネソタ、テネシー）

● 特徴・特性
葉は長さ5～8cm長楕円形または卵状広楕円形で、先は急に鋭く尖り、基部はくさび形。縁は細鋸歯がある。表は緑色、裏は淡緑色。果実は黒く熟し、生で食べられ、ジュースやジャムとしても利用できる。カマツカのような白い小さな花を枝先につける。秋の紅葉も美しい。

類似種　**アロニア アルブティフォリア**

◆見分け方……**アロニア アルブティフォリア**の葉は卵形または長楕円形で、先が尖り、表面は光沢があり、葉裏は有毛。果実は紅色。

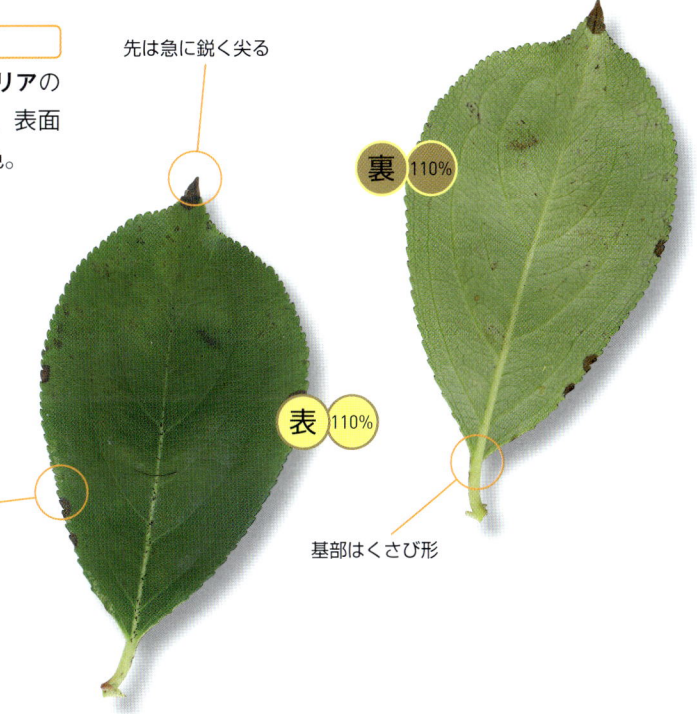

先は急に鋭く尖る
裏 110%
表 110%
細鋸歯がある
基部はくさび形

● 利用法
ガーデニング、寄せ植え。

アオキ 青木　●別名……アオキバ

Aucuba japonica
ミズキ科 アオキ属

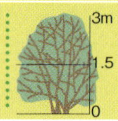

対生　常緑低木

	1	2	3	4	5	6	7	8	9	10	11	12 (月)
花												
実												
葉												

●自生地

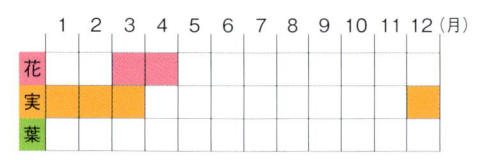

本州（宮城県以南）、四国、九州、沖縄

●特徴・特性
葉は長さ8〜20cmの広楕円状卵形または広披針形で、先は鋭尖頭、基部は広いくさび形。縁には粗い鋸歯があり、革質。表は濃緑色で光沢があり、裏は淡緑色。斑入り品種が多く欧米での人気が高い。雌雄異株で雌株には赤い実がなる。まれに黄実、白実品種がある。暖地の林床に自生が多い。

類似種　ヒメアオキ

◆見分け方……**ヒメアオキ**は若い葉柄や葉裏に微小毛があり、葉が小さい。また、3年くらいは幹の色が緑色で変わらない。多雪地に自生する。

●利用法
ビルの北側等の日陰地からかなり日の当たる所まで植栽できる。メンテナンスがあまりかからない。差し替え剪定で長い間同じ形状を保つことができる。

先は鋭く尖る

鋸歯は粗い

表 30%

裏 30%

基部は広いくさび形

アオキ'ピクチュラータ'
●別名……星月夜

Aucuba japonica 'Picturata'　ミズキ科 アオキ属

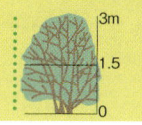

常緑低木

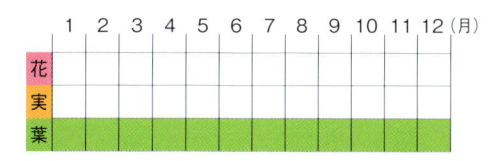

●特徴・特性
葉は黄色の中斑と星斑の両方入るが、星斑だけの葉も出る。新芽が展開したばかりの黄色は特に美しい。日陰地を明るく彩る代表であるが、アオキの斑入り品種の中では陽光に耐える。

●利用法
日陰地での植栽、庭園樹、公園樹、ガーデニング。

＊その他
日本名『星月夜』。

表 50%　黄色の中斑と星斑が入る　裏 40%

アオキ'サルフレア マルギナータ'

Aucuba japonica 'Sulphurea Marginata'　ミズキ科 アオキ属

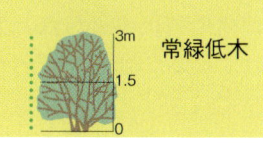

常緑低木

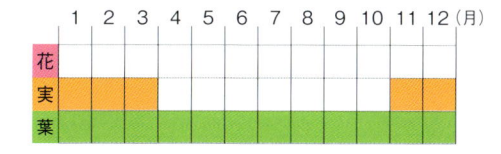

●特徴・特性
葉は黄色の覆輪の斑が入る。人目をひく黄色で古くから知られた品種である。日陰地を明るく彩る代表である。日当たりが良い場所では黄色が鮮やかになる。樹の大きさは基本種よりかなり小さい。雌株なので実も楽しめるが、実つきは少ない。

裏 40%　黄色の覆輪の斑が入る　表 40%

ポポー

●別名……ポーポー、アケビガキ

Asimina triloba
バンレイシ科 アシミナ属

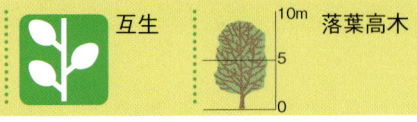

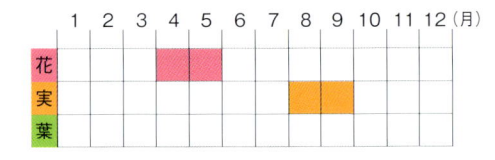

互生　落葉高木

	1	2	3	4	5	6	7	8	9	10	11	12 (月)
花				■	■							
実								■	■			
葉												

● 自生地

北米東部

● 特徴・特性

葉は長さ10〜30cmの倒卵状長楕円形で先は急に細く尖り、基部は広いくさび形。縁は全縁。表は濃緑色、裏は淡緑色ではじめ軟毛があるが後に無毛になる。明治時代中期に導入され、果樹として利用されている。別名アケビガキというように果実はアケビに似た形で、はじめは緑色で熟すと黄褐色になる。果肉はクリーム状で甘く、独特の香りがある。花は紫褐色の鐘形で下向きにつける。

● 利用法

果樹、庭園樹、公園樹。

＊その他

近年、実が大きいものや実つきが良いもの等の品種が導入されている。

先は尖る

表 50%

裏 50%

基部は広いくさび形

縁は全縁

ハナミズキ 花水木　●別名……アメリカヤマボウシ

Benthamidia florida
ミズキ科 ヤマボウシ属

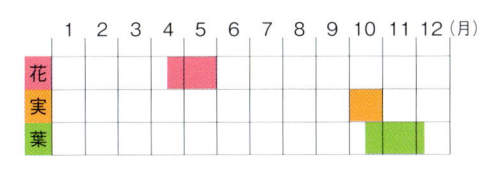

対生　落葉高木

	1	2	3	4	5	6	7	8	9	10	11	12 (月)
花												
実												
葉												

● 自生地

北米東南部

● 特徴・特性
葉は長さ7～15cmの卵形または広卵形。先は尖り、若木のうちは細長い葉が、成木になるにつれて丸味を帯びる。基部は広いくさび形または円形。表は緑色で、裏は粉白色を帯び脈上に毛がある。側脈は6～7対。4～5月に黄緑色の小さな花が、15～20個集まった球形の頭状花序をつけ、そのまわりに白い花弁状の総苞片を4枚つける。花は葉の出る前に咲くので、はなやかである。品種が多く、紅花や八重咲等がある。

類似種　シラタマミズキ、ミズキ、ヤマボウシ、サンシュユ

◆見分け方……**シラタマミズキ**は葉がやや長い。裏の毛は全体にある。**ミズキ**は裏の毛が全体にある。**ヤマボウシ**は脈が目立つ。**サンシュユ**は脈が目立つ。裏の毛は全体にある。

● 利用法
庭園樹、公園樹、記念樹、街路樹。

＊その他
原産地では森林の林縁部に自生する。花、実、秋の紅葉と三拍子そろい、手入れがかからないので最も普及した花木の代表。日本には明治中期に導入された。

先は尖る

表 80%

裏 80%

基部は広いくさび形または円形

ヤマボウシ ホンコンエンシス

Benthamidia hongkongensis
ミズキ科 ヤマボウシ属

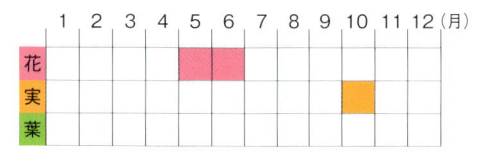

対生　常緑高木

	1	2	3	4	5	6	7	8	9	10	11	12 (月)
花					■	■						
実										■		
葉												

● 自生地

中国南東部

● 特徴・特性
葉は長さ5～15cmの長楕円形。先は細長く尖り、基部はくさび形。縁は全縁。葉脈は目立たない。表は緑色で光沢があり、裏は黄緑色。冬に濃赤紫色に紅葉する。枝葉が密につき、刈り込みにも耐える。花は白色。

類似種 **ヤマボウシ**

◆見分け方……**ヤマボウシ**は、葉は落葉。光沢がなく、丸味がある。

先は細長く尖る
葉脈は目立たない
縁は全縁
光沢のある緑色
表 90%
裏 90%
基部はくさび形

● 利用法
庭園樹、公園樹、シンボルツリー、街路樹。

＊その他
花の美しい常緑樹として人気がある。

ヤマボウシ 山法師

Benthamidia japonica
ミズキ科 ヤマボウシ属

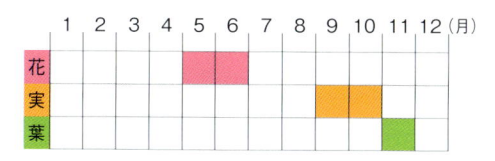

対生　落葉高木

	1	2	3	4	5	6	7	8	9	10	11	12 (月)
花					●	●						
実									●	●		
葉											●	

● 自生地

本州、四国、九州、台湾、朝鮮半島、中国

● 特徴・特性

葉は長さ4～12cmの卵状楕円形。先は鋭尖頭または急鋭尖頭。基部は円形。縁は全縁または低い鋸歯があり、波状になる。表は緑色で、裏は緑白色。両面ともに毛が散生し、とくに裏の脈腋に黒褐色の毛が集まる。側脈は4～5対。5～6月に小さな花が20～30個集まった球形の頭状花序をつけ、そのまわりに白い総苞片を4枚つける。果は10月頃赤く熟し、食べられる。品種に紅花や斑入りがある。

類似種　シラタマミズキ、ミズキ、ハナミズキ、サンシュユ

◆見分け方……**シラタマミズキ**は葉がやや長く脈は目立つ。**ミズキ**は裏の毛が全面にある。**ハナミズキ**は脈が目立たない。**サンシュユ**は脈が目立つ。裏の毛は全面にある。

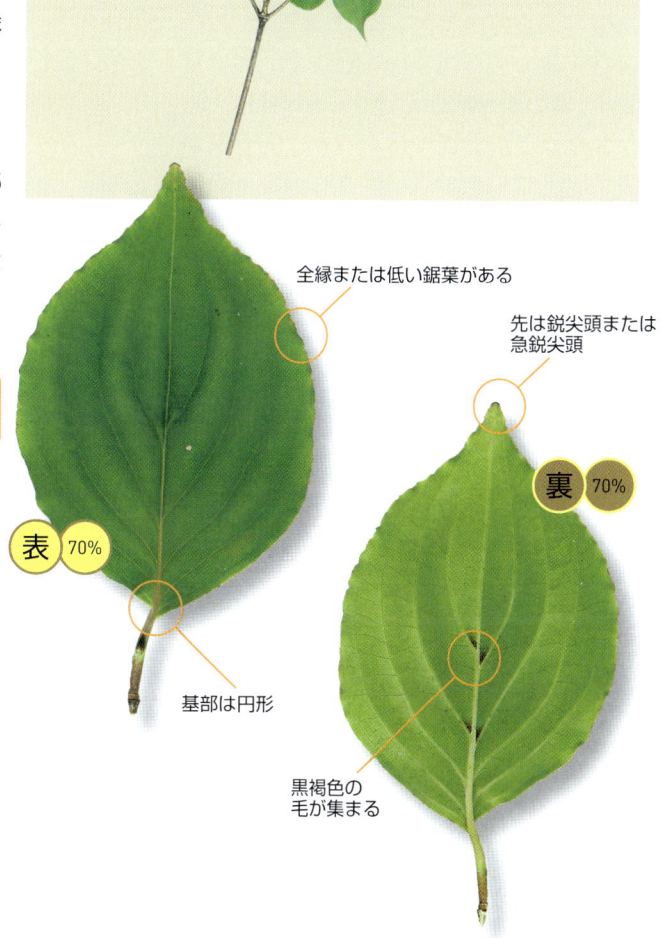

全縁または低い鋸葉がある
先は鋭尖頭または急鋭尖頭
表 70%
裏 70%
基部は円形
黒褐色の毛が集まる

● 利用法

庭園樹、公園樹、街路樹、シンボルツリー、雑木の庭。

ヤマボウシ 'ミルキー ウェイ'

Benthamidia japonica var. *chinensis* 'Milky Way'
ミズキ科 ヤマボウシ属

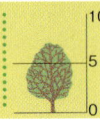

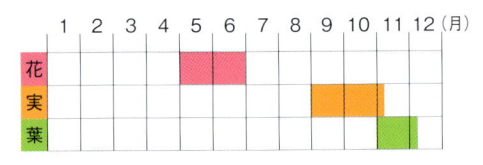

対生　10m 落葉高木

● 自生地

（基本種）本州、四国、九州、台湾、朝鮮半島、中国

● 特徴・特性
葉は長さ4～12cmの卵状楕円形で、先は鋭尖頭または急鋭尖頭で、基部は円形。縁は全縁。表は白っぽい緑色で、裏は黄緑色。裏の脈の間から間への筋が目立つ。ヤマボウシの仲間では花つき、実つきが良く、花は白色で基部は丸味があるが、先端は細長く鋭く尖る。

類似種　ヤマボウシ

◆見分け方……**ヤマボウシ**の葉は先がより急に尖る。縁は全縁または低い鋸歯がある。色は緑色。

先は鋭尖頭または急鋭尖頭

表 100%

基部は円形

縁は全縁

裏 100%

● 利用法
庭園樹、公園樹、街路樹、シンボルツリー。

メギ'ローズ グロー'

Berberis thunbergii 'Rose Glow'
メギ科 メギ属

互生　落葉低木

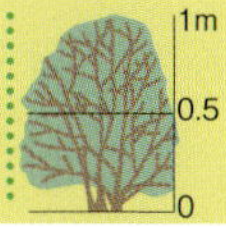

	1	2	3	4	5	6	7	8	9	10	11	12	(月)
花													
実													
葉													

● 自生地

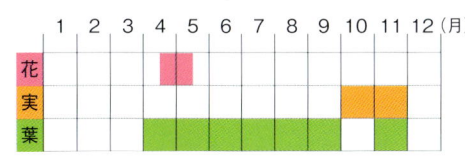

（基本種）本州（関東以南）、四国、九州

● 特徴・特性

葉は長さ1～5cmの倒卵形または狭倒卵形で先はやや尖り、基部は細くなり短い葉柄になる。葉色は、芽立ちは淡紅色と桃色、紫紅色が混じり、のちに白斑が入る。さらに紫紅色になる。基本種の別名コトリトマラズの通り、枝の節や葉のつけ根には鋭い刺がある。花は黄色で美しく、赤い実もつく。

類似種　メギ'アトロプルプレア'

◆見分け方……'アトロプルプレア'は濃紅色で斑が入らない。

メギ'アトロプルプレア'

Berberis thunbergii 'Atropurpurea'

● 特徴・特性

葉の形、大きさは'ローズ グロー'とほぼ同じ。表は濃い紅色だが、裏は縁が薄い紅色で中央にいくほど緑色になる。

メギ'オーレア'

Berberis thunbergii 'Aurea'

● 特徴・特性

葉の形、大きさは'ローズ グロー'とほぼ同じで、葉色が黄色い。芽出しから夏までは特に美しい。

先はやや尖る
基部は細くなる

表 130%　裏 130%

表 120%　メギ'アトロプルプレア'
表 120%　メギ'オーレア'

クマヤナギ 熊柳

Berchemia racemosa
クロウメモドキ科 クマヤナギ属

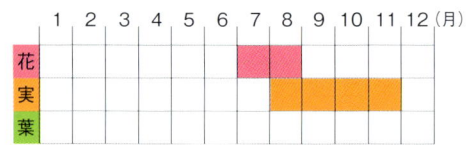

互生　落葉つる

	1	2	3	4	5	6	7	8	9	10	11	12 (月)
花							●	●				
実								●	●	●	●	
葉												

● 自生地

北海道、本州、四国、九州、沖縄

● 特徴・特性

山野に生え、他の樹などに巻きついて長く伸びる。葉は長さ2.5〜6cmの卵状楕円形で、先は鈍頭で基部は心形。表は濃緑色、裏はやや白色を帯びる。側脈は7〜9対で脈はやや目立つ。つる性でつるに白いたて筋が入る。花は7〜8月に咲き、実は翌年の夏に赤い実をつけ、後に黒く熟す。多く成るとびっしりとつけるのでよく目立つ。実は薬用に利用される。美しい斑入り品種がある。

側脈は7〜9対で目立つ
基部は心形
先は鈍頭
表 140%
裏 140%

● 利用法

フェンス、棚、鉢植え、薬用。

ミズメ 水芽　●別名……アズサ、ヨグソミネバリ、ミズメザクラ

Betula grossa
カバノキ科 カバノキ属

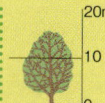

互生　落葉高木

●自生地

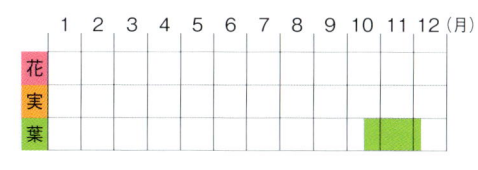

本州（岩手県以南）、四国、九州の山地

●特徴・特性
葉は長さ5～10cmの卵形から長卵形で、質はやや薄く、先は漸尖形、基部は円形またはやや浅い心形。縁には目立つ重鋸歯がある。葉のつき方は長枝では互生し、短枝では2枚が対につく。大径木となり、木部が硬い。ミズメとは樹皮を傷つけると水のような樹液が出ることから名づけられた。この樹液はサロメチールのような強い香りがある。また、この木で弓を作ったことから別名をアズサという。

類似種　シラカンバ、ダケカンバ

◆見分け方……**シラカンバ**は、三角状広卵形、卵状ひし形で。側脈の数は5～8対、葉柄は無毛。質はやや厚く、色は緑色。**ダケカンバ**は、三角状広卵形から三角状卵形。側脈は7～15対で裏面に突出する。色はやや濃い。

●利用法
公園樹、記念樹。

＊その他
別名ヨグソミネバリは地方ではよく使われる。

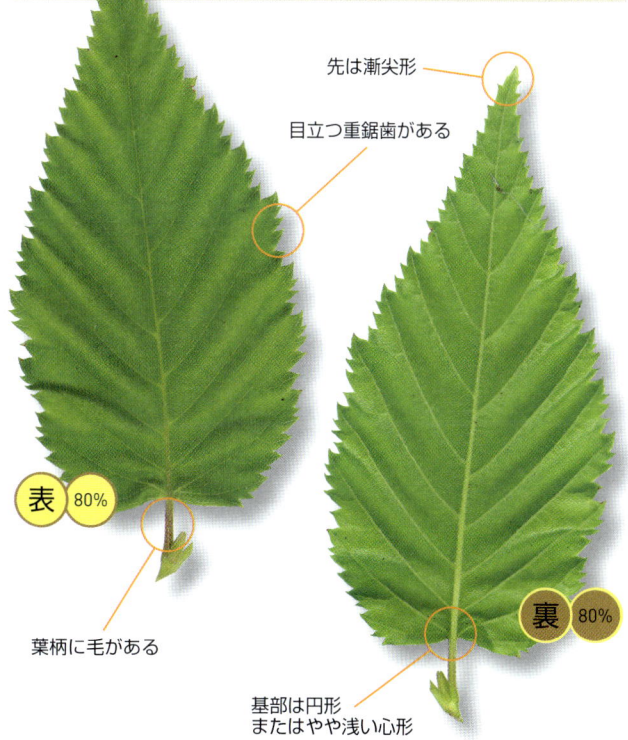

- 先は漸尖形
- 目立つ重鋸歯がある
- 表 80%
- 葉柄に毛がある
- 裏 80%
- 基部は円形またはやや浅い心形

シラカンバ 白樺　●別名……シラカバ

Betula platyphylla var. *japonica*
カバノキ科 カバノキ属

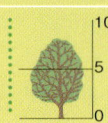

互生　落葉高木　10m

	1	2	3	4	5	6	7	8	9	10	11	12 (月)
花												
実												
葉										■	■	

● 自生地

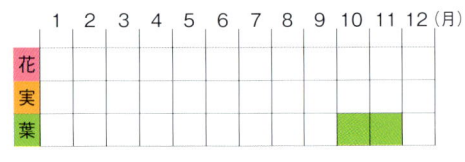

北海道〜本州（中部以北）

● 特徴・特性

葉は長さ5〜8cmの三角状広卵形。先は尾状鋭尖頭で、基部は広いくさび形または切形。質はやや厚い。縁には重鋸歯がある。表は深緑色で無毛、裏は淡緑色で腺点があり、まれに葉脈上に毛がある。葉のつき方は長枝では互生し、短枝では2枚ずつ対につく。樹皮は白色で、薄い紙状にはがれることが最大の特徴である。

| 類似種 | ミズメ、ダケカンバ、ヒマラヤシラカンバ ジャクモンティ、ヨーロッパシラカンバ |

◆見分け方……**ミズメ**の葉は、卵形〜長卵形〜広卵形で側脈は8〜14対、裏面に突出し、葉柄は有毛。質はやや薄く、色は薄い緑色。**ダケカンバ**の葉は三角状広卵形または三角状卵形。側脈は7〜15対で裏面に突出する。**ヒマラヤシラカンバ ジャクモンティ**の葉は卵形または卵状楕円形で側脈の数は9〜12対。葉はやや大きく、色がやや濃い。**ヨーロッパシラカンバ**の葉は三角状広卵形で側脈は5〜7対。枝先が下垂する。

● 利用法

寒冷地に向き、単植より群植が美しい。庭園樹、公園樹、建築・器具材。

先は尾状鋭尖頭

重鋸歯がある

表 60%

基部は広いくさび形または切形

淡緑色で腺点がある

裏 60%

コウゾ 楮

Broussonetia kazinoki × B.papyrifera
クワ科 コウゾ属

互生　落葉低木

	1	2	3	4	5	6	7	8	9	10	11	12 (月)
花												
実						■						
葉												

● 自生地

本州、伊豆七島、四国、九州、朝鮮半島、台湾、中国

● 特徴・特性

葉は長さ5〜15cmの卵形または卵円形で2〜5深裂するものも多い。先は尖り、基部は丸くて浅い心形。縁には鋸歯があり、質は薄く、表は緑色で少しざらつき、裏は淡緑色。樹皮は非常に強く、和紙製造に欠かせない。果は6月ころに赤く熟し、甘く食べられる。

類似種　カジノキ、ヤマグワ、マグワ

◆見分け方……**カジノキ**の葉は広卵形または卵円形。若木では3〜5裂する。質は厚く、表のざらつきも大きい。葉の両面、葉柄、若枝に毛が密生する。**ヤマグワ**は、科・属が異なり、葉は卵状広楕円形でしばしば3〜5深裂する。両面とも脈上にも毛が散生する。若枝は無毛。鋸歯が大きく、表の色は淡い。どちらも毛があるが、コウゾのほうがざらつく。**マグワ**は、科・属が異なり、葉は卵形または広卵形で、ときに3深裂する。脈上に毛を散生する。若枝は無毛。コウゾより大きく、鋸歯は尖らない。

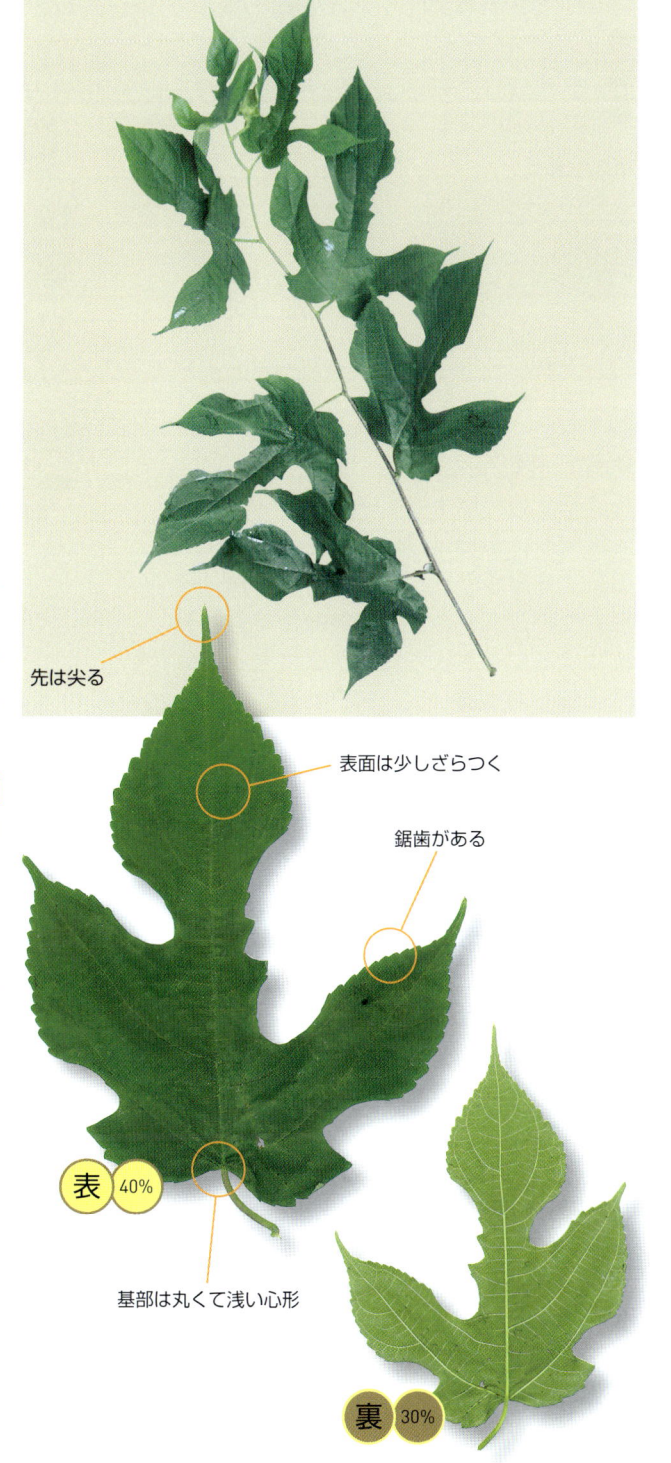

先は尖る
表面は少しざらつく
鋸歯がある
表 40%
基部は丸くて浅い心形
裏 30%

● 利用法

雑木の庭、和紙の原料。

カジノキ 梶木

Broussonetia papyrifera
クワ科 コウゾ属

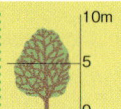

互生　落葉高木

	1	2	3	4	5	6	7	8	9	10	11	12 (月)
花												
実												
葉												

● 自生地

本州（南関東以南）、四国、九州、沖縄、台湾、中国

● 特徴・特性

葉は長さ6〜18cmの広卵形で質は厚く、先は尖り、基部は深い心形。3〜5片に深裂する葉も出る。表は濃緑色で硬い短毛のためざらつき、裏は淡緑色で裏と若枝にはビロード状の短毛が密生する。縁には鈍い鋸歯がある。葉柄は2〜10cmと長い。雌雄異株

類似種 コウゾ、ヤマグワ、マグワ

◆見分け方……**コウゾ**の葉は卵形または卵円形で2〜5深裂するものもある。カジノキより鋸歯が小さく、葉や若枝の毛は少ない。**ヤマグワ**は、科・属が異なり、葉は卵状広楕円形でしばしば3〜5深裂する。両面とも脈上に毛が散生する。若枝は無毛。カジノキより葉が小さく、鋸歯の先が尖る。全体に毛が少ない。**マグワ**は、科・属が異なり、葉は卵形または広卵形で、ときに3深裂する。脈上に毛を散生する。若枝は無毛。カジノキより葉先が尖らず、全体に毛が少ない。

● 利用法

雑木の庭の構成樹。

先は尖る
鈍い鋸歯がある
基部は深い心形
葉柄は長い
表 40%
裏 30%

ブッドレア ダビディ

•別名……フサフジウツギ、バタフライブッシュ

Buddleja davidii
フジウツキ科 フジウツキ属

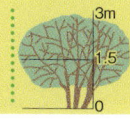

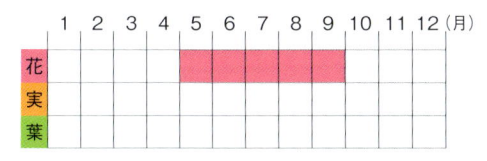

対生　落葉低木

● 自生地

中国

● 特徴・特性

葉は長さ7～20cmの卵状長楕円形で、先は細く尖り、基部はくさび形。表は緑色だが、裏は白い綿毛が密生し、白みを帯びる。枝の断面は丸い。花期が長く、色が豊富で白、紅、紫、淡紫紅色等がある。香りが強く蝶を呼ぶ樹として有名でバタフライブッシュという。明治中期に導入された。

類似種　フジウツギ

◆見分け方……**フジウツギ**の葉は披針形で先が長く尖る。葉の裏面には白い綿毛がなく、枝には稜があり断面が四角形。花は紫紅色しかなく、垂れ下がる。

● 利用法

庭園樹、公園樹、蝶を呼ぶ。

先は細く尖る
白い綿毛が密生し、白みを帯びる
裏 70%
表 70%
基部はくさび形

クサツゲ 草黄楊　●別名……ヒメツゲ

Buxus microphylla
ツゲ科 ツゲ属

対生　常緑低木

- ●**自生地**　なし（栽培品種といわれている）
- ●**特徴・特性**

葉は1～2cmの楕円形か倒披針形で、先は鈍頭か凹頭で基部は狭いくさび形。縁は全縁。質は薄い。表は濃緑色または明るい緑色で光沢があり、裏は緑色または明るい黄緑色。樹高は0.2～0.5m。

| 類似種 | ツゲ、チョウセンヒメツゲ、ボックスウッド、イヌツゲ |

◆**見分け方**……**ツゲ**の葉は1～3cmで円形または倒卵形、幅も広い。主幹をつくり、高さ3～4mほどになる。**チョウセンヒメツゲ**の葉は1～1.5cmほどで、葉縁が裏面に巻き、若枝、葉柄に毛がある。耐寒性は強い。**ボックスウッド**は葉が丸く、やや大きい。**イヌツゲ**は科・属が異なる。葉は互生で色が深緑色と濃く、縁に鋸歯があり、革質。

- ●**利用法**

低い生垣、ボーダー、寄せ植え。

明るい緑色で光沢がある
先は鈍頭もしくは凹頭
縁は全縁
基部は狭いくさび形
表 300%
裏 300%
表 190%
チョウセンヒメツゲ

チョウセンヒメツゲ
Buxus microphylla var. *insularis*

- ●**特徴・特性**

葉は長さ1～1.5cmの長楕円形で、先は鈍頭または凹頭で基部はくさび形。縁が裏面に巻く。表は濃緑色、裏は淡緑色。小枝、葉柄、葉脈に微毛がある。低温や乾燥に非常に強い。石灰岩地帯に自生するため分布が限られる。

ボックスウッド

Buxus microphylla 'Boxwood'
ツゲ科 ツゲ属

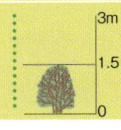

対生　常緑低木

	1	2	3	4	5	6	7	8	9	10	11	12 (月)
花												
実												
葉												

● 自生地　園芸品種

● 特徴・特性

葉は長さ1～2.5cmの円形から倒卵形～倒卵状楕円形で先は円頭または凹頭、基部はくさび形。縁は全縁で、質は厚い。表は明るい緑色で光沢があり、裏は淡緑色。冬期は寒さで赤橙色に変わる。

| 類似種 | クサツゲ、ツゲ、チョウセンヒメツゲ、イヌツゲ |

◆見分け方……**クサツゲ**は葉が楕円形、あるいは倒披針形でやや小さく、細く、質は薄い。**ツゲ**は、葉がやや細い。**チョウセンヒメツゲ**は、葉がやや小さく、やや長い。縁が裏に巻く。若枝は有毛。**イヌツゲ**は科・属が異なる。葉は楕円形で色が濃く、形は長く、縁に鋸歯がある。

縁は全縁
基部はくさび形
先は円頭または凹頭
表 200%
裏 200%
枝 60%

● 利用法

低い生垣、ボーダー、寄せ植え。

ツゲ　黄楊　●別名……アサマツゲ

Buxus microphylla var. *japonica*
ツゲ科 ツゲ属

対生　10m　常緑低木

	1	2	3	4	5	6	7	8	9	10	11	12 (月)
花												
実												
葉												

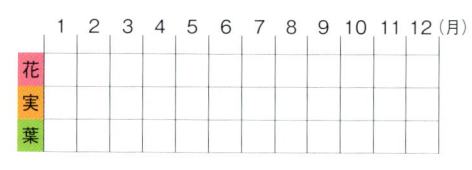

● 自生地

本州（山形県以南）、佐渡島、四国、九州

● 特徴・特性

葉は長さ1～3cmの倒卵形または長楕円形で、先は円頭またはわずかにへこむものがある。基部は広いくさび形。革質。表は濃緑色で光沢があり、裏は緑色。両面の主脈上に毛がある。材は黄色で硬く緻密で、「つげの櫛」は有名。

類似種 クサツゲ、ボックスウッド、チョウセンヒメツゲ、イヌツゲ

◆見分け方……**クサツゲ**は、葉が長く、色は薄い。**ボックスウッド**の葉の色は明るい緑色で質もやや薄い。**チョウセンヒメツゲ**は、葉が小さく、形は長い。縁が裏に巻く。若枝は有毛。**イヌツゲ**は科・属が異なる。楕円形で葉は長く、鋸歯がある。

表 200%

先は円頭またはわずかにへこむ

基部は広いくさび形

裏 200%

枝 60%

● 利用法

庭園樹、櫛・印鑑の材料。

コムラサキ 小紫　●別名……コシキブ

Callicarpa dichotoma
クマツヅラ科 ムラサキシキブ属

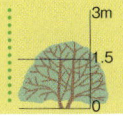

対生　落葉低木

	1	2	3	4	5	6	7	8	9	10	11	12 (月)
花						■	■					
実										■	■	
葉												

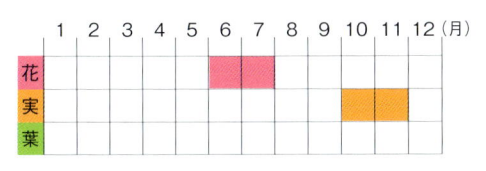

●自生地

本州、四国、九州、沖縄、台湾、朝鮮半島、中国

●特徴・特性
葉は長さ3〜7cmの倒卵状楕円形で、先は細く尖り、基部は広いくさび形。縁の上半分に鋸歯がある。表は濃緑色、裏は緑色。枝は紫褐色で細く、若枝には星状毛がある。花は葉腋の少し上部から集散花序を出し、秋に紫色の実をつけ実つきがよい。品種に実が白いシロミノコシキブがある。

類似種　**ムラサキシキブ、ヤブムラサキ、オオムラサキシキブ**

◆見分け方……**ムラサキシキブ**は葉が大きく、葉先が尖る。花は葉腋から集散花序を出し、紫色の実をつける。実はややまばらである。**ヤブムラサキ**は薄い洋紙質で、全株（枝、葉、花序）に軟毛が多い。実は大きいが少ない。**オオムラサキシキブ**は質が厚く、大形。集散花序も大きく、枝も太い。

●利用法
庭園樹、公園樹、雑木の庭の構成樹、鉢植え。

＊その他
一般にムラサキシキブの名で流通している。

先は細く尖る
縁の上半分に鋸歯がある
裏 120%
表 120%
基部は広いくさび形
枝 20%

ムラサキシキブ 紫式部

Callicarpa japonica
クマツヅラ科 ムラサキシキブ属

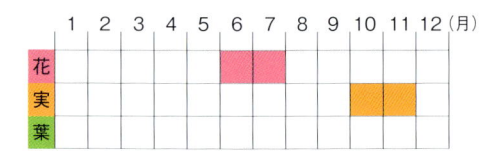

対生　落葉低木　3m / 1.5 / 0

	1	2	3	4	5	6	7	8	9	10	11	12 (月)
花						■	■					
実										■	■	
葉												

● 自生地

北海道、本州、四国、九州、沖縄、台湾、朝鮮半島、中国

● 特徴・特性

葉は長さ6～13cmの楕円形または長楕円形で先はしだいに尖り、基部は細いくさび形。縁には細かい鋸歯がある。両面とも緑色でほぼ無毛。裏には黄色を帯びた腺点がある。若枝は細く、垢状の星状毛がある。花は葉腋から集散花序を出し、秋に紫色の実をつける。

類似種 コムラサキ、ヤブムラサキ、オオムラサキシキブ

◆見分け方……**コムラサキ**は葉が小さく、葉先は尖らない。花は葉腋から離れて集散花序を出す。**ヤブムラサキ**は葉が薄く、全株に毛が多い。**オオムラサキシキブ**は、葉が厚く、大形。集散花序も大きく、枝も太い。

先はしだいに尖る
細かい鋸歯がある
表 70%
基部は細いくさび形
裏 70%

● 利用法

庭園樹、公園樹、雑木林の構成樹。

＊その他
一般にムラサキシキブといわれて流通しているものはコムラサキがほとんどである。

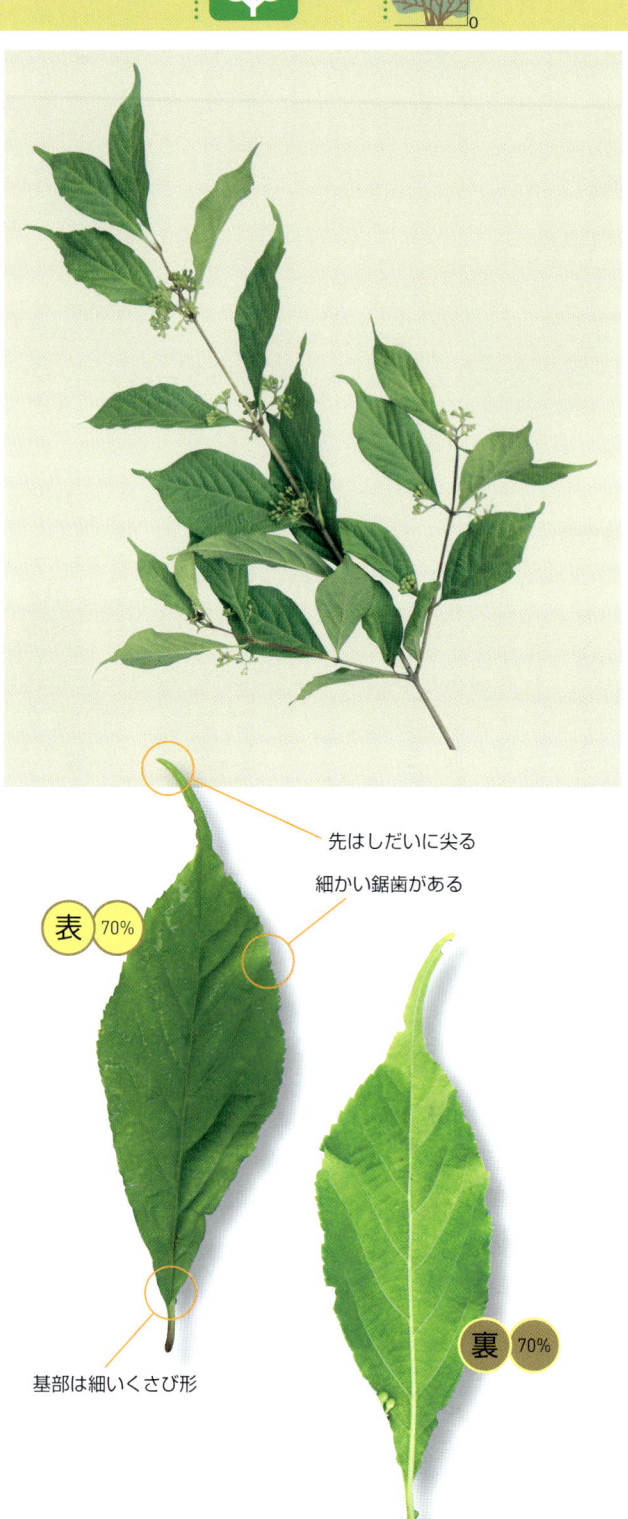

キンポウジュ 金宝樹　●別名……ハナマキ

Callistemon cittrinus
フトモモ科 ブラシノキ属

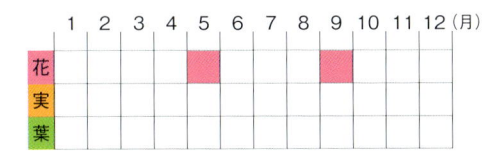

互生 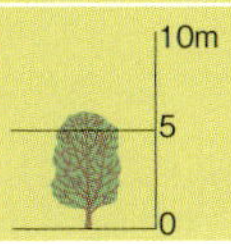　常緑高木

自生地　オーストラリア東部

● 特徴・特性
葉は長さ9〜10cmの披針形で革質、幅は0.6cm以下。急尖頭、基部は細いくさび形。両面ともやや灰色がかる濃緑色。主脈、側脈、油腺等が明瞭。若枝には絹状毛がある。濃赤色の花穂は長さ約10cmのブラシ状で5月と秋に開花する。葯は暗色。実は成熟まで2年かかり、3〜4年経ってもそのまま残る。明治時代に導入され、品種が多い。日本での作出品種もある。

類似種　マキバブラシノキ、ブラシノキ

◆見分け方……**マキバブラシノキ**の葉は線形または披針形で、マキの葉に似て主脈が明確に隆起し、幅は0.3cmくらい。花は濃赤色で大形の穂状花序で、葯は暗色。開花は3〜7月。
ブラシノキの葉は長さ7〜10cm、幅0.6cmくらいの披針形の硬い革質。花は5〜6月に5〜10cmの赤い穂状花序を出す。葯は黄色。花弁や萼は開花後すぐに落ち、多数の雄しべが残り、ブラシのように見える。

先は急尖頭

表 100%

裏 100%

基部は細いくさび形

● 利用法
庭園樹、公園樹、生垣、洋風庭園、切花。

ニオイロウバイ 匂い蠟梅
●別名……クロバナロウバイ

Calycanthus floridus
ロウバイ科 アメリカロウバイ属

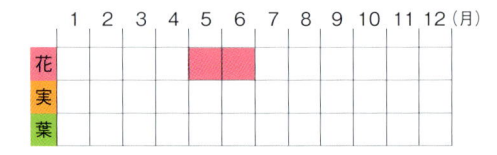

対生　落葉低木

	1	2	3	4	5	6	7	8	9	10	11	12	(月)
花					■	■							
実													
葉													

● 自生地

北米東部

● 特徴・特性

葉は長さ5〜15cmの長楕円形で先は細長く尖り、基部はくさび形。縁は全縁。表は濃緑色、裏は短毛が密生し、帯白色。花は暗赤褐色で芳香があり、5〜6月に開花する。樹皮にも芳香がある。大正中期に導入された。

類似種 アメリカロウバイ Cal.fertilis、ハナロウバイ Cal.occidentalis

◆見分け方……**アメリカロウバイ**の葉は長さ5〜10cmの卵形または長楕円形で先は尖り、両面とも無毛。表は光沢があり、裏は淡緑色。若枝は有毛。花は暗紫紅色で5〜6月に短枝の先に頂生し、あまり香りはない。花径3.5〜5cmで萼は長楕円形。**ハナロウバイ**の葉はアメリカロウバイよりやや大きく、長さ5〜12cmの卵形または長楕円状披針形。花は暗赤色、花径5〜7cmと大きく、萼は線形。

● 利用法

庭園樹、公園樹。

＊その他

現在日本ではアメリカロウバイ、ハナロウバイとともに花の色から区別せずにクロバナロウバイと呼ばれている。

縁は全縁　先は細長く尖る

表50%　裏50%

基部はくさび形

サザンカ 山茶花

Camellia sasanqua
ツバキ科 ツバキ属

互生　常緑高木

● 自生地

四国（南西部）、九州、沖縄

● 特徴・特性
葉は2～5cmの楕円形で、先は尖り、基部はくさび形。縁には鋸歯がある。やや厚い革質。表は濃緑色で光沢があり、裏は緑色。主脈と葉柄、若枝に短毛がある。基本種の花は白で、10～12月に開花する。花弁は5枚で、平開し、雄しべは筒状に合着しない。花には芳香があり、品種が多い。日本の特産種。

| 類似種 | カンツバキ、タチカンツバキ、ハルサザンカ |

◆見分け方……**カンツバキ**は葉が同じかやや大きく、質は厚く硬い。色は濃い。新梢の枝に毛がある。**タチカンツバキ**は葉が同じかやや大きく、質は厚く硬い。色は濃い。葉のつき方の密度が高い。**ハルサザンカ**は葉が同じかやや大きい。品種が多く、例外も多い。

鋸歯がある
先は尖る
表 140%
基部はくさび形
裏 110%
枝 40%

● 利用法
生垣、庭園樹、公園樹。

カンツバキ 寒椿　●別名……シシガシラ

Camellia × *hiemalis*
ツバキ科 ツバキ属

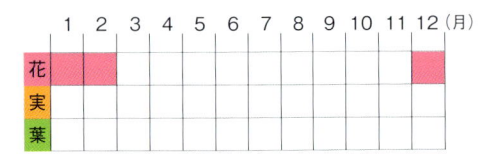

互生　常緑高木

	1	2	3	4	5	6	7	8	9	10	11	12（月）
花		■										■
実												
葉												

●自生地　不明

●特徴・特性
葉は長さ2.5～6cmの広楕円形で、先は尖り、基部は広いくさび形。縁には鈍い細鋸歯がある。革質。表は濃緑色で光沢がある。新梢の枝には毛がないか、わずかにあるだけである。花は12～2月に紅色の八重咲き。樹形は横張り性。

類似種　タチカンツバキ、サザンカ、ハルサザンカ

◆見分け方……**タチカンツバキ**は葉がほぼ同じだが、新梢の枝に毛が多い。樹形は立性。**サザンカ**は葉は同じかやや小さく、質は薄く柔らかい。色はやや薄い。品種が多く、例外も多い。樹形は立性。**ハルサザンカ**は葉が同じかやや大きく、色はやや薄い。品種が多く、例外も多い。樹形は立性。

●利用法
刈り込み、寄せ植え。

カンツバキ '勘治朗'

Camellia × *hiemalis* 'Kanjirou'

●特徴・特性
葉は長さ2.5～6cmの長楕円形で、先は尖り、基部は広いくさび形。縁には鈍い鋸歯がある。革質。表は濃緑色で光沢があり、裏は緑色。新梢の枝には細毛が密生する。花は12～2月に咲き紅色で2～3重咲き。葉が込み、葉張りも出るので公共工事用のサザンカとして90%以上はこの品種が間違われて使われている。

先は尖る
鈍い細鋸歯がある
基部は広いくさび形
表 80%
裏 80%
表 60%
カンツバキ '勘治朗'

ヤブツバキ 藪椿　●別名……ヤマツバキ、ツバキ

Camellia japonica
ツバキ科 ツバキ属

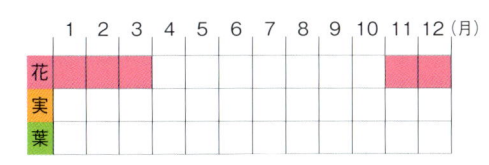

互生　10m 常緑高木　C

	1	2	3	4	5	6	7	8	9	10	11	12	(月)
花		■	■								■	■	
実													
葉													

●自生地

本州、四国、九州、沖縄、朝鮮半島南部、中国

●特徴・特性
葉は5〜12cmの長卵形で先は鋭く尖り、基部はくさび形。縁には細かい鋸歯がある。厚く硬い革質。表は濃緑色で光沢があり、主脈は表面でへこみ、側脈は目立たない。裏は淡緑色。一般的な開花は2〜3月だが、早いものは10月から開花するものもある。色は赤。

| 類似種 | ユキツバキ、オトメツバキ、シロワビスケ、ベニワビスケ |

◆見分け方……**ユキツバキ**は葉がやや広く、薄い。鋸歯は大きく、葉柄は有毛で短い。葉は網状の脈が目立つ。**オトメツバキ**はユキツバキの品種。花はピンクの千重咲き。**シロワビスケ**は葉が長く、鋸歯はやや小さい。**ベニワビスケ**は葉が長く、鋸歯は小さい。縁は外曲し、少しねじれる。

●利用法
庭園樹、公園樹、生垣、防潮林。

＊その他
江戸時代に空前のブームがあり、足利義政や徳川秀忠のツバキ好きは特に有名。園芸品種が非常に多く、日本の花木の代表格。

表 90%　細かい鋸歯がある　先は鋭く尖る
裏 70%　基部はくさび形

コウオトメ 紅乙女

Camellia japonica 'Kô-otome'
ツバキ科 ツバキ属

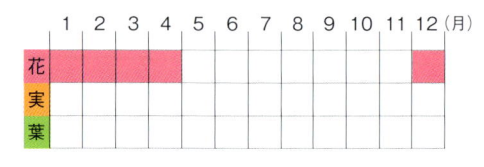

互生　常緑高木

	1	2	3	4	5	6	7	8	9	10	11	12	(月)
花													
実													
葉													

● 自生地　なし

● 特徴・特性
葉は5～10cmの楕円形で先は鈍く尖り、基部はくさび形。網状の葉脈は目立つ。縁に鋸歯がある。厚く硬い革質。表は暗緑色で光沢があり、裏は緑色。花は濃紅色の八重咲き～千重咲きで中輪。12～4月に開花する。樹は立性で強い。

類似種　**オトメツバキ**

◆見分け方……コウオトメの葉はやや丸味があり、主脈は同じように目立つが、側脈はあまり目立たない。表の色はやや濃い。葉柄は若いうちから無毛である。

鋸歯がある
網状の葉脈は目立つ
先は鈍く尖る
基部はくさび形
表 100%
裏 100%

● 利用法
庭園樹、公園樹、生垣。

＊その他
オトメツバキはユキツバキ系であるがコウオトメツバキはヤブツバキ系。1859年刊『椿伊呂波名寄色附』に記載がある。

オトメツバキ 御留椿

Camellia rusticana 'Otometsubaki'

ツバキ科 ツバキ属

互生　10m　常緑高木

	1	2	3	4	5	6	7	8	9	10	11	12	(月)
花			■	■									
実													
葉													

● 自生地

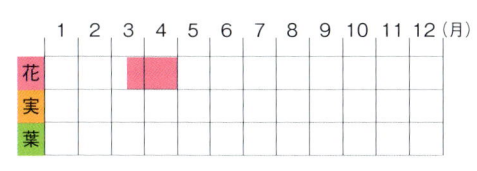

（基本種はユキツバキ）
本州（北陸、新潟県の上越地方）

● 特徴・特性

葉は5～10cmの楕円形で先は尖り、基部はくさび形。網状の葉脈は目立つ。縁に鋸歯がある。厚く硬い革質。表は暗緑色で光沢があり、裏は緑色。若い葉柄には微毛がある。横張り性が強い。

| 類似種 | ヤブツバキ、コウオトメ、シロワビスケ、ベニワビスケ |

◆見分け方……**ヤブツバキ**は葉が長く、質は厚い。鋸歯は小さく、葉脈は目立たない。**コウオトメ**は葉に丸味がある。**シロワビスケ**の葉はかなり長く、鋸歯は小さい。**ベニワビスケ**の葉はかなり長く、鋸歯はかなり小さい。

● 利用法

庭園樹、公園樹、生垣。

＊その他

江戸時代、加賀藩で「御留め令」が出たため、御留椿といわれた品種である。1829年（文政12）の『本草図譜』に記載がある。ピンク色の千重咲きで、当時のツバキのイメージを一新した。なお、紅乙女（コウオトメ）は名前は似ているがヤブツバキの品種。

鋸歯がある
先は尖る
表 80%
基部はくさび形
裏 70%

ベニワビスケ 紅侘介

Camellia wabisuke 'Beni-wabisuke'
ツバキ科 ツバキ属

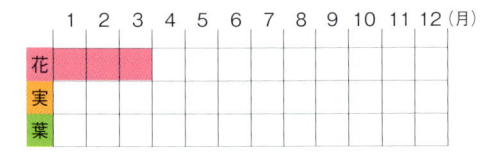

互生　常緑高木

	1	2	3	4	5	6	7	8	9	10	11	12 (月)
花												
実												
葉												

● 自生地

（基本種はヤブツバキ）本州、四国、九州、沖縄、朝鮮半島南部、中国

● 特徴・特性

葉は長さ5〜8cmの長楕円形で、先は尖り、基部はくさび形。縁には小さい鋸歯がある。葉の感じはふっくらしている。縁は外曲して、少しねじれる。厚い革質。表は暗緑色、裏は緑色。花は紅色で1〜3月に開花する。

類似種　シロワビスケ、数奇屋、初雁（昭和侘介）

◆見分け方……**シロワビスケ**は葉が丸く、鋸歯は大きい。葉脈は目立つ。**数奇屋**の葉は鋸歯が大きく、色が濃い。葉は密につく。**初雁**の葉は大きく、色が薄い。

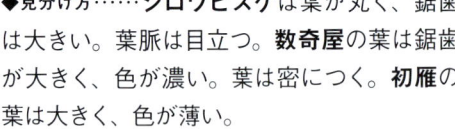

● 利用法

茶花、庭園樹、公園樹。

＊その他

1879年（明治12）の『椿花集』に記載されている。名前の似ている赤侘介はヤブツバキの品種。

小さい鋸歯がある
先は尖る
表 100%
裏 90%
基部はくさび形

シロワビスケ 白侘介

Camellia wabisuke 'Wabisuke'
ツバキ科 ツバキ属

互生　常緑高木

	1	2	3	4	5	6	7	8	9	10	11	12	（月）
花		■	■								■	■	
実													
葉													

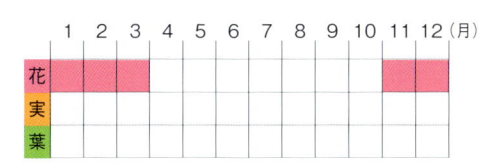

●自生地　なし

●特徴・特性

葉は長さ5～8cmの長楕円形で、先は細く尖り、基部はくさび形。縁に鋸歯があり、厚く硬い革質。表は暗緑色で光沢があり、裏は緑色。花は白い一重で11～3月上旬に開花する。シロワビスケの花のピンクのものをヒナワビスケという。

類似種　ベニワビスケ、数奇屋、初雁（昭和侘介）

◆見分け方……**ベニワビスケ**の葉は鋸歯が小さい。葉脈が目立たない。**数奇屋**の葉はやや小さく、葉は密につく。鋸歯はなだらか。**初雁**の葉は薄く、長い。

●利用法

茶花、庭園樹。

＊その他

1789年（天明9）の『諸色花形帖』に記載がある。ワビスケは花が一重で小さく、雄しべの筒は不規則に裂ける。子房に毛が密生するものが多い。雄しべの葯が退化しているものと、葯が退化していないので、実がつくものの2系統がある。'太郎冠者'とその品種は後者の系統である。また、ワビスケではないが、花が一重で小さいのでワビスケの名のつく品種は多い（赤侘介、黒侘介等）。

先は細く尖る　鋸歯がある　基部はくさび形　表100%　裏90%

チャノキ 茶木

Camellia sinensis
ツバキ科 ツバキ属

互生 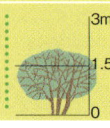　常緑低木

	1	2	3	4	5	6	7	8	9	10	11	12 (月)
花										●	●	
実												
葉												

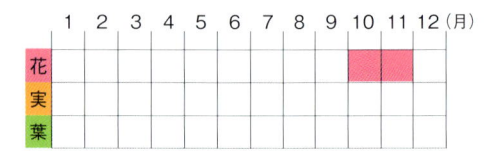

● 自生地

中国南部

● 特徴・特性

葉は長さ4〜10cmの長楕円形で先は尖り、基部はくさび形。縁には細鋸歯があり、全体に波打つ。やや革質。両面とも暗緑色。花は10〜11月に開花し、白く芳香がある。個体差が多く、現在は'ヤブキタ'が多い。

類似種　トウチャ

◆見分け方……トウチャは葉が大きく、波打ちも大きい。

● 利用法

刈り込み、寄せ植え、生垣、飲料。

＊その他

ピンク色の花や斑入りなどの品種がある。1191年（建久2）に僧栄西が中国から薬用植物として持ち帰り、緑茶として広まった。製法によって紅茶やウーロン茶など各種のお茶がつくられ、中国各地には多くの特徴ある銘茶がある。古い時代には通貨として利用されたこともある。

細鋸歯がある
先は尖る
表 90%
基部はくさび形
裏 70%

ノウゼンカズラ 凌霄花

Campsis grandiflora
ノウゼンカズラ科 ノウゼンカズラ属

対生　落葉つる

	1	2	3	4	5	6	7	8	9	10	11	12	(月)
花							■	■	■				
実													
葉													

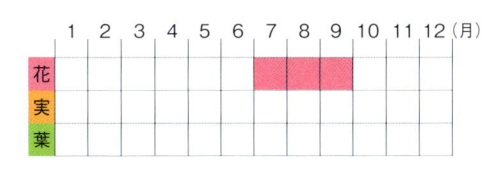

●自生地

中国

●特徴・特性
葉は奇数羽状複葉で、小葉は5〜13枚あり長さ3〜7cmの卵形。小葉の先は尖り、基部はくさび形。縁には粗い鋸歯がある。表は濃緑色、裏は緑色。茎は長く伸び、付着根を出して、他のものに吸着して這い上がる。7〜9月に橙色の花をつける。近年はアメリカノウゼンカズラとの交雑品種の'マダム ガレン'が多く植栽されている。

類似種　アメリカノウゼンカズラ、カンプシス タグリアブアナ'マダム ガレン'

◆見分け方……**アメリカノウゼンカズラ**は小葉の数がやや多く、裏の主脈に沿って軟らかい毛がある。花径が小さく、筒部は長い。**カンプシス タグリアブアナ'マダム ガレン'**は裏に毛があり、花形はノウゼンカズラに似ているが色が濃い。

先は尖る
基部はくさび形
粗い鋸歯がある

表 40%
裏 30%

●利用法
構造物や古木に吸着登攀し、棚等に利用する。

セイヨウシデ'ファスティギアータ' 西洋四手

Carpinus betulus 'Fastigiata'
カバノキ科 クマシデ属

互生　落葉高木

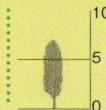

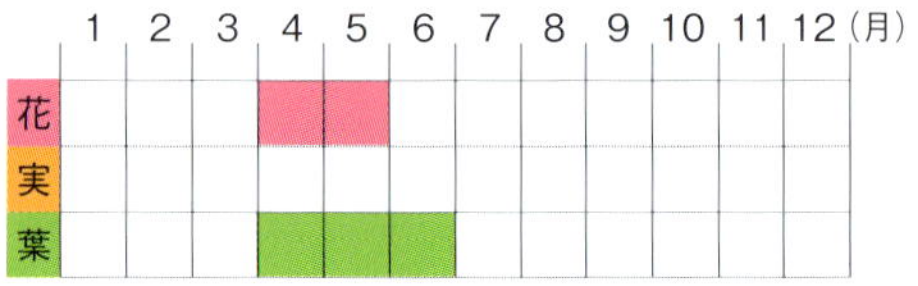

● 自生地

（基本種）ヨーロッパ、トルコ、イラン

● 特徴・特性

葉は長さ10cm内外で卵形、先は尖り、基部は円形または鈍形。縁には鋸歯がある。表は濃緑色で、裏は緑色。側脈は対生で10～13対ある。いくつか品種があり、ファスティギアータは若木のうちは細い円柱形で、場所をとらず、手入れが容易。

類似種 クマシデ、イヌシデ、アカシデ、チドリノキ

◆見分け方……**クマシデ**は葉先がやや狭く尖り、鋸歯が整形。**イヌシデ**は葉が小さく、形が丸い。**アカシデ**は葉が小さく、葉先が細長く尖る。**チドリノキ**は科・属が異なり、葉は対生である点が異なる。鋸歯は大きい。先は大きく尖る。

鋸歯がある
先は尖る
表 90%
基部は円形または鈍形
裏 80%

● 利用法

狭い場所、街路樹、公園樹。

クマシデ 熊四手　●別名……イシソネ、カナシデ

Carpinus japonica
カバノキ科 クマシデ属

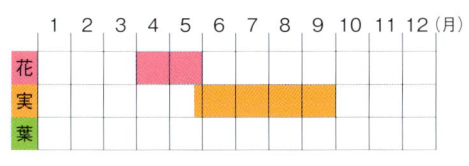

互生 　落葉高木

●自生地 
本州、四国、九州

●特徴・特性
葉は長さ5～10cmの長楕円形または披針状楕円形で、先は長く鋭く尖る。基部はわずかに心形または円形。側脈は20～24対。表は濃緑色で、裏は緑色で葉脈上に毛がある。若い枝には長い毛が密生する。果穂は5～10cmの長楕円形で、独特の葉状の果苞を密につける。

類似種 セイヨウシデ、イヌシデ、アカシデ、サワシバ、チドリノキ

◆見分け方……**セイヨウシデ**は葉先の尖りがゆるい。鋸歯が不整形。**イヌシデ**は葉が小さく、形が丸い。**アカシデ**は葉が小さく、葉先が細長く尖る。**サワシバ**は葉が丸味を帯び、葉先はやや尾状にのびる。基部は心形。**チドリノキ**は科・属が異なり、葉は対生につき、脈も対生である点が大きく異なる。鋸歯はやや大きい。

●利用法
雑木の庭の構成樹、公園樹。

先は長く鋭く尖る

表 70%　裏 60%

基部はわずかに心形または円形

アカシデ 赤四手

●別名……シデノキ、ソロノキ、ソロ、アカメソロ

Carpinus laxiflora
カバノキ科 クマシデ属

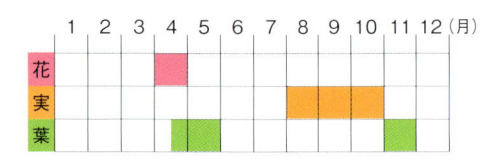

互生 / 落葉高木

●自生地
北海道、本州、四国、九州、朝鮮半島、中国

●特徴・特性
葉は長さ4～8cmの卵形または卵状楕円形で、先は尾状に尖る。縁には不ぞろいの大きい鋸歯がある。基部は円形で、側脈は7～15対。表は鮮緑色で主脈上に毛がある。裏は淡緑色で脈上と脈腋に毛がある。若葉が赤色で、春先に咲く雄花が紅色を帯びた黄褐色のために、赤っぽく見えるのでこの名がついた。

類似種 セイヨウシデ、クマシデ、イヌシデ、サワシバ、チドリノキ

◆見分け方……**セイヨウシデ**は葉が大きく、葉先が急に尖る。**クマシデ**は葉が小さく、葉先は細く尖る。**イヌシデ**は葉が丸く、葉先はゆるく尖る。**サワシバ**は葉が大きく、丸く、葉先は尖る。鋸歯は小さい。**チドリノキ**は科・属が異なり、葉は対生である点、脈も対生である点が大きく異なる。

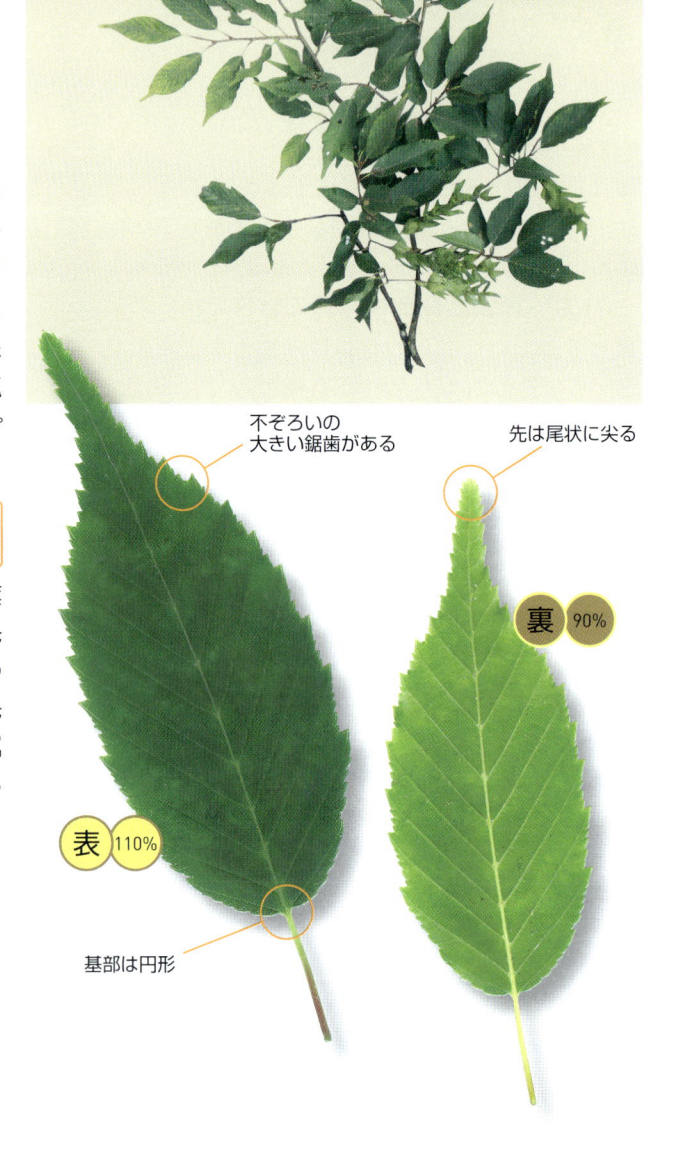

不ぞろいの大きい鋸歯がある
先は尾状に尖る
裏 90%
表 110%
基部は円形

●利用法
雑木の庭の構成樹、街路樹。

イヌシデ 犬四手　●別名……シロシデ、ソロノキ、ソロ

Carpinus tschonoskii
カバノキ科 クマシデ属

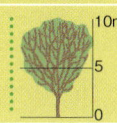

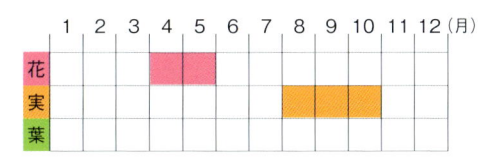

互生　落葉高木

●自生地
本州（岩手県以南）、四国、九州、朝鮮半島、中国

●特徴・特性
葉は4～9cmの卵形または狭卵形。先は鋭頭で、基部は丸い。縁には細かく鋭い重鋸歯がある。側脈は12～15対。表は緑色で、伏毛がある。裏は淡緑色で脈上と脈腋に毛がある。若い葉や枝には毛が多い。

| 類似種 | セイヨウシデ、クマシデ、アカシデ、サワシバ、チドリノキ |

◆見分け方……**セイヨウシデ**は葉が大きく、やや丸い。**クマシデ**は葉が大きく、細長い。**アカシデ**は葉が細長い。**サワシバ**は葉が大きい。**チドリノキ**は科・属が異なり、対生である点、脈も対生である点が大きく異なる。

細かく鋭い重鋸歯がある
先は鋭頭
表 90%
基部は丸い
裏 70%

●利用法
庭園樹、公園樹、街路樹、雑木の庭の構成樹。

クリ 栗　●別名……シバグリ

Castanea crenata
ブナ科 クリ属

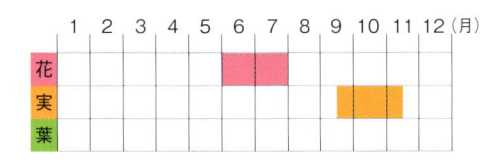

互生　落葉高木　10m

	1	2	3	4	5	6	7	8	9	10	11	12 (月)
花						■	■					
実									■	■		
葉												

● 自生地

北海道（南西部）、本州、四国、九州（屋久島以北）、朝鮮半島中南部

● 特徴・特性

葉は長さ7〜20cmの狭長楕円形で先は尖り、基部は円形または心形。縁には針状の鋸歯があり、鋸歯の先端は緑色の短い芒状となる。表は濃緑色でやや光沢があり、裏は淡緑色で葉脈上に星状毛がある。品種が多い。

類似種　クヌギ、アベマキ

◆見分け方……**クヌギ**は属が異なり、葉は縁に波状鋸歯があり、先端は淡黄褐色の芒となる。クリのほうがふっくらしており、クヌギは円錐形である。**アベマキ**は属が異なり、葉は小さい鋸歯があり、先端が芒状となる。裏は粉白色。クリよりふっくらしている。

● 利用法

果樹、材。

＊その他

秋の味覚の代表。ヤマグリは樹齢が長く大木になる。シダレグリは天然記念物に指定されている。

先は尖る

表 60%　裏 60%

縁は針状の鋸歯

基部は円形または心形

ツブラジイ 円椎　●別名……コジイ、シイ

Castanopsis cuspidata
ブナ科 シイ属

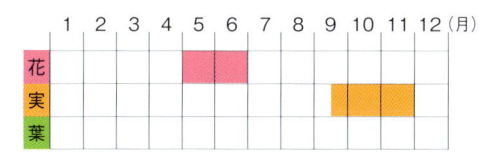

互生　常緑高木

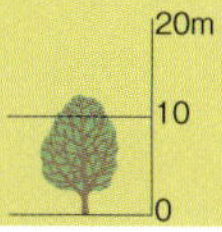

●自生地

本州（南関東以南）、四国、九州、朝鮮半島南部

●特徴・特性
葉は長さ4〜10cmの卵状長楕円形で、先は細長く尖り、基部はくさび形。縁は大きい鋸歯がある。表は光沢があり、深緑色か緑色。裏は濃緑褐色で、灰褐色の細かい鱗状の毛を密生する。葉が小さいので、コジイと呼ばれる。一般にはスダジイと区別せずに単にシイと呼ばれることが多い。海岸線の山地に多い。

類似種　**スダジイ**

◆見分け方……**スダジイ**は葉が大きく、緑色が濃い。また、樹皮が縦に深く裂けることで区別がつく。

先は細長く尖る

縁は大きい鋸歯

表 110%　裏 100%

基部はくさび形

●利用法
公園樹、庭園樹、遮蔽。

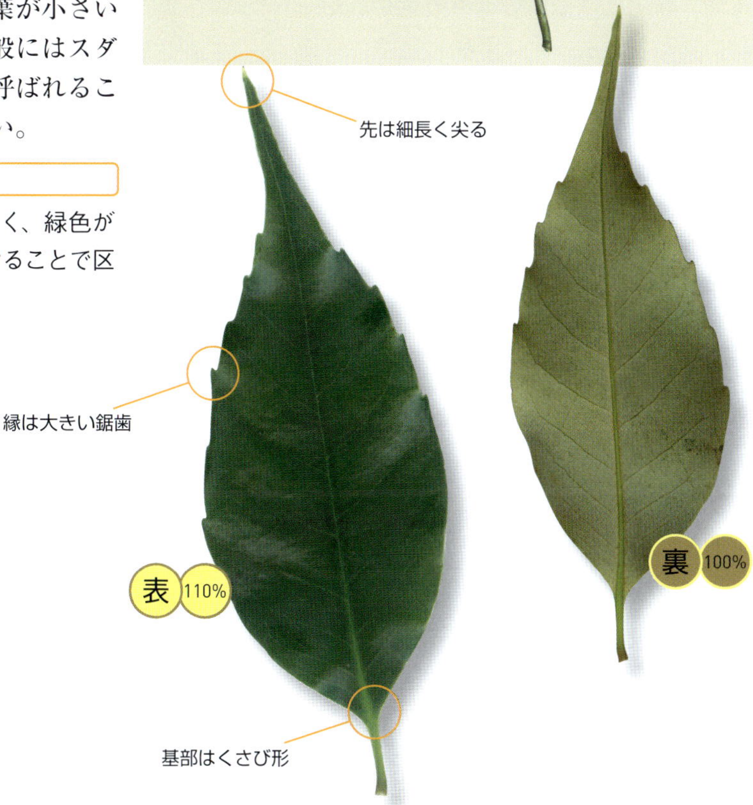

スダジイ

●別名……イタジイ、シイ、シイノキ

Castanopsis sieboldii
ブナ科 シイ属

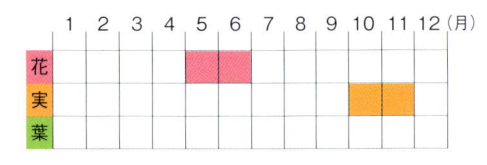

互生　常緑高木　20m

	1	2	3	4	5	6	7	8	9	10	11	12 (月)
花					●	●						
実										●	●	
葉												

● 自生地

本州（福島・新潟県以南）、四国、九州、済州島

● 特徴・特性

葉は長さ6～15cmの広楕円形。先は細長く尖り、基部はくさび形。縁は全縁か葉先の半分くらいに波状の鋸歯がある。厚い革質で表は光沢があり、深緑色か緑色で、初めは淡褐色の毛を散生するが、後に無毛となる。裏は濃緑褐色で、細かい鱗状の毛を密生する。実は生食か炒って食べられる。一般にはツブラジイと区別せずに単にシイと呼ばれることが多い。内陸部の山地に生える。

類似種　**ツブラジイ**

◆見分け方……**ツブラジイ**は葉が小さく、樹皮は滑らか。

● 利用法

公園樹、庭園樹、遮蔽。

＊その他

スダジイの斑入りはいくつか知られているが、葉にクリーム色の覆輪斑が入る品種は、ほぼ樹冠全体に出て美しい。スダジイは日陰に耐えるので、本品種を日陰に植栽すると、その場所が明るく見えて最適である。

先は細長く尖る

表 40% 斑入り品種

全縁または葉先の半分くらいに波状の鋸歯がある

基部はくさび形

表 80%

裏 80%

裏 40% 斑入り品種

アメリカキササゲ

Catalpa bignonioides
ノウゼンカズラ科 キササゲ属

対生、輪生　10m　落葉高木

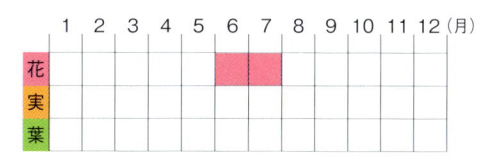

● 自生地

北米南東部

● 特徴・特性
葉は長さ12〜25cmの広卵形で全縁。先は細長く尖り、基部は心形。両面とも緑色で、裏の葉脈ははっきりと目立ち、毛がある。花は白で内側に2本の黄色いすじと紫色の斑点があり、裂片の縁は縮れる。長さ3〜5cmで花径が4〜5cm、花序の花数は多数。実は長さ30cmくらいに細長くつく。太さは0.6〜0.8cmでひも状に下がる。

類似種　キササゲ、ハナキササゲ

◆見分け方……**キササゲ**の葉は広卵形だが、普通は浅く3〜5裂する。花は帯黄色で橙色の点と条があり、裂片の縁は縮れる。長さ1.5〜2cmで、実は幅0.8cm。**ハナキササゲ**の葉と花はアメリカキササゲに似るが、花径が5〜7.5cmと大きく、花序の花数は少数。実は幅1.2〜1.8cm。

● 利用法
公園樹、シンボルツリー、薬用。

＊その他
品種にカラーリーフの黄葉や紫葉がある。細長い実がササゲ（赤飯に使う豆）に似ていて、樹になることからキササゲという。

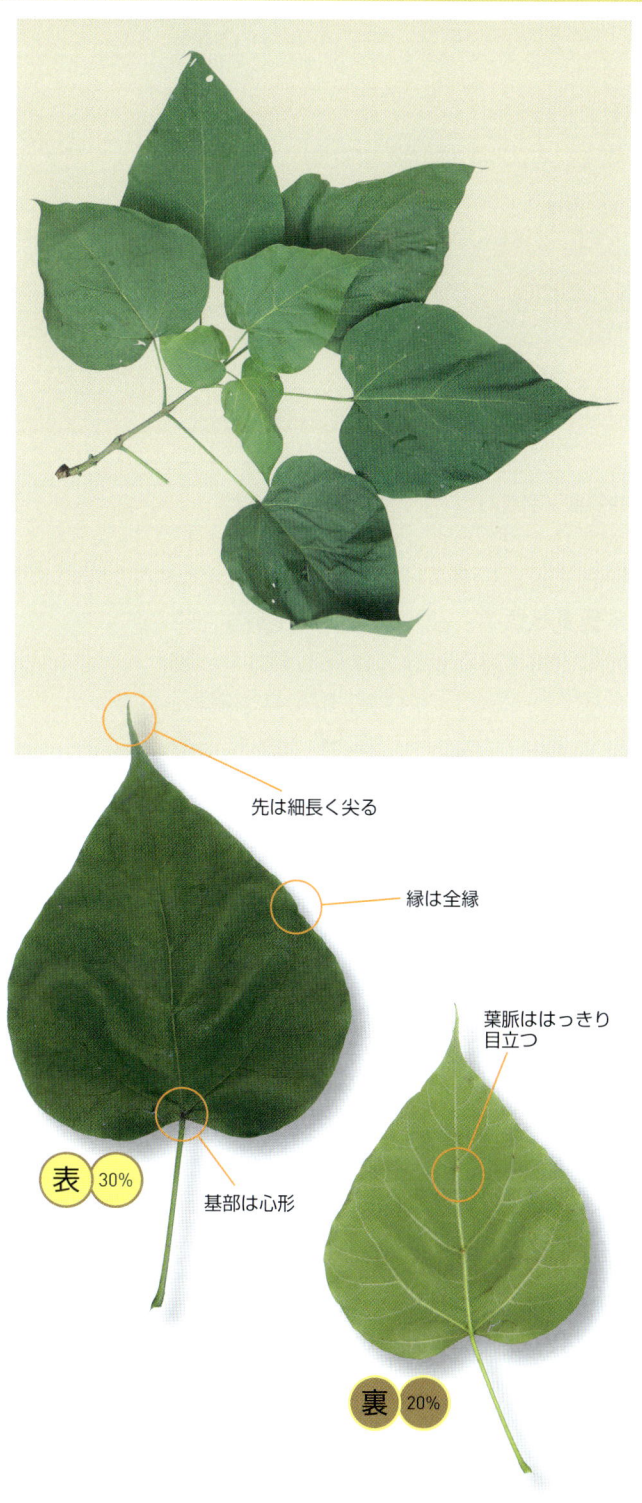

先は細長く尖る
縁は全縁
葉脈ははっきり目立つ
基部は心形

表 30%
裏 20%

ヒマラヤスギ

●別名……ヒマラヤシーダー

Cedrus deodara
マツ科 ヒマラヤスギ属

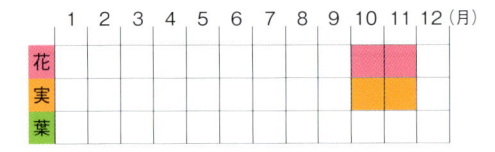

互生　常緑高木　20m

	1	2	3	4	5	6	7	8	9	10	11	12 (月)
花										■	■	
実										■		
葉												

●自生地

(原産) ヒマラヤ北西部～アフガニスタン東部

●特徴・特性

葉は長さ 2.5〜5cmで針状。幅と厚みは同じくらい。葉色は淡青緑色。短枝では多数束生する。枝は水平にひろがり、枝先は下垂する。若枝には細毛がある。毬果は 7〜12cmで、長卵形。樹形は円錐形。樹姿は雄大かつ端正で性質も強健である。適応性が高く、大庭園や公園等に単植または列植され、街路樹、並木としてもよく使われる。シダレやオーレア等の品種がある。

類似種 アトラスシーダー、レバノンシーダー

◆見分け方……**アトラスシーダー**の葉は短く、厚く、硬い。**レバノンシーダー**の葉は短く、厚みはやや薄い。

●利用法

公園樹、記念樹、材、生垣。

＊その他

世界３大美樹のひとつで、品種は多い。材は線路の枕木用になる。

多数束生する

葉 150%　枝 60%

レバノンシーダー

Cedrus libani
マツ科 ヒマラヤスギ属

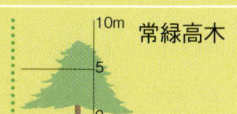

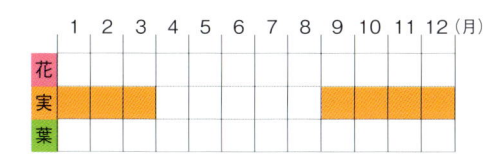

束生　常緑高木

	1	2	3	4	5	6	7	8	9	10	11	12	(月)
花													
実													
葉													

●自生地

シリア（レバノン山）

●特徴・特性
葉は長さ2.5〜3cmで、針状で硬い。幅より厚みは少なく、断面は四角形。葉色は濃緑色。若枝は細毛がある。毬果は長さ8〜10cmで、やや頭部がひらたい卵球形。樹形はやや広い円錐状で、老木になると樹冠が広がる。材木、船舶用材として切られたため、自生地が絶滅の危機に陥っている。

類似種 アトラスシーダー、ヒマラヤスギ

◆見分け方……**アトラスシーダー**は葉が厚く、色はやや薄い。**ヒマラヤスギ**は葉が長く、厚みはややある。樹勢はやや強い。

●利用法
公園樹。

枝 150%

葉の断面は四角形

葉 220%

アトラスシーダー 'グラウカ'
Cedrus atlantica 'Glauca'

●特徴・特性
葉は長さ2.5cm以下で、幅より厚みがある。葉色は銀青色。若枝は細毛がある。毬果は長さ5〜7cmで、淡褐色の円筒状卵形。

ツルウメモドキ 蔓梅擬

Celastrus orbiculatus
ニシキギ科 ツルウメモドキ属

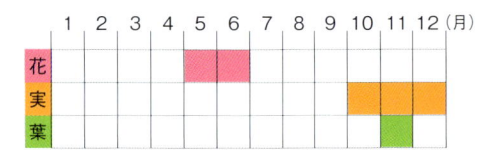

互生 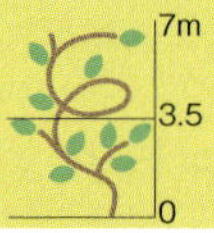 / 落葉つる / 7m・3.5

● 自生地

北海道、本州、四国、九州、沖縄、南千島、朝鮮半島、中国

● 特徴・特性

葉は長さ5～10cmの倒卵形または楕円形で、先は急に尖り、基部はくさび形。縁には鈍い鋸歯がある。両面とも淡緑色。つる性の樹木で、雌雄異株。雌株には秋に黄色の実が熟し割れて、橙色の仮種皮につつまれた朱赤の種子が現れる。

| 類似種 | テリハツルウメモドキ、オニツルウメモドキ |

◆見分け方……**テリハツルウメモドキ**の葉は長さ2.5～6cmと小さく、長楕円形または楕円形で、質が厚くて光沢がある。分布は山口県、九州、沖縄、台湾、中国。**オニツルウメモドキ**の葉はツルウメモドキに似ているが、表面の脈上に小さな突起毛がある。

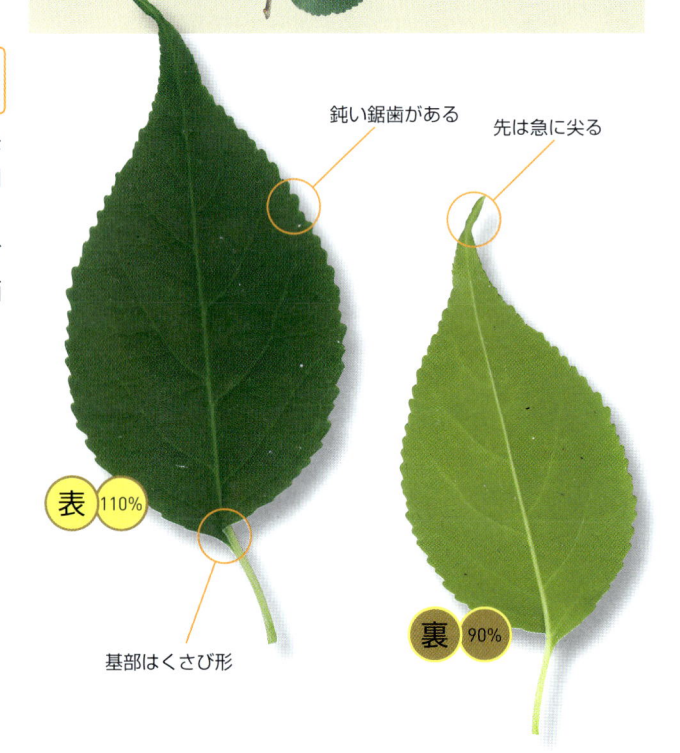

鈍い鋸歯がある
先は急に尖る
基部はくさび形
表 110%
裏 90%

● 利用法

パーゴラ、アーチ、フェンス、トレリス、棚、生け花。

エノキ 榎

Celtis sinensis var. *japonica*
ニレ科 エノキ属

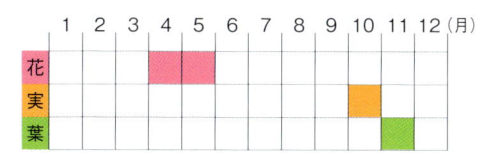

互生 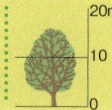　落葉高木

●自生地

本州、四国、九州、朝鮮半島、中国

●特徴・特性

葉は長さ4～10cmの広卵形または楕円形で、先は鋭尖頭、基部は広いくさび形で左右が不ぞろい。縁の上部に鈍い鋸歯がある。表は暗緑色、裏は緑色で3本の葉脈が目立つ。実は赤褐色に熟す。耐潮性に優れる。国蝶のオオムラサキの幼虫の食餌木である。品種にシダレエノキがある。

類似種 エゾエノキ、ムクノキ

◆見分け方……**エゾエノキ**の葉は基部を除いて鋭い鋸歯がある。実は黒く熟し、樹形は長く伸びる。**ムクノキ**は属が異なり、葉は細く、表面はざらつく。

縁の上部に鈍い鋸歯がある

先は鋭尖頭

表 100%　裏 90%

基部は広いくさび形で左右が不ぞろい

●利用法

公園樹、庭園樹、オオムラサキの食餌木、一里塚。

イヌガヤ 犬榧

Cephalotaxus harringtonia
イヌガヤ科 イヌガヤ属

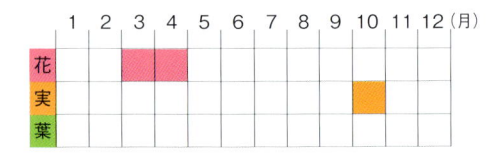

互生 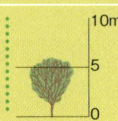　常緑高木

●自生地 
本州（岩手県以南）、四国、九州、朝鮮半島、中国

●特徴・特性
葉は長さ2〜5cm、幅0.3〜0.4cmの広線形で、葉先は短く急に尖るが、軟らかいので触れても痛くない。実は長さ2〜2.5cmの倒卵状球形で、翌年10月頃に紫褐色に熟すが、苦くて食べられない。雌雄異株。雄花の花粉が多い。林床に生え、根元から長枝が出やすいので株立ちが多い。

類似種 カヤ、ハイイヌガヤ

◆見分け方……**カヤ**は葉が硬く、触れると痛い。裏の気孔帯の幅が狭い。樹齢が長いので大木になる。**ハイイヌガヤ**は主に日本海側の多雪地帯に生える。葉は幅が狭く、長さも短い。幹は基部から斜上する。実は紅色に熟し、食べられる。

●利用法
庭園樹、公園樹。

らせん状に互生し、長葉群と短葉群が交互に見られる。主幹ははっきりせず、分枝して伸びる。開花は見られない。

葉先は短く急に尖る

形は弓状にゆるやかに反り返る

先は尖る

チョウセンマキ

Cephalotaxus harringtonia 'Fastigiata'

●特徴・特性
葉は長さ2〜5cmの広線形で厚く、先は尖り、弓状にゆるやかに反り返る。表は暗緑色で、裏に2条の白い気孔線がある。

ソメイヨシノ 染井吉野

Cerasus × *yedoensis*
バラ科 サクラ属

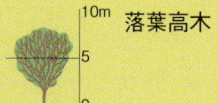

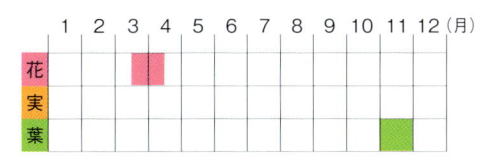

互生　落葉高木

- ● 自生地　品種
- ● 特徴・特性

葉は長さ7〜12cmの楕円形で、先は鋭く尖り、基部は円形または切形。縁には鋭い鋸歯がある。表は緑色、裏は淡緑色で、表には若葉の頃に主脈の上を中心にわずかに細毛があり、後に無毛になる。葉柄は有毛で上部に1対の蜜腺がある。淡紅色または淡紅白色の花が新芽の展開前に開花する。

類似種　**オオシマザクラ**、**ヤマザクラ**、**カンヒザクラ**

◆見分け方……**オオシマザクラ**の葉は長さ9〜12cmの倒卵形または倒卵状楕円形で、先は尾状に鋭く尖り、基部は円形。縁には芒状の鋸歯がある。葉に独特の甘い香りがある。葉柄は無毛。**ヤマザクラ**は葉と同時に淡紅白色の花が咲く。葉は長さ8〜12cmの長楕円形または倒卵状長楕円形または倒卵形で、先は尾状に鋭く尖り、基部は円形または広いくさび形。**カンヒザクラ**は1〜3月に緋紅色の花を下向きにつける。沖縄のサクラとして有名である。葉は長さ8〜13cmの楕円形または長楕円形で、先は尾状に鋭く尖り、基部は円形または鈍形。縁には細鋸歯または重鋸歯がある。表は緑色で光沢がある。

- ● 利用法

公園樹、街路樹、記念樹。

先は鋭く尖る
縁は鋭い鋸歯
表 70%
裏 50%
基部は円形または切形
葉柄は有毛

ヤマザクラ 山桜

Cerasus jamasakura
バラ科 サクラ属

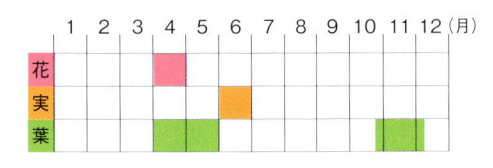

互生　落葉高木 10m

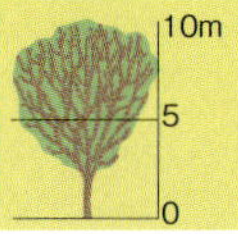

	1	2	3	4	5	6	7	8	9	10	11	12 (月)
花				●								
実						●						
葉					●	●					●	

●自生地

本州（宮城・新潟県以南）、四国、九州、朝鮮半島南部

●特徴・特性

葉は長さ8～12cmの長楕円形または卵状長楕円形または卵形で、先は尾状に鋭く尖り、基部は円形または広いくさび形。縁は細かく鋭い鋸歯がある。表は緑色、裏は灰白緑色。葉柄に1対の蜜腺がある。山野に広く自生し、新芽と同時に白色または淡紅色の花を開花する。樹皮は暗褐色で、新芽は赤、茶色、黄緑色、緑色など変異が多い。品種が多い。

類似種 ソメイヨシノ、オオシマザクラ、カンヒザクラ、オオヤマザクラ、カスミザクラ

◆見分け方……**ソメイヨシノ**は花が新芽の展開前に開花する。**オオシマザクラ**は縁に芒状の鋸歯があり、表はやや光沢がある。**カンヒザクラ**は1～3月に緋紅色の花を開花する。縁に細鋸歯または重鋸歯があり、表は光沢がある。**オオヤマザクラ**は葉よりやや早く、濃桃色の花を開花する。樹皮は横に皮目が目立つ。**カスミザクラ**は裏や葉柄に細かい毛があり、縁の鋸歯は先が芒状になる。

●利用法

庭園樹、公園樹、街路樹、生け花、建築・家具・器具・彫刻・楽器材。

先は尾状に鋭く尖る
細かく鋭い鋸歯がある
表 60%
裏 50%
基部は円形または広いくさび形

カスミザクラ
Cerasus leveilleana

表 40%
カスミザクラ

●特徴・特性

葉は長さ8～12cmの倒卵形または倒卵状楕円形で、先は尾状に鋭く尖り、基部は円形またはくさび形。二重鋸歯または単鋸歯で先は芒状。表は無毛または毛が散生し、裏は葉脈上にわずかに毛がある。葉柄はわずかに赤みを帯び、上部に2個の蜜腺がある。山地に広く自生し、葉と同時に白色またはわずかに紅色を帯びた花が開花する。

サトザクラ 里桜

Cerasus lannesiana cv.
バラ科 サクラ属

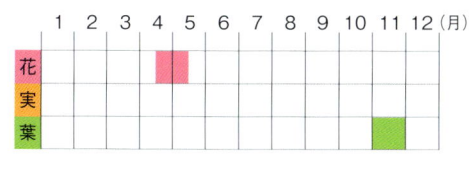

互生　落葉高木

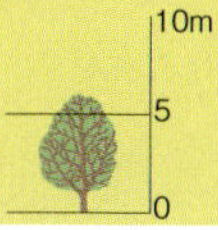

●自生種　品種

●特徴・特性
サクラを庭に植え始めた平安時代より、品種育成が行われ、多くの園芸品種ができた。これらの品種を総称してサトザクラと呼び、オオシマザクラ系の品種が最も多い。狭い意味ではオオシマザクラの品種を指すが、園芸上は広く、オオシマザクラ以外の品種も含まれている。非常に変異に富んでいる。葉も変異が多く、一般的に長さ7～12cmの倒卵形または倒卵状楕円形または楕円形で、先は尾状に鋭く尖り、基部は円形または切形。縁には芒状の鋸歯があるものが多い。表は緑色、裏は淡緑色。

●主な品種
'兼六園菊桜''御衣黄''普賢像''駿河台匂''白雪''天の川''一葉''福禄寿'。

●利用法
庭園樹、公園樹、シンボルツリー、街路樹。

先は尾状に鋭く尖る

芒状の鋸歯がある

基部は円形または切形

オオヤマザクラ

大山桜
●別名……エゾヤマザクラ、ベニヤマザクラ

Cerasus sargentii

バラ科 サクラ属

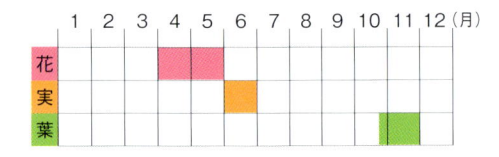

互生 　落葉高木

●自生地

北海道、本州、四国、南千島、サハリン、朝鮮半島

●特徴・特性

葉は長さ8〜15cmの楕円形または卵状楕円形で、先は尾状に鋭く尖り、基部は切形または円形。縁は一部不整な重鋸歯となる深く鋭い鋸歯がある。表は緑色、裏は粉白緑色。葉柄の上部には1対の蜜腺がある。山地に生え、樹皮は暗紫褐色で、横に皮目が目立つ。花は葉よりやや早く、濃桃色でヤマザクラより濃く大きい。

類似種　ヤマザクラ

◆見分け方……ヤマザクラはやや低地に生え、花色は淡く小さく、葉と同時に開花する。樹皮は暗褐色。葉は長さ8〜12cmの長楕円形または倒卵状長楕円形または倒卵形で、基部は円形または広いくさび形。縁には細かく鋭い鋸歯がある。裏は灰白緑色。

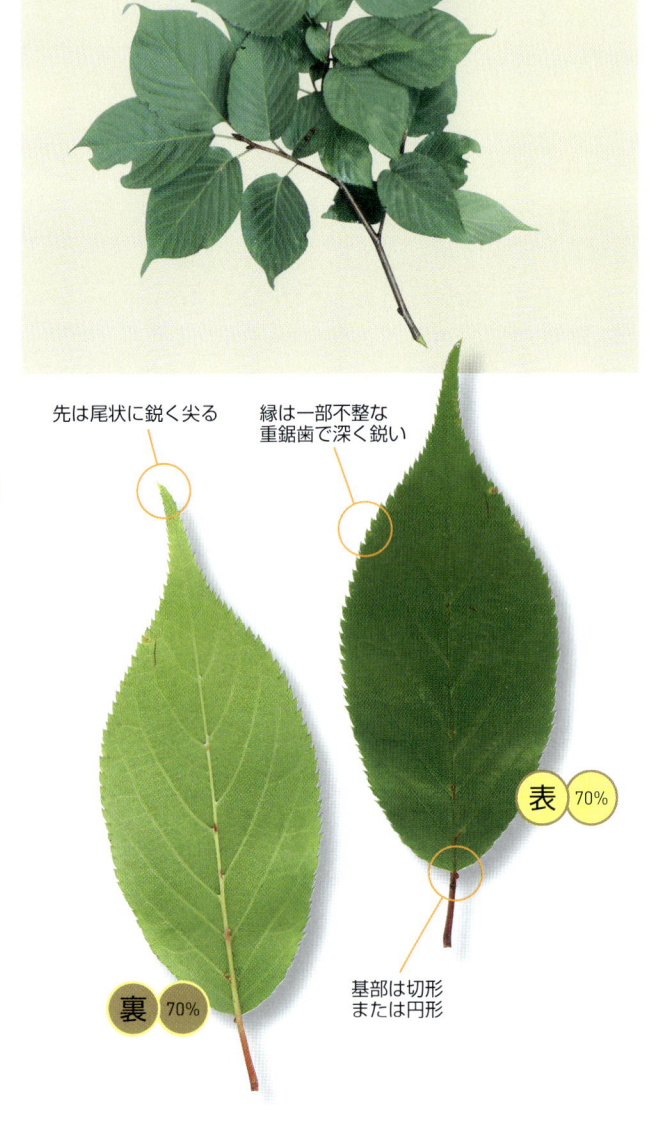

先は尾状に鋭く尖る
縁は一部不整な重鋸歯で深く鋭い
基部は切形または円形

●利用法

庭園樹、公園樹。

シダレザクラ 枝垂れ桜　●別名……イトザクラ

Cerasus spachiana f. *spachiana*
バラ科 サクラ属

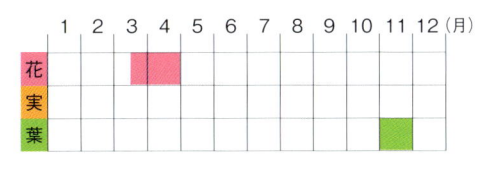

互生　落葉高木

●自生地

（基本種）本州、四国、九州、台湾、朝鮮半島、中国

●特徴・特性
葉は長さ6〜12cmの長楕円形または狭倒卵形で、先は尾状に鋭く尖り、基部はくさび形で1対の蜜腺がある。縁には不ぞろいの鋭い重鋸歯がある。表は緑色で無毛または毛が散生し、裏は淡緑色で葉脈上に毛がある。葉柄には毛が密生する。エドヒガンの枝垂れ性で、3〜4月、葉の出る前に淡紅白色の花が散形状に2〜3個咲く。色の濃いものや八重咲きの品種がある。

●利用法
庭園樹、公園樹、景観樹。

＊その他
各地に樹齢1000年以上のものも現存している。ヨシノシダレやキクシダレ（ヤマザクラ）など系統の異なる枝垂れ品種もある。

先は尾状に鋭く尖る

不ぞろいの重鋸歯がある

基部はくさび形で1対の蜜腺がある

ユスラウメ 梅桃、英桃

Cerasus tomentosa
バラ科 サクラ属

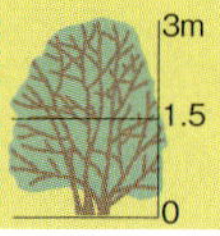

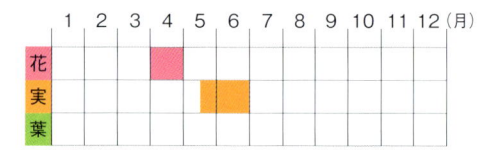

互生　落葉低木　3m / 1.5 / 0

● 自生地
中国

● 特徴・特性
葉は長さ4～7cmの倒卵形で、先は急に尖り、基部は広いくさび形または円形。縁には不整の鋸歯がある。表は緑色で細毛があり側脈がへこむ。裏は緑白色で白い毛が密生する。樹高2～3mで、よく分枝する。葉と同時かやや早く、淡紅色の花が咲き、果実は赤く熟し食べられる。

類似種　ニワザクラ、ニワウメ

◆見分け方……ニワザクラは下記参照。ニワウメの葉は長さ4～6cmの卵形または卵状披針形で、先は鋭く尖り、基部は円形。縁に細かい鋸歯がある。

● 利用法
庭園樹、公園樹、果樹。

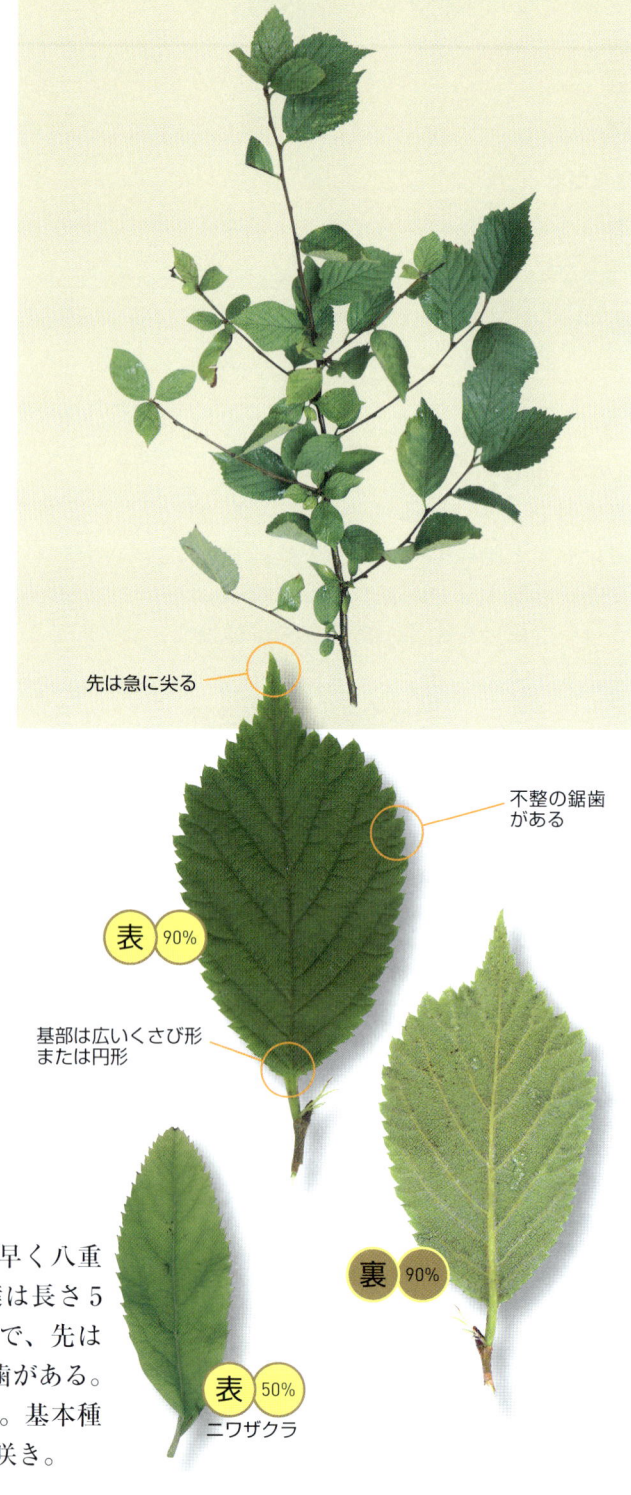

ニワザクラ
Cerasus glandulosa

● 特徴・特性
株立ち状になり、4月に葉と同時かやや早く八重の白色または淡紅色の花を開花する。葉は長さ5～9cmの長楕円形または長楕円状披針形で、先は尖り、基部はくさび形。縁には波状の鋸歯がある。表は緑色、裏は淡緑色で脈上に毛がある。基本種はヒトエノニワザクラといい、花は一重咲き。

先は急に尖る
不整の鋸歯がある
基部は広いくさび形または円形
表 90%
裏 90%
表 50%
ニワザクラ

カツラ 桂　●別名……マッコノキ、マッコ、コウノキ

Cercidiphyllum japonicum
カツラ科 カツラ属

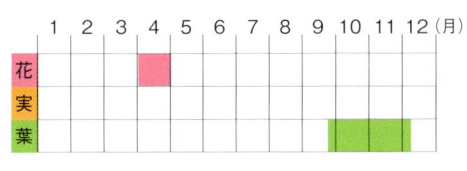

対生　20m 落葉高木

●自生地
北海道、本州、四国、九州

●特徴・特性
葉は長さ3〜8cmの広卵形。先はやや尖り、基部は浅い心形。縁には波状の細かい鋸歯がある。表は緑色で、裏は粉白色を帯びた緑色。葉柄は2〜2.5cmの帯紅色。沢筋に多く生え、水気を好む。

類似種　ヒロハカツラ

◆見分け方……**ヒロハカツラ**は葉が大きく、丸く、基部は深い心形。樹皮は割れ目ができない。

●利用法
公園樹、庭園樹。

＊その他
イチョウとともに黄色の紅葉の代表である。樹皮は縦に割れ目ができて、薄く剥がれる。葉は香りがよく、新梢の時と、秋の黄葉した時に甘い独特の香りがする。カツラの語源は「香出（カヅ）であろう」といわれる。葉を乾かし、粉にして「お香」を作るのでコウノキともいう。また、京都の葵祭にフタバアオイとともに使われる。品種にシダレカツラがあり、出世木として知られている。樹形がまとまるので、個人庭にも向く。

先はやや尖る
波状の細かい鋸歯がある
基部は浅い心形
表 130%　裏 130%

アメリカハナズオウ

Cercis canadensis
マメ科 ハナズオウ属

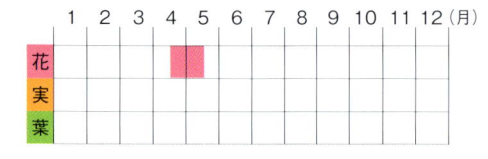

互生　落葉高木

● 自生地

北米東部

● 特徴・特性

葉は長さ5〜10cmの広楕円形または円形。先は尖り、基部は心形。縁はほぼ全縁。両面とも淡緑色で、裏の葉脈ははっきりしている。太い幹でも直接花をつける。カラーリーフや斑入り、シダレなどの品種が多く、日本にも導入されているが基本種はあまり見られない。

| 類似種 | ハナズオウ、ライラック、マルバノキ |

◆見分け方……**ハナズオウ**の葉は厚く、光沢がある。形はいびつになる。大木にならない。**ライラック**は科・属が異なり、葉先は鋭く尖る。基部は切形または円形で、葉のつき方は対生である。**マルバノキ**は科・属が異なり、葉は円心形で、先は短く尖り鈍頭。縁は全縁で、秋の紅葉は美しい。

縁はほぼ全縁

先は尖る

表 50%

基部は心形

裏 40%

● 利用法

庭園樹、公園樹。

アメリカハナズオウ 'フォレスト パンシー'

Cercis canadensis 'Forest Pansy'　マメ科 ハナズオウ属

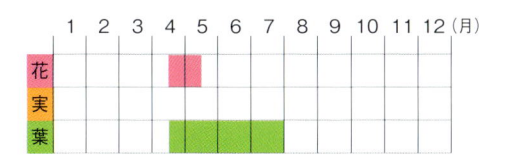

落葉高木

先は尖る
縁はほぼ全縁
基部は心形

表 40%
裏 30%

● 特徴・特性
葉の形や大きさは基本種と同様であるが、新葉の色が赤紫色で美しく、7月頃まで退色しないで楽しめる。明るい赤から次第に緑色を帯びた濃紫色に変化する。東北地方までいくと秋まで退色しない。花も美しい。

● 利用法　シンボルツリー、景観樹。

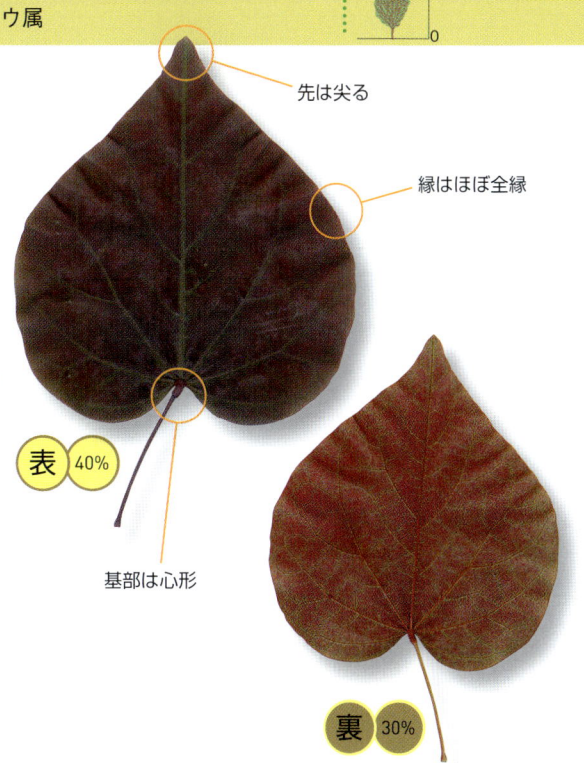

アメリカハナズオウ 'シルバー クラウド'

Cercis canadensis 'Silver Cloud'　マメ科 ハナズオウ属

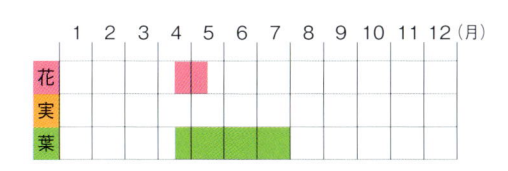

落葉高木

先は尖る
縁はほぼ全縁
基部は切形

表 50%
裏 40%

● 特徴・特性
葉の形は基本種とほぼ同様であるが、大きさはやや小さく、基部は切形。斑入り品種で芽だしは斑がピンク色で、ピンク、白、緑が一枚の葉に出て美しい。展葉とともに、ピンク色が白く変わり、白と緑の葉になり、緑の部分がだんだん多くなっていく。花も美しい。

● 利用法　シンボルツリー、景観樹。

ハナズオウ 花蘇芳　●別名……ハナズホウ

Cercis chinensis
マメ科 ハナズオウ属

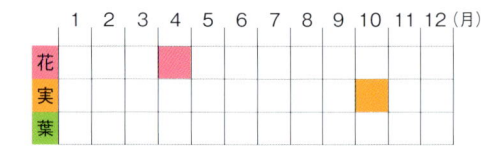

互生　3m　落葉高木
1.5
0

	1	2	3	4	5	6	7	8	9	10	11	12 (月)
花				■								
実										■		
葉												

● 自生地

中国

● 特徴・特性
葉は長さ5〜10cmの広楕円形またはほぼ円形。先は短い鋭尖頭。基部は深い心形。基部からは5〜7本の掌状脈が出る。縁は全縁。表は濃緑色で光沢があり、ふっくらしている。裏は緑白色。花は濃紫紅色で、白花や咲き分け品種がある。

類似種　アメリカハナズオウ、ライラック、マルバノキ

◆見分け方……**アメリカハナズオウ**の葉は薄く、光沢がない。形と先は尖る。**ライラック**は科・属が異なり、葉先は鋭く尖る。基部は切形または円形。**マルバノキ**は科・属が異なり、葉先は急に鋭く尖る。基部は深い心形。

● 利用法
庭園樹、公園樹。

＊その他
渡来した年代は不明で、1695年（元禄8）の『花壇地錦抄』に記載がある。6〜8月頃の実は鞘が赤紫色に熟す個体があり、観賞に堪える。

先は短い鋭尖頭
縁は全縁
表 50%
基部は深い心形
裏 40%

クサボケ 草木瓜

●別名……シドミ

Chaenomeles japonica
バラ科 ボケ属

互生 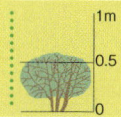　落葉低木

	1	2	3	4	5	6	7	8	9	10	11	12	(月)
花			■	■									
実										■	■		
葉													

● 自生地

本州（関東以南）、四国、九州

● 特徴・特性

葉は長さ3～6cmの倒卵形。先は丸く、基部は細いくさび形。縁には細鋸歯がある。表は濃緑色、裏は緑色。枝には刺がある。雑木林の林縁部に多く、早春に橙色の花を咲かせ、秋には、黄色く熟す香りが良い果実がなる。細枝が横に這い、地中に伏して伸び、株立ち状に増えていく。品種には白花や八重咲きがあるが、近年咲き分けや濃赤色の品種も発表されている。

類似種　ボケ

◆見分け方……ボケは葉が長い。樹形は株立状または一本立になり、高さは高くなる。

● 利用法

庭園樹、公園樹、雑木の庭の構成樹、寄せ植え、刈り込み、果実酒。

＊その他

果実を使ったクサボケ酒は香りがよく人気がある。

先は丸い
縁には細鋸歯
表 150%
基部は細いくさび形
裏 140%

105

カリン 花梨

Chaenomeles sinensis

バラ科 ボケ属

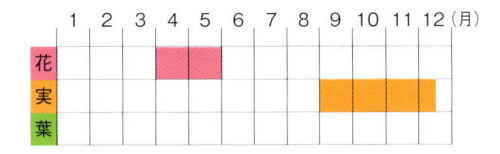

互生、束生
落葉高木 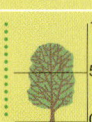

● 自生地

中国

● 特徴・特性

葉は長さ4～10cmの卵状楕円形でまれに倒卵形になる。先は尖り、基部は広いくさび形。表は緑色で光沢があり、脈上に毛が散生する。裏は淡緑色で全面に毛がある。縁には先が腺状になった細鋸歯がある。樹皮は剥がれて鹿子状の模様となる。花はピンク色で、秋に香りの良い実がなり、果実酒やシロップ漬けにする。実には毛がない。

類似種　マルメロ

◆見分け方……**マルメロ**の葉は全縁。樹皮は剥がれない。花は大きく、白または淡紅色で、葉や果の表面に毛がある。属が異なる。

● 利用法

庭園樹、公園樹、盆栽、果樹、果実酒、薬用。

＊その他

カリンの果実はのどの薬として古い時代からカリン酒にされ、近年はのど飴などにもよく利用されている。幹も美しく観賞に堪える。

先は尖る

先が腺状になった細鋸歯

表 70%

基部は広いくさび形

裏 70%

ボケ 木瓜　●別名……カラボケ

Chaenomeles speciosa
バラ科 ボケ属

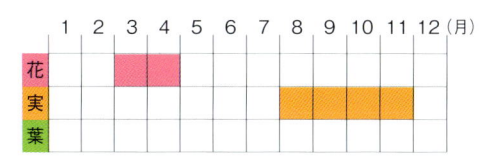

互生　3m　落葉低木

	1	2	3	4	5	6	7	8	9	10	11	12	(月)
花			■	■									
実								■	■	■	■		
葉													

●自生地

中国

●特徴・特性
葉は長さ4〜8cmの狭卵形または長楕円形。先は尖り、基部はくさび形。縁には細かい鋸歯がある。表は濃緑色で光沢があり、裏は淡白緑色で、両面とも無毛または裏の葉脈上にわずかに毛がある。枝に刺がある。早春から赤い花をつけるのが魅力で、他にピンク、白、絞り、クリーム色等品種が多い。実は香りがよく、果実酒が楽しめる。

●主な品種
'東洋錦'（咲き分け）、'長寿楽'（橙色）、
'黒潮'（黒赤色）、'大八州'（白色）、
'富士の嶺'（ピンク色）、'黄華'（黄白色）

類似種 **クサボケ**

◆見分け方……**クサボケ**は葉が丸い。樹形は株状で、樹高も低い。

●利用法
庭園樹、公園樹、生垣、盆栽、果実酒。

＊その他
平安時代に渡来したと言われ、江戸時代に多くの品種が作られた。

先は尖る
縁は細かい鋸歯
裏 140%
表 170%
基部はくさび形

ヒノキ 檜

Chamaecyparis obtusa
ヒノキ科 ヒノキ属

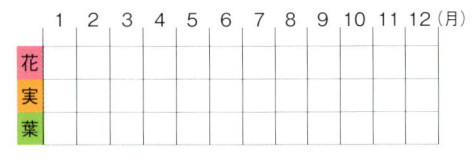

対生　常緑高木

	1	2	3	4	5	6	7	8	9	10	11	12 (月)
花												
実												
葉												

● 自生地

本州（福島県以南）、四国、九州、屋久島

● 特徴・特性

葉は鱗片状で交互に対生し、先は鋭くない。表は濃緑色で、裏は上下左右の葉が接するところに白い気孔線があり、Y字形に見える。毬果は直径0.8〜1.2cmのほぼ球形で、赤褐色に熟す。最も優れた建築材として知られ、品種が多く、海外でも改良されている。移植はやや困難である。

類似種　**サワラ、アスナロ、ネズコ**

◆見分け方……**サワラ**は葉の鱗片がヒノキより小さい。裏の気孔線はX字形またはW字形。毬果は黄褐色で、ヒノキよりやや小さく、表面が盃状にくぼみ、でこぼこしている。**アスナロ**は属が異なり、葉は厚い鱗片状でヒノキよりかなり大きい。裏の気孔線も大きく、放射状に並び、白い粉をふいたようでよく目立つ。フィトンチッドが特に多い。**ネズコ**は属が異なり、葉は三角形または舟形で厚みがあり、鱗片状で十字形に対生する。裏は灰白色の気孔帯があるが目立たない。

● 利用法

庭園樹、公園樹、遮蔽樹、防風樹、建築材。

先は鋭くない

鱗片状で交互に対生

表 110%
枝先

裏 110%
枝先

枝 30%
ヒノキ'クリプシー'

ヒノキ'クリプシー'

Chamaecyparis obtusa 'Crippsii'

● 特徴・特性

葉は一年中、黄色を帯び、全体的には黄緑色。樹形は円錐形で、主幹は立ち上がり、枝は斜上または水平に伸びる。生育は基本種に比べ若干劣る程度。葉、枝は多く、刈り込みに耐える。冬はやや橙色を帯びた黄色になる。日当たりではメタリックになり、冬まで鮮やかな黄色を保つ。日陰では黄色は出ない。

チャボヒバ 矮鶏檜葉

Chamaecyparis obtusa 'Chabohiba'
ヒノキ科 ヒノキ属

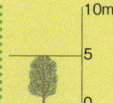

対生 / 10m 常緑高木 / C

	1	2	3	4	5	6	7	8	9	10	11	12 (月)
花												
実												
葉					●	●	●	●	●	●		

● 自生地

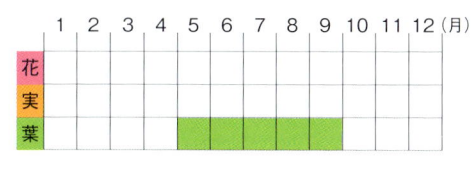

（基本種はヒノキ）
本州（福島県以南）、四国、九州、屋久島

● 特徴・特性

葉は小さく、鱗片状でずんぐりしている。枝葉は短く、扇状に密に分枝し、互いに重なって、狭円錐形のわりとまとまった樹形となる。古くから庭園樹として植栽されている。

類似種 オウゴンチャボヒバ

◆見分け方……オウゴンチャボヒバは葉が黄色で、伸びがやや遅い。

● 利用法
庭園樹、生垣。

オウゴンチャボヒバ

Chamaecyparis obtusa 'Ougonchabohiba'

● 特徴・特性

葉は黄金色（チャボヒバの黄葉品種）。葉は小さく、鱗片葉はずんぐりせずまっすぐ伸びる。枝葉はチャボヒバよりやや伸びる。日陰では黄金色は出ない。

枝葉は扇状に密に分枝する

鱗片葉はずんぐりしている

鱗片葉はまっすぐ伸びる

枝 80%

枝 50%
オウゴンチャボヒバ

カマクラヒバ 鎌倉檜葉

Chamaecyparis obtusa 'Kamakurahiba'
ヒノキ科 ヒノキ属

対生 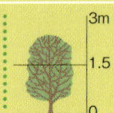　常緑高木

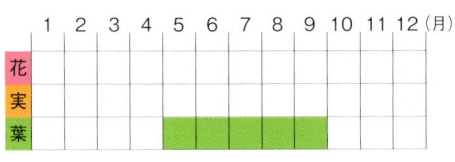

	1	2	3	4	5	6	7	8	9	10	11	12 (月)
花												
実												
葉					■	■	■	■	■	■		

● 自生地

（基本種はヒノキ）
本州（福島県以南）、
四国、九州、屋久島

● 特徴・特性

葉は小さく枝葉は密生する。ヒノキとチャボヒバの中間型で、葉はヒノキに似る。葉は密につき、伸びが小さい。主幹が立ち上がらず、樹高は大きくならない。最大樹高は2.5mくらい。樹形は円錐形または円筒形になる。冬の寒さを受けても大きな色の変化がなく、樹形もあまり乱れることがないので、メンテナンスも少なくて済む。

類似種 **ヒノキ**

◆ 見分け方……**ヒノキ**は葉がまばらになる。伸びが大きい。主幹が立ち上がり樹高は大きくなる。

葉は小さく枝葉は密生する

表 50% 枝先
裏 50% 枝先 
枝 40%

● 利用法

庭園樹、公園樹、貸植木。

サワラ 椹、花柏

Chamaecyparis pisifera
ヒノキ科 ヒノキ属

対生 　20m 常緑高木　C

	1	2	3	4	5	6	7	8	9	10	11	12	(月)
花													
実													
葉													

●自生地

本州（岩手県以南）、四国、九州

●特徴・特性
葉は緑色の鱗片葉で、細い枝を包むように十字対生し、先が尖る。表は濃緑色、裏には白い気孔線があり、X字形またはW字形に見える。ヒノキより移植は容易で品種も多い。材も利用されるが、ヒノキより軟らかいので風呂桶や家具等に使われる。毬果は黄褐色でやや小さく、種鱗の表面が盃状にくぼみ、でこぼこしている。

| 類似種 | ヒノキ、アスナロ、ネズコ、ニオイヒバ |

◆見分け方……**ヒノキ**は鱗片葉が大きく、裏の気孔線はY字形。**アスナロ**は属が異なり、葉は厚い鱗片状でサワラよりかなり大きい。裏の気孔線も大きく、放射状に並び、白い粉をふいたようでよく目立つ。フィトンチッドが特に多い。**ネズコ**は属が異なり、葉は三角形または舟形で厚みがあり、鱗片状で十字形に対生する。裏は灰白色の気孔帯があるが、目立たない。**ニオイヒバ**は属が異なり、葉が平たく、独特の強い芳香がある。

●利用法
庭園樹、公園樹、生垣、家具材。

先は尖る

枝 60%

葉は鱗片葉で十字対生する

表 120% 枝先

裏 120% 枝先

サワラ'ボールバード'

Chamaecyparis pisifera 'Boulevard'
ヒノキ科 ヒノキ属

対生　常緑高木

	1	2	3	4	5	6	7	8	9	10	11	12 (月)
花												
実												
葉					■	■	■	■	■	■		

● 自生地

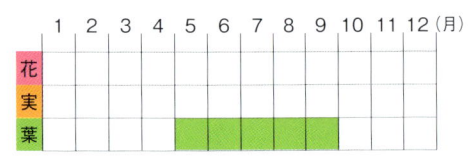

（基本種）本州（岩手県以南）、四国、九州
＊ヒムロの枝変わり品種

● 特徴・特性

葉は針葉で、ややカールし、青灰色。樹形は円錐形または広円錐形で、樹高は5～6m。下枝や内部の葉が枯れこむことに注意。1960年代のコニファーブームの時には主流品種として扱われたが、近年はあまり多くは植えられていない。

類似種　ヒムロ

◆見分け方……ヒムロの葉は細かい針葉で軟らかく、全体は灰白色だが、表は銀緑色で、裏は灰緑色。

葉は針葉でややカールする

葉 260%

枝 130%

● 利用法

庭園樹、公園樹。

サワラ'フィリフェラ オーレア'

●別名……オウゴンイトヒバ

Chamaecyparis pisifera 'Filifera Aurea'
ヒノキ科 ヒノキ属

対生　常緑高木

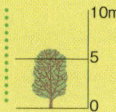

	1	2	3	4	5	6	7	8	9	10	11	12（月）
花												
実												
葉	●	●										●

● 自生地

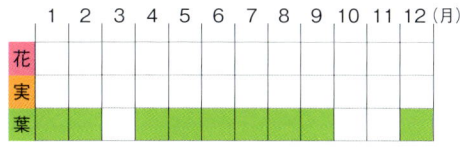

（基本種）本州（岩手県以南）、四国、九州
＊ヒヨクヒバの黄葉品種（オウゴンヒヨクヒバ）

● 特徴・特性

葉は黄金色で、枝が細長く糸のように伸びて垂れ下がる。長いものは30cmにもなる。コニファーブームで低い刈り込みとしてグラウンドカバーに使用され、樹形は大きくならないと思われがちであるが、主幹は立ち上がる。

| 類似種 | サワラ'ゴールデン モップ'、サワラ'ゴールド スパンゲル' |

◆見分け方……'ゴールデン モップ'は'フィリフェラ オーレア'の枝変わりの矮性 品種。枝は全部糸状になる。色は鮮やかな黄金色。樹形が盛り上がり、なかなか立ち上がらない。'ゴールド スパンゲル'は幹が真上に上がる。

枝は細長く糸のように伸びて垂れ下がる

枝 80%

表 170% 枝先　裏 170% 枝先

● 利用法

庭園樹、公園樹、グラウンドカバー、シンボルツリー。

オウゴンシノブヒバ

黄金忍檜葉
●別名……ニッコウヒバ、ホタルヒバ

Chamaecyparis pisifera 'Plumosa Aurea'
ヒノキ科 ヒノキ属

対生 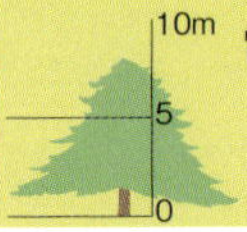　常緑高木

	1	2	3	4	5	6	7	8	9	10	11	12 (月)
花												
実												
葉												

● 自生地

（基本種）本州（岩手県以南）、四国、九州

● 特徴・特性

葉はサワラより薄くて細長く、先は鋭く尖り反り返る。色は緑色または淡黄緑色。萌芽から夏までがとくによく色が出る。冬は橙色から褐色を帯びる。日陰では黄色が出ず、黄緑色になる。生垣として非常に多く利用されてきた。刈り込みに耐えるが、夏から秋の深い刈り込みでは葉が枯れこむことが多いので注意。

類似種　シノブヒバ

◆見分け方……**シノブヒバ**はオウゴンシノブヒバの基本種で、葉の色が緑色。

先は鋭く尖り反り返る

表 250% 枝先　裏 250% 枝先　枝 60%

● 利用法

生垣、庭園樹。

＊その他

標準和名はオウゴンシノブヒバであるが、一般的には別名のニッコウヒバのほうが知られている。

ロウバイ 蠟梅、臘梅　●別名……カラウメ

Chimonanthus praecox
ロウバイ科 ロウバイ属

対生 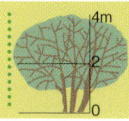　落葉低木

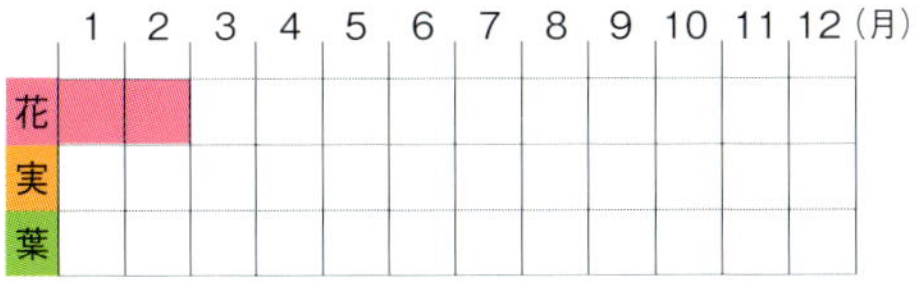

●自生地
中国 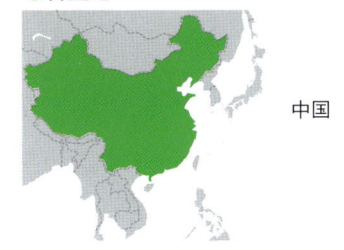

●特徴・特性
葉は長さ8〜15cmの卵形または卵状楕円形で、先は尖り、基部は広いくさび形。縁は全縁で、質はやや薄く、表は濃緑色でざらつく。裏は緑色。1〜2月に香りのよい蠟細工のような黄色の花が咲く。花は多数の花被片がらせん状につくが、内側は暗紫色で、外側が黄色。全部が黄色のソシンロウバイや、花弁が丸く12月から開花するマンゲツロウバイ等の品種がある。

類似種 ソシンロウバイ、ナツロウバイ、クロバナロウバイ

◆見分け方……**ソシンロウバイ**の葉はやや短く、丸味を帯びる。**ナツロウバイ**の葉は丸味を帯び、先は鋭く尖る。花は6月に咲き、ピンクを帯びた白い大輪花で数は少ない。属が異なる。**クロバナロウバイ**は葉が長楕円形で、先は細長く尖り、葉裏は白い。属が異なる。

先は尖る
縁は全縁
表 50%
基部は広いくさび形
裏 40%

●利用法
庭園樹、切花。

ヒトツバタゴ

●別名……ナンジャモンジャ

Chionanthus retusus
モクセイ科 ヒトツバタゴ属

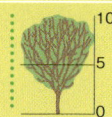

対生　落葉高木

● 自生地

本州（愛知・岐阜・長野県）、九州（対馬）、台湾、朝鮮半島、中国

● 特徴・特性

葉は長さ4〜10cmの長楕円形または広円形で、先は尖りやや厚みがある。縁は全縁だが、若木の葉には細かい鋸歯がある。表は緑色で、裏は灰緑色。両面ともに脈上に毛がある。樹皮は灰褐色で、ざらつく。花は5月に樹冠の外側に枝一面に香りのある白い花を咲かせる。種子は発芽まで2年かかる。独立樹の種子は発芽率が低い。

類似種　**アメリカヒトツバタゴ**

◆見分け方……**アメリカヒトツバタゴ**の葉は全縁で先は尖り、縁に波がある葉もある。花は樹高1mほどの若木から咲き、芳香がある。

● 利用法

庭園樹、公園樹、シンボルツリー。

＊その他

レッドデータブックの絶滅危惧Ⅱ類に分類される稀少種で、日本では上記自生地のみで知られる。別名の「ナンジャモンジャ」とは、名前が何か分からないので、そう呼んだ。日本各地で知られ、明治神宮外苑にあった樹が特に有名。また、タゴとはトネリコのことで、一枚葉のトネリコという意味。

先は尖りやや厚みがある

縁は全縁
若木は細かい鋸歯

表 70%　裏 50%

アメリカヒトツバタゴ

Chionanthus virginicus
モクセイ科 ヒトツバタゴ属

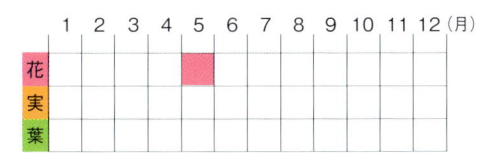

対生　落葉高木

● 自生地

アメリカ東部

● 特徴・特性
葉は長さ12〜15cmの楕円形。先は尖り、基部は細いくさび形。全体が波打つ。縁は全縁。表は濃緑色で光沢があり、裏は淡緑色で脈にわずかに毛がある。若木のうちから開花する。花径は3cmほどで細い花柄で垂れ、4〜6個の細いひも状の花弁があり、かすかな芳香がある。樹高は低い。雌雄異株。

| 類似種 | ヒトツバタゴ |

◆見分け方……ヒトツバタゴは、若木の葉の縁が重鋸歯で、アメリカヒトツバタゴより毛が多い。花は花序が直立する。

先は尖る
縁は全縁
表 80%
裏 70%
基部は細いくさび形

● 利用法
庭園樹、公園樹。

チタルパ 'ピンクドーン'

Chitalpa tashkentensis 'Pink Dawn'
ノウゼンカズラ科 チタルパ属

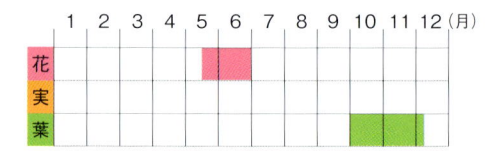

対生・輪生　10m　落葉高木

	1	2	3	4	5	6	7	8	9	10	11	12 (月)
花					■	■						
実												
葉										■	■	■

● 自生地　なし

● 特徴・特性
葉は8〜20cmの狭長楕円形で、先は尖り、基部はくさび形。両面とも緑色で、裏の主脈が目立つ。やや耐寒性があり、ピンク色の花が咲く。

先は尖る　表 60%　基部はくさび形

● 利用法
景観樹、公園樹、ガーデニング。

主脈が目立つ　裏 60%

＊その他
アメリカキササゲ（Catalpa bignonioides）とチロプシス リネアリス（Chilopsis linearis）の属間雑種でつくられた比較的歴史の浅い樹木であるために、ほとんどの図鑑に掲載されていないが、今後の利用を大いに期待したい樹種である。

クスノキ 楠、樟

Cinnamomum camphora
クスノキ科 クスノキ属

互生 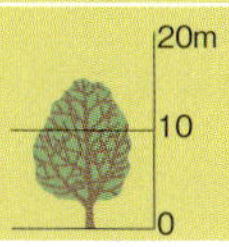　常緑高木　20m / 10 / 0

	1	2	3	4	5	6	7	8	9	10	11	12 (月)
花												
実												
葉					●	●						

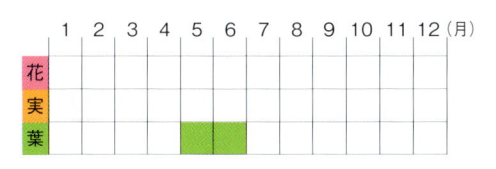

● 自生地

本州（南関東以南）、四国、九州、済州島

● 特徴・特性

葉は長さ5〜12cmの卵形または楕円形で、先は尖り、基部は広いくさび形。縁は全縁で、わずかに波状になる。脈は3脈が目立つ。革質で、表に光沢があり、緑色。裏は黄緑色または灰緑色。樹全体に虫除けの樟脳を含み、枝葉を切ると特有のにおいがする。日本の樹木では長寿、巨大樹として知られ、各地に大木がある。

類似種　**ヤブニッケイ、ニッケイ、シロダモ、イヌガシ**

◆見分け方……**ヤブニッケイ**の葉は流線形で、3脈が目立つ。**ニッケイ**の葉は長く、色は濃い。**シロダモ**は属が異なり、葉が大きく、長い。裏は灰白色。**イヌガシ**は属が異なり、葉が長く、3脈が目立つ。裏は蠟白色。

● 利用法

公園樹、街路樹、樟脳、材。

＊その他

品種にカラーリーフの'レッド モンロー'があり、春の芽立ちが濃赤色で美しい。

先は尖る
縁は全縁
表 130%
裏 100%
基部は広いくさび形

ヤブニッケイ 藪肉桂

Cinnamomum japonicum
クスノキ科 クスノキ属

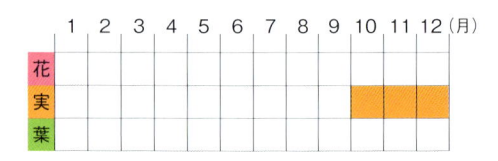

互生 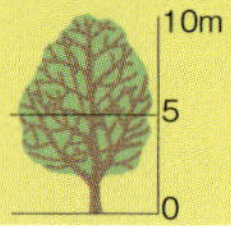　常緑高木

	1	2	3	4	5	6	7	8	9	10	11	12 (月)
花												
実										■	■	■
葉												

● 自生地

本州（福島県以南）、四国、九州、沖縄、済州島、中国

● 特徴・特性

葉は長さ6〜12cmの長楕円形で、先は尖り、基部はくさび形。革質で表面は光沢があり、色は緑色。裏は黄緑色または灰青緑色。脈は3脈が目立つ。縁は全縁で少し波状になる。葉や樹全体にニッキに似た芳香がある。葉や樹皮は薬用にする。

| 類似種 | クスノキ、ニッケイ、シロダモ、イヌガシ |

◆見分け方……**クスノキ**の葉は流線形でなく、3脈があまり目立たない。**ニッケイ**の葉は細長く色は薄い。**シロダモ**は属が異なり、葉が大きく、長楕円形。裏は灰白色。**イヌガシ**は属が異なり、葉は倒卵状長楕円形で、裏は粉白色。

先は尖る
縁は全縁で少し波状
表 80%
基部はくさび形
裏 70%

● 利用法

庭園樹、公園樹、薬用。

ニッケイ 肉桂

Cinnamomum sieboldii
クスノキ科 クスノキ属

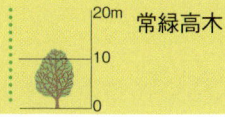

互生　常緑高木

	1	2	3	4	5	6	7	8	9	10	11	12 (月)
花												
実												
葉												

●自生地

中国、インドシナ

●特徴・特性
葉は長さ 10〜15cmの長楕円形で、先は長細く尖り、基部はくさび形。3脈がある。縁は全縁。芳香があり、革質で、表は光沢があり、濃緑色。裏は粉白色で、細かい毛がある。古くから栽培され、樹全体には独特の芳香と甘辛い味がある。根皮が香料や健胃薬に利用されている。

類似種　**クスノキ、ヤブニッケイ、シロダモ、イヌガシ**

◆見分け方……**クスノキ**の葉は丸味がある。**ヤブニッケイ**の葉はやや細長く、色は薄い。3脈は目立つ。ヤブニッケイの2側脈は先端付近まで届かない。裏は無毛。**シロダモ**は属が異なり、葉の色は濃い。**イヌガシ**は属が異なり、葉は小さく、色が濃い。

●利用法
ハーブ、庭園樹、公園樹。

＊その他
江戸時代から栽培されているが、シナモンで知られるのは、同属のセイロンニッケイである。真の桂皮はトンキンニッケイの樹皮。

先は細長く尖る
縁は全縁
表 50%
裏 50%
基部はくさび形

ユズ 柚子

Citrus junos
ミカン科 ミカン属

互生 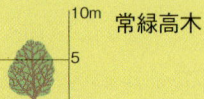 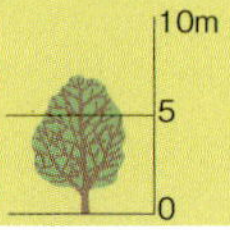　常緑高木

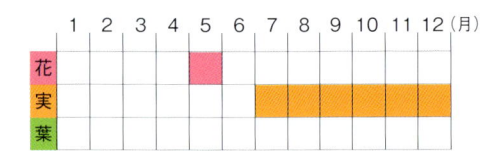

	1	2	3	4	5	6	7	8	9	10	11	12 (月)
花					■							
実							■	■	■	■	■	■
葉												

● 自生地

中国

● 特徴・特性

葉は長さ6〜9cmの卵状長楕円形で革質。先はゆるやかに尖り、基部は鈍形または円形。縁には鋸歯があるが、ほとんど目立たず全縁に近い。表に腺点がある。葉柄には葉のような広い翼がある。質は薄く、主脈を軸に浅く表に反る。表は濃緑色、裏は淡緑色。耐寒性が強い。果実は扁球形で、果皮はでこぼこが多く、強い香気がある。

類似種　ハナユ、タチバナ、ダイダイ、スダチ、カボス

◆見分け方……**ハナユ**は葉に側脈が7対前後あり、縁は全縁で波状になる。表の色は淡緑色。葉柄には小さな翼がある。一才ユズともいわれ、実つきがよく、樹高は低い。**タチバナ**は葉先がややへこむ。縁に波状の低い鋸歯がある。葉柄の翼はごく小さい。**ダイダイ**は葉先が鋭く尖り、革質でやや厚く、内側に少し巻く。葉柄には広い翼がある。**スダチ**は葉の表面に腺点があり、葉柄には広い翼がある。**カボス**の葉は楕円形で、葉柄に広い翼がある。

● 利用法

庭園樹、果樹。

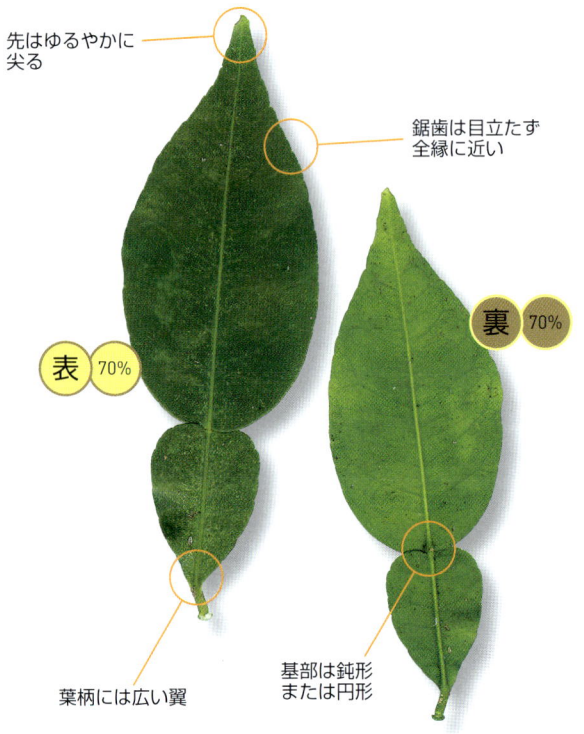

先はゆるやかに尖る
鋸歯は目立たず全縁に近い
表 70%
裏 70%
葉柄には広い翼
基部は鈍形または円形

レモン 檸檬

Citrus limon
ミカン科 ミカン属

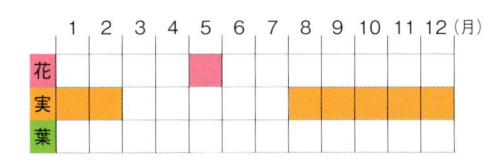

互生　常緑高木

● 自生地

ヒマラヤ西部、マレーシア

● 特徴・特性
葉は長さ8～15cmの楕円形で先は鈍く尖り、基部はくさび形。縁にはゆるい鋸歯がある。葉柄に翼はない。表は黄色を帯びた緑色。裏は淡緑色で油点がある。花は白く蕾は淡紫色。果実は芳香に富み、果汁が多く、酸味が強い。

類似種　**タヒチライム、ナツミカン、ウンシュウミカン**

◆見分け方……**タヒチライム**の葉は丸く、先も丸い。**ナツミカン**の葉は楕円状披針形で先はゆるく尖り、鋸歯が小さい。葉柄に翼があるが、あまり目立たない。**ウンシュウミカン**の葉は卵状楕円形で先は尖り、鋸歯が小さい。葉柄に翼があるが線状で目立たない。

● 利用法
庭園樹、果樹、ジュース。

タヒチライム

Citrus aurantiifolia 'Tahiti'

● 特徴・特性
葉は長さ6～10cmの楕円形で、先は丸く、基部はくさび形。縁には鈍鋸歯がある。実は卵形で小さい乳頭をもつ。果面は柔らかで、淡黄色。

先は鈍く尖る
ゆるい鋸歯がある
基部はくさび形
タヒチライム

ボタンクサギ 牡丹臭木

Clerodendrum bungei
クマツヅラ科 クサギ属

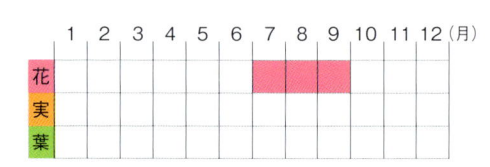

対生　落葉低木

● 自生地

中国

● 特徴・特性
葉は長さ8～20cmの広卵形で、先は尖り、基部は円形または切形。縁には大小不ぞろいの鋸歯がある。表は暗緑紫色、裏は緑色。両面の脈上には細毛があり、ざらつく。葉や枝には強い臭気がある。樹形は株立ちになる。夏に枝先に半球形の集散花序を出し、淡紅紫色の小さな花を密生し、開花するとピンクになる。

類似種　クサギ

◆見分け方……**クサギ**の葉は三角状心形または広卵形で、縁の鋸歯はまばらで浅いか、ほとんど全縁。葉柄は2～10cmと長い。葉や枝には強い悪臭がある。花には芳香がある。主幹をつくる。

先は尖る
縁には大小不ぞろいの鋸歯がある
表 40%
基部は円形または切形
裏 30%

● 利用法
庭園樹、公園樹。

アメリカリョウブ

Clethra alnifolia
リョウブ科 リョウブ属

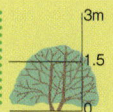

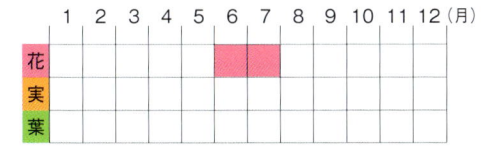

互生　落葉低木

	1	2	3	4	5	6	7	8	9	10	11	12 (月)
花						■	■					
実												
葉												

● 自生地

アメリカ東部

● 特徴・特性
葉は長さ4〜10cmの倒卵形または長楕円形で、先は鋭く尖り、基部はくさび形。縁の上半分に鋭い鋸歯がある。側脈は7〜10対。表は濃緑色、裏は淡緑色。両面とも無毛。株立状になり、樹高は2mほど。花は白色の総状または円錐花序で、芳香がある。開花は6〜7月。ピンク色等の品種がある。

類似種　リョウブ

◆見分け方……リョウブの葉は大きく丸味がある。鋸歯は縁全体。側脈が多い。樹高は5〜6m以上でアメリカリョウブより大きい。リョウブは白花で、樹皮は薄片となり剥がれ、あとは茶褐色でなめらかになる。

● 利用法
庭園樹、公園樹、寄せ植え、ガーデニング。

先は鋭く尖る
縁の上半分に鋭い鋸歯がある
表 110%
裏 90%
基部はくさび形

リョウブ 令法

Clethra barbinervis

リョウブ科 リョウブ属

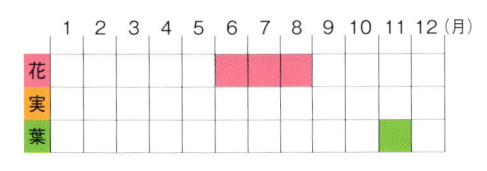

互生 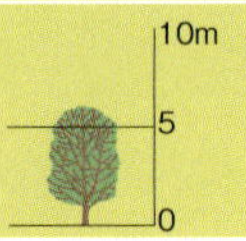　落葉高木　10m

	1	2	3	4	5	6	7	8	9	10	11	12 (月)
花												
実												
葉												

● 自生地

北海道(南部)、本州、四国、九州、台湾、済州島、中国

● 特徴・特性

葉は長さ8～15cmの倒卵形または倒卵状長楕円形で、先は鋭く尖り、基部はくさび形。縁には鋭い鋸歯がある。8～15対の側脈がある。表は濃緑色、裏は淡緑色。両面とも星状毛があるかほとんど無毛で、裏の脈上に伏毛があり、両面ともざらつく。幹の樹皮は薄く剝がれ、跡は茶褐色でなめらか。花は6～8月に枝先に総状花序を穂状に出して、小さい白い花を多数つける。樹高は5～6m以上。

類似種　**アメリカリョウブ**

◆見分け方……**アメリカリョウブ**の葉は小さく、細い。鋸歯は縁の上半分で、側脈は少ない。樹高は2mほど。

先は鋭く尖る
鋭い鋸歯がある
刺毛がある
基部はくさび形
表 60%　裏 50%

● 利用法

庭園樹、公園樹、雑木の庭の構成樹。

サカキ 榊　●別名……マサカキ、ホンサカキ

Cleyera japonica
ツバキ科 サカキ属

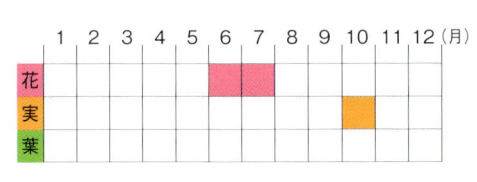

互生　常緑高木　10m

●自生地
本州（南関東以南）、四国、九州、沖縄、アジア東南部

●特徴・特性
葉は長さ6〜10cmの卵状長楕円形、革質で厚く、光沢がある。先は徐々に尖り、先端は鈍頭または円頭。基部はくさび形。縁は全縁。表は色が深緑色で主脈を軸に浅く表に折れ曲がる。裏は緑色で脈は不明瞭。

類似種　ヒサカキ

◆見分け方……**ヒサカキ**の葉は小さく、質は薄い。鋸歯はある。

●利用法
庭園樹、公園樹、生垣、神事。

フイリサカキ

Cleyera japonica 'Variegata'

●特徴・特性
葉の特徴は基本種と同じ。葉には不規則な白い覆輪斑が入る。萌芽時は斑が赤く、だんだん薄くなり、最後は白くなる。夏以降は黄色に変わり、冬の寒さで赤みを帯びる。斑と緑のコントラストが鮮やかで、日陰の庭を明るくする。萌芽力があり、刈り込みに耐える。

縁は全縁
先端は鈍頭または円頭で先は徐々に尖る
表 100%
裏 80%
表 40% フイリサカキ
基部はくさび形

サンシュユ 山茱萸

●別名……ハルコガネバナ、アキサンゴ

Cornus officinalis
ミズキ科 サンシュユ属

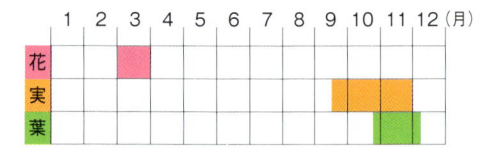

対生 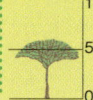　10m　落葉高木

●自生地 
朝鮮半島、中国

●特徴・特性
葉は長さ3〜10cmの卵状楕円形。先は鋭く尖り、基部はほぼ円形。縁は全縁。表は濃緑色で光沢があり毛がわずかに生える。裏は灰緑色で有毛。主脈の脈腋に褐色の刺毛のかたまりがある。花は3月、葉に先だって短枝の先に散形花序を開き、20〜30個の黄色い小花を密につける。秋に赤く熟す実は薬用に利用され、葉は赤く紅葉する。

類似種 シラタマミズキ、ミズキ、ハナミズキ、ヤマボウシ、セイヨウサンシュユ

◆見分け方……**シラタマミズキ**の葉は脈が目立たない。両面に毛があり裏の毛は白い軟毛が密生し青白色。**ミズキ**の葉は丸く大きく、脈は目立たない。**ハナミズキ**の葉は脈が目立たず、裏の毛は脈上のみにある。**ヤマボウシ**の葉は脈が目立たず、両面に毛があり、裏は脈腋に黒褐色の毛が集まる。**セイヨウサンシュユ**の葉は卵形で先が尖り、表は深緑色で光沢があり、脈が深く走る。秋の紅葉は赤みを帯びた紫色に変わる。

●利用法
庭園樹、公園樹、シンボルツリー、薬用。

先は鋭く尖る
縁は全縁
表 50%
裏 40%
基部はほぼ円形

ヒュウガミズキ 日向水木　●別名……イヨミズキ

Corylopsis pauciflora
マンサク科 トサミズキ属

互生 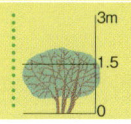　落葉低木

● 自生地

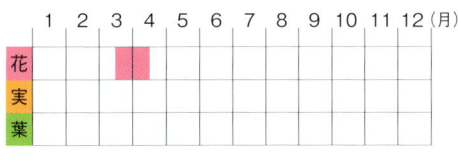

本州（石川・福井・岐阜・兵庫県、京都府）

● 特徴・特性

葉は長さ2～5cmの卵円形。先は尖り、基部は切形または浅い心形。縁には波状の歯牙状鋸歯がある。表は濃緑色、裏は淡緑白色で脈上に毛がある。樹形は株立状になる。3～4月に長さ2cmくらいの短い穂状花序を垂らし、黄色い花が1～3個つく。

| 類似種 | トサミズキ、コウヤミズキ、キリシマミズキ |

◆見分け方……**トサミズキ**の葉は大きい。穂状花序につく花の数は多い。蒴果は大きい。**コウヤミズキ**の葉は4～12cmで無毛。穂状花序につく花の数は7～8個。**キリシマミズキ**の葉は3～7cm。裏は粉白色で、はじめ多少の星状毛と脈上に伏毛があるが、後にほとんど無毛になる。穂状花序につく花の数は5～9個。

先は尖る
波状の歯牙状鋸歯がある
表 130%
基部は切形または浅い心形
裏 110%

● 利用法

庭園樹、公園樹、雑木の庭。

トサミズキ 土佐水木

Corylopsis spicata
マンサク科 トサミズキ属

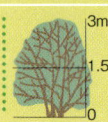

互生　落葉低木　3m / 1.5

	1	2	3	4	5	6	7	8	9	10	11	12 (月)
花			■	■								
実												
葉											■	■

● 自生地

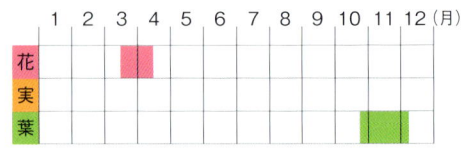

四国（高知県）

● 特徴・特性
葉は長さ5～10cmの倒卵状円形。先は短く尖り、基部は心形。縁には波状の鋸歯がある。表は濃緑色、裏は淡緑白色で毛があり、特に脈上には長い毛がある。葉柄には毛が多い。3～4月に穂状花序を垂らし、淡黄色の花を7～8個開く。

類似種　**ヒュウガミズキ、コウヤミズキ、キリシマミズキ**

◆ 見分け方……**ヒュウガミズキ**の葉は小さい。穂状花序につく花の数は少ない。蒴果は小さい。**コウヤミズキ**の葉は裏に毛がない。**キリシマミズキ**の葉は小さい。裏の毛が少ない。

● 利用法
庭園樹、公園樹、雑木の庭。

＊ その他
葉が黄色の品種があり、秋まで色がさめず、観賞価値が高い。

先は短く尖る
波状の鋸歯がある
基部は心形

表 50%
裏 40%

ツノハシバミ 角榛

Corylus sieboldiana
カバノキ科 ハシバミ属

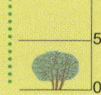

互生　10m 落葉低木

● 自生地

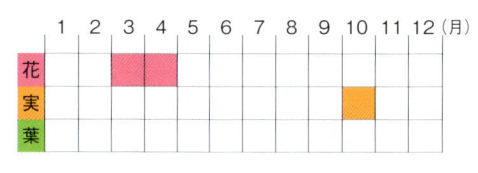

北海道、本州、九州

● 特徴・特性
葉は長さ5〜11cmの卵形または広倒卵形で、先は急鋭尖頭。基部は円形または浅い心形。縁には不ぞろいの鋭い重鋸歯がある。表は淡黄緑色または緑色で、裏は黄緑色。花は雄花と雌花にわかれる。若葉はよく紫斑が出る。実は先がくちばし状の筒になり毛がある。食べられる。

類似種 ハシバミ、セイヨウハシバミ

◆見分け方……**ハシバミ**の葉は四角形で先が急に尖る。樹高は小さい。**セイヨウハシバミ**の葉は円形で、先は鋭く尖り、大きい鋸歯がある。品種が多く、カラーリーフやシダレ、雲竜等が知られる。別名ヘーゼルナッツ。

先は急鋭尖頭
不ぞろいの鋭い重鋸歯がある
表 60%
基部は円形または浅い心形
裏 50%

● 利用法
庭園樹、公園樹、雑木の庭、食用。

スモークツリー

●別名……ハグマノキ、カスミノキ、ケムリノキ

Cotinus coggygria
ウルシ科 ハグマノキ属

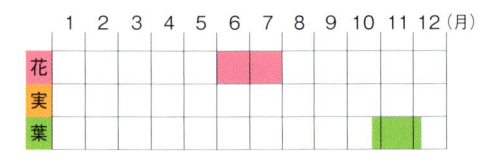

互生　落葉低木

●自生地

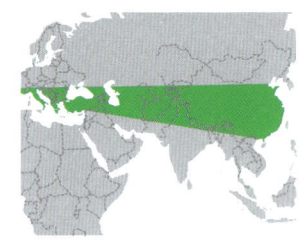

中国〜南ヨーロッパ

●特徴・特性
葉は長さ3〜8cmの卵形または倒卵形。先は丸く、基部は円形。縁は全縁。表は暗緑色、裏は灰緑色で両面とも無毛。花のあと、花柄が糸状に伸びて、花序全体が煙のように見える。雌雄異株で雄株は煙がすぐに消える。切ると白い樹液が出て、独特の香りがある。葉が紫紅色や黄金色、花序がピンク色等の品種がある。

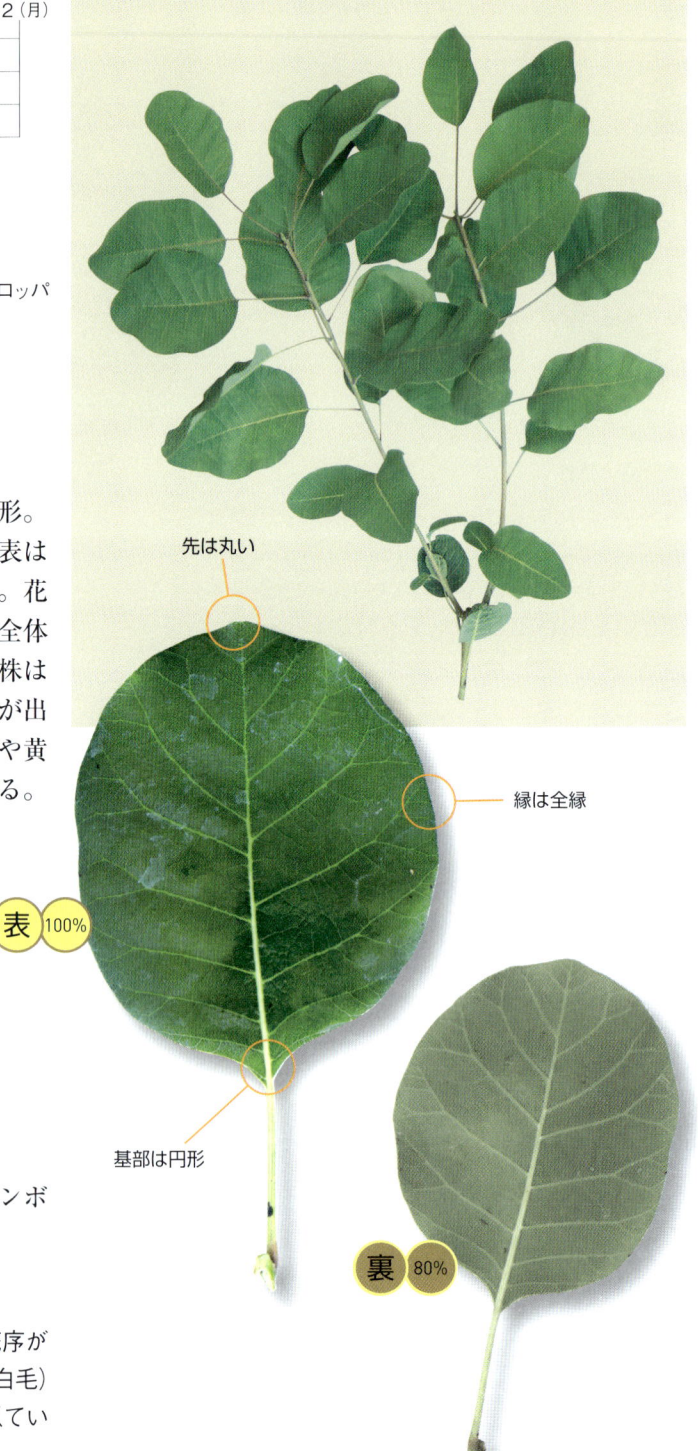

●利用法
庭園樹、公園樹、ガーデニング、シンボルツリー。

＊その他
別名ハグマノキの由来は、羽毛状の花序が白熊（はぐま＝ウシ科のヤクの尻尾の白毛）でつくる払子（禅僧が使う法具）に似ていることから。

先は丸い
縁は全縁
表 100%
基部は円形
裏 80%

セイヨウサンザシ 西洋山査子

Crataegus laevigata
バラ科 サンザシ属

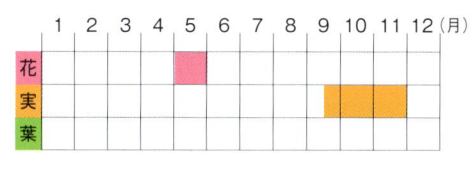

互生 / 落葉高木

● 自生地
ヨーロッパ、アフリカ北西部

● 特徴・特性
葉は長さ1.5～7cmの広卵形。先は尖り、基部は切形または心形。3または5裂し、縁には不ぞろいの鋸歯がある。葉柄のもとには托葉が2枚ある。表は濃緑色、裏は緑色。枝には長さ3cmくらいの刺を持つ。花は白だが、多くの品種があり、日本ではピンクの品種がよく植栽される。

| 類似種 | サンザシ |

◆見分け方……**サンザシ**の葉はくさび形で上部が広く、縁には鈍鋸歯があり、頂部に不規則な欠刻がある。果実から果実酒、お菓子を作る。

● 利用法
庭園樹、公園樹、ガーデニング。

＊その他
和名がセイヨウサンザシというものは2種存在する。もうひとつは、Cra. monogynaで葉は深く切れ、裂片は長楕円形で鈍頭。色は両面とも暗緑色で無毛。樹はこちらのほうが大きくなる。

- 先は尖る
- 不ぞろいの鋸歯がある
- 基部は切形または心形
- 托葉が2枚ある

表 100%
裏 70%

スギ 杉

Cryptomeria japonica
スギ科 スギ属

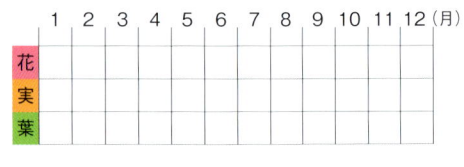

互生　常緑高木 20m

●自生地
本州、四国、九州の主に太平洋側

●特徴・特性
葉は小形の鎌状針形で、枝にらせん状につく。断面は三角形または鈍四角形で、四面に気孔線があり、色は夏は緑色で、冬は褐変する。日本特産種で、日本では最も大きく、長寿の樹である。林業上最も重要で、建築材として有名である。材の種類や園芸品種類が多い。

類似種　アシウスギ

◆見分け方……太平洋側に自生するものを「オモテスギ」というのに対して、日本海側に自生する変種の**アシウスギ**は「ウラスギ」といい、葉の開く角度が狭い。

●利用法
庭園樹、街路樹、建築材。

＊その他
材としてのほうがあまりに有名であるが、造園的にも雪冠杉（春の新芽が黄白色）、黄金杉（新梢が黄色）、芽白杉（新芽が白色で冬も白い）、グロボウサ ナナ（矮性でコンパクトな広い円錐形）等がある。

葉は枝にらせん状につく

葉の断面は三角形または鈍四角形

葉 280%　枝 60%

コウヨウザン 広葉杉　●別名……カントンスギ、オランダモミ

Cunninghamia lanceolata
スギ科 コウヨウザン属

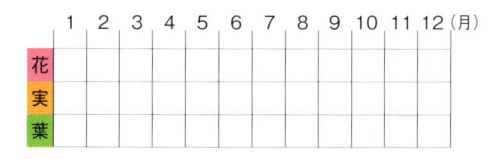

互生　常緑高木

●自生地
中国南部、台湾、インドシナ

●特徴・特性
葉は長さ3〜7cmの扁平な鎌状長披針形で硬く、先端は鋭く尖りさわると痛い。縁に細かい鋸歯がある。両面とも無毛で、表は濃緑色で光沢があり、裏は2条の白い幅の広い気孔線がある。品種に葉が銀白色の'グラウカ'がある。

類似種　ランダイスギ

◆見分け方……**ランダイスギ**の葉はやや小さく、鎌形に曲がりやすい。毬果鱗片の形が異なる。

先端は鋭く尖る
縁に細かい鋸歯がある

枝 40%　表 90%　裏 90%

●利用法
庭園樹、公園樹、シンボルツリー、建築材。

＊その他
江戸時代末に渡来した。メタセコイア等とともに6500万〜160万年前の新生代第3期に栄えた種類で、日本でも化石が見つかっている。

レイランドサイプレス

× *Cupressocyparis leylandii*
ヒノキ科 クプレッソシパリス属

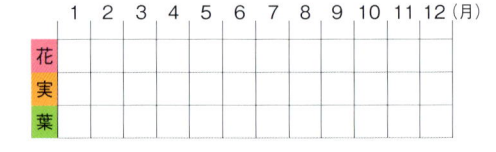

対生　常緑高木　10m

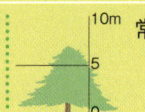

	1	2	3	4	5	6	7	8	9	10	11	12 (月)
花												
実												
葉												

● 自生地　なし（モントレーイトスギとアラスカヒノキの属間雑種）

● 特徴・特性
大きな毬果や種はモントレーイトスギに、樹形や枝の張り方はアラスカヒノキに似ている。樹形は円錐形で、枝は粗く水平に伸び、葉は鱗片葉を呈すが、高湿度や低照度では針状葉となる。色は緑色または青緑色で光沢がある。刈り込みに耐え、蒸れにくい。

類似種　アラスカヒノキ

◆見分け方……**アラスカヒノキ**は樹形が細長いピラミッド状となり、枝葉が密生している。葉は重なり、暗緑色で、マツの香がある。

● 利用法
生垣、トピアリー、庭園樹、公園樹。

葉は鱗片葉

裏 180% 枝先　　表 180% 枝先

レイランドサイプレス 'ゴールド ライダー'
Cupressocyparis leylandii 'Gold Rider'

● 特徴・特性
葉はほぼ一年中黄金色で、冬は特に鮮やかになる。日当たりが悪いと黄緑色になる。

枝 40%
レイランドサイプレス'ゴールドライダー'

レイランドサイプレス 'シルバー ダスト'
Cupressocyparis leylandii 'Silver Dust'

● 特徴・特性
樹形は円錐形または広円錐形。苗のうちは枝数が少ないが、のちに密生する。葉は濃緑色で乳白色の斑が全体に入り、一年中美しい。日陰で育てると緑が濃く鮮やかになり、斑の部分が傷まないので、コントラストが鮮明になる。

枝 50%
レイランドサイプレス'シルバーダスト'

アリゾナイトスギ 'ブルー アイス'

Cupressus arizonica var. *glabra* 'Blue Ice'
ヒノキ科 イトスギ属

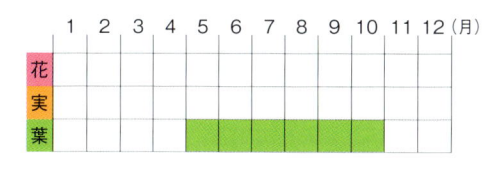

対生 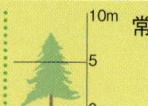　常緑高木

	1	2	3	4	5	6	7	8	9	10	11	12 (月)
花												
実												
葉					■	■	■	■	■	■		

● 自生地

（基本種）北米（カリフォルニア・アリゾナ・テキサス・メキシコ北部）

● 特徴・特性

葉は粗いサンゴ状で、白い粉をふいたような青緑色（基本種は淡緑色）。葉形と葉色に特徴がある。樹形は広円錐形で、生長とともに円柱形に近くなる。樹皮は灰褐色で繊維状。耐寒性があり、旱魃に耐える。ファスティギアータ、シダレ、黄葉の品種がある。

● 利用法

庭園樹、公園樹、シンボルツリー、ガーデニング。

葉は粗いサンゴ状

白い粉をふいたような青緑色

枝 60%

表 140%
枝先

カシミールイトスギ 'グラウカ'

Cupressus cashmeriana 'Glauca'

ヒノキ科 イトスギ属

対生　10m 常緑高木

● 自生地

（基本種）インド（カシミール地方）

● 特徴・特性
葉は青灰色（基本種はわずかに灰緑色）で、軟らかく、芳香がある。上向きにつく枝から小枝がスプレー状に下垂するので、一見滝の流れのようなシダレ樹形に見える。垂れる具合は個体差がある。

葉は軟らかい

葉 230% 枝先

● 利用法
庭園樹、公園樹、シンボルツリー、景観樹。

＊その他
原産地が不明であったため、シダレイトスギ（Cup. funebris）の変種と考えられていたが、毬果の鱗片が多いことなどから別種とされる。その後、野生種がブータンで発見され謎が解明された。

枝 40%

モントレーサイプレス'ゴールドクレスト'

Cupressus macrocarpa 'Goldcrest'
ヒノキ科 イトスギ属

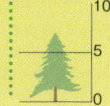

対生　10m 常緑高木

	1	2	3	4	5	6	7	8	9	10	11	12	(月)
花													
実													
葉													

●自生地

（基本種）北米（カリフォルニア・メキシコ）

●特徴・特性
葉は黄金色（基本種は黄緑色）で、鱗片状で小さく、香りがある。幼葉は針がなく、軟らかい。樹形は円錐状または円柱状で、生育は早い。ヨーロッパで作出され、鉢植えの観葉植物として世界中に流行した。あまり根が伸びないので、大きく育つと、強風に耐えられず、倒れることがある。支柱を設けるか、剪定で大きくしないことが肝要である。

葉は鱗片状で小さい

葉 150%
枝先

枝 80%

●利用法
鉢植えの観葉植物、ガーデニング。

イタリアンサイプレス

●別名……ホソイトスギ、イトスギ

Cupressus sempervirens
ヒノキ科 イトスギ属

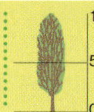

対生　常緑高木

●自生地

（原産はイタリア、スペイン）ギリシア、キプロス、シリア、アフガニスタン、イラン

●特徴・特性

葉は濃緑色で鱗片葉は十字に対生し、触るとかさかさしている。樹形は分枝が旺盛で枝葉が密生し、幹は直立する。樹形は狭円筒形。生長は現地では遅いが日本では早い。

●利用法

庭園樹、公園樹、シンボルツリー、狭い場所。

＊その他

ドイツやフランスでは、この樹を伝って魂が天に行くようにお墓に植える。

鱗片葉が十字に対生

葉 150% 枝先

枝 50%

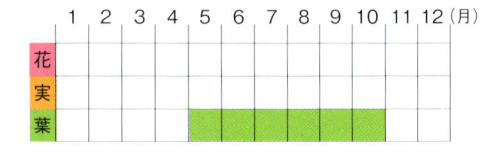

イタリアンサイプレス 'スウェンズ ゴールド'
Cupressus sempervirens 'Swane's Gold'

●特徴・特性

オーストラリアのスウェンズナーセリーがイタリアンサイプレスから作出。葉は鱗片葉が一年中黄色または黄金色。主幹は真っ直ぐ上に伸び、短い枝も上向きに伸びて密生する。生長はやや遅い。

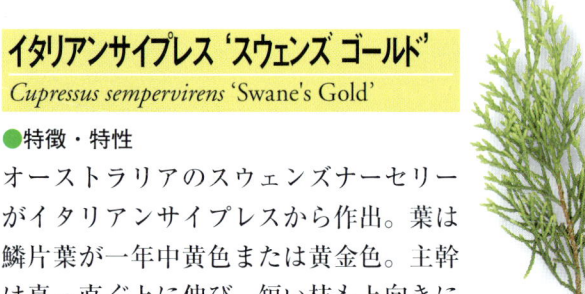

枝 40% イタリアンサイプレス 'スウェンズ ゴールド'

エニシダ 金雀枝、金雀児　●別名……エニスダ

Cytisus scoparius
マメ科 エニシダ属

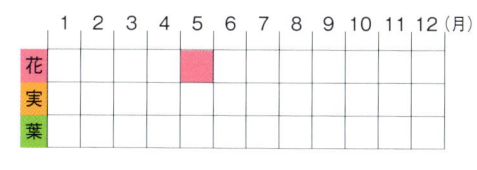

互生　落葉低木

●自生地

地中海沿岸

●特徴・特性
葉はあまり目立たないが、3出複葉で、小葉は小さく倒卵形または倒披針形で全縁。花のつく枝では側小葉が退化して、頂小葉だけになる。枝は2年目くらいまでは緑色で稜があり、はじめ毛があるが、後に無毛になる。萼と莢の両面は無毛。花の旗弁は他の花弁とやや同長で、雄しべは不等長。

| 類似種 | シロエニシダ、レダマ |

◆見分け方……**シロエニシダ**は、樹の上部では細い単葉で、下部になると3出複葉になる。萼と莢には毛がある。旗弁は他の花弁より大形で、雄しべは少し不等長。**レダマ**は属が異なり、幹に稜がなく丸い。緑色の茎には一年中ほとんど葉がなく、春に少数の小さな葉が芳香のある花とともに生じる。

縁は全縁
表 300%　裏 300%
枝 40%

●利用法
庭園樹、公園樹、鉢植え、切花。

ジンチョウゲ 沈丁花 ●別名……チョウジ

Daphne odora
ジンチョウゲ科 ジンチョウゲ属

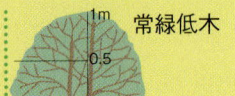

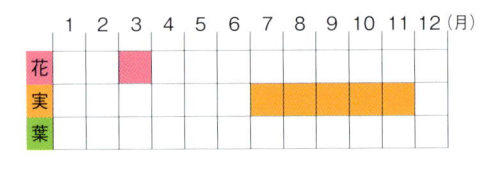

互生　常緑低木

● 自生地

中国

● 特徴・特性

葉は長さ5～10cmの倒披針形で、先は尖り、基部は細いくさび形。縁は全縁。厚い革質、表は濃緑色で光沢があり、裏は黄緑色。花は3月に咲き、非常に香りがよく、香り植物の代表格。10～20個頭状につけ、花弁はない。萼は肉質の筒形で先が4裂して広がり、花弁のように見える。分枝は多い。斑入りや咲き分け等の品種がある。雌雄異株で、日本ではほとんど雄株。

| 類似種 | コショウノキ、オニシバリ、ナニワズ |

◆見分け方……**コショウノキ**の葉はやや軟らかい革質。花は白色。萼の外側に細毛がある。頭状の花数は少ない。分枝は少ない。**オニシバリ**は落葉性で、質は薄い。花は黄緑色。頭状の花数は少ない。花にジンチョウゲのような香りはない。萼片は萼筒の半分、脈は不規則に分岐する。**ナニワズ**は落葉性で、先は丸く、質は薄い。裏は粉白色。花は黄色。頭状の花数は少ない。花にジンチョウゲのような香りはない。萼片は萼筒と同長、脈は分岐しない。

● 利用法

庭園樹、公園樹。

先は尖る
縁は全縁
基部は細いくさび形
表 100%
裏 90%

ユズリハ 譲葉

Daphniphyllum macropodum
ユズリハ科 ユズリハ属

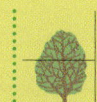

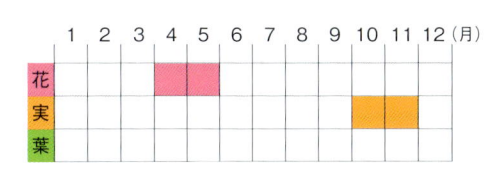

互生 / 10m 常緑高木

● 自生地

本州（福島県以南）、四国、九州、沖縄、朝鮮半島南部、中国（中部〜西南部）

● 特徴・特性

葉は長さ15〜20cmの狭長楕円形。先は急に尖り、基部は広いくさび形または円形。縁は全縁。革質で表は深緑色で、裏は白っぽい。側脈は16〜19対。葉柄は紅色を帯びることが多い。枝の先端部の葉は束生する。

類似種 エゾユズリハ、ヒメユズリハ

◆見分け方……**エゾユズリハ**の葉はやや小さくて薄く、側脈も少ない。**ヒメユズリハ**の葉は小さく、幅が狭い。

● 利用法

庭園樹、公園樹、景観樹、正月飾り。

＊その他

若葉が伸びてから古い葉が落ちるので、譲葉（ゆずりは）という。親が成長した子にあとを譲るのにたとえて、めでたい樹とされ、古くから正月の飾りに使われてきた。

- 先は急に尖る
- 縁は全縁
- 基部は広いくさび形または円形
- 表 50%
- 裏 50%

エゾユズリハ 蝦夷譲葉

Daphniphyllum macropodum ssp. *humile*

ユズリハ科 ユズリハ属

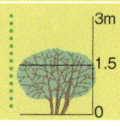

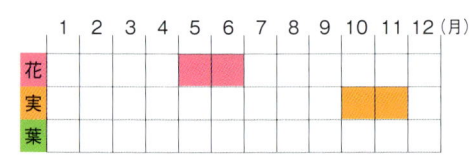

互生　常緑低木　3m / 1.5 / 0

	1	2	3	4	5	6	7	8	9	10	11	12 (月)
花					■	■						
実										■	■	
葉												

● 自生地

北海道、本州（山口県以北）、南千島

● 特徴・特性

葉は長さ10～15cmの倒卵状長楕円形。先は短く尖り、基部はくさび形。革質でやや薄い。表には光沢があり、濃緑色で、裏は灰緑色。側脈は8～10対。枝の先端部の葉は束生する。下部からよく分枝し、多雪地帯では株が地をはう。樹高が大きくならず、雪の下では越冬するが雪から出た部分は枯れる。

類似種　**ユズリハ、ヒメユズリハ**

◆見分け方……**ユズリハ**の葉はやや大きくて厚く、側脈も多い。**ヒメユズリハ**の葉は小さく、幅が狭い。

先は短く尖る

表 60%　裏 50%

基部はくさび形

● 利用法

庭園樹、公園樹、正月飾り。

ヒメユズリハ 姫譲葉

Daphniphyllum teijsmannii
ユズリハ科 ユズリハ属

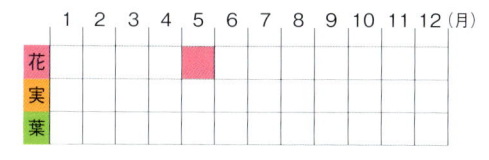

互生　常緑高木

	1	2	3	4	5	6	7	8	9	10	11	12 (月)
花					■							
実												
葉												

●自生地

本州（福島県以南）、四国、九州、沖縄、台湾、朝鮮半島南部

●特徴・特性

葉は長さ6～12cmの狭長楕円形。先は鋭く尖り、基部はくさび形。乾くと網状の脈が浮き出る。表は光沢がある深緑色で、裏は淡緑色。側脈は8～12対。葉柄は紅色を帯びる。葉は枝先に集まる傾向があるが、直立する枝ではまわりに互生する。ユズリハより潮風に強い。

類似種　ユズリハ、エゾユズリハ

◆見分け方……**ユズリハ**の葉は大きくて厚く、側脈も多い。葉柄は赤味を帯びる。**エゾユズリハ**の葉は大きくて厚い。

先は鋭く尖る

基部はくさび形

表 70%　裏 60%

●利用法

庭園樹、公園樹、防潮樹、正月飾り。

ハンカチノキ

● 別名……ハトノキ、オオギリ

Davidia involucrata
ヌマミズキ科 ダビディア属

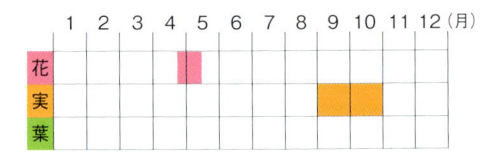

互生　落葉高木

● 自生地

中国西南部

● 特徴・特性
葉は長さ9～15cmの広卵形。先は細長く尾状に尖り、基部は心形。縁に粗い鋸歯がある。鮮緑色で、表には絹毛があり、裏には短い柔毛が生えフェルト状になる。花は単性花で小さく、径2cmほどの頭状に集合し、下垂する大小2枚の白色の苞に囲まれる雄花と雌花がある。大きい方の苞は20cm内外にもなり、白いハンカチがぶら下がっているように見えるところからハンカチノキの名がついた。

● 利用法
庭園樹、公園樹、記念樹、シンボルツリー、景観樹。

＊その他
谷筋の下のほうに自生する。幼苗の時から陰樹で西日の当たる場所では幹焼けをおこしやすい。属名は発見(1862～74)したフランス人、アルマン・ダビッドの名前にちなむ。この発見は動物界のジャイアント・パンダとシフゾウの発見に匹敵するものといわれている。

先は細長く尾状に尖る

粗い鋸歯がある

基部は心形

表 50%

裏 40%

カクレミノ 隠蓑

Dendropanax trifidus
ウコギ科 カクレミノ属

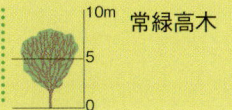

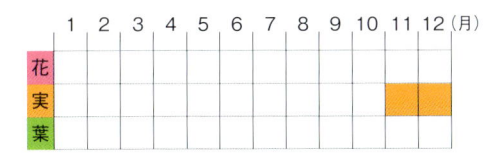

互生　常緑高木　10m

● 自生地

本州（千葉県南部以南）、伊豆諸島、四国、九州、沖縄

● 特徴・特性

葉は長さ8〜16cmの卵形または倒卵形で2〜3裂するが、若木では5裂するものが多い。樹が大きく成熟してくると、葉形が成形葉になり切れ込みがなくなる。先は鋭く尖り、基部はくさび形。縁は全縁。厚く、しなやかな革質で、表は濃緑色で光沢があり、3脈が目立つ。裏は黄緑色。耐潮性に優れる。斑入りの品種がある。

先は鋭く尖る
縁は全縁
基部はくさび形
表 40%
裏 30%
切れ込みのない葉もある

● 利用法

庭園樹、公園樹、日陰の庭。日陰に耐えること、葉に光沢があることなどから、一般住宅でよく利用されている。

＊その他

3中裂した葉の形を、身につけると姿を隠せる蓑にたとえて、名がついた。

ウツギ 卯木、空木　●別名……ウノハナ

Deutzia crenata
ユキノシタ科 ウツギ属

対生 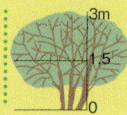　落葉低木

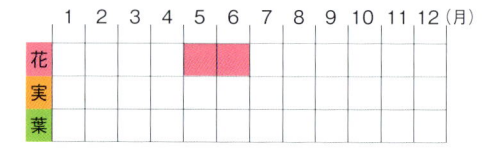

	1	2	3	4	5	6	7	8	9	10	11	12	(月)
花					■	■							
実													
葉													

● 自生地

北海道、本州、四国、九州、中国

● 特徴・特性
葉は長さ5～12cmの卵状長楕円形または卵状披針形。先は尖り、基部は円形またはくさび形。縁に浅い鋸歯がある。質は厚い。両面に星状毛が散生しざらつく。表は緑色で、裏は淡白緑色。花は純白で5月に開花する。

| 類似種 | ウラジロウツギ、ヒメウツギ、マルバウツギ、バイカウツギ |

◆見分け方……**ウラジロウツギ**の葉はやや小さく、縁に浅い細鋸歯がある。質はやや薄く、両面に星状毛があるが、特に葉裏は小さな星状毛が密生して、灰白色を帯びる。**ヒメウツギ**の葉はやや小さく、縁に細鋸歯がある。質はやや薄く、表に星状毛が散生し裏は無毛。花は平開する。**マルバウツギ**の葉は小さく、丸味を帯びる。縁には鋸歯があり、両面に星状毛がある。**バイカウツギ**は属が異なり、葉は丸味を帯びる。先は鋭く尖り、縁にはまばらに突起状の鋸歯があり、3～6脈が目立つ。

先は尖る

浅い鋸歯がある

表 70%

基部は円形またはくさび形

裏 70%

＊その他
科や属が異なる別種にウツギの名のつく種類は多く、紛らわしい。ガクウツギ（アジサイ属）、バイカウツギ（バイカウツギ属）、ミツバウツギ（ミツバウツギ科ミツバウツギ属）、コゴメウツギ（バラ科コゴメウツギ属）、タニウツギ（スイカズラ科タニウツギ属）など。

● 利用法
庭園樹、公園樹、境樹。

シセントキワガキ 四川常磐柿

Diospyros cathayensis
カキノキ科 カキノキ属

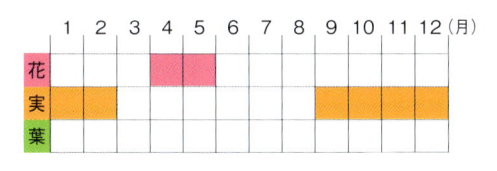

互生 / 常緑低木

	1	2	3	4	5	6	7	8	9	10	11	12	(月)
花				●	●								
実	●	●							●	●	●	●	
葉													

● 自生地

中国

● 特徴・特性
葉は長さ5〜9cmの楕円形または長楕円形。先は鈍頭で、基部はくさび形。縁は全縁。表は光沢があり、濃緑色で、裏は緑色。枝には刺状の枝が出る。根でランナー状に増える。雌雄異株で雌株には実がつく。実の径は2〜3cmで、食べられなくはないが、どちらかというと観賞用。実生繁殖のものは個体差が大きく、葉や果実の形や大きさがいろいろである。

類似種 ロウヤガキ、トキワガキ

◆見分け方……**ロウヤガキ**は落葉で、葉は丸味を帯び、光沢はない。雌雄異株で、まれに雌株に雄花がつくものもある。**トキワガキ**の葉はやや長く、両端が尖り革質。

先は鈍頭
縁は全縁
基部はくさび形
裏 80%
表 80%

● 利用法
生垣、庭園樹、公園樹。

カキノキ 柿木、柿樹　●別名……カキ

Diospyros kaki

カキノキ科 カキノキ属

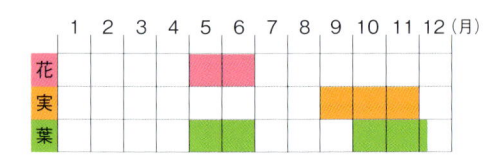

互生　落葉高木

	1	2	3	4	5	6	7	8	9	10	11	12 (月)
花					■	■						
実									■	■	■	
葉					■	■	■	■	■	■	■	

● **自生地**　不明

● **特徴・特性**

葉は長さ7～17cmの広楕円形または卵状楕円形。先は急に尖り、基部はくさび形または広いくさび形。縁は全縁でまれに上部に細かい鋸歯がある。表は主脈に毛があり濃緑色、裏は灰緑色で、褐色の毛が密生するが特に脈上に多い。雌花の子房は有毛。品種が多く、日本の果実の代表である。

類似種　マメガキ、ヤマガキ

◆ 見分け方……**マメガキ**の葉はやや小さく、両端はやや尖る。光沢はなく、表の主脈と裏に開出毛が残る。樹皮は独特の色をしている。実は観賞用。**ヤマガキ**の葉はやや小さく、縁は全縁。カキノキよりも枝や葉の毛が多い。雌花の子房は有毛。

● **利用法**

庭園樹、果樹。

＊ **その他**

江戸時代には品種の数が最も多く、400余があった。また古くから日本では、干し柿が作られ、これほど甘いものは他に無かった。甘柿は日本しかないが、甘柿でも寒冷地では甘くならない。甘柿は鎌倉時代には出現したようである。

先は急に尖る

縁は全縁　まれに細かい鋸歯がある

表 70%

基部はくさび形　または広いくさび形

裏 50%

マルバノキ 丸葉木　●別名……ベニマンサク

Disanthus cercidifolius
マンサク科 マルバノキ属

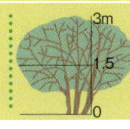

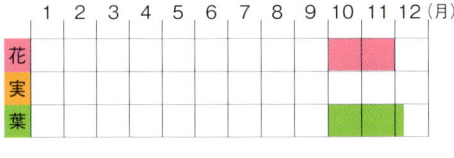

互生　落葉低木

	1	2	3	4	5	6	7	8	9	10	11	12 (月)
花										■	■	
実											■	■
葉										■	■	

●自生地

本州（中部〜近畿・広島県）、四国（高知県）

●特徴・特性
葉は長さ5〜10cmの卵円形または円形。先は鈍頭で基部は心形。縁は全縁。表は緑色で。裏は白緑色。秋に美しく紅葉する。花期は10〜11月で、紅紫色の花を2個背中合わせにつける。斑入りの品種がある。

類似種　**ハナズオウ、ライラック、マンサク**

◆見分け方……**ハナズオウ**は葉がふくらみ、表に光沢がある。**ライラック**は葉先は鋭く尖り、表に光沢がある。**マンサク**の葉は菱形状で、縁に波状の粗い鋸歯がある。毛はある。

●利用法
庭園樹、公園樹、雑木の庭、ガーデニング。

＊その他
和名は「丸葉の樹」の意味で、木曽地方の呼び名に基づく。

縁は鈍頭
縁は全縁
基部は心形
裏 40%
表 60%

イスノキ 柞　●別名……ヒョンノキ

Distylium racemosum
マンサク科 イスノキ属

互生　常緑高木 10m

	1	2	3	4	5	6	7	8	9	10	11	12	(月)
花			■	■									
実													
葉													

● 自生地

本州（静岡県以南）、四国、九州、沖縄、台湾、済州島、中国

● 特徴・特性
暖地の山地に生える。葉は長さ5〜8cmの長楕円形。革質。先は鈍頭または鋭頭で、基部はくさび形。縁は全縁。表はやや光沢があり、濃緑色で、裏は淡緑色。葉に大小の虫えいが多くできる。3〜4月、葉のつけ根に総状花序をつけ、花序の上部に両性花、下部には雄花がある。品種にシダレや斑入りがある。

類似種　モチノキ

◆見分け方……モチノキは葉がやや厚く、虫えいがない。

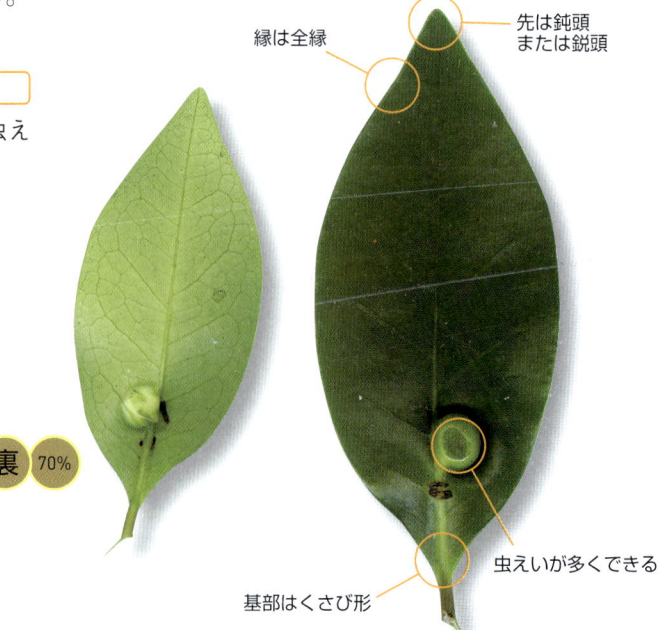

● 利用法
庭園樹、公園樹、生垣。

＊その他
別名ヒョンノキ。虫こぶを吹くとヒョンと鳴るのでこう呼ばれるという。

縁は全縁　先は鈍頭または鋭頭

裏 70%　表 100%

基部はくさび形　虫えいが多くできる

ミツマタ 三椏、三叉、三股

Edgeworthia chrysantha
ジンチョウゲ科 ミツマタ属

互生　落葉低木

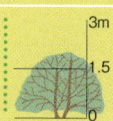

● 自生地

中国

● 特徴・特性
葉は長さ8〜15cmの広披針形で、薄い。先は尖り、基部は長いくさび形で葉柄に続く。縁は全縁。表は緑色で、葉柄が白っぽく目立つ。裏は灰白緑色。両面とも毛があるが、裏は特に絹毛が密生する。花は葉の出る前に咲き、芳香がある。

類似品種　タイリンミツマタ

◆見分け方……**タイリンミツマタ**といわれているものは、中国から近年導入され、花は大きく、葉もやや大きく、硬い感じがする。枝も太い。

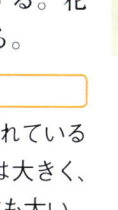

先は尖る
絹毛が密生する
縁は全縁
表 60%
裏 60%
葉柄は白っぽく目立つ
基部は長いくさび形

● 利用法
庭園樹、公園樹、和紙の原料。

＊その他
枝が3つに分かれるので名がついた。樹皮の繊維が丈夫で、和紙の原料とする。品種に花の赤いアカバナミツマタがある。

グミ'ギルト エッジ'

Elaeagnus × ebbingei 'Gilt Edge'
グミ科 グミ属

互生 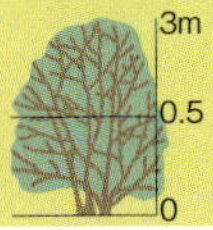　常緑低木

	1	2	3	4	5	6	7	8	9	10	11	12 (月)
花												
実												
葉												

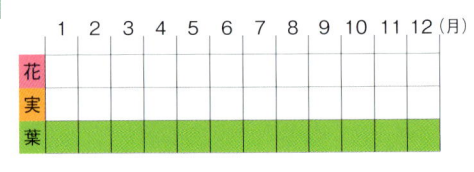

● **自生地**　オオバグミとナワシログミの園芸交雑種

● **特徴・特性**
葉は長さ5〜10cmの楕円形で、先は鋭頭、基部は円形。革質でやや厚く、縁は波状。表は濃緑色で鮮やかな黄色い覆輪の斑が入る。裏は灰茶褐色で、褐色の鱗状毛が散生する。斑は秋から冬にはさらに鮮やかになる。刈り込み、乾燥、潮風、寒乾風などの耐性に優れている。

類似種　グミ'ライムライト'

◆ 見分け方……'ライムライト'の葉はやや小さく、丸味を帯びる。斑は黄色の中斑で鮮やかだが、地味に見える。

● **利用法**
庭園樹、公園樹、ボーダー。

先は鋭頭
黄色い覆輪の斑がある
波状
表 100%
裏 70%
基部は円形

グミ'ライムライト'

Elaeagnus × ebbingei 'Limelight'

先は円頭または鋭頭
黄色い中斑がある
表 40%
基部は円形

● **特徴・特性**
葉は長さ5〜8cmの長楕円形または卵状楕円形。表は濃緑色で鮮やかな黄色い中斑が入る。その他は'ギルト エッジ'とほぼ同じ。

ナワシログミ

Elaeagnus pungens

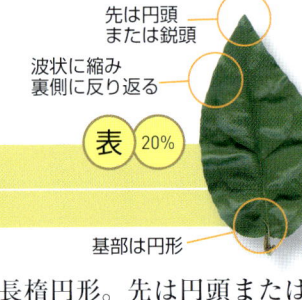

先は円頭または鋭頭
波状に縮み裏側に反り返る
表 20%
基部は円形

● **特徴・特性**
葉は長さ5〜8cmの長楕円形。先は円頭または鋭頭で、基部は円形。革質でやや厚く、縁は波状に縮み、裏側に反り返る。表は濃緑色で光沢があり、はじめは銀色の鱗状毛があり後に無毛。裏は茶褐灰色で、銀色の鱗状毛に覆われ、その上に褐色の鱗状毛が散生する。果実は橙色に熟し食べられる。暖地の海岸線に多い。

ホルトノキ

● 別名……モガシ

Elaeocarpus sylvestris var. *ellipticus*
ホルトノキ科 ホルトノキ属

互生 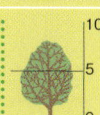　常緑高木　10m

● 自生地

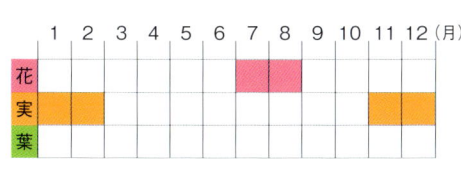

本州（千葉県以南）、四国、九州、沖縄

● 特徴・特性

葉は長さ7〜15cmの倒披針形で、革質。先は尖り、基部はくさび形。縁には低い鈍鋸歯がまばらにある。裏の側脈腋に膜状の付属物がある。新芽時は赤みがかることがある。表は深緑色で、落葉前に鮮紅色に変わる。裏は淡緑色。

類似種　**ヤマモモ、コバンモチ**

◆見分け方……**ヤマモモ**は科・属が異なり、葉はやや小さい広倒披針形で先はやや鈍く、葉柄が短い。**コバンモチ**の葉は丸味があり、葉柄が3〜5cmと長い。

● 利用法

庭園樹、公園樹。

＊その他

和名は「ポルトガルの樹」の転訛で、本来はオリーブを指したが、平賀源内が誤って本種にこの名を与えたとされる。

先は尖る

低い鈍鋸歯がある

裏 120%　表 120%

基部はくさび形

155

ヒメウコギ 姫五加木　●別名……ウコギ

Eleutherococcus sieboldianus

ウコギ科 ウコギ属

互生 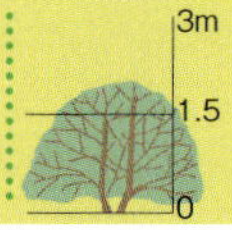　落葉低木

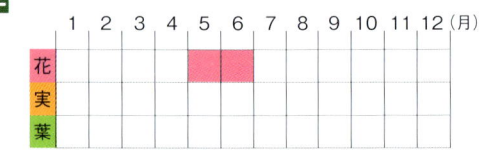

	1	2	3	4	5	6	7	8	9	10	11	12 (月)
花					■	■						
実												
葉												

●自生地

中国

●特徴・特性

葉は掌状複葉。小葉は無毛で小柄は無く、長さ3〜7cm。先は鈍頭で、縁には鈍い鋸歯がある。表は緑色、裏は淡緑色。枝は灰白色で太い刺がある。雌雄異株だが日本には雌株が多い。

類似種　ヤマウコギ、エゾウコギ

◆見分け方……**ヤマウコギ**の葉は小葉の先が鋭頭または鈍頭で、表はやや光沢のある緑色。小梗は8〜12mm。枝に扁平な刺がある。**エゾウコギ**は裏が緑色で脈上に縮れた毛が密生する。小葉は5〜15cmの小柄がある。枝や葉柄には刺と毛がある。

先は鈍頭
葉は無毛
鈍い鋸歯がある

表 100%
裏 80%

●利用法

若葉は食用、根は薬用になる。生垣として多く用いられるが、たまに庭木としても植栽される。

ヤマウコギ 山五加木　●別名……ウコギ、オニウコギ

Eleutherococcus spinosus
ウコギ科 ウコギ属

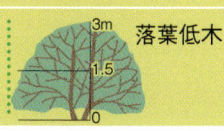

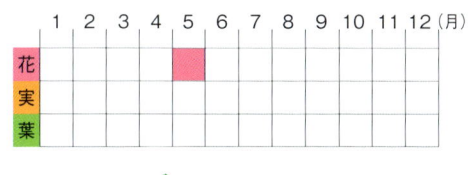

互生　落葉低木

	1	2	3	4	5	6	7	8	9	10	11	12 (月)
花					■							
実												
葉												

●自生地
北海道、本州

●特徴・特性
葉は掌状複葉で3～7cmの長い葉柄がある。小葉は5枚あり、小柄はなく、葉の裏面は無毛で鋸歯は鈍く、または内曲する。小葉の長さは3～7cmの狭倒卵状長楕円形で、鋭頭または鈍頭。表はやや光沢のある緑色、裏は淡緑色。小梗は8～12mm。枝に扁平な刺がある。雌雄異株。春の芽出しが美しい。

類似種　ヒメウコギ、エゾウコギ

◆見分け方……**ヒメウコギ**の葉は小形で無毛。先は鈍頭で、表は緑色。枝は灰白色で太い刺がある。雌雄異株だが日本には雌株が多い。**エゾウコギ**は裏が緑色で脈上に縮れた毛が密生する。小葉は小柄があり、長さ5～15cm。枝や葉柄には刺と毛がある。

先は鋭頭または鈍頭

鈍い鋸歯がある

表 90%

柄は長い

裏 60%

●利用法
生垣、食用（うこぎ飯、てんぷら、おひたし）。

サラサドウダン 更紗灯台　●別名……フウリンツツジ

Enkianthus campanulatus
ツツジ科 ドウダンツツジ属

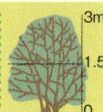

互生　落葉低木

●自生地
北海道、本州（近畿以北）

●特徴・特性
葉は長さ3～6cmの楕円形または倒卵形で、両端は尖り、基部は細いくさび形。縁に細鋸歯がある。葉は枝先に輪生状に集まってつき、表は緑色で、裏は葉脈上に赤褐色の毛があり、淡緑色。花の色は帯白色または淡紅色で、紅色の条が入り、先端は淡紅色を帯びる。この仲間としては樹は大きくなる。

類似種　**ベニドウダン、チチブドウダン、ドウダンツツジ、アブラツツジ**

◆見分け方……**ベニドウダン**の葉は小さく、葉先は鋭頭。**チチブドウダン**の葉は小さく、葉先は鋭頭。鋸歯は小さい。**ドウダンツツジ**の葉は鋸歯が小さい。**アブラツツジ**の葉はやや小さく、鋸歯は小さい。

先は尖る
細鋸歯がある
表 100%
基部は細いくさび形
裏 80%

●利用法
庭園樹、公園樹。

チチブドウダン 秩父灯台

Enkianthus cernuus f. *rubens*
ツツジ科 ドウダンツツジ属

互生 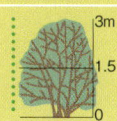　落葉低木

	1	2	3	4	5	6	7	8	9	10	11	12 (月)
花					●	●						
実												
葉										●	●	●

● 自生地

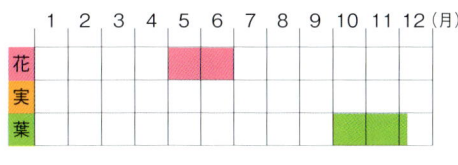

本州（関東〜近畿）

● 特徴・特性

葉は長さ2〜4cmの広披針形または狭卵形で、先は尖り、基部はくさび形。縁には細鋸歯がまばらにある。両面とも緑色で、裏はやや光沢があり、主脈に褐色の毛がまばらにある。花は濃赤色。

| 類似種 | サラサドウダン、ベニドウダン、ドウダンツツジ、アブラツツジ |

◆見分け方……**サラサドウダン**の葉は大きく、先が鈍頭、鋸歯は小さい。**ベニドウダン**は葉先が鋭頭で、鋸歯は小さい。**ドウダンツツジ**は鋸歯が小さい。**アブラツツジ**の葉はやや小さく、鋸歯も小さい。

● 利用法

庭園樹、公園樹。

＊その他

関東地方では自生もあり、花の色が赤いので、普通本種をベニドウダンと呼び流通しているが、紀伊半島、山陽地方、四国、九州に分布し、花が薄い赤色のものがベニドウダンである。

- 先は尖る
- 細鋸歯がある
- 裏の主脈に褐色の毛がある
- 裏はやや光沢がある
- 基部はくさび形

ドウダンツツジ 灯台躑躅

Enkianthus perulatus
ツツジ科 ドウダンツツジ属

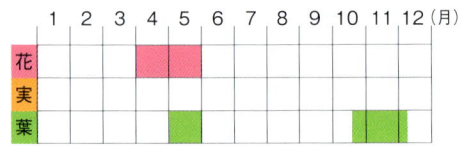

互生　落葉低木　3m / 1.5 / 0

	1	2	3	4	5	6	7	8	9	10	11	12 (月)
花				●	●							
実												
葉					●					●	●	

● 自生地

本州（房総半島南部・天城山以南）、四国、九州

● 特徴・特性

葉は長さ2〜4cmの倒卵形または菱形。先は急鋭尖頭で先端中央に腺状突起がある。基部は狭いくさび形。縁の上半分には鉤状になった細鋸歯がある。表は緑色で、脈上に毛が散生する。裏はやや光沢があり淡緑色で、主脈の基部に毛がある。花は白。秋の紅葉は赤く染まり美しい。

類似種 **サラサドウダン、ベニドウダン、チチブドウダン、アブラツツジ**

◆見分け方……**サラサドウダン**の葉は大きく、先は鈍く尖る。**ベニドウダン**の葉先はより尖り、葉の鋸歯がやや小さい。**チチブドウダン**は鋸歯が大きい。**アブラツツジ**の葉はやや小さく、鋸歯は尖る。

先は急鋭尖頭で中央に腺状突起がある

縁の上半分に鉤状の細鋸歯がある

表 150%

基部は狭いくさび形

裏 110%

● 利用法

庭園樹、公園樹、生垣。

＊その他

和名は、分枝の仕方が宮中の夜間行事に使われた「結び灯台」の脚に似ているところから名づけられ、のちにトウダイが転じてドウダンになったとされる。

ビワ 枇杷

Eriobotrya japonica
バラ科 ビワ属

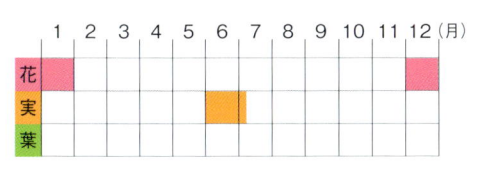

互生 / 常緑高木

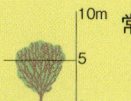

● 自生地 
本州（東海以南）、四国、九州、中国（四川省）

● 特徴・特性
葉は長さ15〜30cmの広倒披針形または狭倒卵形。革質。先は鋭頭で、基部は徐々に狭くなり、耳たぶ状になる。成木では縁の中央より先に粗い鋸歯がある。表は濃緑色で、はじめ毛が多いがのちに無毛。裏は淡緑褐色で、全面に毛が密生する。花は12〜1月で、芳香がある。果実は美味しく食用になる。果実の品種が多いが、葉の斑入り品種もある。

先は鋭頭
基部は徐々に狭くなる
縁の中央より先に粗い鋸歯がある
表 70%
裏 60%

● 利用法
庭園樹、公園樹、果樹、薬用、お茶、材（硬い）。

アメリカデイコ ●別名……カイコウズ

Erythrina crista-galli
マメ科 デイコ属

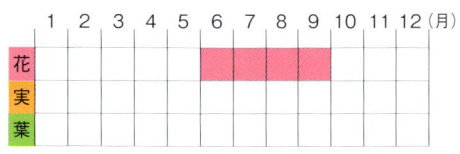

互生　落葉高木

	1	2	3	4	5	6	7	8	9	10	11	12 (月)
花						■	■	■	■			
実												
葉												

● 自生地

ブラジル

● 特徴・特性

葉は長い柄のある3出複葉で、小葉は長さ8〜15cmの卵状楕円形。先は鈍頭、基部は円形。縁は全縁。表は緑色で、裏は白っぽい。6〜9月に枝先に総状花序を出し、深紅色の蝶形花を開く。東京では、冬は枝をすべて切り取り、幹だけにする。

類似種　サンゴシトウ

◆見分け方……**サンゴシトウ**の葉は洋紙質。頂小葉が一番大きく、側小葉は幅がやや狭い。葉柄は暗紫赤色で長く、時に刺がある。小枝は褐色を帯びた緑色。アメリカデイコより、やや寒さに弱い。

先は鈍頭
縁は全縁
基部は円形
柄は長い
表 40%
裏 30%

● 利用法

庭園樹、公園樹、街路樹、鉢植え。

ユーカリ（丸葉系）

Eucalyptus spp.
フトモモ科 ユーカリノキ属

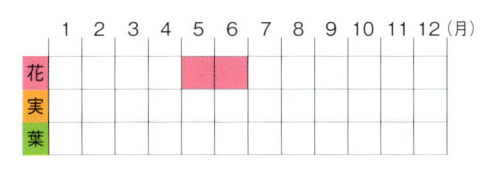

互生、対生 　　10m　常緑高木

●自生地
オーストラリア

●特徴・特性
葉は長さ2〜4cmの円形または長円形。先は尖り、基部は心形または円形。縁は全縁。厚い革質。両面とも帯白緑色。特有の香りがある。生長が早く、種類が多い。

| 類似種 | 多数あり |

●利用法
庭園樹、公園樹、景観樹。

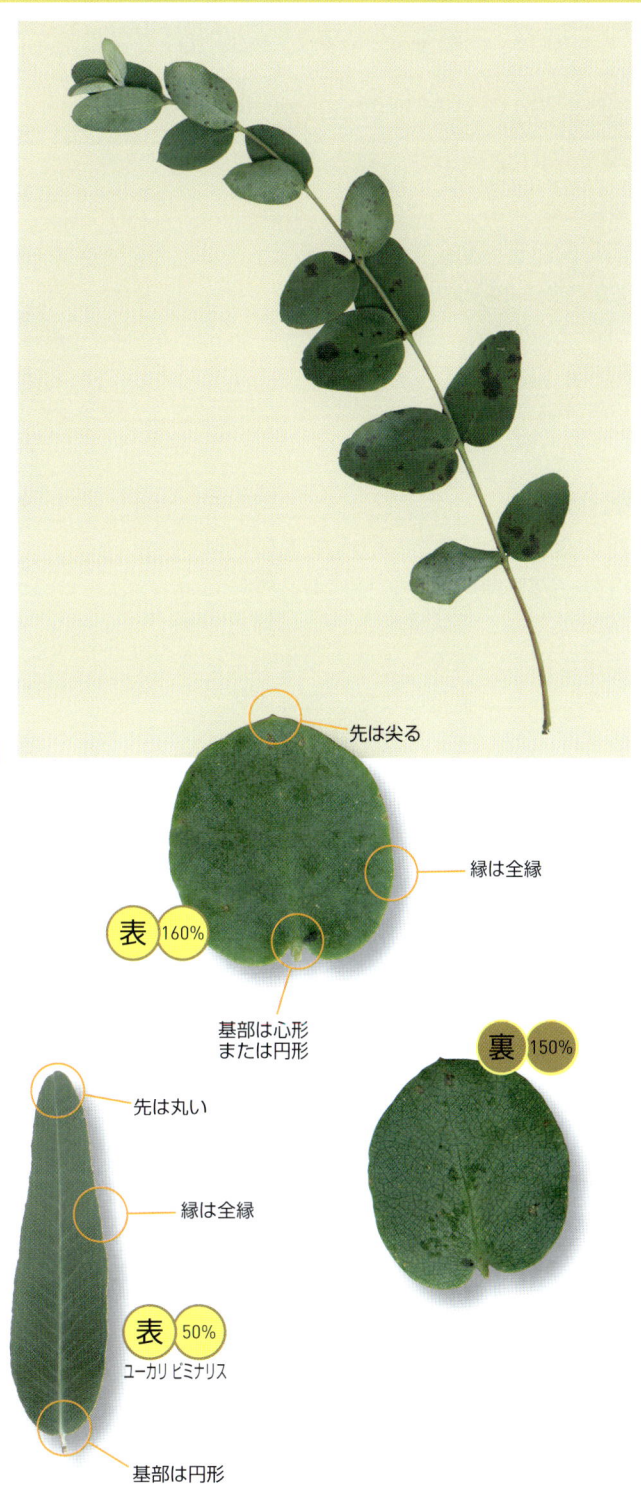

先は尖る
縁は全縁
表 160%
基部は心形または円形
裏 150%

ユーカリ ビミナリス
Eucalyptus viminalis

●特徴・特性
葉は長さ8〜15cmの狭長楕円状披針形。先は丸く、基部は円形。縁は全縁。厚い革質。両面ともわずかに白みがかる青緑色。特有の香りがある。幹の下部の樹皮は平滑なものと粗いものがあり、上部の樹皮は剝落し、滑らかで白い樹皮をあらわす。生長が早い。コアラは濃緑色の葉を好む。

先は丸い
縁は全縁
表 50%
ユーカリ ビミナリス
基部は円形

トチュウ 杜仲

Eucommia ulmoides
トチュウ科 トチュウ属

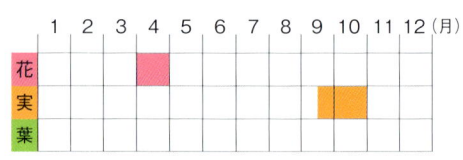

互生　落葉高木 10m

	1	2	3	4	5	6	7	8	9	10	11	12 (月)
花				■								
実										■		
葉												

● 自生地

中国

● 特徴・特性
葉は長さ8～16cmの楕円形または長楕円形。先は鋭頭、基部は円形。縁には重鋸歯がある。表は深緑色、裏は緑色で脈が浮き出る。葉をちぎると糸を引く。葉は食べられ、薬用になる。雌雄異株。

脈が浮き出る
先は鋭頭
重鋸歯がある
裏 50%
表 60%
基部は円形

● 利用法
公園樹、景観樹、薬用、食用。

＊その他
樹皮の乾燥品を杜仲と呼び、強壮薬とする。
葉は杜仲茶として利用する。

ニシキギ 錦木

Euonymus alatus
ニシキギ科 ニシキギ属

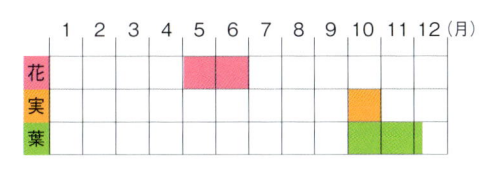

対生 / 落葉低木

	1	2	3	4	5	6	7	8	9	10	11	12 (月)
花					■	■						
実										■	■	
葉											■	■

● 自生地

北海道、本州、四国、九州、中国、アジア北東部

● 特徴・特性

葉は長さ2～7cmの倒卵形または広倒披針形。先は鋭く尖り、基部はくさび形。縁には細かい鋸歯がある。表は緑色で、裏は淡緑色。両面とも毛はない。枝にコルク質の翼が発達する。

類似種 コマユミ

◆見分け方……**コマユミ**は、枝にコルク質の翼がない。

● 利用法

庭園樹、公園樹、寄せ植え、雑木の庭の構成樹、生垣、ボーダー。

＊その他

世界3大紅葉樹のひとつ。

コマユミ 小真弓

Euonymus alatus f. *striatus*

● 特徴・特性

葉は長さ2～7cmの倒卵形または広倒披針形。先は鋭く尖り、基部はくさび形。縁に細かい鋸歯がある。表は緑色、裏は淡緑色で、両面とも毛がない。別名ヤマニシキギ。

マサキ 正木、柾　●別名……シタワレ、フユシバ

Euonymus japonicus
ニシキギ科 ニシキギ属

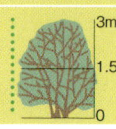

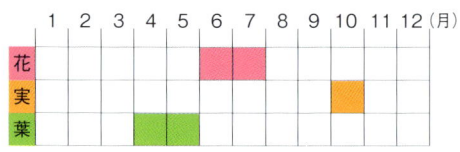

対生 時に互生　常緑低木

●自生地
北海道（南部）、本州、四国、九州、沖縄、小笠原、朝鮮半島、中国

●特徴・特性
葉は長さ3〜7cmの楕円形または倒卵形。先は鈍頭で、基部はくさび形または広いくさび形。縁には低い鋸歯がある。表は濃緑色で光沢があり、裏は淡緑色。両面とも無毛。

類似種 マサキ'オーレア'、オオバマサキ

◆見分け方……**'オーレア'**は黄色のカラーリーフで、特に春の新梢が美しく、7月頃まで続く。その後は明るい黄緑色になる。マサキよりやや小さい。**オオバマサキ**の葉は長さ6〜8cmとやや大きい。

●利用法
生垣、庭園樹、公園樹。

先は鈍頭
低い鋸歯がある
基部はくさび形または広いくさび形

マサキ'ギンマサキ'
Euonymus japonicus 'Albomarginatus'

●特徴・特性
葉に白い覆輪の斑が入る。マサキの白斑は本品種のみである。樹勢は基本種に比べてやや弱い。

マサキ'キンマサキ'
Euonymus japonicus 'Aureovariegatus'

●特徴・特性
葉に黄色の中斑が入る。マサキの中斑は本品種のみである。生長はやや遅い。

マサキ'オオサカベッコウ'
Euonymus japonicus 'Oosakabekkou'

●特徴・特性
葉にクリーム色の覆輪斑が入る。とくに春の芽出しは鮮やかで美しい。生長が早く、樹勢が強い。

ツリバナ 吊花

Euonymus oxyphyllus
ニシキギ科 ニシキギ属

対生 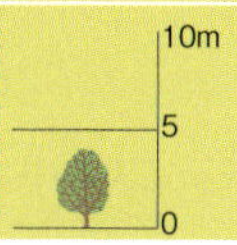 / 落葉高木

	1	2	3	4	5	6	7	8	9	10	11	12 (月)
花												
実												
葉												

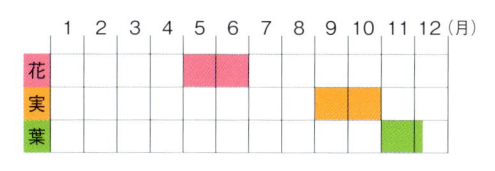

● 自生地

北海道、本州、四国、九州、アジア北東部

● 特徴・特性

葉は長さ3～10cmの卵形または倒卵形。先は長く尖り、基部は円形または広いくさび形。縁には細かい鋸歯がある。質は厚く、表は緑色、裏は淡緑色。両面とも無毛。実は球形の蒴果で、9～10月に赤く熟して5裂し、仮種皮に包まれた種子が果皮の先にぶら下がる。

類似種　ヒロハツリバナ、オオツリバナ、クロツリバナ

◆見分け方……**ヒロハツリバナ**の葉はやや大きく、やや長い。実には大きく張り出した翼がある。**オオツリバナ**の葉はやや大きく、やや長い。実には4～5の稜がある。**クロツリバナ**の葉はやや大きく、紙質より薄くしわが多い。脈は表でへこみ、裏に隆起する。実は長さ1～2cmの稜の鈍い三角形で、基部近くに横に張り出した鎌状の翼が3個、まれに4個ある。

● 利用法

庭園樹、公園樹、雑木の庭。

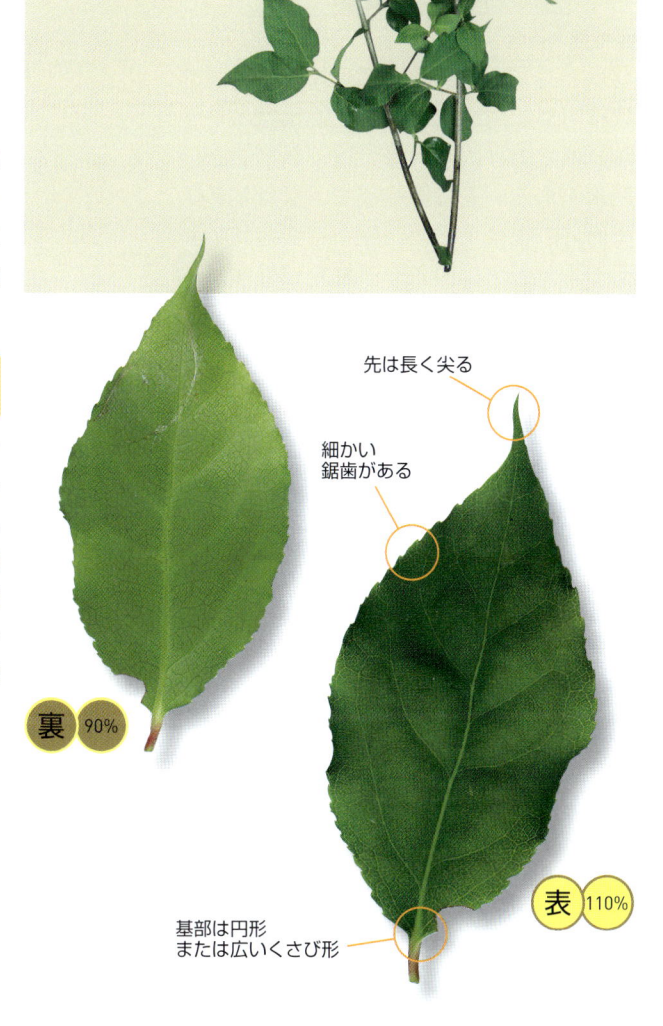

先は長く尖る
細かい鋸歯がある
基部は円形または広いくさび形

裏 90%
表 110%

マユミ 真弓、檀

Euonymus sieboldianus
ニシキギ科 ニシキギ属

対生 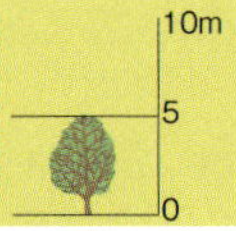　落葉高木

	1	2	3	4	5	6	7	8	9	10	11	12(月)
花					■	■						
実										■	■	
葉										■	■	■

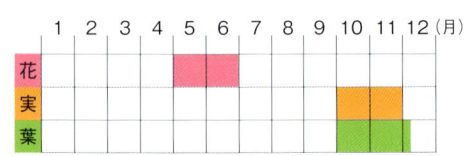

● 自生地

北海道、本州、四国、九州（屋久島以北）、南千島、サハリン、朝鮮半島南部、中国

● 特徴・特性

葉は長さ5〜15cmの楕円形または倒卵状楕円形。先は鋭く尖り、基部は広いくさび形または円形。縁には波状の細かい鋸歯がある。表は濃緑色で、裏は緑色。両面ともに無毛または脈上に突起状の短毛がある。実は四角く淡紅色に熟す。実が緋紅色や白色、葉が斑入りの品種がある。

● 利用法

庭園樹、公園樹、雑木の庭、盆栽。

＊その他

材は緻密で粘りがあり、これで弓を作ったことから「真弓」の名がついた。品種に白実や濃赤実がある。また、葉が両面とも無毛のものをカンサイマユミ、脈上に突起状の短毛を密生するものをカントウマユミとして区別することもある。

先は鋭く尖る

波状の細かい鋸歯がある

基部は広いくさび形または円形

表 90%　裏 60%

ハマヒサカキ

浜姫榊
●別名……マメヒサカキ、イリヒサカキ、イリシバ

Eurya emarginata
ツバキ科 ヒサカキ属

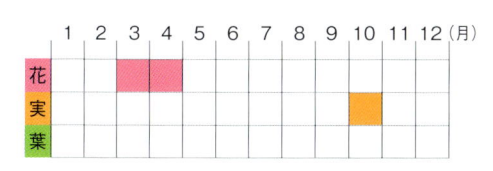

互生　常緑高木

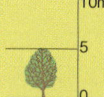

●自生地

本州（千葉・愛知県以南）、四国、九州、沖縄、朝鮮半島南部、中国

●特徴・特性

葉は長さ2～4cmの長倒卵形または長楕円形。先はへこむ。基部はくさび形。縁には浅い鋸歯があり、裏側に反る。やや厚めの革質。表は濃緑色で光沢があり、裏は淡緑色で、両面とも無毛。潮風に強い。花は不快なにおいがする。

類似種　ヒサカキ

◆見分け方……**ヒサカキ**は葉先が鈍頭でやや厚く、光沢が弱い。枝に毛が少ない。

先はへこむ
浅い鋸歯がある
表 130%
裏 100%
枝 80%
基部はくさび形

●利用法

庭園樹、公園樹、寄せ植え、生垣。

ヒサカキ 姫榊

Eurya japonica
ツバキ科 ヒサカキ属

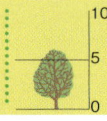

互生　常緑高木　10m / 5 / 0

	1	2	3	4	5	6	7	8	9	10	11	12 (月)
花												
実												
葉												

●自生地

本州、四国、九州、沖縄、台湾、朝鮮半島南部、中国

●特徴・特性

葉は長さ3～8cmの楕円形。先は徐々に尖って鈍頭、基部は広いくさび形。縁には細かい鋸歯がある。やや厚い革質。表は濃緑色で光沢があり、裏は淡緑色で、両面とも無毛。3～4月に咲く花は独特の臭いがある。斑入りの品種がある。

類似種　**ハマヒサカキ、サカキ**

◆見分け方……**ハマヒサカキ**は葉先に丸味があり、やや薄く、光沢が強い。枝に毛が多い。**サカキ**は葉が大きく、縁は全縁。

先は徐々に尖って鈍頭

細かい鋸歯がある

裏 130%

表 160%

基部は広いくさび形

●利用法

庭園樹、公園樹、生垣、神事に使用。

リキュウバイ

利休梅、利久梅
●別名……ウメザキウツギ、バイカシモツケ

Exochorda racemosa
バラ科 ヤナギザクラ属

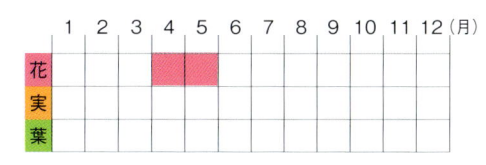

互生 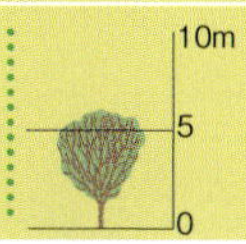　落葉高木

● 自生地

中国

● 特徴・特性
葉は長さ4〜6cmの狭倒卵形または楕円形。先は丸く、基部は広いくさび形。縁は全縁または上半分のみに鋸歯がある。表は少し青みがかった鮮やかな緑色で、裏は粉白色。両面とも無毛。花は4〜5月、枝先に総状花序で4cmほどの白花をつける。

先は丸い
縁は全縁または上半分のみに鋸歯がある
裏 80%
表 90%
基部は広いくさび形

● 利用法
庭園樹、公園樹。

＊その他
「利休梅」の名の由来は、利休忌（陰暦2月28日）の頃に花が咲くところからという説と、花が茶花としてよく利用されるからという説がある。

ブナ 橅、山毛欅　●別名……コバブナ、オオバブナ

Fagus crenata
ブナ科 ブナ属

互生　　落葉高木 20m

	1	2	3	4	5	6	7	8	9	10	11	12	(月)
花													
実										■	■		
葉													

● 自生地

北海道（渡島半島）、本州、四国、九州

● 特徴・特性

葉は長さ5～8cmの卵形または広卵形。先は鋭く尖り、基部はくさび形。縁には波状の鋸歯がある。表は濃緑色で、裏は緑色。両面ともはじめ長い軟毛があるが、のちに脈以外は無毛となる。側脈は7～11対。結実は数年に一度くらいしかなく、炒って食べられる。

類似種　**イヌブナ、ヨーロッパブナ**

◆見分け方……**イヌブナ**は若葉にある長い毛が残り、特に裏の脈に沿って多い。ブナよりやや丸味があり、先はやや尖る。側脈は10～14対で多い。**ヨーロッパブナ**の葉はやや大きく、丸味があり、鋸歯は小さい。先は急に短く尖る。

● 利用法

庭園樹、公園樹、建築材、盆栽、船舶材、パルプ。

＊その他

日本の世界遺産の第1号である白神山地は、ブナの原生林で有名。ブナ林は東北までは平地、関東以南では山の中腹に見られる。宮城県金華山以南の太平洋側では葉が小さくコバブナと呼ばれ、日本海側の多雪地帯では葉が大きくオオバブナと呼ばれる。

先は鋭く尖る

波状の鋸歯がある

基部はくさび形

表 70%

裏 60%

ヨーロッパブナ 'プルプレア グループ'

Fagus sylvatica purple-leaved group
ブナ科 ブナ属

互生 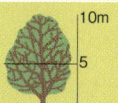　落葉高木

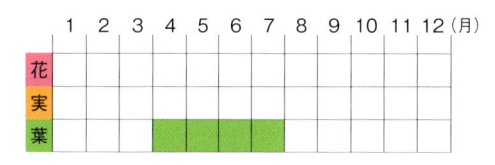

● 自生地

（基本種）ヨーロッパ

● 特徴・特性
基本種の葉は長さ6〜10cmの卵形または楕円形。先は急に短く尖り、基部は広いくさび形。縁には低く小さな鋸歯があり、波打つ。表は暗緑色、裏は淡緑色で脈腋に毛がある。若葉には裏に細い毛がある。側脈は5〜9対。葉色や樹形等によって品種が多い。プルプレアとは紫紅色の葉の品種群。また、実生によっても個体差が出るので、単独品種を指すのではなくグループをいう。

類似種　ブナ、イヌブナ

◆見分け方……ブナの葉はやや小さく、長い。鋸歯は大きい。先は短く鋭く尖る。イヌブナの葉はやや長く、先は鋭く尖る。毛が多い。

先は急に短く尖る

低く小さな鋸歯があり、波打つ

表 100%

裏 100%

基部は広いくさび形

脈腋に毛がある

● 利用法
庭園樹、公園樹、生垣、建築材。

ヤツデ 八手　●別名……テングノウチワ

Fatsia japonica
ウコギ科 ヤツデ属

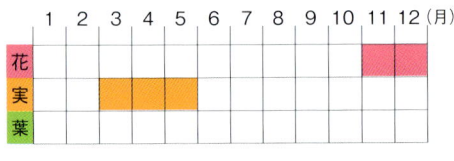

互生　常緑低木

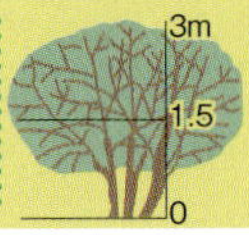

	1	2	3	4	5	6	7	8	9	10	11	12 (月)
花											■	■
実			■	■	■							
葉												

●自生地

本州（南関東以南）、四国、九州、沖縄

●特徴・特性

葉は長さ20〜40cmで、掌状に7〜11裂する。枝先に集まる。裂片の先は尖り、縁には鋸歯がある。基部は浅心形または深心形で、7〜11本の掌状脈が出る。表は濃緑色で光沢があり、裏は淡緑色で脈の基部に少し毛がある。裏の脈は盛り上がる。

●利用法

庭園樹、公園樹、日陰の庭、観葉。

＊その他

耐寒性や耐暑性に優れ軒下や高架下等の夜露があたらない場所にも耐えられる。類似種は無いが、小笠原に固有種のムニンヤツデが自生する。樹高は高くなり、葉はやや小さく、丸味を帯び、裂片の数は少ない。和名の「八手」は葉が掌状に多く分かれていることからつけられ、八は数が多いことをあらわす。斑入り品種がいくつか知られ、珍重されるが、海外での評価はより高い。

先は尖る
7〜11裂する
鋸歯がある
基部は浅心形または深心形
表 60%
裏 40%

フェイジョア

Feijoa sellowiana
フトモモ科 フェイジョア属

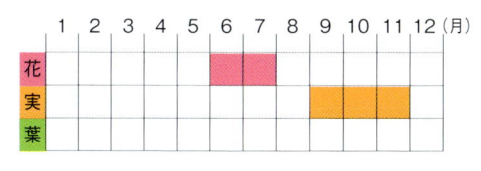

対生 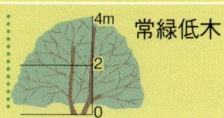　常緑低木

	1	2	3	4	5	6	7	8	9	10	11	12 (月)
花						■	■					
実									■	■	■	
葉												

● 自生地

ウルグアイ、パラグアイ、ブラジル南部

● 特徴・特性

葉は長さ5～7cmの卵状楕円形～倒卵状楕円形。革質。先はやや尖るか丸い。縁は全縁。表は緑色で光沢があり、裏は白い綿毛が密生し、銀白色。花は外側が白い綿毛に覆われ、内側は紫紅色で、雄しべは赤い。果実は卵状楕円形の灰緑色。パイナップルとイチゴをあわせたような香りがあり、生食やジャムにする。日本には花粉を媒介する生物がいないために他家受粉といわれるが、一本でも筆等で受粉してやれば実はつく。また、花も食用になる。

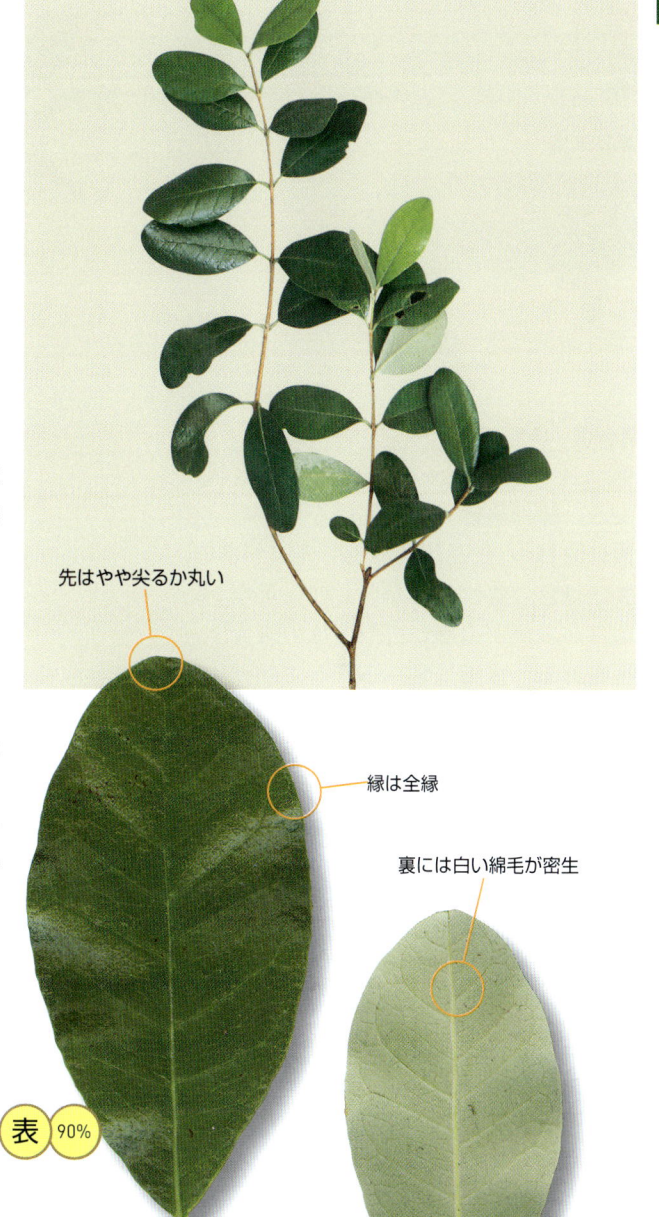

● 利用法

庭園樹、公園樹、果樹、生垣。

＊その他

昭和初期にアメリカから導入された。耐寒性はマイナス10度ほどとされる。近年1本でも果をつける新しい品種も導入されるようになった。

先はやや尖るか丸い
縁は全縁
裏には白い綿毛が密生

表 90%
裏 70%

ベンジャミン

● 別名……シダレガジュマル

Ficus benjamina
クワ科 イチジク属

互生　常緑高木

	1	2	3	4	5	6	7	8	9	10	11	12 (月)
花												
実												
葉												

● 自生地

インド

● 特徴・特性

葉は長さ5〜12cmの卵形。先は尾状に尖る。縁は全縁で、基部はくさび形。全体に波打つ。表面は濃緑色で光沢がある。裏は緑色。質は軟らかい。枝、葉を切ると白い乳液が出る。白や黄色の斑入り品種がある。果実は食べられる。

類似種　ガジュマル

◆見分け方……**ガジュマル**の枝は下垂しない。葉は肉厚で、先は急尖頭にならず少し丸い。

● 利用法

観葉（鉢植え）、アトリウム。

＊その他

一般には鉢植えで観葉植物として利用され、スタンダード、幹を編んだ仕立て等もあり、斑入り、カラーリーフ等の品種もある。標準和名がシダレガジュマルになっている図鑑もあるが、一般にはベンジャミンで知られている。

先は尾状に尖る
葉は全体に波打つ
縁は全縁
基部はくさび形

表 130%
裏 110%

イチジク 無花果

Ficus carica
クワ科 イチジク属

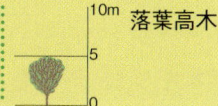

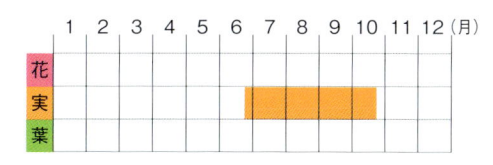

互生　落葉高木

●自生地
地中海東部

●特徴・特性
在来種の葉は長さ20～30cmの大形の卵円形で掌状に3～5深裂する。先はやや尖り、基部は心形で、基部から主脈が5～9本出る。裂片の縁には波状の鋸歯がある。質は厚く、枝葉を切ると白い乳液が出る。表は緑色で硬い毛が生え、さわるとざらざらする。裏は淡緑色で脈に沿って多くの毛が生える。雌雄異株。栽培品種はほとんどが雌株で受粉しなくても果実（偽果）は熟すが、まれに受粉しないと熟さないものがある。品種によっては深裂しないものもある。果実は生や乾燥、ジャムなどで食され、人気がある。

●利用法
果樹、庭園樹、エスパリエ、薬用。

＊その他
漢字表記の「無花果」は、花が花托の内部に閉じ込められていて花を咲かすことなく実が熟すように見えることから。日本へは寛永年間（1624～44年）に渡来した。

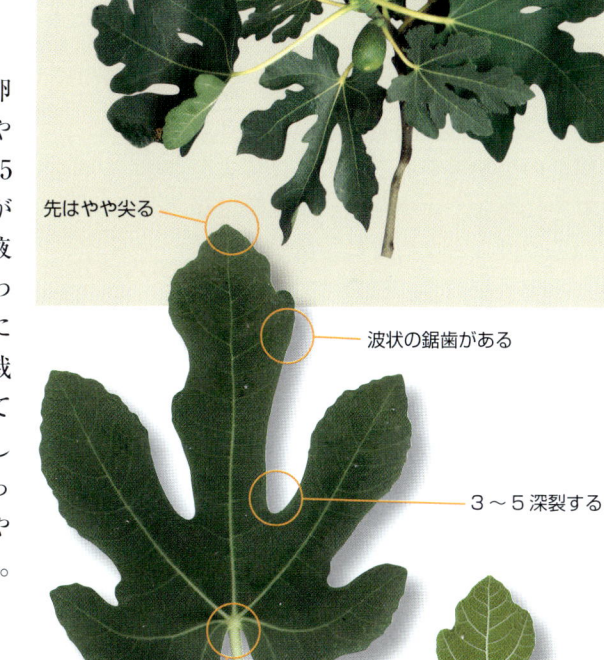

- 先はやや尖る
- 波状の鋸歯がある
- 3～5深裂する
- 基部は心形

表 60%
裏 40%

アオギリ 青桐・梧桐

Firmiana simplex
アオギリ科 アオギリ属

互生　落葉高木　10m

	1	2	3	4	5	6	7	8	9	10	11	12	(月)
花						■	■						
実									■	■			
葉													

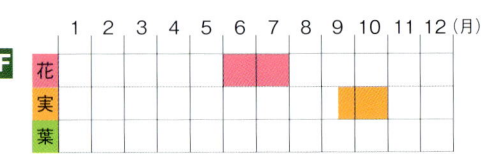

● 自生地

沖縄、台湾、中国、インドシナ

● 特徴・特性

葉は、15～25cmで3～5中裂し、縁は全縁で基部は心形。初めは葉の両面と葉柄に褐色の星状毛があるがのちに葉裏を除き無毛になる。表は緑色、裏は帯白緑色。緑色で滑らかな樹皮に特徴がある。葉は大形で柄が長く、枝先は集まって束生状となる。果実は莢状で、熟す前に5裂して舟状の裂片となり、縁に球形の種子をつける。

縁は全縁
3～5中裂
基部は心形
表 30%
裏 20%

● 利用法

街路樹や公園樹として利用する。

＊その他

樹皮が緑色で、葉の形がキリに似ているので名がついた。無毛のケナシアオギリがあるがあまり見かけない。

レンギョウ 連翹　●別名……レンギョウウツギ

Forsythia suspensa
モクセイ科 レンギョウ属

対生 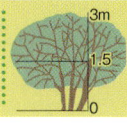　落葉低木

	1	2	3	4	5	6	7	8	9	10	11	12 (月)
花												
実												
葉												

● 自生地

中国

● 特徴・特性

葉は長さ3〜10cmの卵形または広卵形。先は鋭く尖り、基部は円形か切形またはくさび形で3本の主脈が出る。縁に粗い鋸歯がある。表は緑色、裏は灰緑色で両面とも無毛。単葉だが、若枝の葉はしばしば3裂して、3出複葉状になる。枝に髄はなく、切断面は中空で節にしきりがある。枝は大きく伸びて下垂する。花は雄しべが雌しべより短い。雌雄異株。

類似種 シナレンギョウ、チョウセンレンギョウ、セイヨウレンギョウ

◆見分け方……**シナレンギョウ**は葉が細長い。枝の髄は薄い隔膜が階段状につき、節にしきりはない。枝や幹は下垂しない。**チョウセンレンギョウ**はレンギョウとシナレンギョウの中間形。枝の内側は詰まり、髄は薄い隔膜が階段状につき、節にしきりがある。枝や幹は弓なりになる。花は雄しべが雌しべより長い。**セイヨウレンギョウ**はレンギョウとシナレンギョウの交雑種で品種が多い。花は大形のものや色が濃いものなどがある。葉は楕円形で上半分に鋭い鋸歯があり、葉柄は赤色を帯びる。株の基部は単幹で、枝は斜上しアーチ形。

● 利用法

庭園樹、公園樹、生垣、生花、薬用。

先は鋭く尖る
粗い鋸歯がある
表 100%
基部は円形か切形またはくさび形
裏 100%

シナレンギョウ 支那連翹

Forsythia viridissima
モクセイ科 レンギョウ属

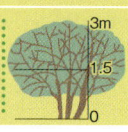

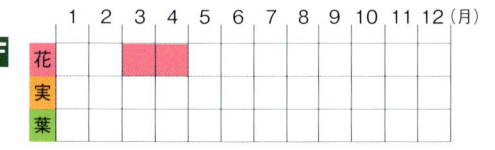

対生　落葉低木　3m / 1.5 / 0

	1	2	3	4	5	6	7	8	9	10	11	12	(月)
花			■	■									
実													
葉													

● 自生地

中国

● 特徴・特性

葉は長さ 3.5 ～ 11cm の楕円形または披針形、まれに倒卵形。先は鋭く尖り、基部はくさび形で 3 本の主脈が出る。上部の縁には鋸歯があるが、全縁のものもある。表は緑色で光沢があり、脈がへこむ。裏は淡緑色。両面とも無毛。枝は髄に薄い隔膜が階段状につき、節にしきりがない。枝や幹は下垂しない。花は雄しべが雌しべより短い。

類似種　**レンギョウ、チョウセンレンギョウ、セイヨウレンギョウ**

◆見分け方……**レンギョウ**の葉は短く丸味があり、枝は髄がなく中空で、節にしきりがある。枝や幹は下垂する。**チョウセンレンギョウ**の葉はやや幅が広く、枝は髄に薄い隔膜が階段状につき、節にしきりがある。枝や幹は弓なりになる。花は雄しべが雌しべより長い。**セイヨウレンギョウ**は交雑種のため品種が多く、葉、茎、髄、花ともにレンギョウ形とシナレンギョウ形がある。

先は鋭く尖る
縁は鋸歯があるか全縁
表 100%
裏 80%
基部はくさび形

● 利用法

庭園樹、公園樹、生垣、生花、薬用。

キンカン 金柑 ●別名……マルキンカン

Fortunella japonica
ミカン科 キンカン属

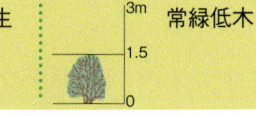

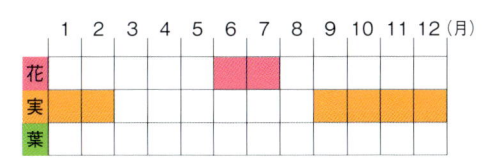

互生　常緑低木

	1	2	3	4	5	6	7	8	9	10	11	12 (月)
花						●	●					
実	●	●							●	●	●	●
葉												

●自生地

中国南部

●特徴・特性

葉は長さ3〜6cmの長楕円形。革質。先は鈍尖で、基部はくさび形。縁には浅い鋸歯がある。表は濃緑色で光沢があり、裏は黄緑色で乾くといぼ状の腺点が目立つ。両面とも無毛。葉柄には翼が目立たない。樹高は低い。果実は生食のほかシロップや果実酒にする。喉の痛みに効果がある。品種がある。

類似種　ナガキンカン

◆見分け方……**ナガキンカン**は果実が楕円形。葉は長さ5〜7cmで両端が尖り、表は濃緑色、裏は淡緑色。葉脈はキンカン属の中で最も不明瞭である。

●利用法
庭園樹、果樹。

＊その他
日本へは江戸時代以前に渡来した。

先は鈍く尖る
浅い鋸歯がある
表 110%
裏 80%
基部はくさび形
柄の翼は目立たない

フォサギラ マヨール

●別名……シロバナマンサク

Fothergilla major
マンサク科 フォサギラ属

互生　落葉低木

●自生地

アメリカ東部（アレゲーニー山脈）

●特徴・特性
葉は長さ5～8cmの円形または楕円形。先は丸味を帯びる。縁には上半分にゆるい鋸歯がある。基部は心形または円形。表は濃緑色で、裏は帯白緑色。秋の紅葉は朱赤で美しい。花は葉が出てから開花し、芳香があり、ピンクを帯びた白で穂状花序につく。

類似種　フォサギラ ガーデニー
◆見分け方……**フォサギラ ガーデニー**の葉は長さ5～6cmの倒卵形または長楕円形。基部は鈍いくさび形。縁には不規則な鋸歯がある。マヨールより全体に小さく、花は開葉前に開花する。

先は丸味を帯びる
上半分にゆるい鋸歯がある
基部は心形または円形

表 90%
裏 70%

●利用法
庭園樹、公園樹、ガーデニング。

＊その他
シロバナマンサクの別名があるが、マンサクとは属が異なる。

シマトネリコ 島梻　●別名……タイワンシオジ

Fraxinus griffithii
モクセイ科 トネリコ属

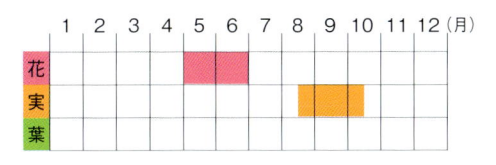

対生　常緑高木

● 自生地

沖縄、台湾、中国、フィリピン、インド

● 特徴・特性
葉は奇数羽状複葉。小葉は5〜13枚あり、長さ3〜10cmの長円形または長楕円形で革質。先は細長くやや尖り、基部は円形またはくさび形。縁は全縁。表は濃緑色で光沢があり、裏は淡緑色。花序に短毛が密生する。

類似種　シマタゴ

◆見分け方……**シマタゴ**の葉は、小葉が3〜7枚で細長く、洋紙質。縁に鋸歯がある。花序は無毛。

● 利用法
庭園樹、公園樹、街路樹、景観樹、シンボルツリー。

＊その他
1900年代には四国、九州でしか利用されていなかったが、近年の温暖化で関東南部まで植栽できるようになった。葉があまり密にならない種類として人気があり、単木、株立ち等どちらも利用されているが、強い寒波が心配される。

先は細長くやや尖る

基部は円形またはくさび形

縁は全縁

表 60%

裏 50%

アオダモ

●別名……コバノトネリコ

Fraxinus lanuginosa
モクセイ科 トネリコ属

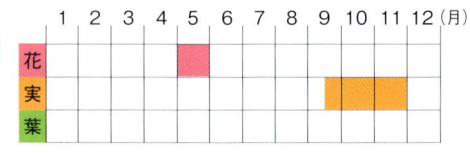

対生　落葉高木

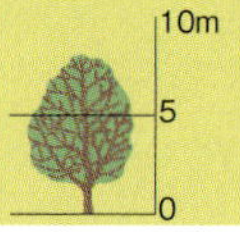

	1	2	3	4	5	6	7	8	9	10	11	12	(月)
花					■								
実									■	■	■		
葉													

● 自生地

北海道、本州、四国、九州、南千島

● 特徴・特性
葉は奇数羽状複葉で長さ10～15cm、小葉は5～7枚で長さ4～10cm、無小柄で明らかな鋸歯があり、先は尖り、基部はくさび形または円形。ほとんど無毛で、表は緑色、裏は灰緑色。葉脈に沿ってわずかに毛がある。枝は灰褐色。白い小さな花が円錐花序につき、その後の翼果は近づいて見ると特徴がある。

類似種　アラゲアオダモ、マルバアオダモ、ミヤマアオダモ

◆見分け方……**アラゲアオダモ**は葉裏、葉柄、花序に粗毛がある。**マルバアオダモ**は、小葉の縁はほぼ全縁でしばしば波打つ。葉柄に微毛と腺がある。**ミヤマアオダモ**は、冬芽の芽隣は初めから開出し、縁と内面に褐色絨毛がある。葉は無毛で花枝では小葉7枚、長枝で小葉9枚か11枚。

先は尖る

明らかな鋸歯がある

基部はくさび形または円形

表 50%

裏 50%

● 利用法
雑木の庭の主役として。

クチナシ 梔子

Gardenia jasminoides
アカネ科 クチナシ属

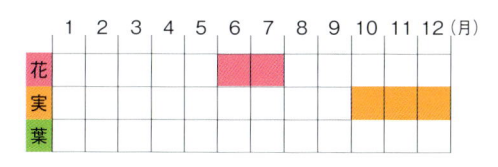

対生　常緑低木　3m / 1.5 / 0

	1	2	3	4	5	6	7	8	9	10	11	12	(月)
花						●	●						
実										●	●	●	
葉													

● 自生地

本州（静岡県以南）、四国、九州、沖縄、台湾、中国、インドシナ

● 特徴・特性

葉は長さ5～12cmの倒披針形または長楕円形あるいは楕円形。先は急鋭尖頭または尖頭で、基部は狭いくさび形またはくさび形で葉柄に流れる。縁は全縁。表は濃緑色で光沢があり、裏は淡黄緑色。両面とも無毛。花は強い芳香がある。実は橙色に熟し、食物の着色用や薬用に利用する。

類似種　ヤエクチナシ、オオヤエクチナシ、コクチナシ

◆見分け方……**ヤエクチナシ**の葉は丸味がある。**オオヤエクチナシ**の葉はヤエクチナシよりさらに丸味がある。**コクチナシ**は、葉が小さい。

● 利用法

庭園樹、公園樹、寄せ植え、薬用。

先は急鋭尖頭または尖頭
縁は全縁
表 50%　裏 50%
基部は狭いくさび形またはくさび形

オオヤエクチナシ

Gardenia jasminoides f. *ovalifolia*

● 特徴・特性

葉は長さ8～15cmの長卵形または楕円形。先は丸味を帯びて尖り、基部はくさび形。縁は全縁。表は濃緑色で光沢があり、裏は淡緑色。両面とも無毛。花は八重咲きで大きい。造園では主に本種を使用。

表 50%　オオヤエクチナシ

ヤエクチナシ

Gardenia jasminoides var. *ovalifolia*

● 特徴・特性

葉は長さ5～10cm、特徴はクチナシとほぼ同様。花は八重咲きで強い芳香がある。

表 50%　ヤエクチナシ

コクチナシ 小梔子　●別名……ヒメクチナシ

Gardenia jasminoides var. *radicans*
アカネ科 クチナシ属

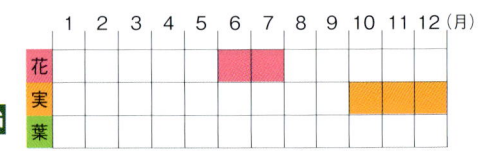

対生 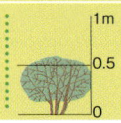　常緑低木

● 自生地

中国

● 特徴・特性
葉は長さ2.5〜5cmの倒披針形。先は長い尖頭形。基部は狭いくさび形。縁は全縁。表は濃緑色で光沢があり、裏は淡白緑色で、両面とも無毛。花は八重咲きと一重がある。八重咲きのほうがややボリューム感がある。

| 類似種 | ヤエクチナシ、クチナシ、オオヤエクチナシ |

◆見分け方……**ヤエクチナシ**の葉は大きく、丸味がある。**クチナシ**は葉が大きい。**オオヤエクチナシ**の葉はかなり大きく、ヤエクチナシよりもさらに丸味がある。

● 利用法
鉢植え、庭園樹、公園樹、寄せ植え、ボーダー。

＊その他
別名がヒメクチナシとなっているが、諸説あって正確な判別が難しく、同一視している場合が多い。

先は長い尖頭形
縁は全縁
表 150%
裏 120%
基部は狭いくさび形

イチョウ 公孫樹、銀杏　●別名……ギンナンノキ

Ginkgo biloba
イチョウ科 イチョウ属

互生／落葉高木 20m

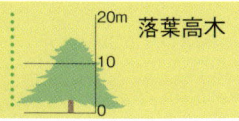

	1	2	3	4	5	6	7	8	9	10	11	12 (月)
花												
実										■	■	
葉										■	■	

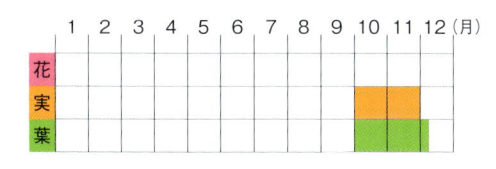

●自生地
（原産）中国 

●特徴・特性
葉は長さ4～8cm、幅5～7cmの扇形で、中央に切れ込みがあるが、ほとんどないものもある。基部はくさび形。上の縁は波状になる。両面とも無毛。脈は二股分岐して平行脈状になり、上縁に達する。らせん状に互生し、短枝には束生する。秋の黄葉は風物詩ともいえる。雌雄異株で、実は銀杏として食用になる。

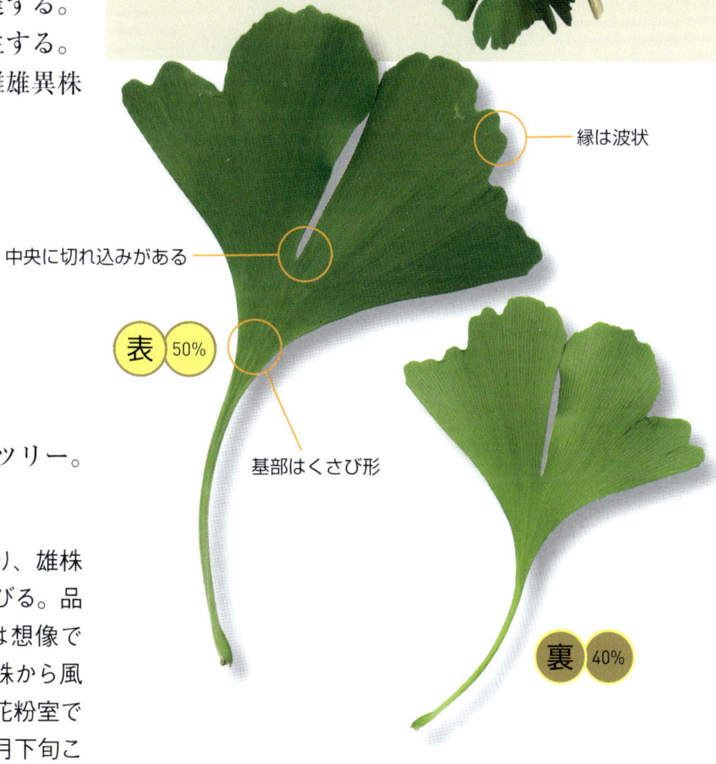

●利用法
庭園樹、公園樹、街路樹、シンボルツリー。

＊その他
樹形は雌雄で異なるという説があり、雄株は枝が上方に、雌株は枝が横に伸びる。品種は多く、95ほどある。葉からは想像できないが針葉樹である。また、雄株から風で運ばれた花粉が胚珠内に入り、花粉室で発芽して精子ができる。精子は8月下旬ころから放出され卵細胞を受精させる。

- 縁は波状
- 中央に切れ込みがある
- 基部はくさび形
- 表 50%
- 裏 40%

サイカチ 皂莢　●別名……カワラフジノキ

Gleditsia japonica
マメ科 サイカチ属

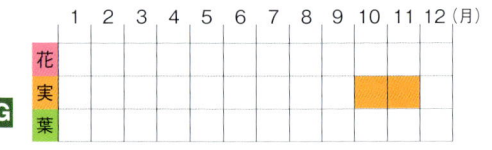

互生、束生 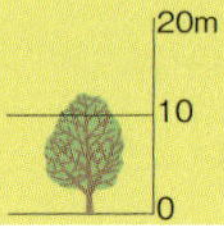　落葉高木

	1	2	3	4	5	6	7	8	9	10	11	12 (月)
花												
実										■	■	
葉												

● 自生地

本州（中部以南）、四国、九州、朝鮮半島、中国

● 特徴・特性

葉は1回または2回偶数羽状複葉。短枝は1回偶数羽状複葉、長枝は2回偶数羽状複葉となる。1回偶数羽状複葉の小葉は12～24枚で長さ3.5～5cmの狭卵形または楕円形。先は円頭または鈍頭。縁は全縁。表は緑色で無毛または脈上に短毛がわずかに残る。裏は淡緑色で無毛。2回偶数羽状複葉には4～8対の羽片が互生し、小葉は長さ1.5～2cmで1回偶数羽状複葉より小形。幹や枝に長さ15cmほどの枝が変化した独特の鋭い刺が多い。豆果は30cm内外になりねじれる。

類似種　アメリカサイカチ

◆見分け方……**アメリカサイカチ**の小葉は20枚以上で、鮮やかな緑色。サイカチより細い。刺は大きく、長さ10cmほどになり、大きいものでは30cmにも達する。刺のないものもある。

● 利用法

公園樹、厄除け、薬用。

＊その他

豆果の莢はサポニンを多く含み、石鹸の代用として利用された。

先は円頭または鈍頭
縁は全縁

アメリカサイカチ 'ルビーレース'

Gleditsia triacanthos 'Rubylace'

マメ科 サイカチ属

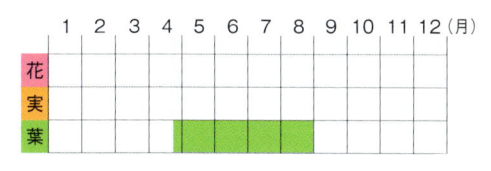

互生、対生 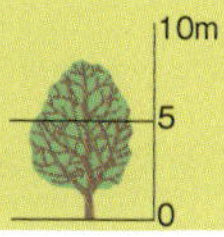　落葉高木

● 自生地

（基本種）アメリカ中部〜東部

● 特徴・特性

基本種は、小葉が20枚以上で、鮮やかな緑色。刺は大きく、長さ10cmほどになり、大きいものでは30cmにも達する。品種が多い。'ルビーレース'は葉が赤紫色で、2回偶数羽状複葉の4〜8対の羽片が互生または対生する。小葉は1枚の羽片に20〜36枚つき、長さ0.5〜1.5cmの狭卵形または楕円形。先は円頭または鈍頭。縁は全縁。色は表が濃く、裏は薄い。新葉は赤紫色で、後にブロンズ色に変わる。枝には刺がない。

類似種　ネムノキ 'サマー チョコレート'

◆見分け方……'サマー チョコレート'の小葉はかなり小さく、密につき、数も多い。退色は遅い。属が異なる。

● 利用法

庭園樹、公園樹、ガーデニング、シンボルツリー。

アメリカサイカチ 'サンバースト'

Gleditsia triacanthos 'Sunburst'

● 特徴・特性

葉が黄色で、8〜16枚の羽片が互生または対生する。小葉は1枚の羽片に20〜30枚つき、長さ0.5〜2cmの狭卵形または楕円形。芽だしは輝くような黄金色だが、日本では高温多湿のためか退色が早く、後に黄緑色になる。枝に刺はない。

先は円頭または鈍頭
縁は全縁
表 100%
裏 70%
表 60% アメリカサイカチ 'サンバースト'

スイショウ 水松　●別名……ミズマツ

Glyptostrobus pensilis
スギ科 スイショウ属

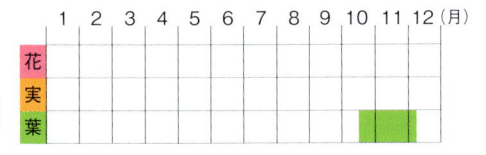

互生　落葉高木　10m

●自生地
中国南部（広東・福建・江西省）

●特徴・特性
葉は3形がある。若木の脱落性の小枝には扁平な線形葉、宿存性の枝にはらせん状に並ぶ鱗片葉、老木の小枝の葉は長さ0.3～1.5cmの針状葉で鈍頭。いずれも基部は枝に沿って流れる。秋の紅葉は赤みを帯びた茶色。

類似種　ラクウショウ
◆見分け方……**ラクウショウ**の葉は暗い緑色で、密につく。毬果の鱗片の形が、盾状であるのに対してスイショウは倒卵状長楕円形である。スイショウとは科・属が異なる。

●利用法
公園樹、景観樹、シンボルツリー、湿地、地下水位の高い土地。

＊その他
水辺に生えるので「水松」という。完全に水没しても生育する唯一の樹木といってよい。

葉 200%

実 100%

基部は枝に沿って流れる

枝 50%

ハレーシア モンティコラ

Halesia monticola
エゴノキ科 ハレーシア属

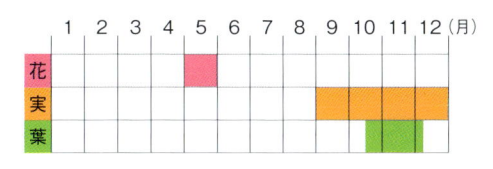

互生　落葉高木　10m

●自生地

アメリカ（カリフォルニア北部・アーカンソー）

●特徴・特性
葉は長さ 8 〜 15cm の楕円形。先は鋭く尖る。縁には細鋸歯がある。表は濃緑色で、裏は黄緑色で脈が目立つ。花は白い釣鐘形で、長さ 2.5cm ほどになる。大輪花やピンク色の花の品種がある。5cm ほどの茶色の実が長い間つく。

類似種　アメリカアサガラ、アサガラ

◆見分け方……**アメリカアサガラ**の葉は長さ 5 〜 10cm の卵形または卵状長楕円形。先は尖り、丸い。表は無毛、裏は軟毛がある。花は広鐘形で、長さ 1.5cm ほどで先が浅裂し、長い花柄を持ち垂れる。**アサガラ**の葉は長さ 8 〜 18cm の広楕円形または倒卵形。先は短く尖り、縁には内曲する芒状の鋸歯がある。ハレーシア モンティコラとは属が異なる。

先は鋭く尖る
細鋸歯がある

実 60%　表 60%　裏 50%

●利用法
庭園樹、公園樹、シンボルツリー、景観樹。

マンサク 満作、萬作

Hamamelis japonica
マンサク科 マンサク属

互生 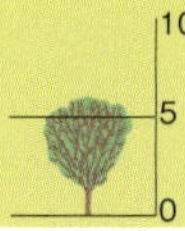 / 10m 落葉高木

	1	2	3	4	5	6	7	8	9	10	11	12 (月)
花			■									
実												
葉										■	■	

● 自生地

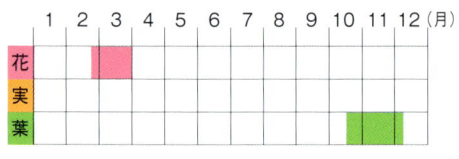

本州（主に太平洋側）、四国、九州

● 特徴・特性

葉は長さ5〜11cmの菱形状円形または広卵形。葉は左右非対称。先は短く三角状に尖るか鈍頭で、基部は左右の形が異なるゆがんだ鈍形または広いくさび形。縁には波状の粗い鋸歯がある。質は厚い。表は緑色で葉脈上にわずかに毛がある。裏は淡緑色で葉脈上に毛がある。

類似種 オオバマンサク、マルバマンサク、シナマンサク、フォサギラ マヨール

◆見分け方……**オオバマンサク**の葉は大きいが、大きさの違いは連続的で明瞭な区別はしにくい。**マルバマンサク**の葉は倒卵円形で先が丸い。**シナマンサク**の葉は先が鋭く尖り、表と葉柄に軟毛があり、裏は灰色の綿毛が密生し灰白色。昨年の葉が花期にも残るものが多い。花色が濃い。**フォサギラ マヨール**の葉は小さく、ゆがまず、先は丸い。

波状の粗い鋸歯がある

先は短く三角状に尖るか鈍頭

表 40%

基部は左右の形が異なる

裏 30%

＊その他

早春の花は淡黄色で、名前は早春にほかの花に先駆けて「まず咲く」からきたという説と、黄色の花が枝いっぱいに咲くので「豊年万作」からきたという説がある。

● 利用法

庭園樹、公園樹、雑木の庭。

キヅタ 木蔦　●別名……フユヅタ

Hedera rhombea
ウコギ科 キヅタ属

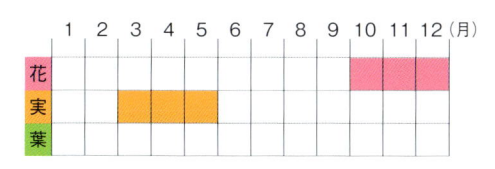

互生　常緑つる　8m

	1	2	3	4	5	6	7	8	9	10	11	12 (月)
花												
実												
葉												

●自生地

北海道（南部）、本州、四国、九州、沖縄、台湾、中国南部

●特徴・特性
葉は成葉が長さ3〜7cmの菱形状卵形または卵状披針形。先はやや鈍頭で、基部はくさび形。縁は全縁で大きな波状となる。若枝では卵円形または菱形状卵形。先が浅く3〜5裂し、基部は浅心形。表は濃緑色で、裏は淡緑色。両面とも無毛。生長に伴い葉形は変化する。多数の気根をだし、他の物に吸着して這い上がる。

類似種 セイヨウキヅタ、ヘデラ ネパレンシス

◆見分け方……**セイヨウキヅタ**の葉はやや大きく、表は緑色で脈はクリーム色。**ヘデラ ネパレンシス**は葉脈が白く出る。この仲間では唯一実が赤い。

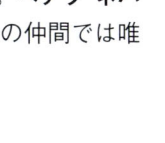

●利用法
グラウンドカバー、壁面緑化。

＊その他
和名の由来はブドウ科のナツヅタに似ていて、木質であることによる。

先はやや鈍頭
縁は全縁で大きな波状になる
基部は浅心形
表 80%

白い覆輪斑
斑入り品種のフクリンキヅタ
基部はくさび形
表 80%

裏 70%

ハナイカダ 花筏　●別名……ママッコ、ヨメノナミダ

Helwingia japonica
ミズキ科 ハナイカダ属

互生　落葉低木

	1	2	3	4	5	6	7	8	9	10	11	12 (月)
花					■	■						
実								■				
葉												

● 自生地

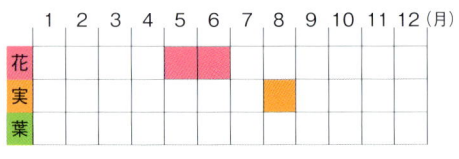

北海道（南部）、本州、四国、九州

● 特徴・特性

葉は長さ6～12cmの長楕円形または倒卵形。先は鋭く尖り、基部は広いくさび形または円形。縁には低い鋸歯があり、鋸歯の先端は長く尖り、芒状になる。表は淡緑色でやや光沢があり、裏は灰緑色。両面とも無毛。雌雄異株。斑入りや黄葉の品種がある。強い直射光や乾燥はあまり好まず、林床のような環境がよい。

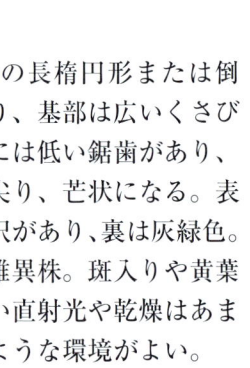

先は鋭く尖る

低い鋸歯がある

表 80%

基部は広いくさび形または円形

● 利用法

庭園樹、茶花、山菜。

＊その他

表の主脈の途中に花が咲き、実が黒く熟す。その実のつき方を、イカダの上に人が乗っている様子に見立てて名前がついた。若葉は山菜として利用される。また、似ていないが、中国、ヒマラヤに常緑の種がある。

裏 60%

ハマボウ 蔓荊　●別名……キムクゲ

Hibiscus hamabo
アオイ科 フヨウ属

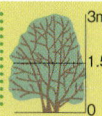

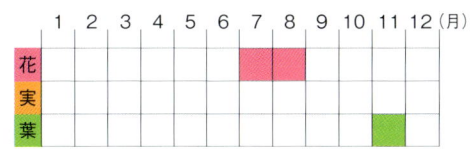

互生　落葉低木　3m / 1.5 / 0

	1	2	3	4	5	6	7	8	9	10	11	12 (月)
花							■	■				
実												
葉											■	

● 自生地

本州（関東以南）、四国、九州（奄美大島以北）、済州島

● 特徴・特性

葉は長さ3～7cmの倒卵状円形。先はやや尖り、基部は円形または浅い心形。質はやや薄く、表は緑色で灰白色の硬い毛がまばらにあり、裏は粉白色で毛が密生する。秋に赤く紅葉する。7～8月に淡黄色で基部が暗赤色の花を咲かせる。径は5～10cm。

類似種　テリハハマボウ、オオハマボウ

◆見分け方……**テリハハマボウ**の葉は大きく、丸味があり、縁は全縁。表には光沢がある。**オオハマボウ**は別名ユウナといい、熱帯に分布する常緑種。葉は円形で滑らかな革質。表は緑色、裏に毛がある。花は黄色または白。

● 利用法

庭園樹、公園樹、海岸植栽。

先はやや尖る
灰白色の硬い毛がまばらにある
表 80%
基部は円形または浅い心形
粉白色で毛が密生する
裏 70%

フヨウ 芙蓉

Hibiscus mutabilis
アオイ科 フヨウ属

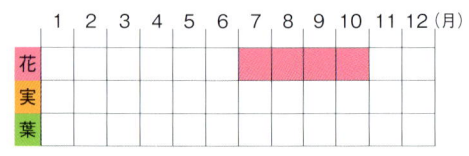

互生　落葉低木　10m

	1	2	3	4	5	6	7	8	9	10	11	12 (月)
花							●	●	●	●		
実												
葉												

●自生地

四国（高知県南部）、九州（南部～屋久島）、沖縄、台湾、中国

●特徴・特性

葉は長さ幅とも 10～20cm で五角状心形または卵形。掌状に浅く 3～7 裂する。先は鋭く尖り、基部は心形。縁には鈍い鋸歯がある。両面とも淡緑色で、星状毛と腺毛がある。

類似種　スイフヨウ

◆見分け方……**スイフヨウ**の葉は裂片が三角状になり先は尖る。基部は心形またはくさび形。表には星状毛があり、裏には灰色の毛がある。花は咲きはじめは白で、だんだん紅色を帯び、夕方のしぼむ頃には濃紅色になる。

●利用法

庭園樹、公園樹。

＊その他

花は一日花で、ピンクと白がある。アメリカ原産のクサフヨウ（アメリカフヨウ）は草本性で、クサフヨウとの交雑種もできている。

- 浅く 3～7 裂する
- 縁には鈍い鋸歯がある
- 先は鋭く尖る
- 基部は心形

表 30%
裏 20%

ムクゲ 木槿 ●別名……ハチス

Hibiscus syriacus
アオイ科 フヨウ属

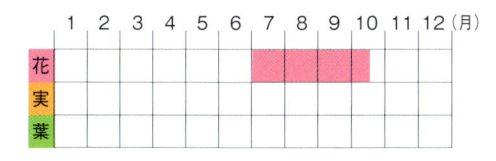

互生　落葉高木

● 自生地

中国

● 特徴・特性

葉は長さ4〜10cmの卵形または広卵形。先は尖り、浅く3裂する。基部は広いくさび形。基部から3本の主脈が出る。縁は欠刻状となり不ぞろいの粗い鋸歯がある。両面とも緑色で、まばらに毛がある。葉柄には星状毛や短毛が密生する。品種は多く、花色の変化や、八重咲き、花笠咲き、祇園守り咲き等がある。

● 利用法

庭園樹、公園樹、生垣、薬用。

＊その他

花は一日花。花期は7〜10月と長い。韓国の国花。韓国名「無窮花」を音読みにしたムキュウゲから名がついたといわれる。

- 先は尖る
- 浅く3裂する
- 欠刻状の不ぞろいの粗い鋸歯がある
- 基部は広いくさび形

表 130%　裏 120%

ケンポナシ 玄圃梨

Hovenia dulcis
クロウメモドキ科 ケンポナシ属

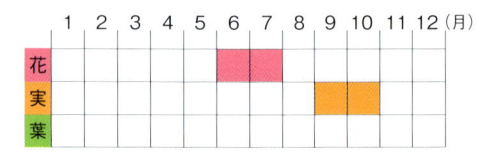

互生　落葉高木　10m

	1	2	3	4	5	6	7	8	9	10	11	12 (月)
花						●	●					
実									●	●		
葉												

● 自生地

北海道（奥尻島）、本州、四国、九州、朝鮮半島、中国

● 特徴・特性
葉は長さ7～15cmの広卵形。やや薄い。先は尖り、基部は円形または切形。縁には不ぞろいの低い鋸歯がある。表は濃緑色で光沢があり、裏は濃灰緑色。両面ともほぼ無毛か裏の脈上に少し毛がある。基部の葉柄から直接出る3本の脈が目立つ。実は球形の核果で、秋に紫褐色に熟し、屈曲した果軸は肥厚し、食べられる。

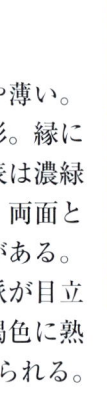

● 利用法
庭園樹、公園樹、景観樹、薬用、建築材、家具材。

＊その他
果実と果序軸は利尿作用があり、乾かして煎じると、二日酔いに効果がある。材は木目が美しい。

先は尖る
不ぞろいの低い鋸歯がある
基部は円形または切形
表 50%
裏 50%

アメリカアジサイ'アナベル'

Hydrangea arborescens 'Annabelle'
ユキノシタ科 アジサイ属

対生　落葉低木

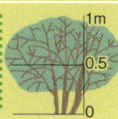

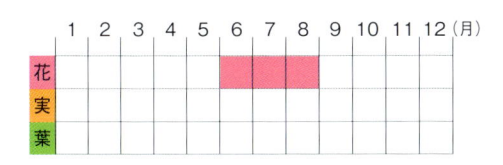

	1	2	3	4	5	6	7	8	9	10	11	12 (月)
花						■	■	■				
実												
葉												

● 自生地

（基本種）北米西部

● 特徴・特性

葉は長さ6〜16cmの卵形または卵状楕円形で、先は尖り、基部は心形。縁には大きい鋸歯がある。表は緑色で、裏は淡緑色。花は装飾花のみのテマリ形で、装飾花は小さいが花数は多く、全体は15〜25cmの巨大花である。色は白。花はサルスベリやムクゲと同様にその年に伸びた新梢の先につくので、春に全体を刈り込んでも開花し他のアジサイの仲間にはない特性を持っている。

先は尖る
大きい鋸歯がある
表 50%
基部は心形
裏 40%

● 利用法

庭園樹、公園樹、寄せ植え。

＊その他

アメリカアジサイは、基本種は額形で品種が多く、ピンク色の花も発表されている。

コアジサイ 小紫陽花　●別名……シバアジサイ

Hydrangea hirta
ユキノシタ科 アジサイ属

対生 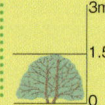　落葉低木

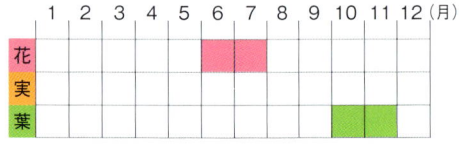

● 自生地 
本州（関東以南）、四国、九州

● 特徴・特性
葉は長さ5～8cmの卵形または倒卵形で、先は鋭く尖り、基部は円形または広いくさび形。縁には三角状に尖る鋭い大形の鋸歯が規則正しく並ぶ。質は薄く、表は緑色で光沢があり、粗毛が散生し、裏は黄緑色で脈上には硬い毛が密生する。秋の紅葉は黄色になる。花は両性花だけで、装飾花がないのが大きな特徴で、淡青紫色。花の白いシロバナコアジサイや、萼片と花弁が葉化したミドリコアジサイ等の品種がある。

先は鋭く尖る
三角状に尖る鋭い大形の鋸歯がある
脈上に硬い毛が密生する
基部は円形または広いくさび形

表 90%　裏 70%

● 利用法
庭園樹、公園樹、雑木の庭。

タマアジサイ 玉紫陽花

Hydrangea involucrata
ユキノシタ科 アジサイ属

対生 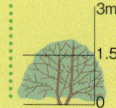　3m 落葉低木

● 自生地

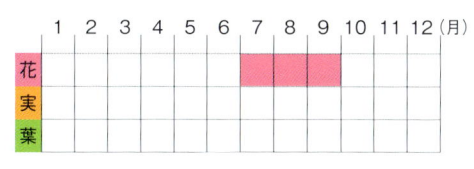

本州（福島県～中部）、伊豆諸島、四国、九州（トカラ列島）

● 特徴・特性

葉は長さ10～20cmの楕円形または卵状楕円形。先は鋭く尖り、基部は円形またはくさび形。縁には歯牙状の細かい鋸歯がある。表は緑色で、裏は淡緑色。両面とも短毛が密生してざらつくが、特に裏に多い。アジサイの仲間では葉柄が長い。花は7～9月で、萼形。蕾は総苞に包まれ、丸く出て、開くと額形になる。色は装飾花が白、両性花は薄紫色。品種がある。

| 類似種 | ガクアジサイ、ヤマアジサイ、エゾアジサイ |

◆見分け方……**ガクアジサイ**の葉は光沢があり、毛が少ない。縁の鋸歯は大きい。**ヤマアジサイ**の葉は小さく、先の尖りはやや大きい。毛が少ない。縁の鋸歯は大きい。**エゾアジサイ**の葉先の尖りがやや大きい。毛が少なく、縁の鋸歯は大きい。

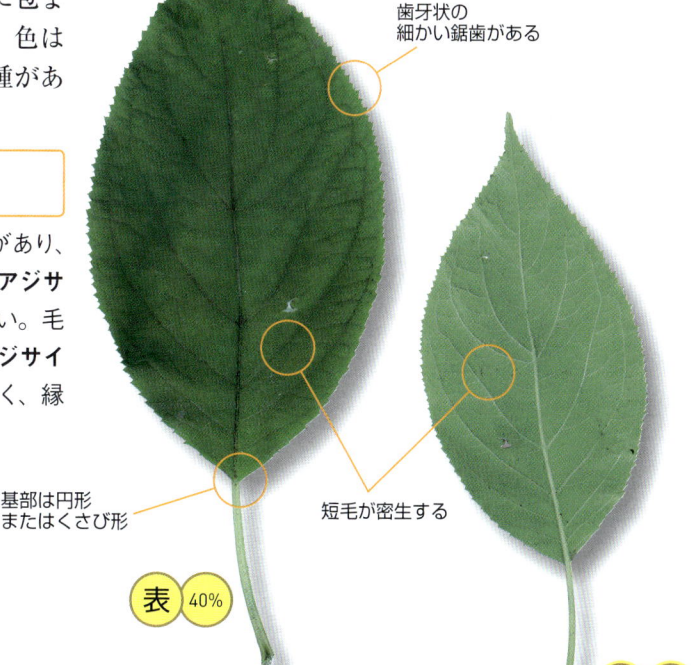

先は鋭く尖る
歯牙状の細かい鋸歯がある
基部は円形またはくさび形
短毛が密生する

表 40%
裏 30%

● 利用法

庭園樹、日陰、湿地。

コガクウツギ 小額空木

Hydrangea luteo-venosa
ユキノシタ科 アジサイ属

対生　落葉低木

● 自生地

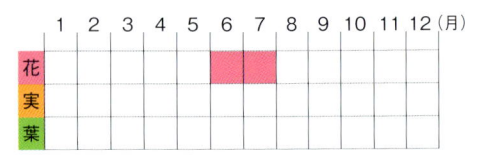

本州（伊豆半島以南）、四国、九州

● 特徴・特性
葉は長さ2.5〜5cmの長楕円形または楕円形。先は尖り、基部はくさび形。縁に粗い鋸歯がある。表は緑色で、時に暗緑紫色で光沢がある。裏は緑色。若枝は紫褐色で伏毛がある。枝は弓なりに下がる。花は白い額咲きで、装飾花は大きい。花序は直径3〜5cm。品種がある。

類似種　**ガクウツギ**

◆見分け方……**ガクウツギ**の葉はやや大きく、幅も広い。花序は大きい。開花時期はやや早い。

先は尖る
粗い鋸歯がある
表 200%
基部はくさび形
裏 200%

● 利用法
庭園樹、公園樹、鉢植え。

＊その他
ウツギと名がつくが、アジサイの仲間である。

アジサイ 紫陽花

Hydrangea macrophylla var. *macrophylla*
ユキノシタ科 アジサイ属

対生 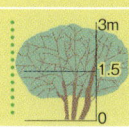　落葉低木

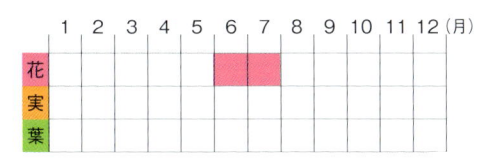

● 自生地

北海道(南部)、本州、四国、九州

● 特徴・特性

葉は長さ10〜20cmの長楕円形または卵状楕円形でガクアジサイよりやや丸味を帯び、やや厚い。先は鋭く尖るが、細長く尖る葉もある。基部はくさび形または円形。縁には鋸歯がある。表は緑色で光沢があり、裏は淡緑色。両面とも脈上にわずかに毛が散生する。花はテマリ形(アジサイ形)で、装飾花は淡青紫色。

| 類似種 | **ガクアジサイ、タマアジサイ、ヤマアジサイ、エゾアジサイ** |

◆見分け方……**ガクアジサイ**の葉はやや細くて薄い。光沢がある。**タマアジサイ**の葉は光沢がなく、毛は多く、鋸歯が小さい。**ヤマアジサイ**の葉は光沢がなく、小さい。毛はやや多い。**エゾアジサイ**の葉は光沢がなく、やや小さい。毛はやや多い。

● 利用法

庭園樹、公園樹。

＊その他

ガクアジサイはアジサイの基本種で、花は額咲き、装飾花は薄紫色から白色、両性花は濃紫色。セイヨウアジサイは、中国に渡っていた日本のアジサイがヨーロッパで改良され、さらにガクアジサイなどと交雑して作られた品種群である。

先は鋭く尖る
鋸歯がある
基部はくさび形または円形

表 40%
裏 40%

ノリウツギ 糊空木　●別名……サビタ

Hydrangea paniculata
ユキノシタ科 アジサイ属

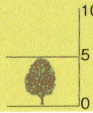

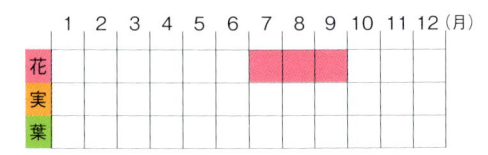

対生　落葉高木

	1	2	3	4	5	6	7	8	9	10	11	12 (月)
花							■	■	■			
実												
葉												

●自生地

北海道、本州、四国、九州、南千島、サハリン、台湾、中国

●特徴・特性

葉は長さ5〜15cmの卵状楕円形または楕円形。先は急に鋭く尖り、基部はくさび形または円形。縁には低い鋸歯がある。個体差があり、波打つものと波打たないものがある。表は緑色で毛が散生し、脈上にやや多い。裏は淡緑色で、毛は脈上と脈腋に多い。花期は7〜8月。円錐状の白い額形に咲く。外国では人気があり、装飾花だけのもの等、改良された品種がある。

●利用法

庭園樹、公園樹、スタンダード仕立て。

＊その他

ウツギと同様に幹が空洞になっている。幹の内皮で紙をすく時の糊を作ったことからこの名がつけられた。ウツギの名があるが、アジサイの仲間である。

先は急に鋭く尖る
低い鋸歯がある
表 70%
裏 70%
基部はくさび形または円形

カシワバアジサイ 柏葉紫陽花

Hydrangea quercifolia
ユキノシタ科 アジサイ属

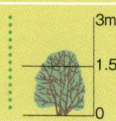

対生　落葉低木

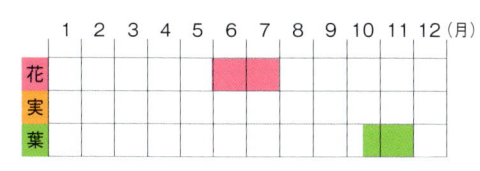

● 自生地

北米南東部

● 特徴・特性
葉は長さ8〜25cmの卵形。通常は5裂し、裂片は短く尖り、縁には鋸歯がある。表は濃緑色で、裏は緑色。両面とも全体に毛がある。秋は赤く色づく。花は白色で円錐状になり、額形である。多くは花の重みから立ち上がらず、花茎が横に倒れる。品種が多く、テマリ形や、八重咲き、芳香のあるもの、黄金葉等がある。

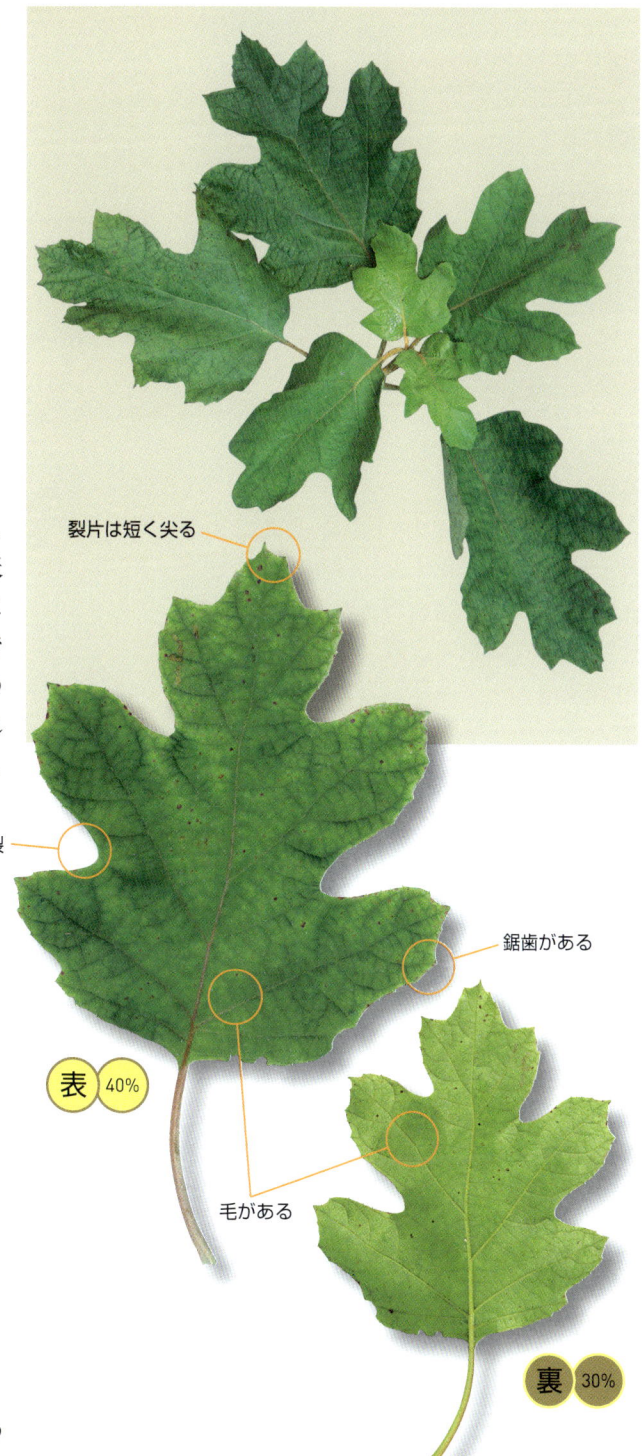

裂片は短く尖る
通常は5裂
鋸歯がある
表 40%
毛がある
裏 30%

● 利用法
庭園樹、公園樹、ガーデニング。

＊その他
和名は葉がカシワに似ているところからついた。

ガクウツギ

額空木　　●別名……コンテリギ

Hydrangea scandens
ユキノシタ科 アジサイ属

対生 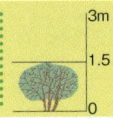　　落葉低木　3m / 1.5 / 0

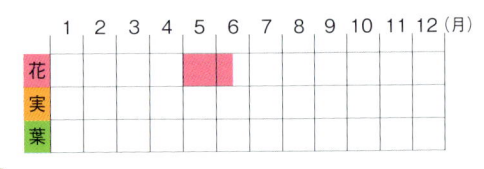

●自生地

本州（関東以南）、四国、九州

●特徴・特性

葉は長さ4〜7cmの長楕円形または狭卵形。先は尾状に鋭く尖り、基部はくさび形。縁には浅い鋸歯がある。質はやや薄く、表は深緑色で、時に藍色を帯び、特有の金属光沢があり、短毛がわずかにある。裏は緑色で短毛があり、側脈腋に密生する。若枝は褐色で有毛。枝は弓状に垂れる。花は白い額形で、装飾花の一つの花に花弁は3〜5枚あり、そのうちの3枚は大きい。花序は8〜10cm。花に香りのあるものもある。

類似種　コガクウツギ

◆見分け方……**コガクウツギ**は葉がやや小さく、幅も狭い。花序は小さい。開花はやや遅い。

先は尾状に鋭く尖る

浅い鋸歯がある

基部はくさび形

表 100%　　裏 100%

●利用法

庭園樹、公園樹、鉢植え。

＊その他

別名は葉の表面の独特の金属光沢による。アジサイ属の中では一番の早咲きで5月初めに咲く。

ヤマアジサイ 山紫陽花　●別名……サワアジサイ

Hydrangea serrata
ユキノシタ科 アジサイ属

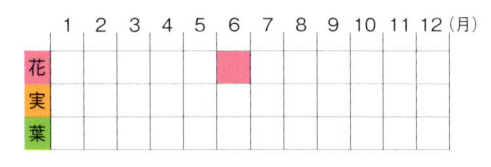

対生　3m　落葉低木

● 自生地

本州（関東以南）、四国、九州、朝鮮半島南部

● 特徴・特性

葉は長さ7～15cmの長楕円形または卵状楕円形。質は薄い。先は鋭く尾状に尖り、基部はくさび形または円形。縁には三角状の鋸歯がある。表は緑色で短毛が散生し、裏は黄緑色で、長い毛が脈上にある。品種が多い。

| 類似種 | タマアジサイ、ガクアジサイ、エゾアジサイ |

◆見分け方……**タマアジサイ**の葉は大きく、先の尖りと鋸歯が小さい。毛が多い。**ガクアジサイ**の葉は大きく、光沢がある。毛はやや少ない。**エゾアジサイ**の葉はやや大きいか丸い。

先は鋭く尾状に尖る

三角状の鋸歯がある

基部はくさび形または円形

表 50%　裏 50%

● 利用法

庭園樹、公園樹、鉢植え。

＊その他

江戸時代からの品種に加えて、現在、非常に多くの品種が発表されている。

207

エゾアジサイ 蝦夷紫陽花　●別名……ムツアジサイ

Hydrangea serrata var. *yesoensis*
ユキノシタ科 アジサイ属

対生 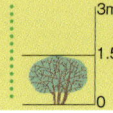　3m 落葉低木

	1	2	3	4	5	6	7	8	9	10	11	12 (月)
花						■	■					
実												
葉												

● 自生地

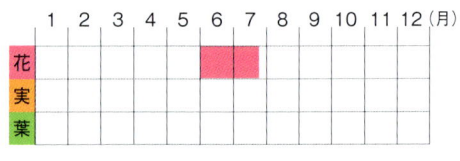

北海道、本州、九州の日本海側

● 特徴・特性

葉は長さ10〜17cmの広楕円形。先は尖り、基部はくさび形または円形。縁に粗く鋭い鋸歯がある。両面とも緑色。表には短い毛が散生し、裏には脈上に長い毛がある。花は、装飾花は鮮やかな青紫色。時に淡紅色、白色を帯びる。近年、続々と新品種が発見されている。

類似種 タマアジサイ、ガクアジサイ、ヤマアジサイ

◆見分け方……**タマアジサイ**の葉は毛が多い。先の尖りは鈍い。鋸歯は小さい。**ガクアジサイ**の葉は光沢があり、毛がやや少ない。**ヤマアジサイ**の葉はやや小さいか細い。

● 利用法

庭園樹、公園樹、アジサイ園。

＊その他

ヒメアジサイはエゾアジサイから分かれたと思われ、テマリエゾアジサイと非常によく似ている。筆者はエゾアジサイの仲間に入れているが、葉に毛がないことが異なっている。

先は尖る
粗く鋭い鋸歯がある
基部はくさび形または円形
表 50%
裏 50%

ヒペリカム 'ヒデコート'

Hypericum 'Hidcote'
オトギリソウ科 オトギリソウ属

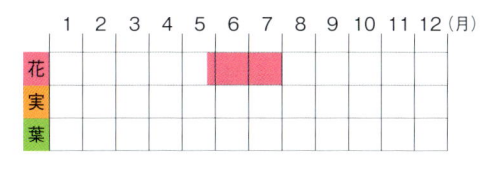

対生　常緑低木　3m / 1.5 / 0

	1	2	3	4	5	6	7	8	9	10	11	12 (月)
花						■	■					
実												
葉												

● 自生地　品種

● 特徴・特性
葉は長さ3～6cmの卵状長楕円形。先は丸く、基部は円形。縁は全縁。表は緑色で、裏は黄緑色。両面とも無毛で、裏に油点がある。十字対生する。花は黄色で大きく、雄しべは丸くなる。

類似種　ヒペリカム カリシナム、ビヨウヤナギ、キンシバイ

◆見分け方……**ヒペリカム カリシナム**は葉がやや大きく細長い。雄しべの花糸は長い。**ビヨウヤナギ**は葉が細長い。花は雄しべの花糸が花弁より長い。**キンシバイ**は、葉先がやや細い。葉のつき方は対生。花は小さく、雄しべは長い。カップ状に咲く。

● 利用法
庭園樹、公園樹、寄せ植え、グラウンドカバー。

先は丸い
縁は全縁
表 120%
基部は円形
油点がある
裏 100%

ヒペリカム カリシナム

Hypericum calycinum

● 特徴・特性
葉は長さ5～7cmの長楕円形。先は鈍頭で丸味を帯び、基部は円形。縁は全縁。葉の両面とも緑色、無毛で裏に油点がある。花は黄色で平開する。

先は鈍頭
縁は全縁
表 50%　ヒペリカム カリシナム
基部は円形

ビヨウヤナギ 美容柳

Hypericum monogynum
オトギリソウ科 オトギリソウ属

対生 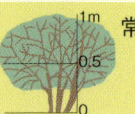　常緑低木

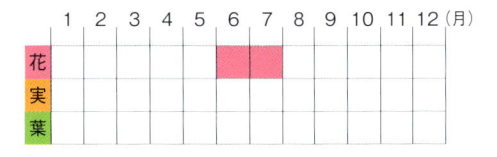

	1	2	3	4	5	6	7	8	9	10	11	12 (月)
花						■	■					
実												
葉												

● 自生地

中国

● 特徴・特性

葉は長さ4～8cmの長楕円状披針形。無柄で質は薄い。先は鈍く尖り、基部はくさび形。縁は全縁。葉を透かすと、細かい油点が見える。表は緑色で、裏は淡緑色。両面とも無毛。十字対生。花は黄色で径4～6cmと大きく、平開し、雄しべは花弁より長い。

類似種 ヒペリカム'ヒデコート'、ヒペリカム カリシナム、キンシバイ

◆見分け方……'ヒデコート'は葉が小さく短い。先は丸い。花は大きく雄しべは丸くなる。**ヒペリカム カリシナム**は葉が短く、先はやや尖る。雄しべの花糸は長い。**キンシバイ**の葉は小さく短い。葉のつき方は対生。花は小さく、雄しべは短い。カップ状に咲く。

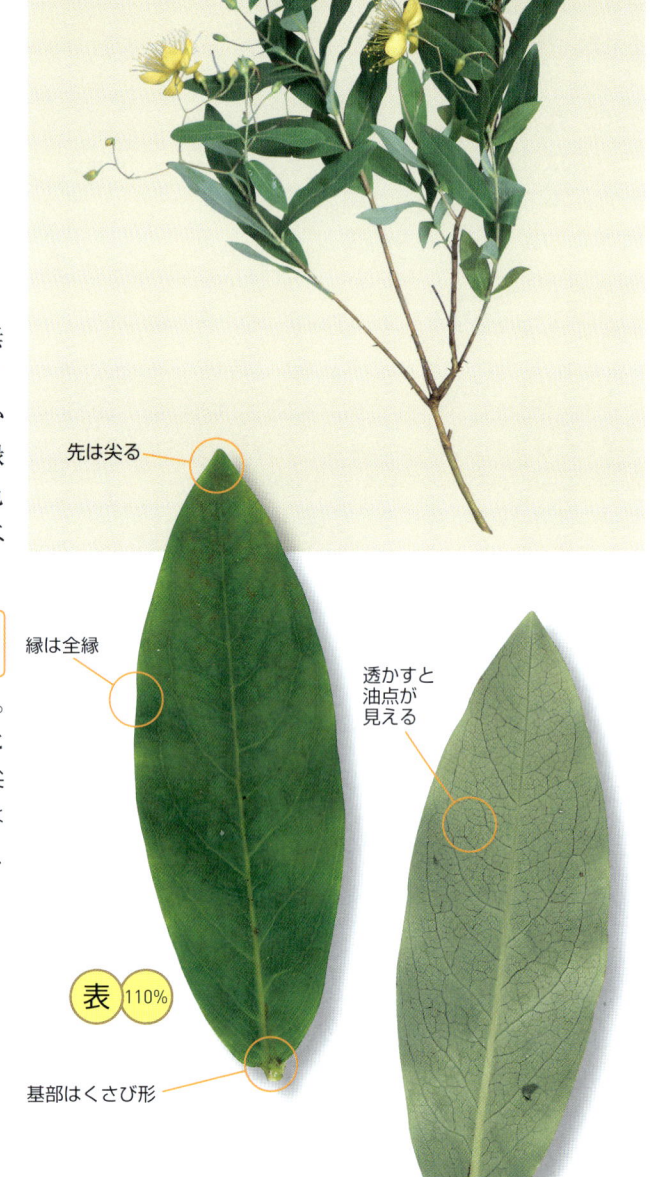

先は尖る

縁は全縁

透かすと油点が見える

表 110%

基部はくさび形

裏 110%

● 利用法

庭園樹、公園樹、寄せ植え、グラウンドカバー。

キンシバイ 金糸梅

Hypericum patulum
オトギリソウ科 オトギリソウ属

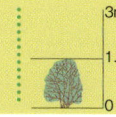

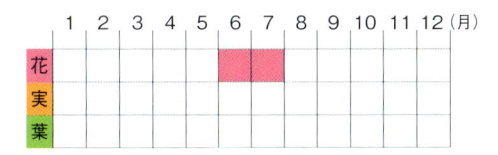

対生　半常緑低木

● 自生地

中国中部

● 特徴・特性

葉は長さ3～5cmの卵状長楕円形。無柄。先は鈍く尖り、基部は広いくさび形。縁は全縁。表は緑色で、裏は淡緑色。両面とも無毛。花は黄色で直径3～4cmでカップ状に咲く。

| 類似種 | ヒペリカム'ヒデコート'、ヒペリカム カリシナム、ビヨウヤナギ |

◆見分け方……'ヒデコート'は葉先が丸く、つき方は十字対生。花は大きく、雄しべは長い。花数は多い。**ヒペリカム カリシナム**の葉はやや長く先はあまり尖らない。つき方は十字対生。花は大きく、雄しべは長い。花数は少ない。**ビヨウヤナギ**の葉は細長く、つき方は十字対生。花は大きく平開し、雄しべは曲があり、花弁より長い。

先は鈍く尖る
縁は全縁
基部は広いくさび形
表 150%
裏 150%

● 利用法

庭園樹、公園樹、寄せ植え、グラウンドカバー。

イイギリ 飯桐

Idesia polycarpa
イイギリ科 イイギリ属

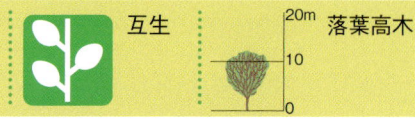

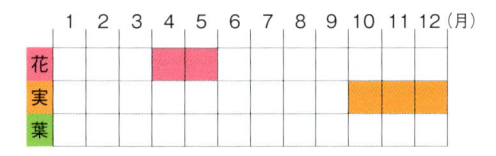

互生　落葉高木　20m

	1	2	3	4	5	6	7	8	9	10	11	12 (月)
花				■	■							
実										■	■	■
葉												

● 自生地

本州、四国、九州、沖縄、台湾、朝鮮半島、中国

● 特徴・特性

葉は長さ10〜20cmの卵円形または三角状心形。先は尾状の尖頭形で、基部は浅い心形または切形。縁には粗い鋸歯がある。表は濃緑色で毛がなく、裏は粉白緑色で、脈に毛が生える。雌雄異株で、雄株は裏が緑色っぽく、雌株は白っぽく見える。葉柄の先端に2個の腺体がある。雌株にはブドウの房のように赤い実がつく。

類似種 アブラギリ、シナアブラギリ、オオバベニガシワ

◆見分け方……**アブラギリ**は科・属が異なり、葉は卵形または広卵形。5本の掌状脈が出て、柄のある腺が2個ある。鈍い鋸歯があり、ときに上部が浅く3裂する。裏の脈に褐色の毛がある。**シナアブラギリ**は科・属が異なり、葉は広卵形。5本の掌状脈が出て、柄のない腺が2個ある。全縁で、ときに上部が浅く3裂する。表にも微細な毛があり、裏は全体に黄褐色の細毛がある。**オオバベニガシワ**は科・属が異なり、葉は円心形で波状の浅い鋸歯がある。両面の脈上に細毛があり、表の基部に角のような突起が2個ある。裏は細い脈まで隆起し、基部の脈腋に腺がある。

● 利用法

庭園樹、公園樹、誘鳥木、器具材、下駄材。

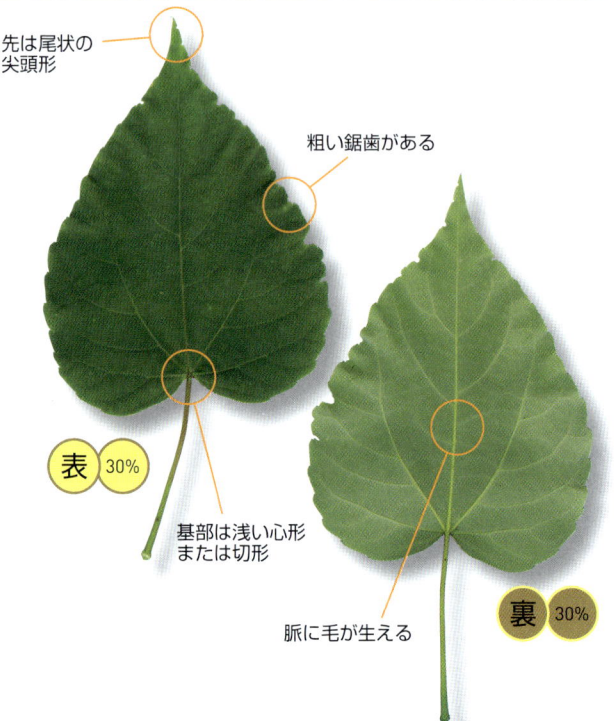

先は尾状の尖頭形
粗い鋸歯がある
基部は浅い心形または切形
脈に毛が生える

表 30%
裏 30%

イレックス'サニー フォスター'

Ilex × *attenuata* 'Sunny Foster'
モチノキ科 モチノキ属

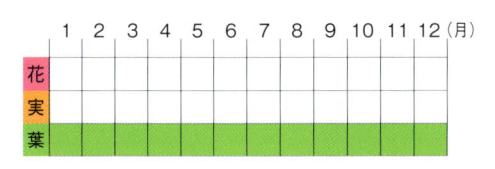

互生　常緑高木

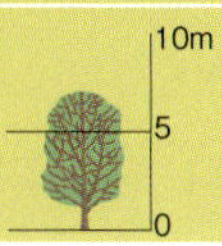

	1	2	3	4	5	6	7	8	9	10	11	12 (月)
花												
実												
葉												

● 自生地

北米（基本種はIlex cassineとIlex opacaの自然交雑種）

● 特徴・特性

葉は長さ4〜8cmの長楕円形。先は鋭く尖り、基部はくさび形。縁にはまばらに刺状の鋸歯がある。表は光沢がある。両面とも春の芽出しから黄金色で、夏の光を受けてメタリックがかかり、冬も色褪せない。日陰や、日の当たらない内枝の葉では黄金色にならず、黄緑色となる。雌株のため赤い実がなる。刈り込みに耐える。

先は鋭く尖る
まばらな鋸歯がある
裏も黄金色になる
内枝の葉は黄緑色になる
基部はくさび形

表 170%　表 170%　裏 140%

● 利用法

庭園樹、公園樹、生垣。

ナナミノキ 七実の木　●別名……ナナメノキ

Ilex chinensis
モチノキ科 モチノキ属

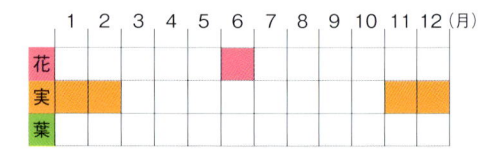

互生　常緑高木

	1	2	3	4	5	6	7	8	9	10	11	12 (月)
花												
実												
葉												

● 自生地

本州（静岡県以南）、四国、九州、中国

● 特徴・特性

葉は長さ9〜15cmの長楕円形。先はやや尾状に尖り、基部はくさび形。縁にはまばらに浅い鋸歯がある。やや革質で表は濃緑色で光沢があり、裏は淡緑色。両面とも無毛。雌雄異株で、雌株には赤い実がなる。

| 類似種 | **モチノキ、シイモチ、クロガネモチ、ソヨゴ** |

◆見分け方……**モチノキ**の葉はやや短く小さい。革質であるが厚い。先の尖りは小さい。縁は全縁。**シイモチ**は葉はやや小さく先の尖りは鈍い。鋸歯は浅く鈍い。**クロガネモチ**の葉はやや小さく丸い。縁は全縁。葉柄は赤紫色。**ソヨゴ**の葉はやや小さく丸味がある。縁は全縁で、大きく波打つ。

先はやや尾状に尖る

まばらに浅い鋸歯がある

表 90%　裏 70%

基部はくさび形

● 利用法

庭園樹、公園樹。

シナヒイラギ

支那柊
●別名……ヒイラギモチ、ヒイラギモドキ、チャイニーズホーリー

Ilex cornuta
モチノキ科 モチノキ属

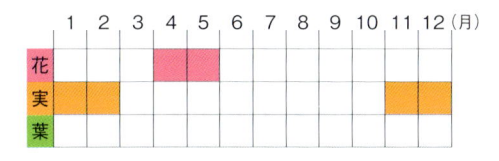

互生　常緑高木

●自生地

中国

●特徴・特性
葉は長さ4〜8cmの角ばった長楕円形で亀甲状になり、楕円形や狭卵形のものもあり、成木の葉は全縁になることもある。縁は波状にねじれる。角の部分に鋭い刺がある。かたく厚い革質。先は鋭い刺状に尖り、基部は切形。表は暗緑色で光沢があり、裏は淡緑色。雌雄異株で、雌株には赤い実がなる。

| 類似種 | アメリカヒイラギ、セイヨウヒイラギ、ヒイラギ、ヒイラギモクセイ |

◆見分け方……**アメリカヒイラギ**の葉は長さ5〜10cmで浅く粗い鋭い刺状の鋸歯がある。表はシナヒイラギほど光沢がない。**セイヨウヒイラギ**の葉は長さ5〜10cmで鋭い鋸歯がある。**ヒイラギ**は、科・属が異なる。葉は対生で小さく、先は針状となる鋭尖頭で、基部はくさび形。2〜5対の尖った大きな鋸歯がある。成木の先は鋭頭で縁は全縁。**ヒイラギモクセイ**は、科・属が異なる。葉は対生で5〜12cm。基部は広いくさび形。6〜10対の刺状の鋸歯があり、ときに全縁。

●利用法
庭園樹、公園樹、クリスマスの飾り。

先は鋭い刺状に尖る
角に鋭い刺がある
縁は波状にねじれる
基部は切形

表 100%
裏 100%

イヌツゲ 犬黄楊　●別名……ヤマツゲ、ニセツゲ

Ilex crenata
モチノキ科 モチノキ属

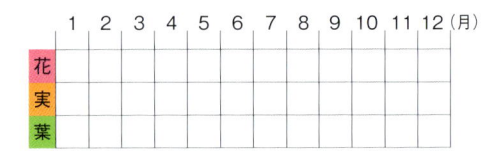

互生　常緑高木

● 自生地

北海道、本州、四国、九州、済州島

● 特徴・特性
葉は長さ1.5～3cmの楕円形または長楕円形。先は鈍く、基部は広いくさび形。縁は全縁か低く粗い鋸歯がある。革質で、表は濃緑色で光沢があり、裏は淡緑色で灰黒色の腺点がある。両面とも無毛。雌株には黒い実がつく。雌雄異株。

類似種　ヤポンノキ、ツゲ、キンメツゲ

◆見分け方……**ヤポンノキ**は鋸歯が大きく、革質で硬い。表は灰色がかった暗緑色、裏は緑色。葉のつき方は密でない。実は赤い。**ツゲ**は科・属が異なり、葉は対生で丸味がある。縁は全縁。表は黄緑色で、両面とも主脈上に毛がある。**キンメツゲ**の葉はやや小さく色は薄い。葉のつき方はやや密。

● 利用法
庭園樹、公園樹、生垣、仕立て物。

＊その他
一般にツゲと呼ばれるが、本当のツゲはツゲ科でまったく別種である。

先は鈍い
全縁か低く粗い鋸歯がある
基部は広いくさび形
表 250%
裏 240%

キンメツゲ
金目黄楊

Ilex crenata 'Kinmetsuge'　モチノキ科 モチノキ属

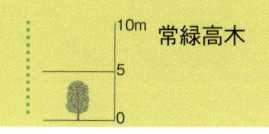

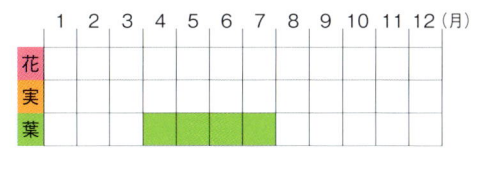

常緑高木

●特徴・特性
葉は長さ0.5～2cmの楕円形または長楕円形。先は鈍く、基部は広いくさび形。縁は全縁か低い鋸歯がある。革質で、表は黄緑色で光沢があり、裏は淡緑色で灰黒色の腺点がある。新芽は白っぽい黄緑色に出るが、だんだんに褪めていく。

●利用法
庭園樹、公園樹、生垣、仕立て物。

先は鈍い / 全縁か低い鋸歯がある / 表 400% / 裏 400% / 基部は広いくさび形

マメツゲ
Ilex crenata 'Mametsuge'

●特徴・特性
葉は長さ1～2.5cmの卵状楕円形。表面側にふくらみ、先は丸く、基部は広いくさび形。縁は全縁か、低く粗い鋸歯がある。革質で、表は濃緑色で光沢があり、裏は淡緑色で灰黒色の腺点がある。両面とも無毛。

先は丸い / 全縁か低く粗い鋸歯がある / 基部は広いくさび形 / 表 220% マメツゲ / 裏 220% マメツゲ

イヌツゲ'スカイ ペンシル'
Ilex crenata 'Sky Pencil'

●特徴・特性
葉は長さ2～3cmの楕円形または長楕円形。先は鈍く、基部は広いくさび形。縁には細鋸歯がある。革質で、表は濃緑色で光沢があり、裏は緑色で灰黒色の腺点がある。両面とも無毛。樹形はファスティギアータと同じで、細長い円筒形。雌株。

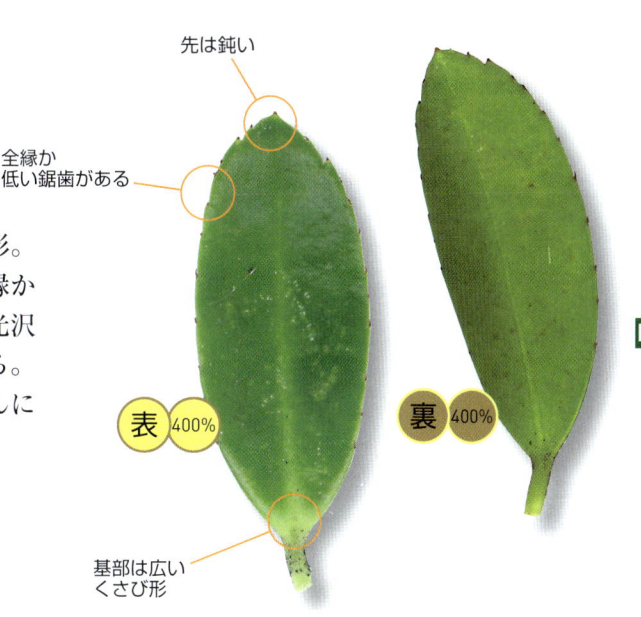

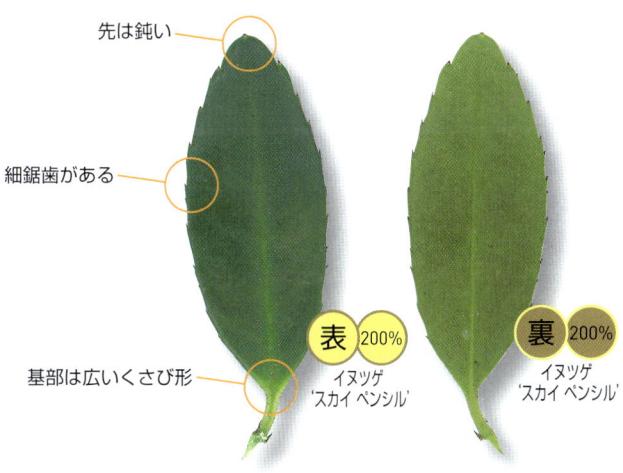

先は鈍い / 細鋸歯がある / 基部は広いくさび形 / 表 200% イヌツゲ'スカイ ペンシル' / 裏 200% イヌツゲ'スカイ ペンシル'

モチノキ 黐木

Ilex integra
モチノキ科 モチノキ属

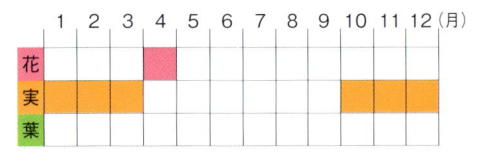

互生　常緑高木 10m

	1	2	3	4	5	6	7	8	9	10	11	12	(月)
花				■									
実	■	■	■							■	■	■	
葉													

● 自生地

本州（東北南部以南）、四国、九州、沖縄、朝鮮半島

● 特徴・特性

葉は長さ4～7cmの楕円形。先は短く尖り、先端は鈍い。基部はくさび形または広いくさび形。革質で、縁は全縁で大きな波状になる。表は緑色、裏は黄緑色で、両面とも無毛。雌雄異株で雌株には赤い実がなる。品種に葉が黄色のオウゴンモチがある。

類似種　**クロガネモチ、ソヨゴ、シイモチ、イスノキ、ネズミモチ**

◆ 見分け方……**クロガネモチ**の葉はやや大きく丸味を帯びる。先は鋭く尖る。表に光沢がある。葉柄は赤紫色を帯びる。**ソヨゴ**は葉先が尖る。表に光沢がある。**シイモチ**の葉はやや丸味を帯び、先は尾状に尖る。質は薄い革質。表に光沢があり、葉柄に細毛が密生する。**ネズミモチ**は科・属が異なり、葉はやや丸味があり、裏は淡白緑色。葉のつき方は対生。

● 利用法

庭園樹、公園樹、生垣、縁起木、鳥もち。

＊ その他

モチノキ属の多くの種で鳥もちが作れるが、本種のものを「本モチ」、他の種からのものを、「青モチ」と言って区別した。

先は短く尖る
先端は鈍い

縁は全縁で大きな波状

表 110%

基部はくさび形または広いくさび形

裏 110%

タラヨウ 多羅葉　●別名……葉書の木

Ilex latifolia
モチノキ科 モチノキ属

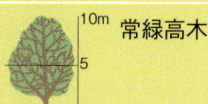

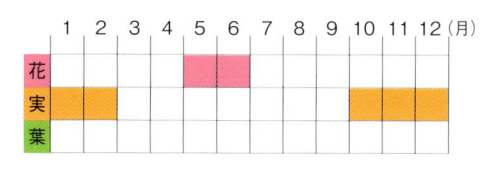

互生　常緑高木

	1	2	3	4	5	6	7	8	9	10	11	12 (月)
花					■	■						
実										■	■	■
葉												

●自生地

本州（静岡県以南）、四国、九州、中国

●特徴・特性
葉は長さ 10〜18cmの長楕円形。革質で厚い。先は鋭く尖り、基部は広いくさび形または鈍形。縁には尖った不整の細鋸歯がある。表は濃緑色で、光沢があり、裏は淡緑色。雌雄異株で雌株には赤い実がなる。

類似種　セイヨウバクチノキ

◆見分け方……**セイヨウバクチノキ**は科・属が異なり、葉の先は短く尖り、鋸歯は浅いかまたは全縁。表は暗緑色で光沢がある。

●利用法
庭園樹、寺院。

＊その他
葉裏に尖ったもので字を書くと黒く浮き出るために、別名「葉書の木」と言われる。弘法大師がこれで勉強したという伝説がある。

先は鋭く尖る

尖った不整の細鋸歯がある

基部は広いくさび形または鈍形

表 50%　裏 40%

アオハダ 青肌、青膚

Ilex macropoda
モチノキ科 モチノキ属

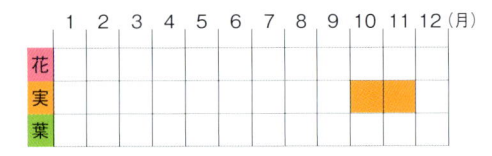

互生　落葉高木　10m

	1	2	3	4	5	6	7	8	9	10	11	12 (月)
花												
実										■	■	
葉												

●自生地
北海道、本州、四国、九州、朝鮮半島、中国

●特徴・特性
葉は長枝では互生、短枝では束生し、膜質で4～7cmの卵形か広卵形。先は短く尖り、基部は広いくさび形または円形。縁には浅い鋸歯がある。表は緑色でこまかい毛があり、裏は淡緑色で脈上に開出毛が多い。雌雄異株で雌株には赤い実がなる。樹皮は灰白色で薄く、爪等で簡単にはがれ緑色の内皮があらわれるため青膚の名がついた。

類似種 フウリンウメモドキ、ウメモドキ

◆見分け方……**フウリンウメモドキ**は短枝が明確でなく、葉裏主脈に毛がある。**ウメモドキ**は短枝が著しくなく、葉柄が短く、葉柄、葉裏は有毛。

先は短く尖る
浅い鋸歯がある
表 90%
基部は広いくさび形または円形
裏 90%

●利用法
雑木の庭の構成樹で近年の利用が増加している。

ソヨゴ 冬青　●別名……フクラシバ

Ilex pedunculosa
モチノキ科 モチノキ属

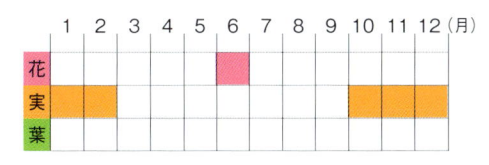

互生　常緑高木

● 自生地

本州（関東以南）、四国、九州、台湾、中国

● 特徴・特性
葉は長さ4～8cmの卵状楕円形。先は尖り、基部は円形。縁は全縁で大きく波打つ。表は濃緑色で光沢があり、裏は淡緑色。近年洋風庭園や、雑木の庭などで人気がある。

類似種　モチノキ、クロガネモチ、シイモチ、クロソヨゴ

◆見分け方……**モチノキ**は葉先が鈍く尖り、質はやや厚く、表に光沢がない。**クロガネモチ**は葉が大きく丸い。縁は波打たず、葉柄は赤紫色。**シイモチ**の葉は縁に浅い鋸歯があり、先は尾状に尖る。**クロソヨゴ**は、幹がやや黒っぽい。葉は上半分に浅い鋸歯があり、あまり波打たない。若枝に細毛が密生する。

● 利用法
庭園樹、公園樹、雑木の庭。

＊その他
名前は「風にそよぐ樹」に由来すると言われる。風で葉が揺られ、そよそよと音がする。

縁は全縁 大きく波打つ　先は尖る　基部は円形

表 90%　裏 90%

クロガネモチ 黒鉄黐

●別名……フクラシバ、クラモチ

Ilex rotunda
モチノキ科 モチノキ属

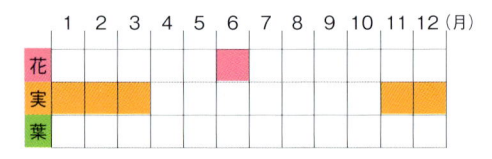

互生　常緑高木

● 自生地

本州（関東以南）、四国、九州、沖縄、アジア南東部

● 特徴・特性

葉は長さ6〜10cmの楕円形または広楕円形。先は鋭く尖り、基部は広いくさび形。質は革質で、縁は全縁。表は濃緑色で光沢があり、裏は淡緑色。葉柄は赤紫色を帯びる。葉脈ははっきりしない。

類似種　モチノキ、ソヨゴ、シイモチ

◆見分け方……**モチノキ**の葉はやや小さく、細長い。先は鈍く尖る。表に光沢がなく、葉柄は緑色。**ソヨゴ**の葉はやや小さく、質は薄い。縁は波打つ。葉柄は緑色。**シイモチ**の葉は小さく細長い。先は尾状に尖り、縁は浅い鋸歯がある。

● 利用法

庭園樹、公園樹、縁起木。

＊その他

本年枝と葉柄が紫色を帯びて全体に黒味がかって見えるので名前がついた。語呂合わせで「苦労して金持ちになる」と言い、庭園に使われている。

先は鋭く尖る
縁は全縁
基部は広いくさび形

表 130%
裏 110%

ウメモドキ 梅擬

Ilex serrata
モチノキ科 モチノキ属

互生 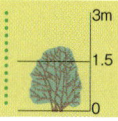　落葉低木　3m / 1.5 / 0

	1	2	3	4	5	6	7	8	9	10	11	12 (月)
花						■						
実									■	■	■	■
葉												

●自生地

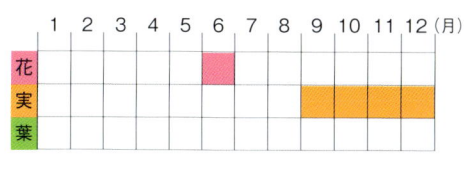

本州、四国、九州

●特徴・特性
葉は長さ2～8cmの楕円形または卵状披針形。先は鋭く尖り、基部はくさび形。縁には鋭い細鋸歯がある。表は緑色で、毛が点在し、裏は淡緑色で脈上に毛がある。雌株には赤い実がなり、落葉後もしばらく楽しめる。品種に白実のシロウメモドキや、大実の大納言などがある。

類似種　**アオハダ、フウリンウメモドキ**

◆見分け方……**アオハダ**は葉が丸い。短枝がはっきりして、葉柄が長い。**フウリンウメモドキ**は葉裏の毛は主脈のみで、花の花梗が長い。

●利用法
庭園樹、鉢植え、雑木の庭、生花。

＊その他
ウメの葉に似ていることからこの名がついた。

先は鋭く尖る
鋭い細鋸歯がある
基部はくさび形
表 130%
裏 120%

ヤポンノキ

Ilex vomitoria

モチノキ科 モチノキ属

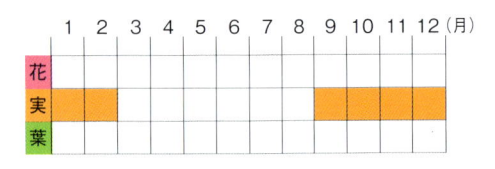

互生　常緑高木

	1	2	3	4	5	6	7	8	9	10	11	12	(月)
花													
実	■	■							■	■	■	■	
葉													

● 自生地

アメリカ南東部、メキシコ

● 特徴・特性

葉は長さ2〜3cmの楕円形または円形。先は丸味があり、頂部はへこむ。基部は円形。縁にはゆるい鋸歯があり先端は尖る。表は灰色がかる暗緑色で光沢があり、裏は緑色。雌株は赤い実がなる。幹肌も灰色がかる。品種があり、'ペンデュラ'や'ファスティギアータ'、'ウィーピング'は人気がある。

類似種　イヌツゲ

◆見分け方……**イヌツゲ**の葉は軟らかめで、縁は全縁または鋸歯が小さい。表の色は灰色がかった暗緑色で実は黒い。

● 利用法

庭園樹、公園樹、生垣。

＊その他

葉にカフェインを含み、原産地のアメリカではヤポン茶として飲まれている。

先は丸味があり頂部はへこむ

ゆるい鋸歯があり先端は尖る

基部は円形

表 260%　裏 260%

シキミ 樒　●別名……ハナノキ

Illicium anisatum
シキミ科 シキミ属

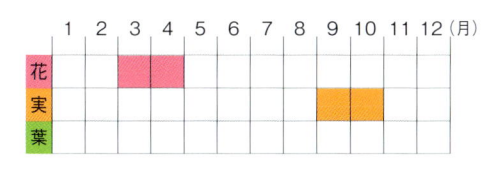

互生　常緑高木

	1	2	3	4	5	6	7	8	9	10	11	12 (月)
花			■	■								
実									■	■		
葉												

●自生地

本州（宮城・石川県以南）、四国、九州、沖縄、台湾、済州島、中国

●特徴・特性

葉は長さ4～12cmの楕円形。先は鈍頭で、基部は広いくさび形。縁は全縁で、質は革質で厚い。表は濃緑色で光沢があり、裏は灰緑色。葉を透かすと油点がある。枝葉に独特の香りがある。葉が赤紫色の品種がある。

類似種　イリシウム フロリダナム、イリシウム ヘンリー

◆見分け方……**イリシウム フロリダナム**の葉は長さ7～20cmの長楕円状披針形。先はなだらかに長く尖り、基部は狭いくさび形。全体に独特の香りがある。花は藤色だが、赤、赤桃色、白等の品種がある。赤花が大きいメキシカナムは、葉が似ている。**イリシウム ヘンリー**の葉は長さ5～15cmの長楕円状披針形。先は急に長く尖り、基部は狭いくさび形。表は黄緑色で光沢があり、裏は白っぽい黄緑色。全体に独特の臭いがある。花は薄赤色で小さい。

●利用法

庭園樹、仏事。

＊その他

枝葉は仏事や葬儀に使われるほか、抹香や線香が作られる。実は有毒。

先は鈍頭
縁は全縁
表 90%
基部は広いくさび形
裏 90%

コバノズイナ 小葉の瑞菜、小葉の髄菜

Itea virginica
ユキノシタ科 ズイナ属

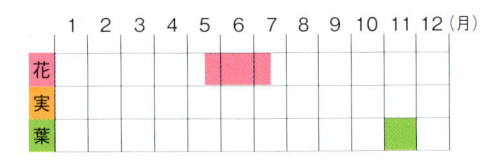

互生　3m 落葉低木

● 自生地

北米東部

● 特徴・特性
葉は長さ3～10cmの楕円形または倒卵状長楕円形。先は尖り、基部はくさび形。縁には鋭い鋸歯がある。両面とも黄緑色で、日当たりの良いところでは部分的に赤みをさす。裏は脈上に白い毛があり、主脈は目立つ。花は白色で5～15cmの穂状に咲く。秋の紅葉は鮮やかなオレンジ色を帯びた赤になる。

類似種 ズイナ、シナズイナ

◆見分け方……**ズイナ**は日本に自生し、葉はやや大きく、丸味を帯びる。花はやや小さく、花穂が約10cm。「ヨメナノキ」と言い、若葉は食べられる。**シナズイナ**（Ite. ilicifolia）は中国に自生し、常緑。葉はヒイラギモクセイのような形で、先は尖り、基部は広いくさび形。質は軟らかく、縁には痛くない刺状の鋸歯がある。表は濃緑色。花はクリーム色や薄黄色で、芳香があり、花穂は20～38cmと長い。

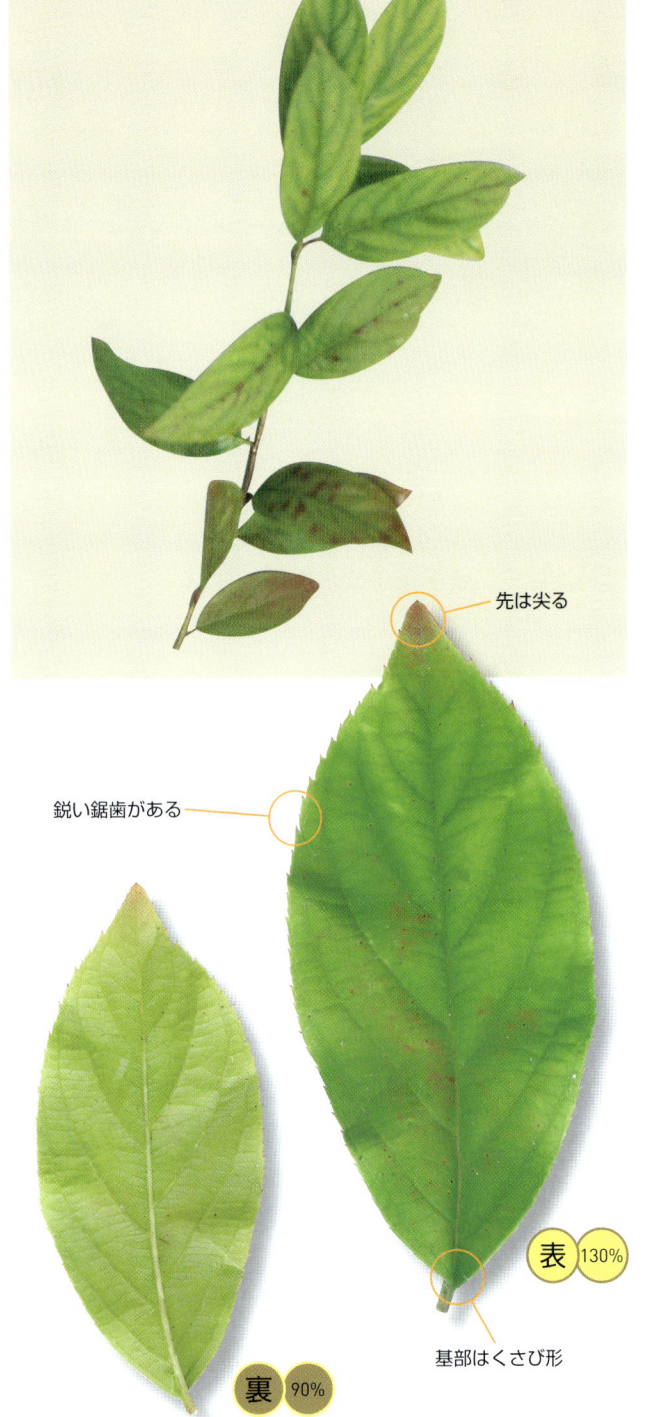

先は尖る
鋭い鋸歯がある
基部はくさび形
表 130%
裏 90%

● 利用法
寄せ植え、庭園樹、公園樹。

オウバイ 黄梅

Jasminum nudiflorum
モクセイ科 ソケイ属

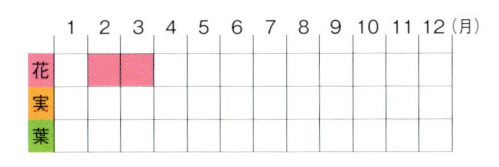

対生　落葉低木

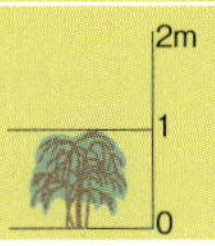

	1	2	3	4	5	6	7	8	9	10	11	12 (月)
花		■	■									
実												
葉												

●自生地 
北海道、本州、四国、九州、アジア東北部

●特徴・特性
葉は3出複葉。小葉は長楕円形または披針形で、頂小葉はやや大きく長さ2～4cm。先は急に尖り、縁は全縁。表は光沢がある深緑色で、裏は淡緑色。樹形はややつる性で弓なりになる。二年生枝くらいまでは緑色を保つ。早春、葉が出る前に径2～2.5cmの鮮やかな黄色い花をつける。

類似種　ウンナンオウバイ

◆見分け方……**ウンナンオウバイ**は葉が大きい。花は大きく、色はやや薄い。

●利用法
庭園樹、公園樹、鉢植え。

＊その他
梅に似た花で黄色いため、この名がついた。ジャスミンの仲間だが、香りはない。耐寒性があり、寒冷地では石垣の上から下重させているものをよく見る。

先は急に尖る
縁は全縁
表 240%
裏 200%

ハゴロモジャスミン

Jasminum polyanthum
モクセイ科 ソケイ属

対生 　常緑つる　5m／2.5／0

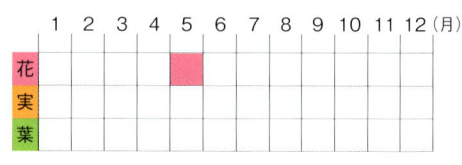

	1	2	3	4	5	6	7	8	9	10	11	12 (月)
花					●							
実												
葉												

● 自生地

中国南西部

● 特徴・特性

葉は奇数羽状複葉。小葉は5～7枚で頂小葉は披針形で長さ3～8cm。3本の脈が目立つ。先は細長く尖り、基部は円形。縁は全縁。表は濃緑色、裏は灰緑色で脈腋に毛がある。葉柄の基部は枝を包む。鉢植えで利用されていたが、関東中部以南では戸外で栽培できる。蕾は紅色で開くと白くなる。強い芳香がある。

類似種　キソケイ

◆見分け方……**キソケイ**は、小葉は同じかやや少なく、小さい。頂小葉は細長いがやや丸味を帯び、葉表は光沢があり色は薄く、裏に毛がない。

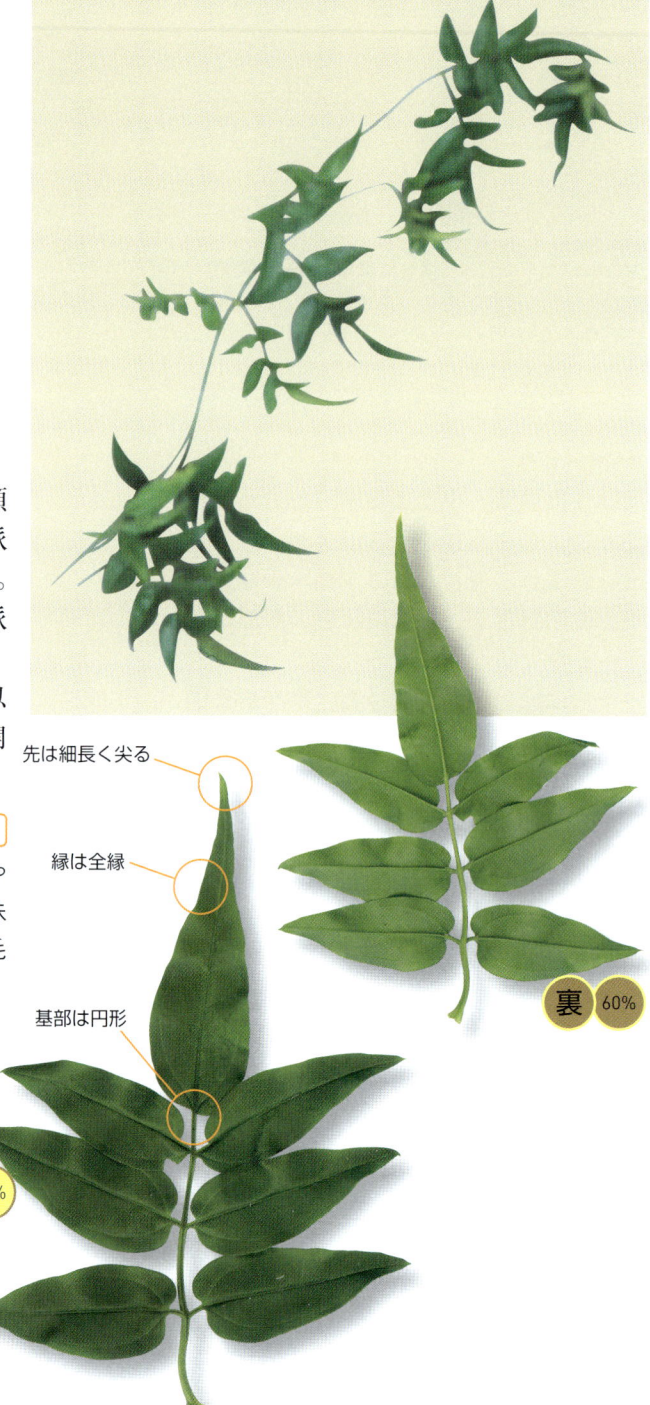

先は細長く尖る
縁は全縁
基部は円形

表 80%
裏 60%

● 利用法

鉢植え、トレリス、フェンス。

ウンナンオウバイ 雲南黄梅

Jasminum primulinum
モクセイ科 ソケイ属

対生　常緑低木

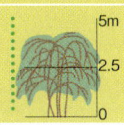

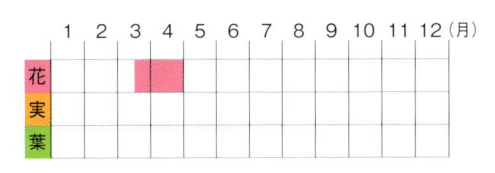

● 自生地

中国西南部

● 特徴・特性
葉は3出複葉。頂小葉は長さ3〜5cmの長楕円形。先は鈍頭。基部は細いくさび形。両面とも濃緑色。全体に毛がなく、枝は四角形。ややつる性で長く伸び、四方へ垂れ下がる。2年枝くらいまでは緑色を保つ。新葉が出る前に、径4〜5cmの黄色い花が咲く。耐寒性は関東中部以南であれば庭植えできる。株は大きくなり、1株で1坪（3.3㎡）になる場合もある。

| 類似種 | オウバイ |

◆見分け方……**オウバイ**は葉が小さい。花は小さく、色はやや濃い。

先は鈍頭

葉は3出複葉

表 120%

基部は細いくさび形

裏 90%

● 利用法
庭園樹、公園樹。

オニグルミ 鬼胡桃

Juglans mandshurica ssp. *sieboldiana*
クルミ科 クルミ属

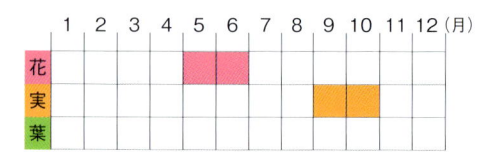

互生　落葉高木　10m

自生地：北海道、本州、四国、九州

●特徴・特性
葉は長さ40～60cmの大形の奇数羽状複葉。小葉は9～25枚で、長さ7～12cmの卵状長楕円形。縁にはやや尖った鋸歯がある。先は鋭く尖り、基部はややゆがんだ切形または円形。表は濃緑色で、裏は灰白緑色で星状毛が密生する。若枝には黄褐色の軟毛が密生する。枝には葉のあとが瘤状に残る。種子は食べられる。

類似種 ノグルミ、テウチグルミ、サワグルミ

◆見分け方……**ノグルミ**は属が異なる。葉、小葉ともに小さく、小葉の幅が狭い。先は細く長く尖る。表の色はやや濃く、裏は淡緑色で、油点がある。**テウチグルミ**は、小葉が5～9枚で、5枚のものが多く、頂小葉はやや大きい。脈の基部に星状毛がある。核が手で簡単に割れることで、名前がついた。**サワグルミ**は属が異なり、葉、小葉ともに小さく、小葉の幅が狭い。先は尖るが、オニグルミより鈍頭で、葉の両面に毛があり、裏の色は濃く、油点がある。

先は鋭く尖る
やや尖った鋸歯がある
基部はややゆがんだ切形または円形
裏 20%
表 20%

●利用法
公園樹、建築・家具材、食用。

カイヅカイブキ 貝塚伊吹　●別名……カイヅカビャクシン

Juniperus chinensis 'Kaizuka'
ヒノキ科 ビャクシン属

対生、輪生　10m　常緑高木

●自生地

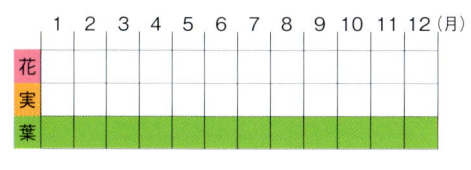

（基本種）本州、四国、九州

●特徴・特性
葉は密生し、ほとんどが鱗片葉で、ごくまれに針状葉が出る。色は鮮緑色。暖地でよく生長し、側枝がらせん状にねじれて主幹に巻きつくようになり、土質の重いところほど狭円錐形の独特な樹形になる。火山灰土などでは広円錐形になる。

類似種　シンパク、ビャクシン、タマイブキ

◆見分け方……**シンパク**は、葉が灰青色でやや硬い。樹高は低い。**ビャクシン**は、葉が緑色でやや硬く、触れると痛い。樹高は高い。**タマイブキ**は、葉がやや軟らかく、樹高は低い。

●利用法
庭園樹、景観樹、仕立て物、生垣。

シンパク
Juniperus chinensis var. *sargentii*

●特徴・特性
葉は灰青色の鱗片葉。先は鈍頭。生長が遅く、大きくならないので、鉢植えや盆栽として楽しまれている。

葉は鱗片葉　まれに針状葉

枝 120%

枝 130%
シンパク

セイヨウネズ 'スエシカ'

Juniperus communis 'Suecica'
ヒノキ科 ビャクシン属

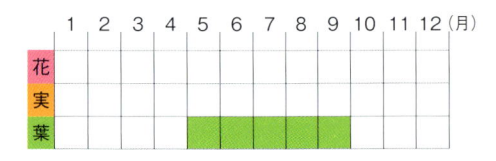

輪生　常緑高木

● 自生地

(基本種)北米、ヨーロッパ、北アジア、北アフリカ

● 特徴・特性

基本種の葉は線状または線状披針形で、先は鋭尖頭。色は灰緑色。実は芳香があり、ジンの香りづけに用いられる。スエシカは針状葉で硬く、触れると非常に痛い。表は濃緑色で、裏は灰白色を帯びるので、全体的に灰緑色に見える。樹形は円筒形で、老木で形が乱れる。多数の枝が分枝し、直上する。

| 類似種 | セイヨウネズ'コンプレッサ'、セイヨウネズ'センチネル' |

◆見分け方……'**コンプレッサ**'は、細い針状葉が密生する。矮性品種で、樹高は2mほど。樹形は円筒形または狭円錐形。'**センチネル**'は、樹高が2〜3m。樹形は細い円柱形で先端は尖る。

先は鋭先頭

表 300%

枝 170%

● 利用法

庭園樹、公園樹、狭い場所。

ハイネズ 'ブルー パシフィック'

Juniperus conferta 'Blue Pacific'
ヒノキ科 ビャクシン属

輪生　這性

	1	2	3	4	5	6	7	8	9	10	11	12	(月)
花													
実													
葉													

● 自生地

(基本種)北海道、本州、四国、九州、サハリン

● 特徴・特性

基本種の葉は3輪生し、針状葉で長さ0.8〜2cm。先は鋭く尖り、触れると少し痛い。表の中央部は溝になってくぼみ、白い気孔線は縁の緑の部分より狭い。葉身はやや鎌状で基部が少し曲がる。'ブルー パシフィック'の針状葉は青みを帯びた緑色で、裏は灰白色。枝は楕円状に這い広がる。

類似種　ハイネズ、ネズ

◆見分け方……基本種の**ハイネズ**の葉は暗緑色。枝は四方に分枝して広がる。**ネズ**の葉はやや長く幅は狭い。樹形は立ち性で、大きくなる。

● 利用法

庭園樹、公園樹、グラウンドカバー。

＊その他

日本に自生しているハイネズをアメリカで改良し逆輸入したため、アメリカハイネズと呼ぶ場合もある。基本種のハイネズより葉先は痛くない。

枝 100%

先は鋭く尖る
葉身は鎌状
基部は少し曲がる
表 200%

アメリカハイビャクシン 'バー ハーバー'

Juniperus horizontalis 'Bar Harbor'
ヒノキ科 ビャクシン属

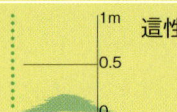

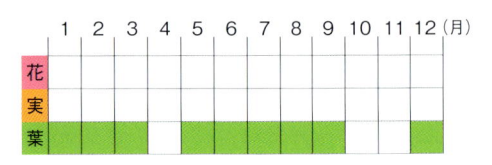

輪生　這性

● 自生地

（基本種）北米西部

● 特徴・特性
基本種の葉は若木で針状葉、老木は鱗片葉。鱗片葉は白粉をふいたような青緑色で、硬く密着して尖り、触ると刺さることがある。匍匐性で密生する。枝は接地点からも発根して広がる。'バー ハーバー'の葉色は春から秋までは灰緑色で、冬は紫色を帯びる。主枝は完全に匍匐し、側枝の先は少し斜上する。枝は細い。

類似種　アメリカハイビャクシン 'ブルー チップ'、アメリカハイビャクシン 'ウィルトニー'、アメリカハイビャクシン 'マザー ローデ'、ハイビャクシン

◆見分け方……'ブルー チップ'の葉は春から秋は銀青色。生長が遅い。株の中心部がやや盛り上がり、分枝が旺盛で枝葉が密生する。'ウィルトニー'の葉は灰緑色または青緑色で、冬は青銅色または紫色を帯びる。株の中心部はほとんど立ち上がらず、枝は放射状に伸びる。'マザー ローデ'の葉は一年中黄金色だが、特に低温で発色がよい。生長は遅い。'ウィルトニー'の枝変わりでできた品種。**ハイビャクシン**の葉は緑色で、0.6〜0.8cmの針状葉で3輪生する。老木ではまれに鱗片葉が出る。

● 利用法
庭園樹、公園樹、グラウンドカバー、ガーデニング。

春から秋までは灰緑色

葉 300%
枝先

枝 120%

ジュニペルス スコプロラム 'ブルー ヘブン'

Juniperus scopulorum 'Blue Heaven'
ヒノキ科 ビャクシン属

対生　10m 常緑高木

	1	2	3	4	5	6	7	8	9	10	11	12 (月)
花												
実												
葉					■	■	■	■	■			

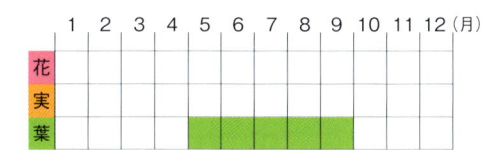

● 自生地

(基本種) 北米西部

● 特徴・特性
基本種の鱗片葉は薄緑から淡青緑色を帯びる。'ブルー ヘブン'の鱗片葉は新梢時には白い粉がついており、灰白色を帯びた銀青色で美しい。風雨で白粉が剥がれ落ちると、やや青紫色を帯びる。樹形は広円錐形。

類似種	ジュニペルス スコプロラム 'スカイロケット'、ジュニペルス スコプロラム 'ムーングロー'、ジュニペルス スコプロラム 'ウィチタ ブルー'

◆見分け方……'スカイロケット'の鱗片葉は青緑色で冬は紫色がかる。樹形は狭円錐形でロケット形。'ムーングロー'の鱗片葉は銀白色でわずかにブルーがかり、冬も変わらない。細く比較的軟らかい。樹形は広円錐形。'ウィチタ ブルー'の鱗片葉は青白色で、新梢時は白みが強くのちに薄くなる。樹形は広円錐形、樹高は2mほどと小ぶりである。

● 利用法
庭園樹、公園樹、生垣。

枝 100%

ジュニペルス スコプロラム 'スカイロケット'

Juniperus scopulorum 'Skyrocket'

● 特徴・特性
鱗片葉は青緑色で、冬は紫色がかった色になる。主幹、側枝ともに直上し、樹形は円柱形または狭円筒形のロケット形。

枝 40%
ジュニペルス スコプロラム 'スカイロケット'

ジュニペルス スカマタ 'ブルー スター'

Juniperus squamata 'Blue Star'　ヒノキ科 ビャクシン属

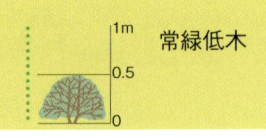

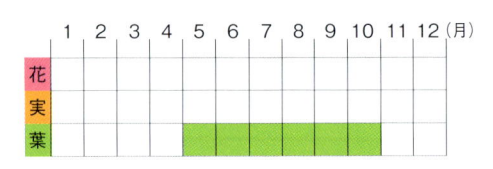

常緑低木

● 特徴・特性
針状葉は灰青色または緑青色で冬も変わらない。矮性品種で樹高は 0.3 〜 0.5 m、直径 1 m ほど。枝は斜上または水平に伸び、小枝が分枝し、半球形になる。

● 利用法
庭園樹、公園樹、狭い場所。

灰青色または緑青色

枝 140%
葉 220%

ジュニペルス スカマタ 'ブルー カーペット'

Juniperus squamata 'Blue Carpet'　ヒノキ科 ビャクシン属

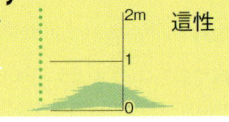

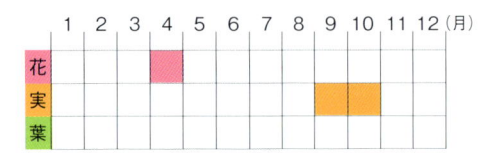

這性

● 特徴・特性
基本種の葉は針状葉で尖り、灰緑色。3 枚が輪生し、長さ 0.4 〜 0.6cm で、上面はへこんで白色で下面は隆起する。'ブルー カーペット' の針葉は灰青色または青緑色で、冬は茶褐色または茶色を帯びる。樹高は 0.6 〜 0.8 m で枝は四方に伸びて直径 2 〜 3 m になる。小枝は多数分枝し、幾重にも重なり地面を覆う。

● 利用法
庭園樹、公園樹、グラウンドカバー。

葉 120%
枝 50%

サネカズラ 実葛　●別名……ビナンカズラ

Kadsura japonica
マツブサ科 サネカズラ属

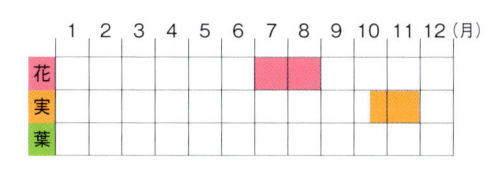

互生　常緑つる

● 自生地

本州（関東以南）、四国、九州、沖縄、台湾

● 特徴・特性

葉は長さ4～10cmの長楕円形または長卵形。先は鈍く尖り、基部は円形。縁にはまばらに鋸歯がある。質は厚く軟らかい。表は濃緑色で光沢があり、裏はやや紫色を帯びる。山地や丘陵に生え、花は7～8月。実は11月ころに赤く熟し、漢方薬として利用される。白実のスイショウカズラや斑入り品種がある。

類似種　マツブサ、チョウセンゴミシ

◆見分け方……**マツブサ**は属が異なり、つるは松脂のような臭いがする。葉は広卵形で、花は6～7月に開花し、黒い実が10～11月に熟す。**チョウセンゴミシ**は属が異なり、葉は楕円形または倒卵形で厚い膜質。花は6～7月に開花し、実は長い房状で赤く熟す。

● 利用法

フェンス、トレリス、アーチ、鉢植え。

＊その他

別名の「美男葛」は、つるを煮出した粘液を整髪料として、美男が用いたことからつけられた。

先は鈍く尖る

まばらに鋸歯がある

表 70%

基部は円形

裏 60%

カルミア

●別名……アメリカシャクナゲ、ハナガサシャクナゲ

Kalmia latifolia
ツツジ科 カルミア属

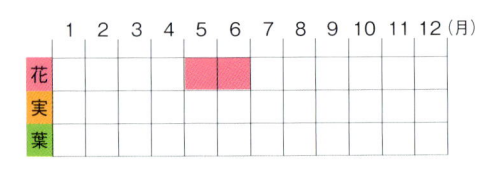

互生　常緑低木

●自生地

北米東部

●特徴・特性
葉は長さ7～10cmの長楕円形。先は尖り、基部はくさび形。縁は全縁で、厚い革質。表は濃緑色で、裏は淡緑色。互生だが、枝の上部では輪生状につく。5月にコンペイトウに似た花が集散花序で咲き、蕾はピンクで、開花すると白くなる。品種が多く、赤花やチョコレート色等があり、日本では赤花の'オスボ レッド'が有名である。

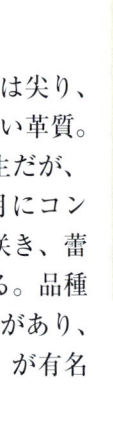

●利用法
庭園樹、公園樹。

＊その他
日本には1915年（大正4）に導入された。アメリカのコネチカット州およびペンシルベニア州の州花。材は有用で、工具の取っ手、ろくろ材などに使われる。

先は尖る
縁は全縁
基部はくさび形
表 90%
裏 90%

ハリギリ 針桐　●別名……センノキ

Kalopanax septemlobus
ウコギ科 ハリギリ属

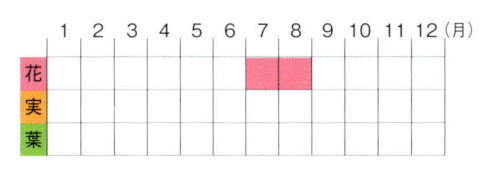

互生　落葉高木 20m

	1	2	3	4	5	6	7	8	9	10	11	12 (月)
花							■	■				
実												
葉												

●自生地

北海道、本州、四国、九州、アジア北東部

●特徴・特性

葉は長さ10〜30cmの半円形または円形。掌状に5〜9裂する。裂片は三角状卵形で先が尖り、基部は切形または心形。縁には細鋸歯がある。表は緑色、裏は灰緑色で脈上に毛がある。葉は枝先に集まってつき、葉柄が長い。山地に生え、枝は太くて刺が多い。若葉は山菜として食べられる。

●利用法

公園樹、建築・家具材、山菜、薬用。

＊その他

枝に刺があり、材をキリの代用にしたことから「ハリギリ」という。林業では「センノキ」と呼ばれ重用される。肥沃な地を好むため、土地の肥沃度を判定する指標とされたという。

先は尖る

細鋸歯がある

掌状に5〜9裂する

表 40%

基部は切形または心形

裏 20%

ヤマブキ 山吹

Kerria japonica
バラ科 ヤマブキ属

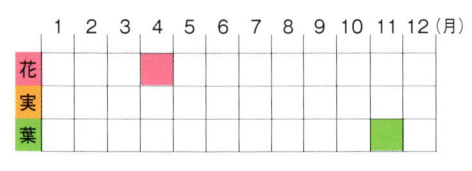

互生 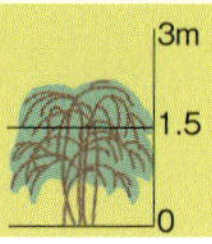　落葉低木 3m / 1.5 / 0

	1	2	3	4	5	6	7	8	9	10	11	12 (月)
花				●								
実												
葉											●	

●自生地
北海道、本州、四国、九州、朝鮮半島

●特徴・特性
葉は長さ4～8cmの卵形。先は尾状尖頭または長鋭尖頭、基部は円形またはやや心形。縁は浅裂し、不整な重鋸歯がある。表は鮮やかな緑色、裏は淡緑色で毛がある。花が山吹色といわれるくらいで黄金色の代表格である。山地の谷川沿いなどの湿ったところに生える。八重咲きや斑入り、カラーリーフなどの品種がある。

類似種　シロヤマブキ
◆見分け方……**シロヤマブキ**は属が異なり、葉は対生でやや大きく、丸みがある。表はしわがあり、脈がへこむ。花は白い。実は、黒い痩果が4個集まってつく。ヤマブキの品種に**シロバナヤマブキ**があり、花は薄い白色で、その他は基本種と同じ。

●利用法
雑木の庭の構成樹、公園樹。

＊その他
「山吹」の語源は「山振」で、しなやかな枝が風に揺れるようすからつけられたという。

先は尾状尖頭または長鋭尖頭

浅裂し、不整な重鋸歯がある

基部は円形またはやや心形

表 90%
裏 90%

モクゲンジ　木槵子　●別名……センダンバノボダイジュ

Koelreuteria paniculata
ムクロジ科 モクゲンジ属

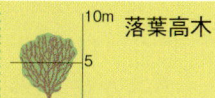

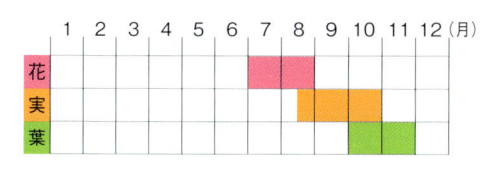

互生　落葉高木

●自生地
本州（日本海側および宮城・長野県）、朝鮮半島、中国

●特徴・特性
葉は奇数羽状複葉で長さ25～35cm。小葉は7～15枚で長さ4～10cmの卵形。先は短く尖る。やや革質で、縁には不ぞろいの粗い鋸歯があり、深裂することがある。表は緑色、裏は淡緑色で脈上に軟毛がある。古くから渡来し、寺院などに植えられてきた。夏に黄色の花が咲き、後に実がホオズキのような袋に入る。

類似種 オオモクゲンジ、タイワンモクゲンジ

◆見分け方……**オオモクゲンジ**は、葉が長さ50～60cmの2回奇数羽状複葉。小葉が長楕円状卵形で厚い洋紙質。9月に大形の円錐花序に黄色い花が咲き、その後、実は淡紅色の袋に入る。**タイワンモクゲンジ**は、2回偶数または奇数の羽状複葉で、長さ40～50cm。9月に大形の円錐花序に黄色で花弁の基部に赤い斑点のある花が咲き、実は赤褐色または淡紅色の袋に入る。

- 先は短く尖る
- 不ぞろいの粗い鋸歯がある
- 脈上に軟毛

表 40%　裏 30%

●利用法
庭園樹、公園樹、街路樹、寺院。

コルクウィッチア

●別名……ショウキウツギ

Kolkwitzia amabilis
スイカズラ科 コルクウィッチア属

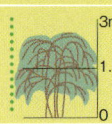

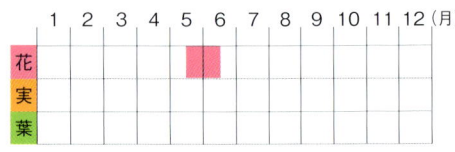

対生　落葉低木

	1	2	3	4	5	6	7	8	9	10	11	12 (月)
花												
実												
葉												

● 自生地

中国中部

● 特徴・特性

葉は、長さ3〜8cmの広卵形。先は尖り、基部は浅い心形。縁にはわずかに鋸歯がある。表は緑色で、裏は淡緑色。脈上に剛毛と細い軟毛がありざらつき、脈が目立つ。枝はアーチ状に下垂する。中国では亜高山地帯に自生するが暖地でも生育する。蕾はピンク色で、開花すると白っぽくなる。

類似種　ツクバネウツギ

◆見分け方……**ツクバネウツギ**は、葉が小さく、先は急に尖らない。表にも毛がある。花は白色で普通2個ずつつく。

先は尖る

わずかに鋸歯がある

表 160%

基部は浅い心形

裏 140%

● 利用法

庭園樹、公園樹。

キングサリ 金鎖　●別名……キバナフジ

Laburnum × watereri
マメ科 ラブルヌム属

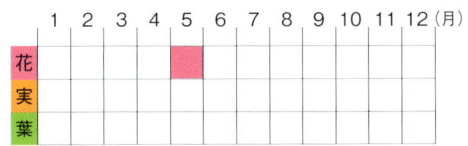

互生　落葉高木

	1	2	3	4	5	6	7	8	9	10	11	12 (月)
花					●							
実												
葉												

● 自生地

ヨーロッパ南部

● 特徴・特性
葉は長い葉柄を持つ3出複葉で、頂小葉は長さ3〜8cmの長楕円形または倒卵状長楕円形。先は尖り、基部はくさび形。縁は全縁。表は鮮緑色、裏は淡緑色で毛がある。フジに似た黄色の花が咲く。

裏 60%

● 利用法
庭園樹、公園樹、アーチ、棚。

＊その他
明治初期に渡来した。若木のうちは軟らかいので、欧米ではアーチに誘引して日本の藤棚のように観賞する。

先は尖る
縁は全縁
基部はくさび形
表 80%
柄は長い

サルスベリ 百日紅　●別名……サルナメリ

Lagerstroemia indica
ミソハギ科 サルスベリ属

対生、互生 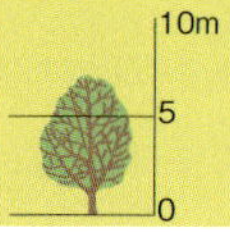　10m 落葉高木

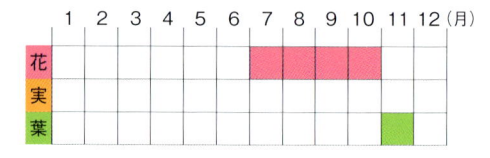

	1	2	3	4	5	6	7	8	9	10	11	12 (月)
花							●	●	●	●		
実												
葉											●	

●自生地

中国南部

●特徴・特性
葉は長さ3〜8cmの倒卵状楕円形。先は鈍頭または円頭で、基部は広いくさび形または円形。縁は全縁。表は濃緑色で主脈上にわずかに毛があり、裏は淡黄緑色で脈上に毛がある。花は桃紫色や紅紫色、白等がある。

類似種　**シマサルスベリ**

◆見分け方……**シマサルスベリ**は、葉がやや大きく先は尖り、表には毛がない。花は小さい。

●利用法
庭園樹、公園樹。

＊その他
夏の花木の代表格で、花期が長いことから「百日紅」という。幹が滑らかで、猿も滑って登れないというところから名がついた。淡褐色の樹皮が剥がれ落ちた跡が灰白色になり鹿の子状になる。鎌倉時代以前に渡来したと考えられる。寺院に大木があるので縁起が悪いと思われがちだが、特権階級でないと植えられなかったためである。

先は鈍頭または円頭
縁は全縁
基部は広いくさび形または円形
表 130%　裏 90%

シマサルスベリ

島百日紅
●別名……アカブラ、タイワンサルスベリ

Lagerstroemia subcostata
ミソハギ科 サルスベリ属

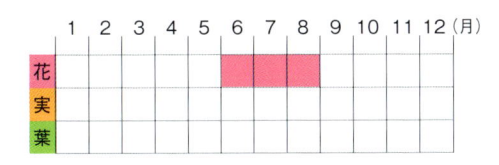

対生、互生 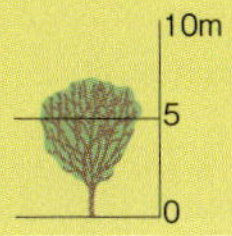　落葉高木

自生地

九州（種子島、屋久島、奄美大島）、沖縄、台湾

特徴・特性

葉は長さ5～10cmの卵状楕円形または倒卵形。先は鋭頭から鋭尖頭またはやや鈍頭。基部はくさび形。縁は全縁。両面とも緑色で、裏には主脈の腋に開出毛がある。赤褐色の薄い樹皮が落ちると幹は灰白色になり、かなり白っぽくなる。花は白く小さい。うどん粉病に強いので、アメリカでは交配親に利用されている。

類似種　サルスベリ

◆見分け方……**サルスベリ**は、葉がやや小さく、先はあまり尖っておらず、表の主脈上に毛がある。花は大きい。

先は鋭頭から鋭尖頭またはやや鈍頭

縁は全縁

表 110%　　裏 110%

基部はくさび形

利用法

庭園樹、公園樹、街路樹。

ランタナ

●別名……シチヘンゲ、コウオウカ

Lantana camara
クマツヅラ科 ランタナ属

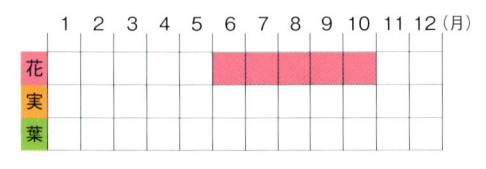

対生　常緑低木

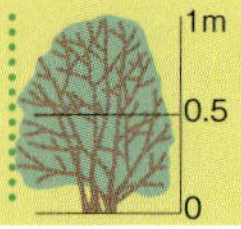

●自生地

熱帯アメリカ

●特徴・特性
葉は長さ2～8cmの卵形。先は尖り、基部はくさび形。縁には鈍鋸歯がある。質はやや厚い。しわがあり硬い毛が多く、触るとざらつく。枝は断面が四角形で、粗い短毛と小さな刺がまばらにある。花期が長く、淡紅色や黄色の花が橙赤色や濃赤色に変化するので「七変化」の別名がある。品種が多い。

| 類似種 | コバノランタナ |

◆見分け方……**コバノランタナ**は、匍匐性の低木で、全体に絨毛をつける。葉は卵形で基部が狭く、長さ3cmくらい。粗い鋸歯がある。花は淡紅紫色。耐寒性はややある。

先は尖る
鈍鋸歯がある
基部はくさび形
表 90%
裏 90%

●利用法
鉢植え。

＊その他
1867年（慶応3）に渡来した。

カラマツ 唐松、落葉松　●別名……フジマツ、ニッコウマツ

Larix kaempferi
マツ科 カラマツ属

互生、束生（短枝）　落葉高木

	1	2	3	4	5	6	7	8	9	10	11	12 (月)
花												
実									■	■		
葉											■	

●自生地

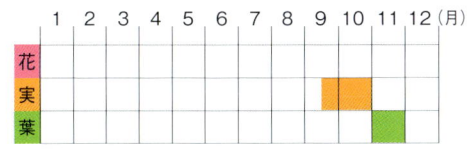

本州（宮城・新潟県から中部山岳地帯にかけての山地）

●特徴・特性
葉は長さ2〜4cmの針状葉。長枝にはらせん状に互生し、短枝には20〜40枚束生する。長枝の葉は長く、短枝の葉は短い。横断面は扁平で軟らかい。

●利用法
公園樹、景観樹、材。

＊その他
名は新葉の形が、唐絵のマツに似ているため、江戸時代末期の植木屋がつけたという。日本特産で、日当たりのよい深山に生える。芽吹きや秋の黄葉が美しい。

枝 200%

横断面は扁平で軟らかい

セイヨウバクチノキ ルシタニカ

Laurocerasus lusitanica
バラ科 バクチノキ属

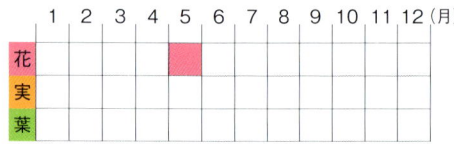

互生　常緑高木

● 自生地

ヨーロッパ（イベリア半島）

● 特徴・特性
セイヨウバクチノキに似て、葉は長さ8〜15cmの長楕円形で、先は尖り、基部はくさび形。縁には大きい鋸歯がある。革質。表は濃緑色で光沢があり、裏は淡緑色。葉柄から葉裏の主脈は赤く目立つ。花はクリーム色で総状花序をなし、芳香があり、花つきが良い。開花時期はセイヨウバクチノキのあと。実は黒紫色。

類似種　セイヨウバクチノキ、バクチノキ

◆見分け方……**セイヨウバクチノキ**は葉先が短く尖り、縁の鋸歯は浅いか全縁。**バクチノキ**の葉はやや薄い革質で、縁の鋸歯は鋭く先は腺になる。

先は尖る
大きい鋸歯がある
基部はくさび形
表 80%
裏 70%

● 利用法
庭園樹、公園樹、生垣、景観樹。

＊その他
常緑樹としては耐寒性に優れている。

セイヨウバクチノキ'オットー ライケン'

Laurocerasus officinalis 'Otto Luyken'
バラ科 バクチノキ属

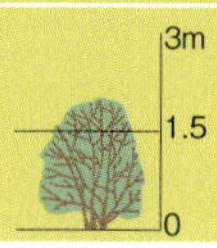

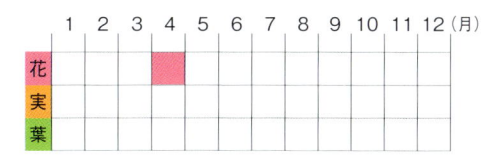

互生　常緑低木

● 自生地

（基本種）ヨーロッパ南東部、アジア西部

● 特徴・特性

基本種の樹皮は褐色で老木になると剝がれ落ちる。葉は長さ8～15cmの長楕円形で、先は短く尖り、基部は円形または広いくさび形。縁には浅い鋸歯があるか全縁。厚い革質。表は暗緑色で光沢があり、裏は緑色。葉はタラヨウに似ており、裏に字が書ける。花は乳白色で総状花序をなし、実は黒。'オットー ライケン'は矮性品種で葉は6～12cmの倒披針形または倒卵状長楕円形で、先は尖り、基部はくさび形。縁は全縁。表は暗緑色で、裏は緑色。伸びが遅く、低い生垣に適している。花つきが良く、花穂は立つ。

類似種 基本種に対しては、**バクチノキ**、**タラヨウ**

◆見分け方……**バクチノキ**は、樹皮が灰褐色で鱗片となって剝がれ、その痕が黄赤色のまだら状になる。葉は長さ10～20cm。縁には鋭い鋸歯があり、鋸歯の先端は腺になっている。薄い革質。葉柄に2個の蜜腺がある。**タラヨウ**の葉は鋸歯の先が尖る。表は濃緑色。

● 利用法

庭園樹、公園樹、生垣、寄せ植え。

先は短く尖る
浅い鋸歯があるまたは全縁
裏に字が書ける
基部は円形または広いくさび形

表 110%
裏 90%

ゲッケイジュ 月桂樹　●別名……ローレル

Laurus nobilis
クスノキ科 ゲッケイジュ属

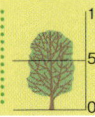

互生　常緑高木

●自生地

地中海沿岸

●特徴・特性
葉は長さ7～10cmの狭長楕円形で、先は鋭く尖り、基部はくさび形。革質で硬い。縁は全縁で大きな波状になる。表は濃緑色でやや光沢があり、裏は淡緑色。雌株の実は黒紫色に熟す。品種に斑入りやオーレアがある。雌雄異株。刈り込みに耐えるのでスタンダード等に利用される。

●利用法
庭園樹、公園樹、景観樹、生垣。

＊その他
1905年（明治38）ころにフランスから導入された。葉や実に芳香があり、特に葉はベイリーフといい香辛料や薬用にする。常緑であることから勝利と栄誉の象徴であり、古代ギリシアではアポロン神の競技の勝利者に、ローマ時代には戦勝した将軍に月桂冠が贈られた。

先は鋭く尖る
全縁で大きな波状になる
表 130%
裏 130%
基部はくさび形

ヤマハギ 山萩　●別名……ハギ

Lespedeza bicolor
マメ科 ハギ属

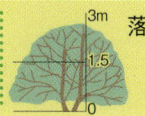

互生　3m　落葉低木

	1	2	3	4	5	6	7	8	9	10	11	12 (月)
花								■	■			
実												
葉												

● 自生地

北海道、本州、四国、九州、アジア東北部

● 特徴・特性

葉は3出複葉。小葉は4～6cmの広楕円形または広倒卵形。先は円頭または鈍頭で、先端の中央は針状になる。基部はくさび形。縁は全縁。両面とも毛がわずかにあり、表は緑色で裏は淡緑色。冬に小枝が枯れる。山野に生え、ほとんど枝垂れない。秋の七草のひとつ。

類似種　キハギ、ミヤギノハギ、マルバハギ、ツクシハギ

◆見分け方……**キハギ**は冬も地上部が枯れない。小葉は2～4cm。裏に絹毛がある。花は淡紫紅色。**ミヤギノハギ**は花期に地面に枝が着くほど垂れる。全体に絹状の伏毛がある。小葉は2～6cm。花は紫紅色。**マルバハギ**はよく分枝するが枝垂れない。小葉は長さ2～4cmで先は丸い。裏と若枝には伏毛がある。幹は木質化する。花序は短い。**ツクシハギ**の枝にははじめ細かい伏毛がある。小葉は長さ2～5cmで、先は丸いかややくぼむ。洋紙質またはやや革質で少し光沢がある。花は淡紅紫色または紅紫色。

● 利用法

庭園樹、公園樹。

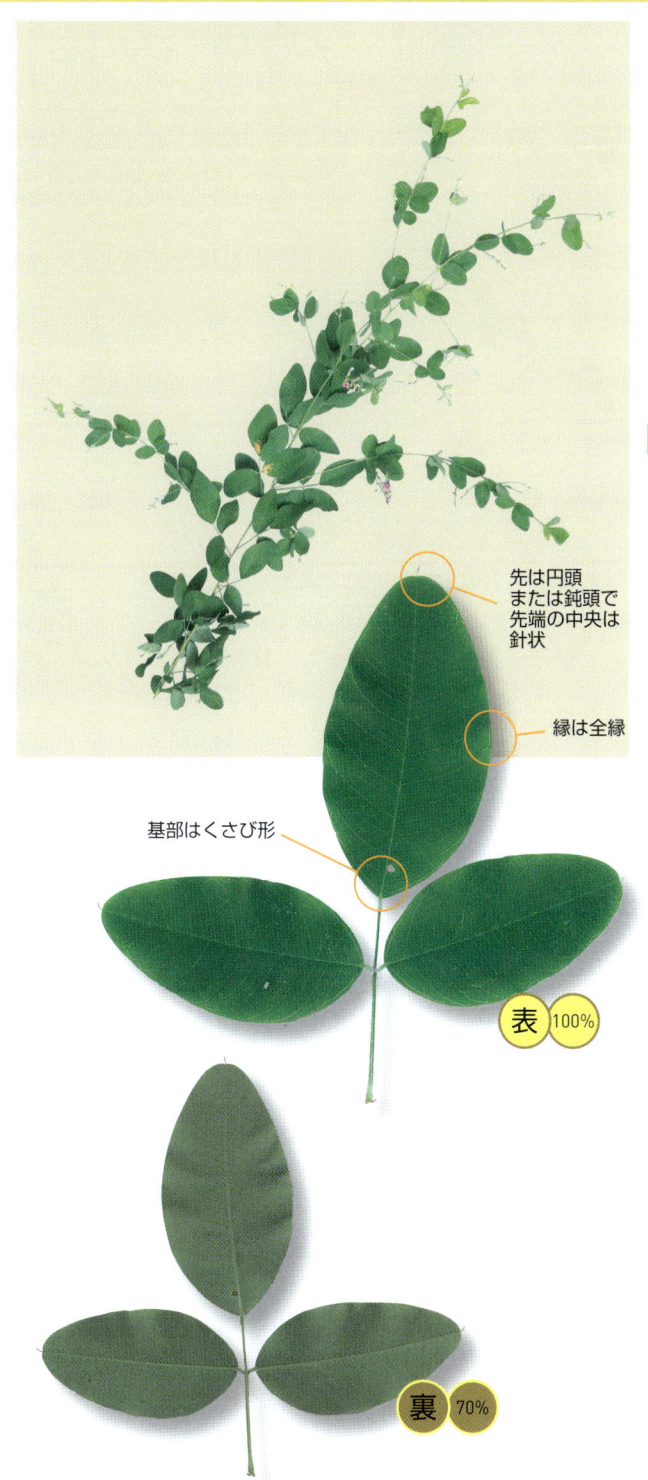

先は円頭または鈍頭で先端の中央は針状

縁は全縁

基部はくさび形

表 100%

裏 70%

キハギ 木萩、黄萩　●別名……ノハギ

Lespedeza buergeri
マメ科 ハギ属

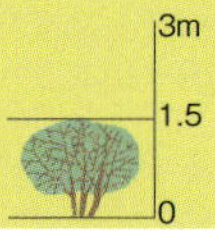

互生　3m 落葉低木

● 自生地
本州、四国、九州

● 特徴・特性
葉は3出複葉。小葉は長さ2～4cmの長卵形または長楕円形。先は鈍頭で先端の中央は針状になる。縁は全縁。表は濃緑色、裏は淡緑色で絹毛がある。枝には微毛が密生する。冬に地上部が枯れずに木質化するので小枝が分枝する。花は淡紫紅色で時に黄色を帯びる。

| 類似種 | ヤマハギ、ミヤギノハギ、マルバハギ、ツクシハギ |

◆見分け方……**ヤマハギ**はほとんど枝垂れない。小葉は4～6cmの広楕円形または広倒卵形。両面とも毛がわずかにあり、冬に小枝は枯れる。**ミヤギノハギ**は花期に地面に枝が着くほど垂れる。全体に絹状の伏毛がある。花は紫紅色。冬に地上部が枯れる。**マルバハギ**はよく分枝するが枝垂れない。小葉は楕円形または倒卵形で、先は丸い。裏と若枝には伏毛がある。花は紅紫色で花序は短い。**ツクシハギ**は枝にははじめ細かい伏毛がある。小葉の先が丸いかややくぼむ。質は洋紙質またはやや革質で少し光沢がある。花は淡紅紫色または紅紫色。冬に地上部が枯れる。

● 利用法
庭園樹、鉢植え。

先は鈍頭、先端の中央は針状
縁は全縁
表 110%
裏 90%

シロバナハギ 白花萩　●別名……シラハギ

Lespedeza japonica 'Japonica'
マメ科 ハギ属

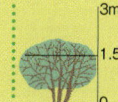

互生　落葉半低木

	1	2	3	4	5	6	7	8	9	10	11	12 (月)
花							●	●	●			
実												
葉												

● **自生地**　なし

● **特徴・特性**
葉は3出複葉。小葉は3～6cmの広楕円形または広倒卵形。先は円形または鈍頭で、先端の中央は針状になる。縁は全縁。表は灰色を帯びた濃緑色で、裏は灰色を帯びた淡緑色。幹の色は緑白色。地上部は冬も残る。ニシキハギの白花品種で、ミヤギノハギに似るが、枝垂れ具合がミヤギノハギほど著しくない。

類似種　ヤマハギ、キハギ、ミヤギノハギ、マルバハギ、ツクシハギ

◆見分け方……**ヤマハギ**はほとんど枝垂れない。小葉の基部はくさび形。両面とも毛がわずかにあり、冬に小枝は枯れる。**キハギ**は葉の裏に絹毛がある。花は淡紫紅色で、時に黄色を帯びる。**ミヤギノハギ**は、花期には地面に枝が着くほど垂れる。全体に絹状の伏毛がある。花は紫紅色。冬に地上部は枯れる。**マルバハギ**は、よく分枝するが枝垂れない。小葉は先が丸い。裏と若枝には伏毛がある。花は紅紫色で花序は短い。**ツクシハギ**は、枝にははじめ細かい伏毛がある。小葉の先は丸いかややくぼむ。質は洋紙質またはやや革質で少し光沢がある。花は淡紅紫色または紅紫色。冬に地上部は枯れる。

先は円形または鈍頭
先端の中央は針状

縁は全縁

裏 60%
表 70%

● **利用法**
庭園樹、公園樹、萩のトンネル。

ミヤギノハギ 宮城野萩　●別名……ナツハギ

Lespedeza thunbergii
マメ科 ハギ属

互生 　落葉低木

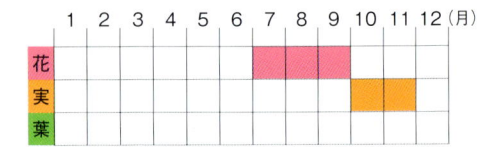

● **自生地**　栽培品種

● **特徴・特性**
葉は3出複葉。小葉は長さ2〜6cmの楕円形または長楕円形。やや細長く見える。先は鈍頭で先端の中央は針状になる。縁は全縁。表は濃緑色で、裏は淡緑色。株全体に絹状の伏毛がある。冬に地上部は枯れる。花期には枝が2m以上になり、地面につくほど垂れる。秋の風物詩である「萩のトンネル」は本種が最適である。花は紫紅色。

類似種　ヤマハギ、キハギ、マルバハギ、ツクシハギ

◆見分け方……**ヤマハギ**は枝がほとんど垂れない。小葉は4〜6cmの広楕円形または広倒卵形。基部はくさび形。両面とも毛がわずかにある。**キハギ**は冬も地上部が枯れない。葉の裏に絹毛がある。花は淡紫白色で、時に黄色を帯びる。**マルバハギ**はよく分枝するが枝垂れない。裏と若枝には伏毛がある。幹は木質化する。花は紅紫色で花序は短い。**ツクシハギ**は枝にははじめ細かい伏毛がある。小葉の先は丸いかややくぼむ。質は洋紙質またはやや革質で少し光沢がある。花は淡紅紫色または紅紫色。

先は鈍頭で先端の中央は針状になる

縁は全縁

表 50%
裏 50%
小葉

● **利用法**
庭園樹、公園樹、萩のトンネル。

イワナンテン アキシラリス

Leucothoe axillaris
ツツジ科 イワナンテン属

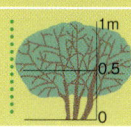

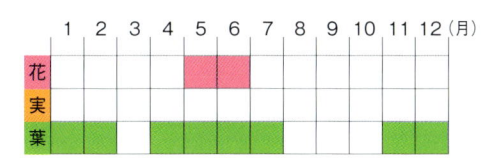

互生　常緑低木

● 自生地

北米南東部

● 特徴・特性

葉は長さ3〜10cmの披針形または長楕円形。先は細長く鋭く尖り、基部はくさび形。縁には細鋸歯があり、刺毛がある。質は革質。表は濃緑色で光沢があり、裏は淡緑色で微毛がある。秋から春にかけての照葉の紅葉が美しい。春の新芽も赤く出る。樹高は1mほどで、この仲間では小ぶりである。2〜3年に1度、古い幹を元から切ってやると樹勢が強くなり、観賞性が高まる。

類似種 **アメリカイワナンテン'レインボー'**

◆見分け方……'レインボー'の葉は楕円状披針形で、ピンク色、黄色、白色の斑が入り一年を通して楽しめる。

● 利用法

庭園樹、公園樹、寄せ植え、グラウンドカバー。

先は細長く鋭く尖る

細鋸歯がある

基部はくさび形

表 100%　裏 100%

アメリカイワナンテン 'レインボー'

Leucothoe fontanesiana 'Rainbow'
ツツジ科 イワナンテン属

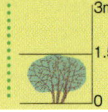

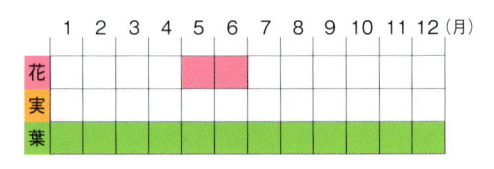

互生　常緑低木　3m／1.5／0

	1	2	3	4	5	6	7	8	9	10	11	12 (月)
花					■	■						
実												
葉	■	■	■	■	■	■	■	■	■	■	■	■

● 自生地

(基本種)アメリカ南東部

● 特徴・特性
葉は長さ5～15cmの楕円状披針形。先は細長く尖り、基部はくさび形。縁には細鋸歯があり、刺毛がある。厚い革質。表は光沢があり緑色で、裏に微毛がある。花は総状花序で白色。斑入り品種で、斑はピンク色から黄色、白色へと変わり、最後は緑葉になる。一年中楽しめる。2～3年に1度、古い幹を元から切り取り差し替え剪定を行うと、勢いのよい幹が立ち上って美しい。

類似種　イワナンテン アキシラリス

◆見分け方……イワナンテン アキシラリスは、葉がやや細長く、秋に赤く紅葉する。

● 利用法
庭園樹、公園樹、寄せ植え。

＊その他
日陰や低温にも強く地被植物として広く利用されている。

先は細長く尖る

細鋸歯と刺毛がある

裏 60%

表 60%

基部はくさび形

ネズミモチ 鼠黐

Ligustrum japonicum
モクセイ科 イボタノキ属

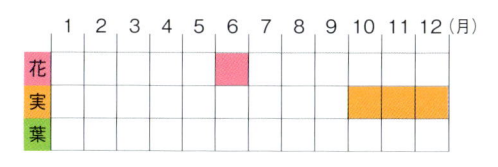

対生　10m 常緑高木

	1	2	3	4	5	6	7	8	9	10	11	12	(月)
花						■							
実										■	■	■	
葉													

● 自生地

本州、四国、九州、沖縄、台湾、中国、朝鮮半島

● 特徴・特性

葉は、長さ4〜8cm楕円形、先端は尖り、基部はくさび形。鋸歯は無く全縁。革質で表面は光沢があり暗緑色、裏は緑色で両面とも無毛。夏に円錐花序で花を密につける。果実は楕円形で紫黒色、ネズミの糞に似る。

類似種　トウネズミモチ、オオバイボタ、モチノキ

◆見分け方……**トウネズミモチ**の葉は、より大きい楕円形で薄い革質、先端はより細く尖り、表面の光沢はにぶい。**オオバイボタ**の葉は、やや薄い革質で表面に光沢がある。果実は、紫黒色で球形。**モチノキ**は科・属が異なり、葉は細長く、先は鈍く尖る。革質だが光沢はない。葉のつき方は互生。表は緑色で実は赤い。

● 利用法

生垣、公園樹、薬用。

＊その他

公害に強いので、街路樹や道路沿いの生垣等に利用する。

先端は尖る
縁は全縁
基部はくさび形

表 150%　裏 140%

トウネズミモチ 唐鼠黐

Ligustrum lucidum
モクセイ科 イボタノキ属

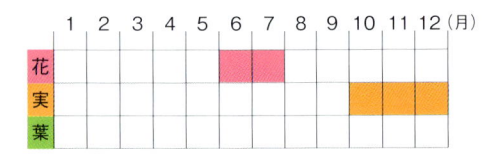

対生　常緑高木

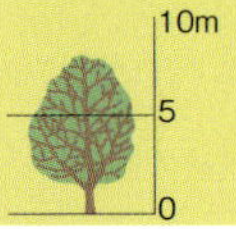

● 自生地
（原産）中国

● 特徴・特性
葉は、6〜14cm楕円形で先はしだいに尖り、基部はくさび形。全縁で両面とも無毛。葉を光に透かしてみると主脈が見える。表面の光沢は鈍く、濃緑色で、裏は緑色。花はネズミモチより大きい円錐花序で、白花を密につける。実は白粉をかぶった黒紫色でびっしりとつく。葉が黄色や黄覆輪の斑入り品種がある。

類似種 ネズミモチ、オオバイボタ

◆見分け方……**ネズミモチ**は葉がより肉厚で小さく、主脈は透けて見えない。**オオバイボタ**は葉が小さく、表面は光沢がある。

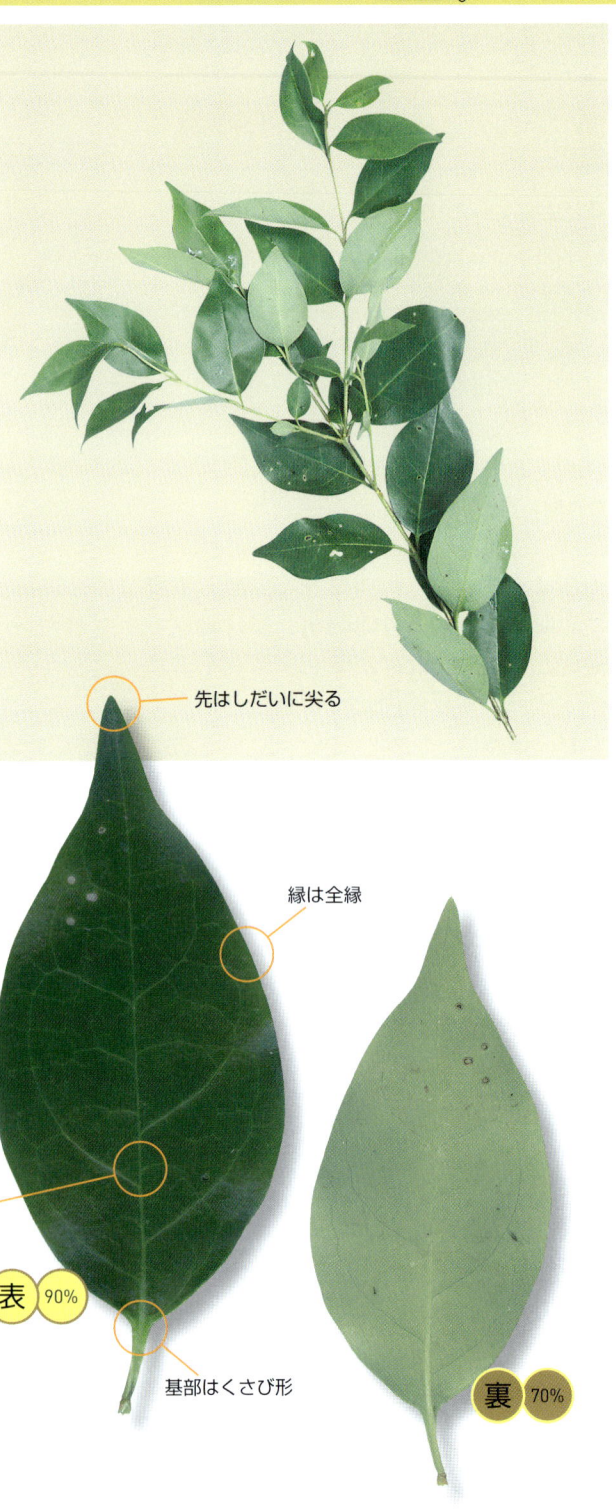

- 先はしだいに尖る
- 縁は全縁
- 光に透かすと主脈が見える
- 基部はくさび形
- 表 90%
- 裏 70%

● 利用法
生垣、公園樹、薬用。

＊その他
明治初期に導入された。公害に強い。実を干したものを漢方で女貞といい、強壮薬にする。

イボタノキ 水蝋の木

Ligustrum obtusifolium
モクセイ科 イボタノキ属

対生 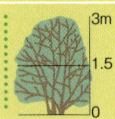 / 落葉低木

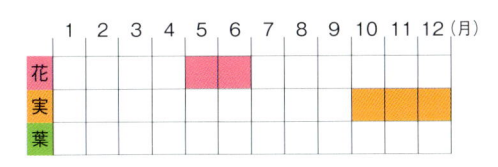

	1	2	3	4	5	6	7	8	9	10	11	12 (月)
花					●	●						
実										●	●	●
葉												

● 自生地

北海道、本州、四国、九州、朝鮮半島

● 特徴・特性

葉は、2〜7cm長楕円形、葉先は丸く全縁で両面に短い毛があり、ややざらつき光沢はない。5〜6月に枝先に総状花序を出し、白色の小花を密につける。里山の谷地田跡などの湿地に好んで生える。刈り込みに強く、生垣に利用される。

類似種 セイヨウイボタ、オオバイボタ

◆見分け方……セイヨウイボタは常緑で小さい。オオバイボタの葉は大きく、丸味を帯びる。やや厚くて光沢がある。

● 利用法

生垣、接木用の台木。

＊その他

この仲間は樹皮にイボタロウムシがつき、イボタロウが採れる。

先は丸く全縁

表 170%　裏 140%

短い毛が生える

シルバープリペット

Ligustrum sinense 'Variegatum'
モクセイ科 イボタノキ属

対生　常緑低木　3m / 1.5 / 0

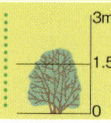

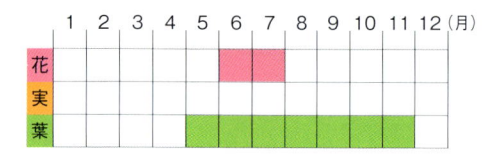

| | 1 | 2 | 3 | 4 | 5 | 6 | 7 | 8 | 9 | 10 | 11 | 12 (月) |

花・実・葉

● 自生地

中国

● 特徴・特性

葉は、長さ2〜5cmの楕円形で、全縁。表裏とも葉柄には短毛を生じ、特に一年生枝には密生するが2年目には脱落する。覆輪の斑は白色からのちにクリーム色、冬期は、黄色味が強まる。寒い地方では落葉する。

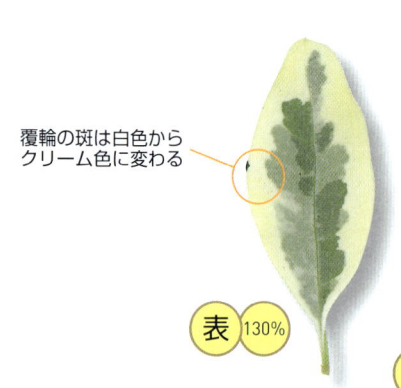

覆輪の斑は白色からクリーム色に変わる

縁は全縁

表 130%　表 130%　裏 130%

葉柄には短毛を生じる

● 利用法

生垣、大刈り込み、スタンダード仕立てなど。

＊その他

わが国に導入された歴史は新しく、近年人気が高まっている。外国では玉物としての利用もよく見られる。

リガストラム 'ビカリー'

Ligustrum 'Vicaryi'
モクセイ科 イボタノキ属

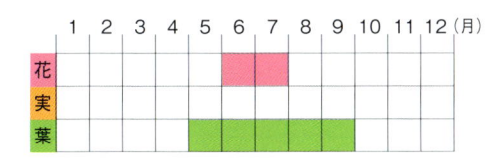

対生　常緑高木

	1	2	3	4	5	6	7	8	9	10	11	12 (月)
花						●	●					
実												
葉					●	●	●	●	●			

● 自生地　園芸品種

● 特徴・特性
オオバイボタの黄金葉とセイヨウイボタの雑種。葉は長さ3～6cm。楕円形で無毛、主脈は表面がへこみ裏面へ隆起する。薄い革質で鮮黄色。暖地では常緑であるが寒さの強い所では落葉する。日当たりのよい場所では黄色が鮮やかになるが、日陰では淡緑色になる。赤または紫系の葉を持つ植物と組み合わせると相乗効果が出る。

表 120%　裏 120%

主脈は表面でへこみ裏面へ隆起する

● 利用法
ボーダーや生垣、葉の色を生かした低木刈り込み。

セイヨウイボタ 西洋水蝋　●別名……プリペット

Ligustrum vulgare
モクセイ科 イボタノキ属

対生　常緑低木

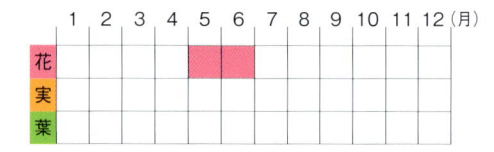

	1	2	3	4	5	6	7	8	9	10	11	12 (月)
花					■	■						
実												
葉												

●自生地

ヨーロッパから北アフリカ

●特徴・特性

葉は1〜3cmの楕円形、先端は丸いかやや尖る、表面は濃緑色、裏面は淡緑色、無毛。一年生枝には極短い毛が密生する。一般にはプリペットと呼ばれることが多く、特に関西での利用が先行していたが、近年は関東でもよく利用されるようになった。

類似種　**イボタノキ**

◆見分け方……**イボタノキ**は、落葉だがセイヨウイボタは常緑で大きさも小さい。

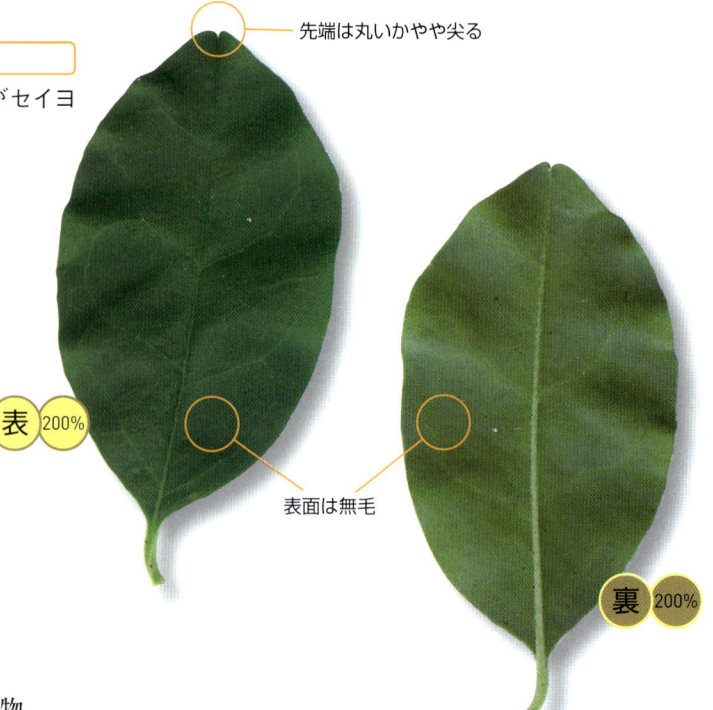

先端は丸いかやや尖る

表面は無毛

表 200%　　裏 200%

●利用法

生垣、トピアリーなどの刈り込み物。

テンダイウヤク 天台烏薬　●別名……ウヤク

Lindera strychnifolia
クスノキ科 クロモジ属

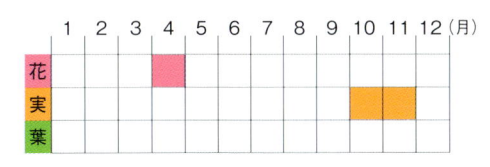

互生　常緑低木

	1	2	3	4	5	6	7	8	9	10	11	12 (月)
花				●								
実										●	●	
葉												

● 自生地

（原産）中国南部（九州、和歌山県などに野生化している）

● 特徴・特性

葉は、長さ5〜10cm、幅3〜5cm。広楕円形で先端は尾状に尖り、基部は円形またはくさび形。薄い革質で表面は濃緑色で光沢があり、裏面は粉白色で3脈が目立ち、毛がある。雌雄異株。4月頃、葉の脇に1〜3個の散形花序を出し、淡黄色の花を2〜3個ずつ開く。

● 利用法

薬用としてはもちろん常緑照葉を生かした生垣や大刈り込み、ヘッジなど。

＊その他

太い根を健胃薬として使う。享保年間（1716〜36年）に渡来し、中国の天台山の産が有名でその名が付いた。

先は尾状に尖る
3脈が目立つ
基部は円形またはくさび形
表 100%
裏 90%

ヤマコウバシ 山香し

Lindera glauca
クスノキ科 クロモジ属

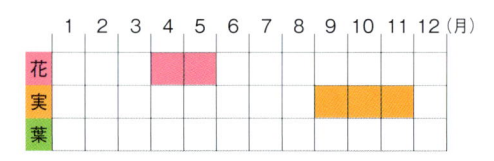

互生　落葉低木

	1	2	3	4	5	6	7	8	9	10	11	12	(月)
花				■	■								
実									■	■	■		
葉													

● 自生地

本州（関東以南）、四国、九州、朝鮮半島、中国

● 特徴・特性
葉は、長さ4～8cmの楕円形から長楕円形。先は鋭く尖り、基部は鋭いくさび形。全縁で洋紙質。表面は濃緑色で裏面は灰白色で初め絹毛を密生するが、後に絹毛を散生する。秋になっても落葉せずに枯れたままで萌芽時まである。4～5月、葉の脇に淡黄緑色の小さな花が数個つく。雌雄異株。

● 利用法
雑木の庭など。

＊その他
10月頃に熟す黒い実を噛むと辛いので、ヤマコショウと呼ぶ地域がある。また葉を粉にしてオオムギや小米（こごめ）の炒り粉に混ぜて団子をつくり、タンバ餅といって食べた。

先は鋭く尖る
縁は全縁
基部は鋭いくさび形
表 90%
裏 80%

ダンコウバイ 檀香梅

Lindera obtusiloba
クスノキ科 クロモジ属

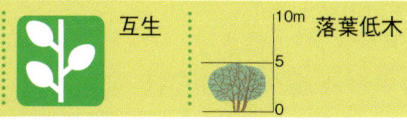

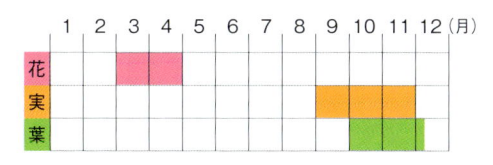

互生　落葉低木

●自生地

本州（関東以南）、四国、九州、朝鮮半島

●特徴・特性

葉は、長さ5～15cmの広卵形で、浅く3裂し、3脈が目立つ。裂片の先は鈍頭で全縁。基部は切形または浅い心形。表は鮮緑色ではじめ帯黄褐色の軟毛があるがのちに無毛。裏は帯白緑色ではじめ淡黄褐色の長い毛が密生するがのちに葉脈上と基部に残る。花芽は、芽鱗に包まれ萌芽時まで露出せず葉の出るまえに淡黄色の小花を密につけ目立つ。山地の斜面下部や谷沿いの土壌水分の多い所に好んで生える。雌雄異株。

類似種　シロモジ

◆見分け方……**シロモジ**の葉は、3片に葉の中ほどまで切れ込み先は長く鋭く尖る。三行脈の分岐が葉の基部より少し上。花芽は芽鱗に包まれず露出する。

先は鋭頭
浅く3裂する
縁は全縁
3脈が目立つ
基部は切形または浅い心形

表 70%
裏 50%

●利用法

雑木の庭など。

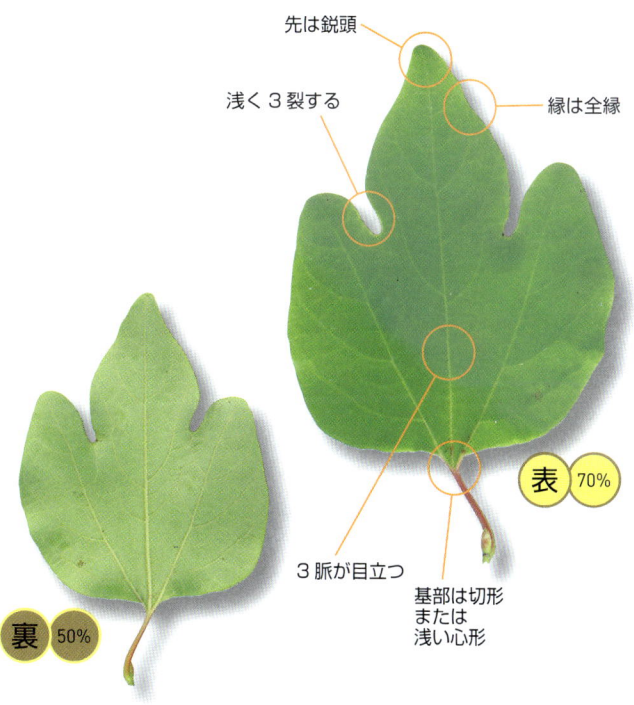

アブラチャン

油瀝青　●別名……ムラダチ

Lindera praecox
クスノキ科 クロモジ属

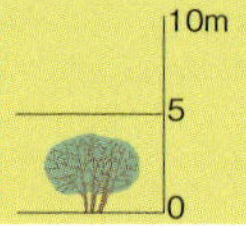

互生　落葉低木

●自生地

本州、四国、九州

● 特徴・特性
早春の山地の渓流沿いで淡黄色の小花を樹全体に咲かせる姿は、よく目立つ。葉は、長さ4～9cm。卵状楕円形、先端は鋭く尖り、基部は鋭いくさび形。葉柄は1～2cmで赤色、表は濃緑色、裏は灰白色でともに無毛。花は葉に先だって3～4月に咲き、雌雄異株で秋に径15mmほどの球形の果実をつけこの属では最も大きい。なかには茶色の種子が1個あり油分を多く含み搾って灯火とした。

先端は鋭く尖る

両面とも無毛

基部は鋭いくさび形

実 100%

径15mmほどの果実はこの属では最大

表 100%

裏 100%

● 利用法
雑木の庭など。

シロモジ 白文字

Lindera triloba

クスノキ科 クロモジ属

互生　落葉低木

●自生地

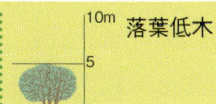

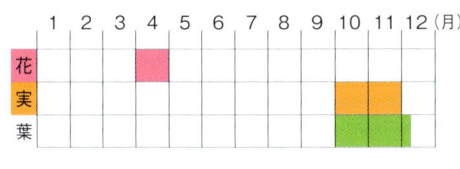

本州（中部以南）、四国、九州

●特徴・特性

葉は、長さ8〜16cm。三角状広倒卵形で、3中裂し、裂片の先は尖る。基部はくさび形。表は濃緑色で裏は粉白色、秋には黄葉する。花序は前年枝に腋生し球形で柄がある。4月に3〜5個の黄色花を葉に先だって咲かせる。果実は径10〜12mm前後で球形淡黄色、種子は1個あり油分を含むので搾って灯火とした。

| 類似種 | **ダンコウバイ** |

◆見分け方……**ダンコウバイ**は枝が太く、葉は、3浅裂し鈍頭で基部は切形か浅い心形。花序は、芽鱗に包まれ冬を越し、黄色い花を密につけ目立つ。果実は、径8mm前後で赤くなる。

裂片の先は尖る

3中裂する

基部はくさび形

表 70%

裏 50%

●利用法

雑木の庭。

クロモジ 黒文字

Lindera umbellata
クスノキ科 クロモジ属

互生　落葉低木　10m

● 自生地

本州（関東以南）、四国、九州

● 特徴・特性
高級な爪楊枝の代名詞ともなっているその名の由来は、樹皮に出る黒い文様から来る。材にはクロモジ油を含み、芳香があり香料とする。葉は、長さ5〜10cm。倒卵状楕円形で先は尖り、基部はくさび形、全縁。表面は濃緑色、裏面は帯白色ではじめは絹毛があるが後に無毛。網脈は隆起しない。枝は春に伸長した若枝が頂芽のみを形成して側芽をつくらずに終わる。

類似種 オオバクロモジ、ケクロモジ

◆見分け方……**オオバクロモジ**は全体が大きく葉も長さ15cmほどになる、東北以南の日本海側の山地に生える。**ケクロモジ**の葉は、表面に短毛を密生し裏面は絹毛が多く網脈が隆起している。四国、九州に分布する。

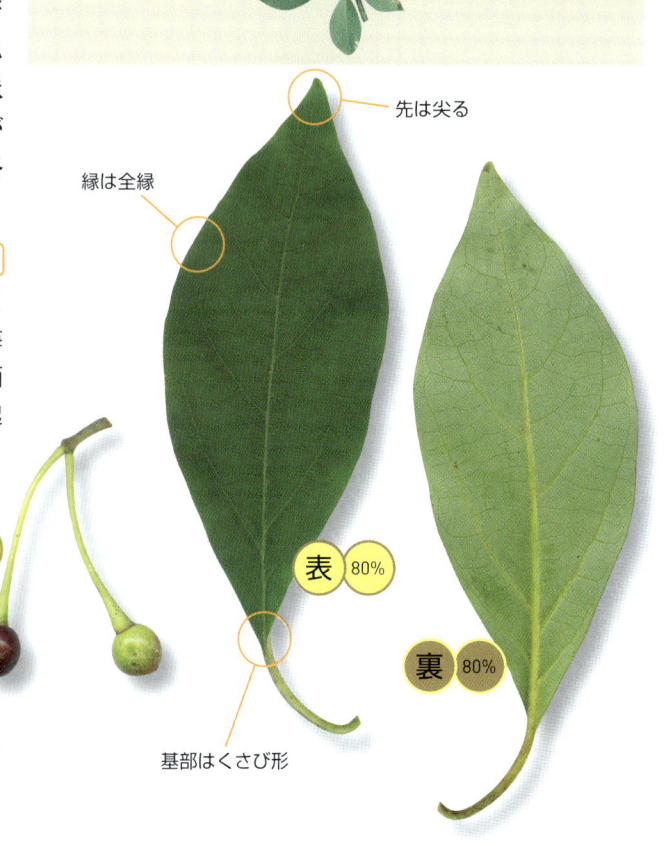

● 利用法
雑木の庭、刈り取った枝でクロモジ垣をつくる。

先は尖る
縁は全縁
基部はくさび形
実 80%
表 80%
裏 80%

フウ 楓　●別名……タイワンフウ

Liquidambar formosana
マンサク科 フウ属

互生、束生　20m 落葉高木

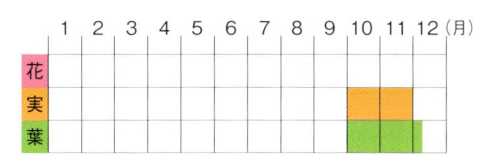

	1	2	3	4	5	6	7	8	9	10	11	12 (月)
花												
実										■	■	
葉										■	■	■

● 自生地

台湾、中国南東部、ベトナム

● 特徴・特性

葉は、長さ幅とも7〜15cmで、3裂する。裂片は三角形で先は尖鋭。基部は心形、縁には細鋸歯がある。表面は光沢のある濃緑色、裏面は緑色。両面とも無毛であるが、裏面の主脈腋には毛叢がある。樹皮は、コルク層が発達せず灰色でなめらか。

類似種　モミジバフウ（アメリカフウ）

◆見分け方……**モミジバフウ**は葉が5〜7裂する。枝は、一年枝からコルク層が発達して、樹幹は縦に粗く割れ目の入る樹皮となる。

● 利用法

街路樹、公園樹、薬用。

＊その他

日本には、江戸時代に渡来。中国名の「楓」は、本来この樹を指すが、日本ではカエデ類に用いている。樹脂を乾燥させたものを楓香脂といい、薬用とした。

先は尖頭
細鋸歯がある
3裂
基部は心形

表 40%
裏 30%

モミジバフウ　紅葉楓　●別名……アメリカフウ

Liquidambar styraciflua
マンサク科 フウ属

互生、束生　落葉高木

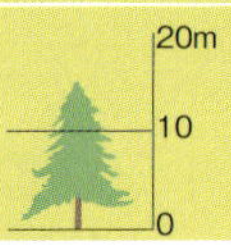

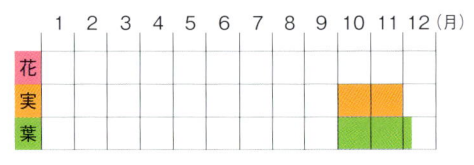

●自生地
北米東部からメキシコ 

●特徴・特性
葉は、長さ幅とも7～15cm。掌状で5～7片に深裂し、モミジの葉に似る。裂片の先は尖鋭、基部は切形から浅い心形、縁は細鋸歯。表面は濃緑色で光沢があり、裏面は淡緑色。主脈腋に褐色の毛叢がある。樹皮はコルク層が発達して粗い幹肌になる。紅葉は紫紅色、橙色、黄色の葉が交じって美しい。

類似種　フウ（タイワンフウ）
◆見分け方……フウの葉は3裂する。樹皮は灰色でなめらか。秋には枯れて褐色となった葉が、しばらく落葉しないで留まる。

●利用法
街路樹、公園樹。

アメリカフウ'ロタンディローバ'
Liquidambar styraciflua 'Rotundiloba'

●特徴・特性
葉は長さ、幅ともに10～15cmで掌状に3～5深裂する。基本種より肉厚で、裂片の先は円頭で基部は心形。縁は全縁。表は濃緑色で光沢があり、裏は淡緑色で主脈の基部に黄褐色の毛が叢生する。葉柄は6～9cm。樹皮は淡赤褐色。当年枝は緑色だが若枝は淡褐色でコルク質の稜がわずかにできる。

先は尖鋭
掌状に5～7深裂
細鋸歯がある
基部は切形から浅い心形
裏 30%
表 30%

先は円頭
縁は全縁
表 30%
アメリカフウ'ロタンディローバ'
基部は心形

ユリノキ 百合木　●別名……ハンテンボク、チューリップツリー

Liriodendron tulipifera
モクレン科 ユリノキ属

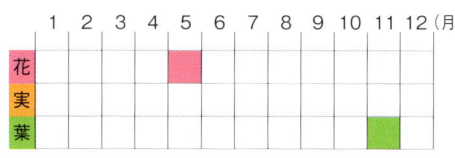

互生　落葉高木

●自生地
北米東部

●特徴・特性
葉は、長さ10〜20cmの広四角形、主に4裂片に浅裂または中裂するが、まれに6〜8裂片になることもある。表面は濃緑色、裏面は灰緑色、両面ともに無毛で全縁。5〜15cmの葉柄がある。5月に、チューリップに似た径4〜5cmの帯黄緑色の花をつけ、花弁下部にオレンジ色の密腺が目立つ。

類似種　シナユリノキ
◆見分け方……**シナユリノキ**は中国原産で、葉は大きく、切れ込みが深い。

●利用法
公園樹、街路樹。

＊その他
葉の4裂した形から「ハンテンボク」の別名がある。原産地では、谷間の肥沃な土地に生育して、高さは60mほどにも達する。ネイティブアメリカンは、材をカヌーにしたという。日本には明治の初め頃渡来した。新宿御苑にある大木が、その当時の木だといわれている。

- 縁は全縁
- 4つに浅裂または中裂
- 柄は5〜15cmになる
- 表 40%
- 裏 30%

マテバシイ

Lithocarpus edulis
ブナ科 マテバシイ属

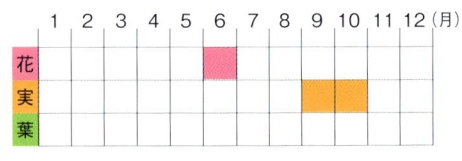

互生　常緑高木

●自生地
九州

●特徴・特性
葉は、長さ10〜25cm、幅4〜6cmの倒披針状長楕円形。先は鋭尖形、基部はくさび形、全縁。厚い革質で、表面は濃緑色で光沢がある。裏面は淡褐緑色で、両面ともはじめのうちは微細毛があるが、のちに無毛。堅果は翌年の秋に熟し、長さ2.5〜4cm、径1.0〜1.5cmと大きく、種子は渋みが少ないので食べられる。沿海地に生え、斑入り品種が知られる。

●利用法
街路樹、公園樹、防風・防火樹、建築・器具材。

＊その他
剪定によく耐え、株立ち仕立てとしても利用される。

先は鋭尖形
縁は全縁
基部はくさび形
表 50%
裏 50%

カゴノキ 鹿子木　●別名……コガノキ

Litsea coreana
クスノキ科 ハマビワ属

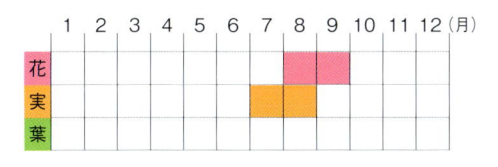

互生　常緑高木 10m

	1	2	3	4	5	6	7	8	9	10	11	12 (月)
花								■	■			
実							■	■				
葉												

● 自生地

本州（茨城県・石川県以南）、四国、九州、沖縄、朝鮮半島南部、台湾

● 特徴・特性

葉の長さ 10 ～ 15cmの倒卵状楕円形で先は長く突き出し、基部はくさび形。革質で裏は粉白色。樹皮は灰黒色でまだらに剥がれて白い鹿の子模様になり、これから「鹿子の木」という名がついた。雌雄異株で実は開花翌年の7～8月に赤く熟す。

類似種　バリバリノキ

◆見分け方……**バリバリノキ**は、葉の長さ5～25cmの披針形で先は長く尖る。薄い革質で葉裏は粉白色。樹皮は灰褐色でなめらか。実は開花翌年の6月に黒く熟す。枝や葉に油分があり、よく燃えるので名がついた。

● 利用法

公園等の広い空間に適する。

先は長く突き出す

裏 80%　　表 80%

基部はくさび形

アオモジ 青文字　●別名……コショウノキ

Litsea cubeba
クスノキ科 ハマビワ属

互生 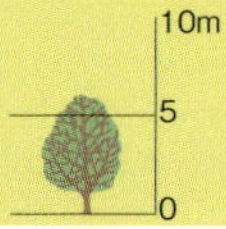　落葉高木

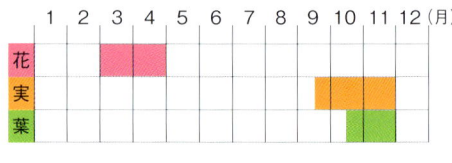

	1	2	3	4	5	6	7	8	9	10	11	12	(月)
花													
実													
葉													

●自生地

九州、沖縄

●特徴・特性
葉は、長さ7〜18cm。広披針形で幅2〜5cm。先は鋭く尖り全縁、薄い洋紙質で表面は鮮緑色、裏面は粉白色で、ともに無毛。花は、3〜4月には葉に先だって咲き、花弁は2.5mm。白色果実は球形で紫黒色となり辛味があるのでコショウノキの別名がある。材を爪楊枝に使う。雌雄異株。

類似種　**クロモジ**
◆見分け方……**クロモジ**は、葉が倒卵状長楕円形で長さも短い。枝も細く全体に繊細な感じで花序が頂芽の基部に単生する。

先は鋭く尖る
縁は全縁
裏 50%
表 60%
両面とも無毛

●利用法
雑木の庭などに使うと、葉が薄く色も明るい緑なので軽く爽やかな雰囲気を醸し出す。

ハマビワ 浜枇杷

Litsea japonica
クスノキ科 ハマビワ属

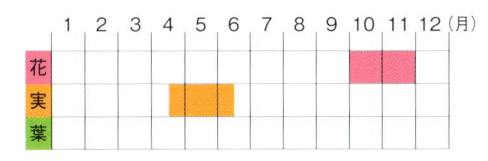

互生　常緑高木　10m

● 自生地

本州（中国地方西部）、四国、九州、沖縄、朝鮮半島南部

● 特徴・特性
葉は、長さ8〜20cm、幅2〜7cmの長楕円形。先は円頭、基部は広いくさび形で全縁。厚い革質、表面は濃緑色で無毛、光沢がある。裏面は枝、葉柄とともに黄褐色の綿毛が密生し、網脈が隆起する。雌雄異株。耐潮性に優れているので、屋上緑化用と合わせ、今後の利用に期待したい。

● 利用法
公園樹。

＊その他
海岸地に生育してビワに似た葉をつけるので、「ハマビワ」の名がある。

先は円頭
縁は全縁
表は無毛
基部は広いくさび形
裏は黄褐色の綿毛が密生する

表 70%
裏 60%

ウグイスカグラ 鶯神楽

Lonicera gracilipes
スイカズラ科 スイカズラ属

対生 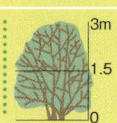　落葉低木　3m／1.5／0

	1	2	3	4	5	6	7	8	9	10	11	12 (月)
花			■	■								
実						■						
葉												

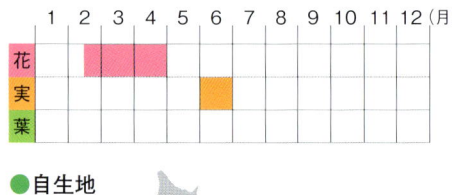

●自生地
本州、四国 

●特徴・特性
葉は、長さ2～7cm、幅1～3cm。広披針形から卵形、先は鋭頭、基部はくさび形で、全縁。表面は濃緑色、裏面は淡緑色で、ともに無毛。徒長枝には托葉が発達して、落葉後も枯れて残る。早春の里山で最も早く花が咲き、小さいながら赤くよく目立つ。品種に白花、橙色実のツクバウグイスカグラがある。

類似種　ヤマウグイスカグラ、ミヤマウグイスカグラ

◆見分け方……ウグイスカグラは全株が無毛だが、**ヤマウグイスカグラ**は葉、枝に毛が多い。**ミヤマウグイスカグラ**は枝、葉柄、実に腺毛が生える。特に一年生枝には多く、触ると粘つく。

先は鋭頭
縁は全縁
基部はくさび形
表 140%
裏 120%

●利用法
雑木の庭、誘鳥木。

＊その他
同属でも毒性のある他のヒョウタンボク類の実と違い、食べられる。赤く甘い実を「グミ」と呼ぶ地方もある。

ヒョウタンボク ●別名……キンギンボク

Lonicera morrowii
スイカズラ科 スイカズラ属

対生　落葉低木

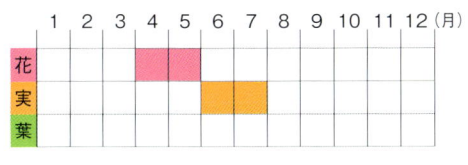

	1	2	3	4	5	6	7	8	9	10	11	12 (月)
花				●	●							
実						●	●					
葉												

● 自生地

北海道、本州、四国

● 特徴・特性

春、最初に出る葉は長さ2～3cmと小さく、次に出る葉は5cm内外になり対生、長楕円形または卵状長楕円形。先は鈍く尖り基部は円形で、表裏ともに軟毛がある。裏面には小さな油点がある。縁は全縁。葉柄は長さ0.3～0.5cmになり有毛。

類似種　ベニバナヒョウタンボク

◆見分け方……ベニバナヒョウタンボクの葉は先が鋭く尖り、基部は円形またはくさび形。花は紅色で開花は5月、実は8月に赤く熟す。

● 利用法

雑木庭や茶庭、ガーデニングでも利用されるようになってきた。

＊その他

花の咲きはじめは白く後に黄色く変化するところより、銀色から金色にたとえてキンギンボクと呼ばれる。淡黄色の花で実が9～10月に赤く熟す。イボタヒョウタンボク、アラゲヒョウタンボクがあるが、あまりみかけない。

先は鈍く尖る
縁は全縁
裏面には小さな油点がある
表 120%
基部は円形
裏 100%

ロニセラ ニチダ

Lonicera nitida
スイカズラ科 スイカズラ属

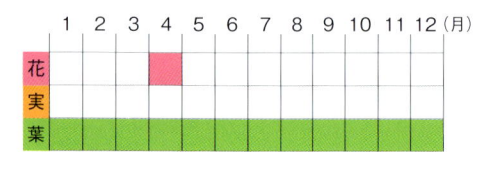

対生　常緑低木

● 自生地

中国南西部

● 特徴・特性
葉は長さ1～2cm、幅は1cm内外で卵形または長卵形、先は鈍頭で基部は円形、葉柄は短く0.1～0.3cm、縁は全縁。表は革質で光沢があり、裏もわずかに光沢がある。年間を通して葉色の変化が少なく、刈込み回数が多くなれば密度の高い仕上がりになる。

先は鈍頭
縁は全縁
基部は円形

表 200%
裏 200%
枝 100%

● 利用法
低い生垣、ボーダー、ヘッジ、大きな刈り込みや、グラウンドカバープランツとしても利用する。葉色が黄色や紫がかった品種も生産されている。

＊その他
この仲間はつる性のものが多いが本種は低木性。

トキワマンサク

Loropetalum chinense
マンサク科 トキワマンサク属

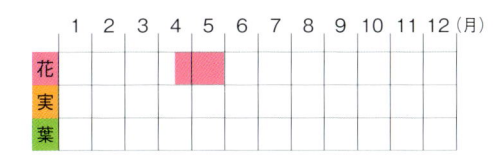

互生 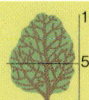 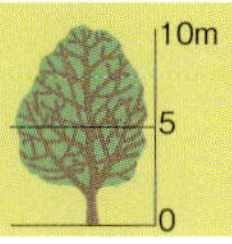　常緑高木

● 自生地

本州（静岡・三重県）、九州（熊本県）、台湾、中国中南部、ヒマラヤ東部

● 特徴・特性

葉は、長さ2～6cm、幅1.5～3cmの卵形あるいは楕円形。先は鋭形または鈍頭。基部はゆがんだ円形で、全縁。表面は濃緑色、裏面は淡緑色。両面に星状毛があり、特に葉柄、一年生枝には密生する。花期は4～5月で、花は長さ1.5～2.5cm、幅2mmで黄白色を帯びる。

類似種　ベニバナトキワマンサク

◆見分け方……ベニバナトキワマンサクは、花が赤紫色、芽出しの葉の色は紅紫色。

● 利用法

生垣、庭園樹、公園樹、大刈り込み。

先は鋭形または鈍頭
縁は全縁
基部はゆがんだ円形
表 100%
裏 100%

ベニバナトキワマンサク
Loropetalum chinense var. *rubrum*

● 特徴・特性

葉の形状は白花の基本種に同じだが葉の色が紅紫色を保ち、冬は暗紅紫色となる。花の色は赤紫色。

表 100%
ベニバナトキワマンサク

ベニバナトキワマンサク 'リョッコウ'
Loropetalum chinense 'Ryokko'

● 特徴・特性

葉の形状は基本種に同じだが、葉の色が新葉時は赤紫色で成葉になると濃緑色となる。花の色は赤紫色。

表 100%
ベニバナトキワマンサク 'リョッコウ'

クコ 枸杞

Lycium chinense
ナス科 クコ属

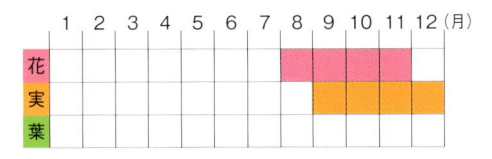

互生 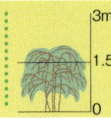　落葉低木

自生地
北海道、本州、四国、九州、沖縄、台湾、朝鮮半島、中国 

● 特徴・特性
河原の土手や荒地によく生える。葉は、長さ1.5～6cmで、楕円形または長楕円形。先は鈍頭かやや尖る。基部は葉柄に沿って流れ、くさび形。全縁で、軟らかい紙質で、無毛。8～11月に葉腋に1cmほどの紫色の花を1～4個束生する。果実は1.5～2.5cmの楕円形の液果で橙紅色に熟し、食べられる。

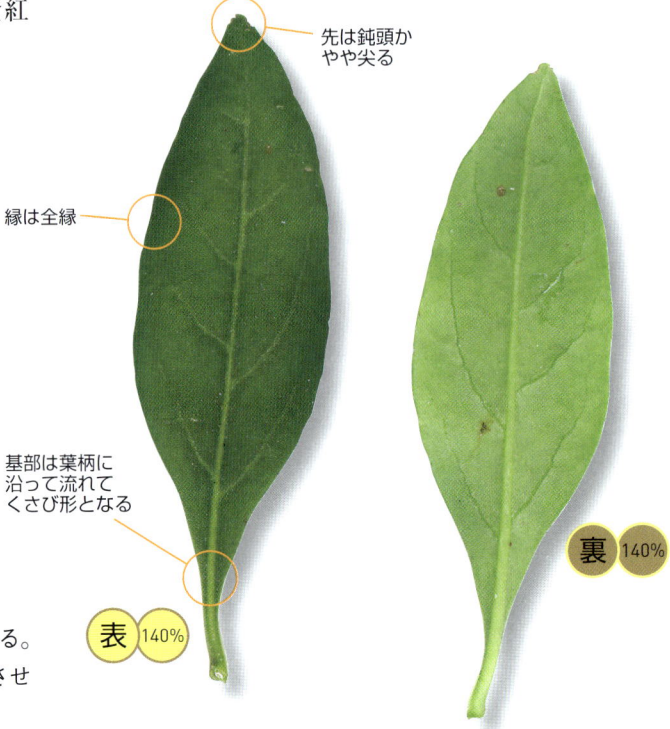

先は鈍頭かやや尖る
縁は全縁
基部は葉柄に沿って流れてくさび形となる

● 利用法
生垣、薬用。

＊その他
若葉を摘んでクコ飯や茶の代わりにする。秋に熟す実は、果実酒にしたり、乾燥させ漢方薬とする。

イヌエンジュ 犬槐　●別名……クロエンジュ

Maackia amurensis
マメ科 イヌエンジュ属

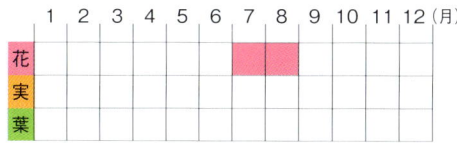

互生　落葉高木

●自生地
北海道、本州（中部以北）

●特徴・特性
葉は長さ20～30cmの奇数羽状複葉で互生につく。小葉は7～13枚で倒卵形。先端はやや尖り基部は円形、全縁。表面は緑色、裏面は淡緑色、はじめ全体に軟毛があり、特に若い葉の裏面に密生するため全体に灰緑色に見えるが、のちに裏面だけに残る。若枝にも軟毛がある。樹皮は淡緑褐色になるが、一年生枝は太く茶褐色。

類似種　**エンジュ**

◆見分け方……**エンジュ**は属が異なり、葉は長さ15～25cm奇数羽状複葉。小葉は9～15枚で卵形から狭卵形、表面は深緑色で無毛、裏面は帯白色で白短毛が生える。一年生枝は細く緑色。

●利用法
公園樹、街路樹、ランドマークとしても効果的になる。材は硬く床柱としても高価である。

＊その他
別名のクロエンジュは、春にエンジュは全体が白く若枝が緑色であるためアオエンジュと呼ばれることに対し、クロを冠したことによる。

先端はやや尖る
縁は全縁
基部は円形

表 40%
裏 40%

タブノキ 椨　●別名……ホソバタブ、ホソバイヌグス（葉の細いもの）

Machilus thunbergii
クスノキ科 タブノキ属

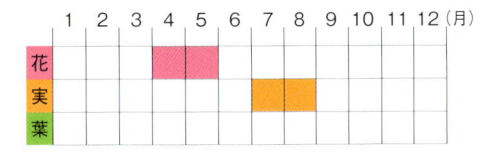

互生  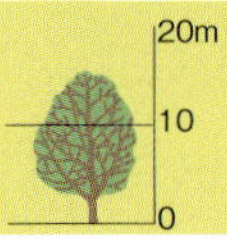　常緑高木

	1	2	3	4	5	6	7	8	9	10	11	12 (月)
花				■	■							
実							■	■				
葉												

● 自生地

本州、四国、九州、沖縄、朝鮮半島南部（沿岸地に生える）

● 特徴・特性

葉は、長さ8～18cm、幅3～7cmの倒卵状長楕円形または楕円形で先は急鋭尖頭。基部は、広いくさび形で、全縁。厚い革質で、表面は光沢があり濃緑色、裏面は灰白色でともに無毛。若葉は紅色。実は直径約1cmの球形で花被が残り、7～8月に黒紫色に熟す。

● 利用法

公園樹、庭園樹、建築・家具材。

＊その他

照葉樹林文化圏の中で日本は最も北東に位置し、照葉樹の代表としてこのタブノキがある。他にクス、スダジイ等。

先は急鋭尖頭
縁は全縁
表 70%
基部は広いくさび形
裏 50%

ハクモクレン 白木蓮　●別名……ハクレン

Magnolia denudata
モクレン科 モクレン属

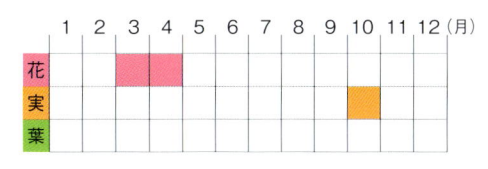

互生　落葉高木 10m

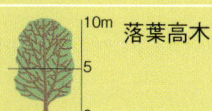

	1	2	3	4	5	6	7	8	9	10	11	12 (月)
花			■	■								
実										■		
葉												

● 自生地

中国

● 特徴・特性
葉は、長さ8〜15cm、幅6〜10cm、倒卵形あるいは楕円状卵形。先は、鈍形で突出する。基部はくさび形、厚い紙質で、表面は緑色、裏面は淡緑色で、脈上に軟毛がある。

類似種　コブシ

◆見分け方……**コブシ**は、ハクモクレンより1週間から10日ほど開花が早い。葉もやや薄く、先端の突出はそれほど目立たない。

● 利用法
庭園樹、公園樹、街路樹。

モクレン
Magnolia liliflora

● 特徴・特性
葉は長さ8〜20cm、幅は5〜12cmで互生。広倒卵形または卵状楕円形で柄は短い。先は尖り基部はくさび形、縁は全縁。表は無毛で、裏は葉脈上に毛がある。側脈は8〜10対。冬芽は扁平卵形で有毛、大形でよく目立つ。

先は鈍形で突出する

脈上に軟毛がある

表 50%

基部はくさび形

裏 50%

先は尖る

縁は全縁

基部はくさび形

表 20%
モクレン

タイサンボク 泰山木

Magnolia grandiflora
モクレン科 モクレン属

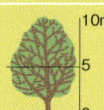

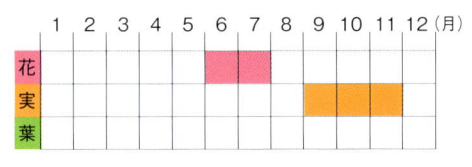

互生　常緑高木　10m

	1	2	3	4	5	6	7	8	9	10	11	12 (月)
花						■	■					
実									■	■	■	
葉												

● 自生地

北米南部

● 特徴・特性

葉は長さ15～25cm、幅6～12cmで、長楕円形または倒卵状楕円形。先は鈍頭、基部はくさび形、全縁で波打つ。表面は光沢のある濃緑色、裏面は緑褐色の毛で覆われるが個体によりかなり差がある。6～7月に径15～30cmほどの白色の強い芳香のある花を咲かせる。

類似種　ホソバタイサンボク

◆見分け方……**ホソバタイサンボク**は葉が長楕円状披針形、葉縁は裏側に軽く巻き込む。

先は鈍頭
縁は全縁で波打つ
緑褐色の毛で覆われる
基部はくさび形
表 70%
裏 70%

● 利用法

公園樹、庭園樹、記念樹。

＊その他

明治初期に渡来した。

タイサンボク 'リトル ジェム'

Magnolia grandiflora 'Little Gem'　モクレン科 モクレン属

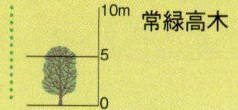

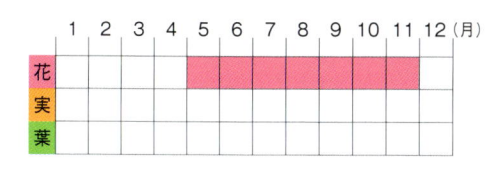

常緑高木

	1	2	3	4	5	6	7	8	9	10	11	12 (月)
花					■	■	■	■	■	■	■	
実												
葉												

●特徴・特性
葉は長さ8～15cm、幅3～8cm、楕円形、先は鋭頭で丸く基部はくさび形。表は深緑色で強い光沢があり無毛。裏と葉柄、一年生枝は茶褐色の毛を密生する。花つきがよく、高さ1m内外から花をつける。また、四季咲きの性質があり、5月から11月まで咲き続けるのが魅力である。

●利用法
記念樹、庭園樹。個人庭園に最適な花木で、花つきがよく、あまり大きくならないので利用しやすい。

先は鋭頭で丸い
裏面と葉柄は茶褐色の毛が密生する
基部はくさび形

ホソバタイサンボク

Magnolia grandiflora var. *lanceolata*　モクレン科 モクレン属

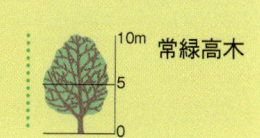

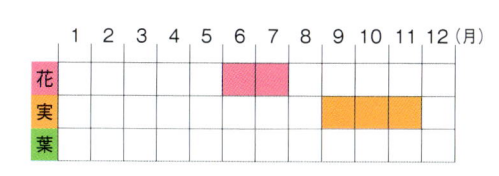

常緑高木

	1	2	3	4	5	6	7	8	9	10	11	12 (月)
花						■	■					
実									■	■	■	
葉												

●特徴・特性
葉は長さ15～25cm、幅5～10cmで楕円形から長楕円形、先は鋭頭で基部はくさび形、厚い革質。表は光沢のある深緑色、無毛、裏は茶褐色の毛が密生する。縁は全縁で裏面に軽く巻き込む。樹形も基本種に比べ狭円錐形でやや端正になるが、タイサンボク自体が実生繁殖すると個体差が大きくなり、ホソバタイサンボクと区別しにくい個体もある。

●利用法
庭園樹、公園樹、記念樹。

縁は全縁で裏面に軽く巻き込む
先は鋭頭
裏面は茶褐色の毛が密生する
縁は全縁で裏面に軽く巻き込む
基部はくさび形

ホオノキ 朴　●別名……ホオガシワノキ、ホオガシワ

Magnolia hypoleuca
モクレン科 モクレン属

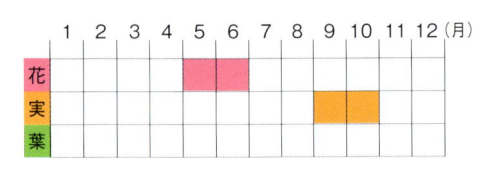

互生 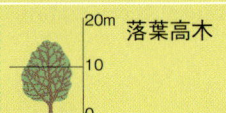　落葉高木

● 自生地 
北海道、本州、四国、九州、南千島

● 特徴・特性
日本産の樹木では、最も大きい葉をつける。長さは15〜40cm、幅10〜20cm。倒卵形から倒卵状長楕円形、先は鈍頭で小さく突出する。基部は鈍形、全縁。表面は緑色で、裏面は帯白色で長軟毛がある。花は径15cmほどで、枝の先端につき芳香がある。樹高が高く枝の先端に花をつけるために花の美しさや芳香を知っている人は少ないが、魅力がある。

● 利用法
公園樹、材。

＊その他
大きな葉は、タケの皮と同様に、食器の代わりや食品包装に用いられてきた。また、味噌を葉の上で焙って食べる朴葉味噌がある。材は下駄や家具、細工物などに用いられる。

先は鈍頭で小さく突出する
縁は全縁
表 40%
長軟毛がある
裏 40%
基部は鈍形

コブシ 辛夷　●別名……ヤマアララギ、コブシハジカミ

Magnolia kobus
モクレン科 モクレン属

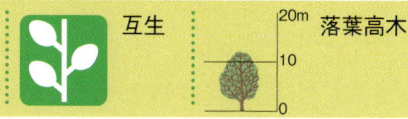

互生　落葉高木

	1	2	3	4	5	6	7	8	9	10	11	12 (月)
花			■	■								
実									■	■		
葉											■	

● 自生地

北海道、本州、四国、九州、済州島

● 特徴・特性

葉は、長さ8〜20cm、幅4〜8cmの倒卵形ないし広倒卵形。先はしだいにすぼまり突出する。基部はくさび形で、全縁。洋紙質で、表面は緑色、裏面は淡緑色。脈上に毛が生える。

類似種　タムシバ、ハクモクレン

◆見分け方……**タムシバ**は葉が披針形。先は、鋭頭で裏面が白色を帯びる。**ハクモクレン**は品種。葉形は、コブシよりやや幅が広く、先端の突出がより目立つ。

● 利用法

公園樹、庭園樹、街路樹。

＊その他

大木になり、まだ他の木々が芽吹く前に白い花を咲かせてよく目立ので、「田打ち桜」とも呼ばれ、各地で農事暦の指標にされる。

先はしだいにすぼまり突出する

縁は全縁

脈上に毛が生える

基部はくさび形

表 70%　裏 70%

タムシバ 噛柴　●別名……ニオイコブシ

Magnolia salicifolia
モクレン科 モクレン属

互生　落葉高木

	1	2	3	4	5	6	7	8	9	10	11	12 (月)
花				●	●							
実												
葉												

● 自生地

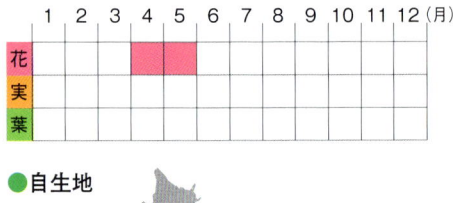

本州、四国、九州

● 特徴・特性

葉は、長さ5〜15cm、幅2〜6cm。披針形あるいは卵状披針形で全縁。先は鋭頭で、基部はくさび形。表面は緑色で、裏面は帯白色。

類似種　コブシ

◆見分け方……**コブシ**は倒卵形で先端が突出し裏面は淡緑色。

● 利用法

公園樹、庭園樹。

＊その他

タムシバの名は、「噛む柴」が由来だと言われている。葉や枝にはクロモジに似た芳香があり、「ニオイコブシ」の別名がある。雪の多い地方では幹が立ち上がらず、斜面に沿って生長するので低木状になっている。

先は鋭頭
縁は全縁
表 70%
裏 70%
基部はくさび形

オオヤマレンゲ

大山蓮華　●別名……ミヤマレンゲ

Magnolia sieboldii ssp. *japonica*
モクレン科 モクレン属

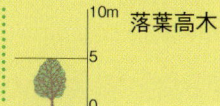

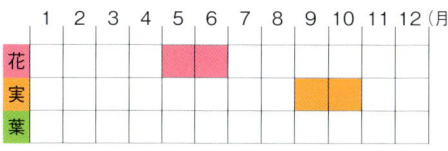

互生　落葉高木

	1	2	3	4	5	6	7	8	9	10	11	12 (月)
花					■	■						
実									■	■		
葉												

● 自生地

本州、四国、九州、中国

● 特徴・特性

葉は、長さ6〜18cm、幅5〜12cm。倒卵形で全縁。先端は突出し、基部は鈍形または円形。表面は緑色、裏面は帯白色で、白毛が生える。花は横かやや下向きに咲き、径5〜10cmで芳香がある。雄しべは淡赤色。

| 類似種 | オオバオオヤマレンゲ、ウケザキオオヤマレンゲ |

◆見分け方……**オオバオオヤマレンゲ**は葉がやや大きく、雄しべが赤紫色。**ウケザキオオヤマレンゲ**は、ホオノキとオオバオオヤマレンゲの雑種とされ、花が上を向いて咲く。

● 利用法

庭園樹、公園樹。

＊その他

奈良県の大峰山に多く、蓮華のような花という意味で「オオヤマレンゲ」と名がついた。自生地は深山に限られる。耐暑性があり栽培が容易であるため、栽培されるもののほとんどが、朝鮮半島から中国東北部の産のオオバオオヤマレンゲである。

先端は突出
縁は全縁
裏面は白毛が生える
表 40%
裏 30%
基部は鈍形または円形

シデコブシ 四手辛夷　●別名……ヒメコブシ

Magnolia stellata
モクレン科 モクレン属

互生　落葉高木

	1	2	3	4	5	6	7	8	9	10	11	12	(月)
花			■	■									
実													
葉													

● 自生地

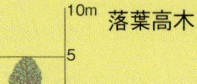

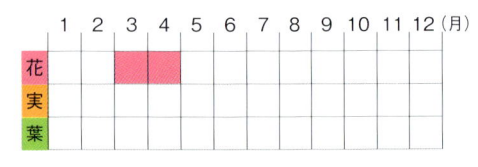

本州中部（長野・岐阜・愛知県）

● 特徴・特性

本州中部地方の丘陵の湿地に自生する。葉は、長さ5〜15cm、幅1〜4cm。長楕円形から倒卵形で、全縁。先は鈍頭または円頭で、基部はくさび形。表面は緑色、裏面は淡緑色で、若いときに脈上に毛がある。3〜4月に白、淡紅色、紅色の芳香のある花が咲く。アメリカでの評価が高く80品種ほど作出されている。

● 利用法

庭園樹、公園樹。

＊その他

レッドデータブックの絶滅危惧Ⅱ類に分類される。花弁が多く細長い様子が、神事に使う「四手」に似ることから、名前がつけられた。自生地が丘陵なので、開発により絶滅が心配されている。

先は鈍頭または円頭

縁は全縁

表 100%　裏 90%

基部はくさび形

ヒメタイサンボク

姫泰山木
●別名……バージニアモクレン、ウラジロタイサンボク

Magnolia virginiana
モクレン科 モクレン属

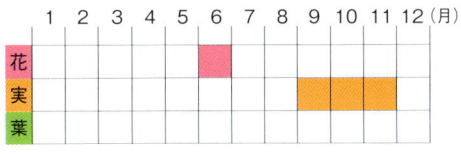

互生　落葉高木

	1	2	3	4	5	6	7	8	9	10	11	12 (月)
花						■						
実									■	■	■	
葉												

● 自生地

北米南東部

● 特徴・特性

葉は革質で、長さ10〜20cm、幅4〜6cm。楕円形から長楕円形で、全縁。先は鈍頭で、基部は広いくさび形。表面は濃緑色で光沢があり、裏面は帯白色で、絹毛がある。温暖な地方では半常緑を保つが、寒さが強くなると落葉する。日本での植栽は東北南部まで。花は、5〜6月に咲き、強い芳香がある。

先は鈍頭

縁は全縁

裏面は絹毛がある

表 80%
裏 70%

基部は広いくさび形

● 利用法

庭園樹、公園樹。

マグノリア 'ワダス メモリー'

Magnolia 'Wada's Memory'
モクレン科 モクレン属

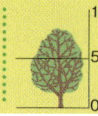

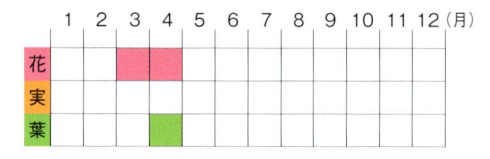

互生　落葉高木

	1	2	3	4	5	6	7	8	9	10	11	12 (月)
花			■	■								
実												
葉				■								

● **自生地**　園芸品種

● **特徴・特性**
コブシとタムシバの雑種とされ、タムシバに近い性質が出ている。葉は長さ10〜20cm、幅5〜8cmの楕円形から広披針形。先は鋭頭あるいは漸尖頭、基部は広いくさび形。縁は全縁。若葉は赤く後に表は緑色、裏は淡緑色で脈上に細毛がある。花はコブシより大きく、小さいうちよりよく花をつける。

類似種　コブシ、タムシバ

◆ 見分け方……**コブシ**は葉が楕円形から倒卵形、先がやや突出する。**タムシバ**は葉が披針形で裏面が帯白色。新葉は赤くならない。

● **利用法**
公園樹、庭園樹、街路樹等に利用されるが、剪定はコブシより少なくてすむため、花芽が多くつく。

＊ その他
コブシに似るが、より花つきがよく、樹形も端正に育つ。横浜の和田浩一郎氏より送られたコブシの実生苗からアメリカのシアトルのワシントン大学植物園で選抜され1959年に登録された。

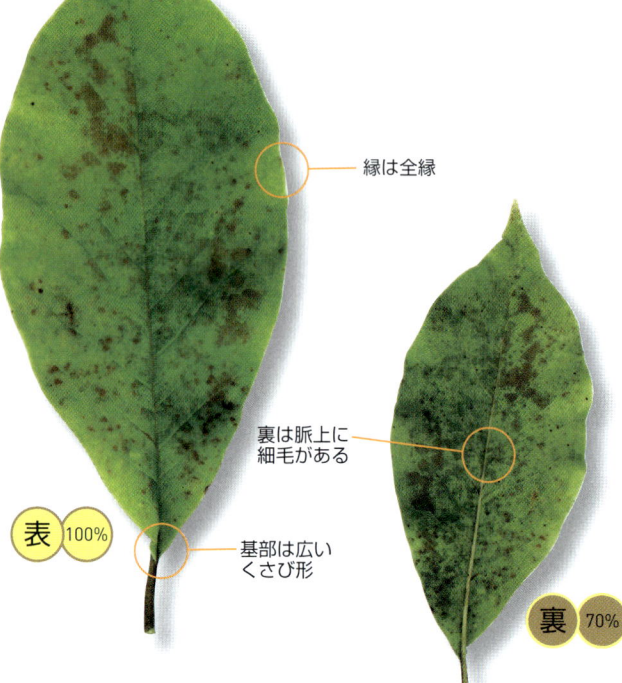

- 先は鋭頭あるいは漸尖頭
- 縁は全縁
- 裏は脈上に細毛がある
- 基部は広いくさび形
- 表 100%
- 裏 70%

マホニア 'チャリティー'

Mahonia × *media* 'Charity'
メギ科 ヒイラギナンテン属

互性 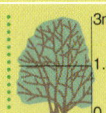　常緑低木

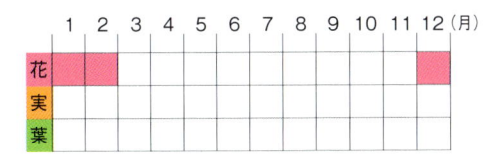

	1	2	3	4	5	6	7	8	9	10	11	12 (月)
花		●										●
実												
葉												

● 自生地　園芸品種

● 特徴・特性

葉は、長さ30～60cm、幅10～15cmの奇数羽状複葉。小葉は、長さ3～9cm、幅2～4cmで、卵形から卵状披針形。厚い革質で硬い。粗い鋸歯があり、先は鋭い刺となる。表面は濃緑色、裏面は淡緑色でともに無毛。晩秋から早春にかけて、頂端に斜上する大きな総状花序をつける。鮮黄色の花が咲くので人目を引く。幹は枝分かれが少なく伸長生長するので、かなりの大株となる。

類似種　**ヒイラギナンテン**

◆見分け方……**ヒイラギナンテン**の小葉は質が薄くやや軟らかい。花は早春に下垂する総状花序をつけ、花弁は黄色。根元から新梢を生ずるので株立ち状となり、高さも人の背丈を越えることはめったにない。

● 利用法
庭園樹、公園樹。

先は鋭い刺がある

粗い鋸歯がある

マホニア 'ウィンター サン'

Mahonia × *media* 'Winter Sun'

● 特徴・特性

葉は長さ20～30cmの奇数羽状複葉で、11～21枚の小葉をつける。小葉の長さは3～6cm、幅は2～4cm。先は鋭く尖る。縁は粗い鋸歯が刺状となり触ると痛い。表は革質で光沢がある。裏は淡緑色。

表 20%　マホニア 'ウィンター サン'

裏 20%　表 30%

マホニア コンフューサ 'ナリヒラ'

Mahonia confuse 'Narihira'
メギ科 ヒイラギナンテン属

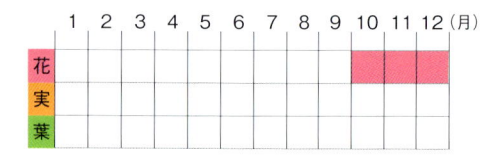

互生　常緑低木

	1	2	3	4	5	6	7	8	9	10	11	12 (月)
花										■	■	■
実												
葉												

- **自生地**　品種
- **特徴・特性**

秋咲きのマホニア。葉は長さ20〜40cm幅10〜18cmの奇数羽状複葉。小葉は11〜21枚つき、長さ5〜12cm、幅0.8〜2cmの狭披針形。先は尾状に長く、縁には低い鋸歯がある。表は濃緑色、裏は淡緑色。ともに無毛。鋸歯の先端は刺にならず痛くない。マホニアの仲間では'ナリヒラ'は葉数が多いが、細葉であるためにさらっとした感じになる。

類似種　ホソバヒイラギナンテン

◆見分け方……ホソバヒイラギナンテンの小葉の数は5〜9枚、長さ、幅ともに大きく、硬い革質。

先は尾状に長い
縁の上半分に低い鋸歯がある

表 30%
裏 30%

- **利用法**

庭園樹。

ホソバヒイラギナンテン 細葉柊南天

Mahonia fortunei
メギ科 ヒイラギナンテン属

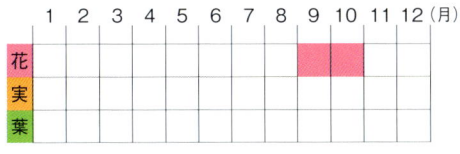

互生　常緑低木

	1	2	3	4	5	6	7	8	9	10	11	12 (月)
花									■	■		
実												
葉												

● 自生地

中国（四川・湖北省）

● 特徴・特性

葉は長さ15～25cmの奇数羽状複葉で5～9枚の小葉をつける。小葉は長さ6～12cm、幅1～2cmの狭楕円形から長披針形。先は鋭尖、基部はくさび形、硬い革質でやや光沢がある。縁にはややまばらに浅い細鋸歯がある。表面は濃緑色、裏面は帯黄緑色。幹は株元より叢生して分枝しない。

類似種 マホニア コンフューサ'ナリヒラ'

◆見分け方……'ナリヒラ'は小葉が狭披針形で、11～21枚と多く、やや軟らかい革質。

● 利用法

庭園には古くから利用されてきた。生長はあまり早くはないが、その分、メンテナンスが少なくてすむので、改めて見直したい樹木。

先は鋭尖

基部はくさび形

まばらに浅い細鋸歯がある

表 30%

裏 20%

ヒイラギナンテン 柊南天　●別名……トウナンテン

Mahonia japonica
メギ科 ヒイラギナンテン属

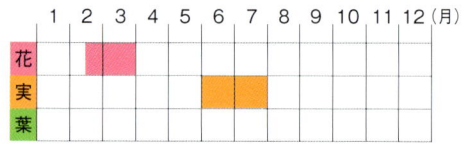

互生 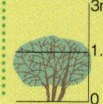　常緑低木

	1	2	3	4	5	6	7	8	9	10	11	12 (月)
花		■	■									
実						■	■					
葉												

●自生地

台湾、中国

●特徴・特性

葉は、長さ20～50cm、幅10～15cmで、奇数羽状複葉。小葉は9～17枚で、長さ5～10cm、幅2.5～4cmの卵状披針形または長楕円状披針形。革質で粗い鋸歯があり、先が刺状となる。表面は濃緑色で光沢があり、裏面は帯黄緑色。両面ともに無毛。花は、春に下垂する総状花序を頂生する。根元より新梢を生じ、株立ち状になる。

類似種　マホニア'チャリティー'

◆見分け方……'チャリティー'の葉は厚い革質で硬く、鋸歯の先が鋭い刺になっているので、触れると非常に痛い。小葉は17～25枚で多い。根元からの新梢の発生がなく、上伸生長し分枝するので、大きいものでは高さ3mほどにも達する。

先は刺状
粗い鋸歯がある

表 40%　裏 40%

●利用法

庭園樹、根締め、ボーダー、低木刈り込み。

アカメガシワ 赤芽槲　●別名……ゴサイバ

Mallotus japonicus
トウダイグサ科 アカメガシワ属

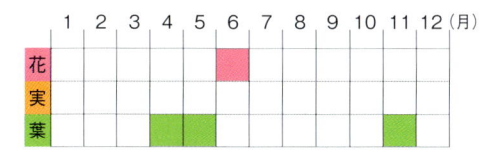

互生 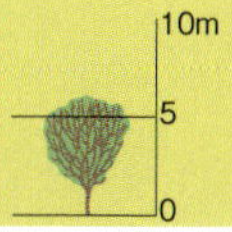　落葉高木

自生地
本州、四国、九州、沖縄、台湾、朝鮮半島、中国

●特徴・特性
葉は長さ8〜20cm、幅5〜12cmの広卵形から卵状披針形。先は鋭尖、基部は円形あるいは切形、近くに1対の腺点がある。縁は全縁または波状縁。若い株では先が3浅裂するものがある。表面は緑色、裏面は淡緑色で黄色の腺点があり、ともに星状毛が生える。新芽から若葉の時期が赤い。雌雄異株。

類似種 オオバベニガシワ

◆見分け方……**オオバベニガシワ**の葉はほとんど3裂しない。幹は、アカメガシワは湾曲しながら枝分かれするが、オオバベニガシワは通直に上方伸長し、枝分かれが少ない。

●利用法
雑木の庭、公園樹、法面緑化等に利用される他、樹皮を薬用として使う。

＊その他
昔は葉をカシワと同様に食器代わりに用いたことと新芽が赤いことからこの名がついたといわれる。暖地では、伐採跡地や崩壊地に真っ先に生えてくるパイオニア植物である。

- 先は鋭尖
- 全縁または波状縁がある
- 基部は円形あるいは切形

表 40%　裏 30%

ハナカイドウ 花海棠　●別名……カイドウ、スイシカイドウ

Malus halliana
バラ科 リンゴ属

互生　10m 落葉高木

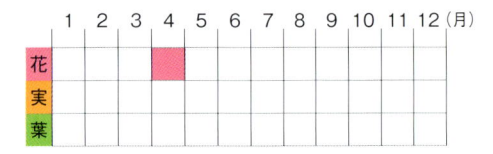

	1	2	3	4	5	6	7	8	9	10	11	12 (月)
花				■								
実												
葉												

● 自生地

中国

● 特徴・特性

葉は長さ3～8cm、幅2～4cmの卵形から広卵形または卵状長楕円形。先は鋭尖頭、基部はくさび形、縁には細かい鈍鋸歯がある。質は洋紙質、表面は緑色、裏面は淡緑色。花は蕾のうちは濃桃色であるが、開花すると美しいピンクになる。中国から古い時代に導入されたものを増殖しているが、中国には花色の濃いもの等があり、今後の導入が待たれる。

類似種 **ミカイドウ**

◆見分け方……ミカイドウの葉の長さは4.5～10cm、幅は2～3cmと、ハナカイドウより細くなる。表はミカイドウの方がやや光沢があり、やや硬い感じになる。

● 利用法

庭園樹、公園樹。

＊その他

中国では唐の時代より愛されてきた花木で、日本には江戸時代に入った。

先は鋭尖頭
細かい鈍鋸歯がある
表 150%
基部はくさび形
裏 120%

センダン 栴檀

Melia azedarach
センダン科 センダン属

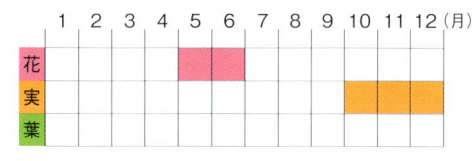

互生　落葉高木

	1	2	3	4	5	6	7	8	9	10	11	12 (月)
花					●	●						
実										●	●	●
葉												

● 自生地

本州（関東以南）、四国、九州、朝鮮半島南部、中国、台湾、ヒマラヤ

● 特徴・特性

葉は長さ30～100cm、幅30～80cmの2あるいは3回奇数羽状複葉。小葉は長さ3～6cm、幅1～2.5cmの卵形あるいは卵状楕円形から卵状長楕円形。先は鋭尖頭、基部は鋭形または円形、粗い鈍鋸歯がある。表面は緑色で無毛、裏面は淡緑色で主脈から小葉柄に細かい星状毛があるが後に無毛。葉柄は長く、基部は肥大する。枝数は少ないが、太くなり、小枝でも直径1～2cmになる。

先は鋭尖頭
粗い鋸歯がある
基部は鋭形

● 利用法

公園樹、記念樹、緑陰樹として利用するが、パラソルツリーとも呼ばれ、夏の緑陰樹として優れる。

＊その他

実は薬用とし、核は数珠の玉にも使われる。温暖化の影響で生育地を広げている植物のひとつである。

表 20%
裏 15%

メタセコイア

•別名……アケボノスギ、イチイヒノキ、ヌマスギモドキ

Metasequoia glyptostroboides
スギ科 メタセコイア属

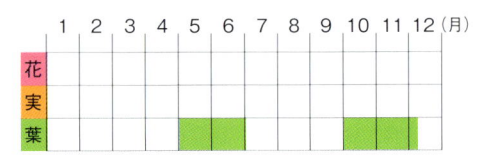

対生 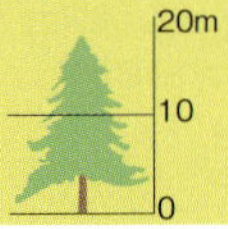　落葉高木　20m

● 自生地

（原産）中国（四川・湖北省）

● 特徴・特性

葉は長さ 0.8 〜 1.2cm、幅 0.2 〜 0.3cm の扁平な線形で2列に対生する。先は尖頭、表は緑色、裏は淡緑色。秋には茶色に紅葉して葉をつけた小枝ごと落葉する。樹形は端正な円錐形となる。

| 類似種 | ラクウショウ、メタセコイア'ゴールド ラッシュ' |

◆見分け方……**ラクウショウ**の葉は2列に互生するが、メタセコイアは2列に対生するところが区別点になる。属が異なる。'**ゴールド ラッシュ**'は形態的には基本種と同じで、芽立から秋まで葉の色が黄色であることが区別点。

● 利用法

記念樹、公園樹、街路樹として道路幅の広い場所に利用される。

＊その他

1945年に中国四川省で発見された。メタセコイアの名前は、日本の三木茂博士により生体が発見される数年前に化石から命名された。わが国へは、アメリカから昭和天皇に献上されたものが第1号である。

先は尖頭

葉は扁平な線形で2列に対生する

表 250%
裏 250%
枝 40%

メタセコイア'ゴールド ラッシュ'
Metasequoia glyptostroboides 'Gold Rush'

● 特徴・特性

形態は基本種と同じ。葉の色が新葉時には黄色で夏には鮮黄色となる。生長はやや遅い。

表 150%
メタセコイア'ゴールドラッシュ'

オガタマノキ 招霊木

Michelia compressa
モクレン科 オガタマノキ属

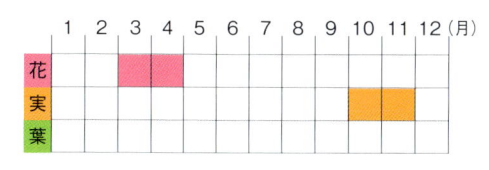

互生 / 常緑高木 20m

	1	2	3	4	5	6	7	8	9	10	11	12 (月)
花			■	■								
実										■	■	
葉												

● 自生地

本州（関東以南）、四国、九州、沖縄、台湾

● 特徴・特性

葉は長さ5〜15cm、幅2〜6cmで、倒卵状長楕円形から長楕円形、鋭頭で基部はくさび形、全縁。表面は濃緑色で革質、鈍い光沢があり、裏面は白緑色。長さ2〜3cmの葉柄がある。

類似種 **カラタネオガタマ**

◆見分け方……**カラタネオガタマ**は高さが4〜5m程度、葉も小さく葉裏は緑色。葉柄、一年生枝には茶褐色の毛を密生する。

● 利用法

公園樹、神社の神木。

＊その他

オガタマとは「招霊」を意味し魂が宿る樹として各地の神社の神木となっているものが多い。常緑で樹形もまっすぐに伸びて大木となるためと思われる。

先は鋭頭
縁は全縁
表 60%
裏 60%
基部はくさび形

カラタネオガタマ

唐種招霊
●別名……トウオガタマ、バナナノキ

Michelia figo
モクレン科 オガタマノキ属

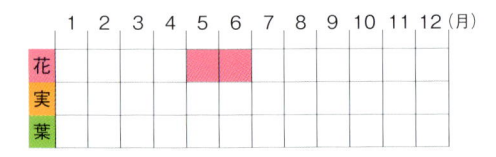

互生　常緑高木

	1	2	3	4	5	6	7	8	9	10	11	12(月)
花					●	●						
実												
葉												

● 自生地

中国南東部

● 特徴・特性

葉は長さ4〜9cm、幅2〜4cmの倒卵形または楕円形、先は鋭頭。基部はくさび形、全縁。表面は濃緑色で革質、光沢がある。裏面は淡緑色で主脈と葉柄、一年生枝には茶褐色の毛が密生する。花の香りがバナナそっくりなので「バナナノキ」の別名もある。

類似種　カラタネオガタマ'ポートワイン'、オガタマノキ

◆見分け方……'ポートワイン'の葉は葉柄や裏面脈上の毛が少ない。**オガタマノキ**の葉は倒卵状長楕円形から長楕円形、長さ2〜3cmの葉柄があり、裏は白色を帯びる。

● 利用法

生垣、庭園樹、公園樹。

カラタネオガタマ'ポートワイン'
Michelia figo 'Portwine'

● 特徴・特性

葉は長さ5〜12cm、幅1.5〜4cmで、楕円形から長楕円形、先はやや漸尖形で鈍頭。裏面は帯黄緑色。葉柄と一年生枝に密生する毛は後に脱落する。花は赤味を帯びる。

先は鋭頭
縁は全縁
基部はくさび形
表 80%
裏 80%

先はやや漸尖形で鈍頭
縁は全縁
基部はくさび形
表 40%
カラタネオガタマ'ポートワイン'

マグワ 真桑　●別名……クワ

Morus alba
クワ科 クワ属

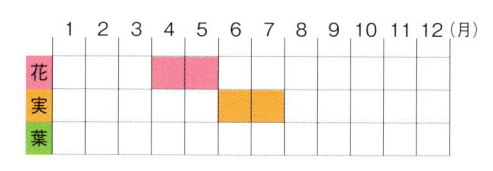

互生　落葉高木

	1	2	3	4	5	6	7	8	9	10	11	12	(月)
花				■	■								
実						■	■						
葉													

●自生地

中国

●特徴・特性
葉は長さ8〜15cm、幅4〜8cmの卵形または広卵形で、ときに3中裂する。先は短く尖り基部は切形あるいは浅心形。縁にはとがった3角状の鋸歯がある。表面は緑色で光沢があり、無毛だが微小な毛状突起が散在し、裏面は淡緑色で脈上に毛がある。

類似種　ヤマグワ

◆見分け方……**ヤマグワ**は本来山野に自生し、葉はやや小さく、卵状広楕円形で3〜5深裂することが多い。先が尾状に長く尖る。

●利用法
一般には葉を養蚕に利用する。ほかにスタンダード仕立て、エスパリエに利用。優れた萌芽力から生垣とし、材は建築や道具、器具にも利用する。

＊その他
ヤマグワとの間に交配品種がつくられている。

先は短く尖る
尖った3角状の鋸歯がある
基部は切形あるいは浅心形
裏面は脈上に毛がある

表 50%　裏 40%

ヤマモモ 山桃、楊梅

Myrica rubra
ヤマモモ科 ヤマモモ属

互生　常緑高木

●自生地

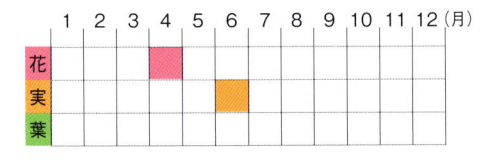

本州（南関東・福井県以南）、四国、九州、沖縄

●特徴・特性
葉は長さ5〜14cm、幅2〜4cmの倒卵状披針形。先は鋭頭、基部は狭いくさび形となって葉柄に流れる。薄い革質で全縁または低い鋸歯があり、若木では鋸歯が粗くなる。表面は濃緑色、裏面は淡緑色でともに無毛、黄色い油点がある。雌雄異株、6月に径1.5〜3cmの球形の果実が赤熟し甘い。

類似種　ホルトノキ

◆見分け方……**ホルトノキ**は葉の形、大きさともにヤマモモによく似るが質はやや厚い革質で、裏面側脈腋に膜状の付属体がある。また古い葉は赤くなるので常に紅葉が混在する。

●利用法
庭園樹、公園樹、街路樹、果樹。

＊その他
野生の果実は実も小さく松脂臭が強い。改良品種では大きく甘くなっているが日持ちがしないため、市場流通は少ない。樹皮は古くから染料として利用されてきた。根粒菌と共生するのでやせ地でもよく生育する。

先は鋭頭
全縁または低い鋸歯がある
基部は狭いくさび形で葉柄に流れる
表 70%
裏 60%

ギンバイカ 銀梅花　●別名……イワイノキ、ギンコウバイ

Myrtus communis
フトモモ科 ギンバイカ属

対生　10m 常緑高木

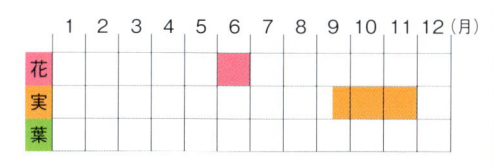

●自生地

西アジア、地中海沿岸

●特徴・特性

葉は長さ2～5cm、幅1～2.5cmの披針形から卵形、または楕円形。先は鋭頭、基部は広いくさび形、全縁。表面は濃緑色で光沢があり、裏面は緑色、ともに無毛。全株に芳香がある。梅に似た径1.5～2cmの白い花をつけるのでギンバイカの名がある。

先は鋭頭
縁は全縁
表 180%
裏 180%
基部は広いくさび形

●利用法

生垣、庭園樹。

＊その他

古代より地中海沿岸では芳香のある枝葉が酒の香りづけとして用いられたほか、ギリシア・ローマ時代にはゲッケイジュとともに凱旋将兵の冠にされた。愛の女神アフロディーテの神木と言われている。

ナギ　梛、竹柏　●別名……チカラシバ

Nageia nagi
マキ科 ナギ属

対生　常緑高木 20m

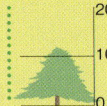

	1	2	3	4	5	6	7	8	9	10	11	12 (月)
花					■	■						
実										■	■	
葉												

●自生地

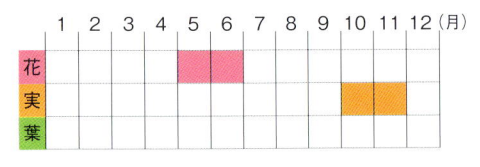

本州（和歌山～山口県の太平洋側）、四国、九州、沖縄

●特徴・特性
葉は、披針形または楕円状披針形。卵状で長さは4～8cm、先端は鈍頭で全縁、革質で光沢がある。葉の幅が1.2～3cmと広く、一見広葉樹のように見えるが、葉脈はすべて縦になり細く縦に裂けるので針葉樹である。表は濃緑色、裏は淡緑色。雌雄異株で、5～6月に前年枝の葉腋につく果実は、青緑白色の球形で、10～11月には直径1～1.5cmに熟す。

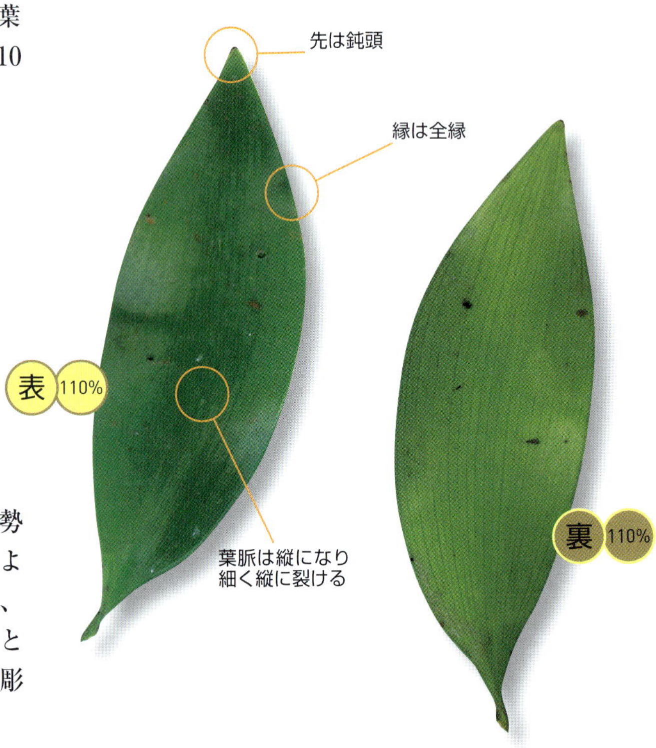

先は鈍頭
縁は全縁
葉脈は縦になり細く縦に裂ける
表 110%
裏 110%

●利用法
公園樹、修景樹。社寺に植えられ、伊勢神宮の純林や奈良の春日大社のものはよく知られる。耐潮性に優れているので、海岸近くの植栽にも利用される。木材としても有用で、床柱、家具・器具材、彫刻材等にも使われる。

ナンテン 南天

Nandina domestica
メギ科 ナンテン属

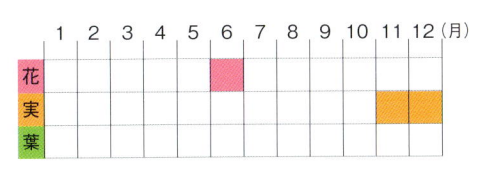

互生 　常緑低木　3m / 1.5 / 0

	1	2	3	4	5	6	7	8	9	10	11	12 (月)
花						●						
実											●	●
葉												

● 自生地

本州（茨城県以南）、四国、九州、中国、インド

● 特徴・特性

葉は3回3出複葉で幹の上部に集まってつく。小葉は長さ3〜8cmの広披針形または披針形で、先は鋭く尖り、基部はくさび形。縁は全縁。薄い革質。表は緑色でやや光沢があり、裏は淡緑色。両面とも主脈にわずかに毛がある。暖地の山地に野生があり、秋の紅葉と赤い実を楽しむ。縁起木としても人気がある。

類似種　**オカメナンテン、ササバナンテン**

◆見分け方……オカメナンテンは下記参照。サ サバナンテンは、実が立ち上がってつくので生け花で人気がある。葉は細長く、葉柄が短く重なってつくようにみえる。

● 利用法

庭園樹、公園樹、生垣、薬用、縁起木。

オカメナンテン（オタフクナンテン）

Nandina domestica 'Firepower'

● 特徴・特性

葉は3枚の小葉からなり、長さ3〜6cmの広披針形または披針形。表面に丸くふくらむ。秋から冬に赤く紅葉する。樹高は60cmほどで花は咲かない。新芽は赤や緑色が混ざり美しい。

先は鋭く尖る
縁は全縁
基部はくさび形

表 30%

先はナンテンより鈍く尖る
縁は全縁
基部はくさび形

表 36%
オカメナンテン

裏 30%

シロダモ

Neolitsea sericea
クスノキ科 シロダモ属

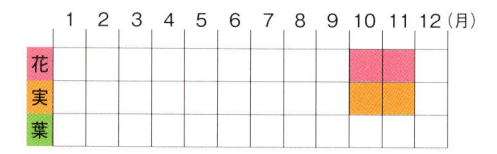

互生　常緑高木

	1	2	3	4	5	6	7	8	9	10	11	12 (月)
花										■	■	
実										■	■	
葉												

● 自生地

本州（宮城・山形県以南）、四国、九州、沖縄、台湾、朝鮮半島南部、中国中南部

● 特徴・特性

葉は長さ8〜18cmの長楕円形または卵状長楕円形で、先は鋭く尖り、基部はくさび形。縁は全縁で、葉脈が目立つ。質は革質。表は濃緑色で光沢があり、裏は灰白色。両面とも若い葉では黄褐色の絹毛に覆われるが後に無毛で、裏には少し毛が残る。雌雄異株。山野に普通に生え、10〜11月に花が咲き、翌年の同時期に赤い実がつく。

類似種　ヤブニッケイ

◆見分け方……**ヤブニッケイ**は、葉は小さく、丸い。葉脈は3脈が目立つ。裏は緑色。

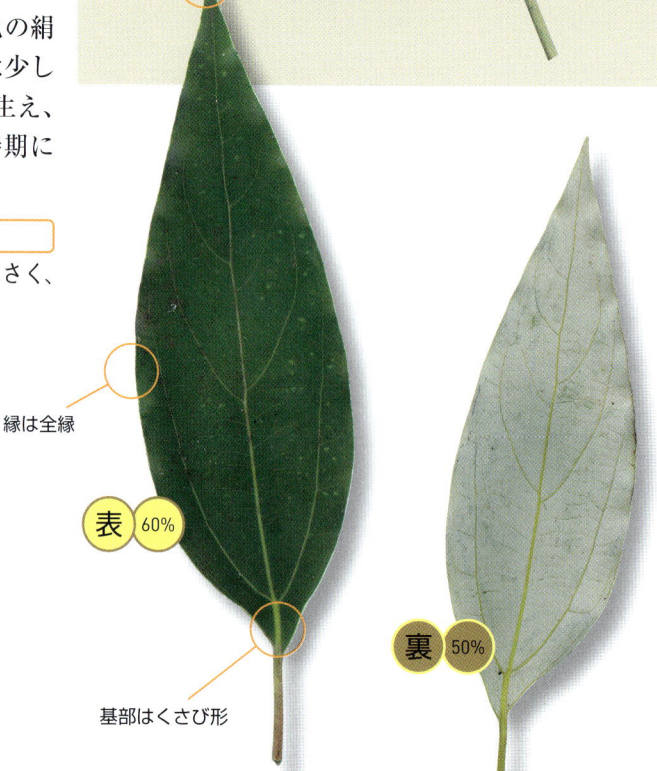

先は鋭く尖る

縁は全縁

表 60%

基部はくさび形

裏 50%

● 利用法

公園樹、景観樹。

シラキ 白木

Neoshirakia japonica
トウダイグサ科 シラキ属

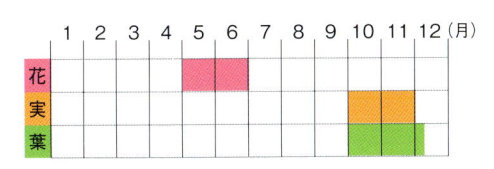

互生　落葉高木

	1	2	3	4	5	6	7	8	9	10	11	12 (月)
花					●	●						
実										●	●	
葉										●	●	●

● 自生地

本州、四国、九州、沖縄、朝鮮半島、中国

● 特徴・特性

葉は長さ5〜15cmの楕円形または広卵形あるいは卵状楕円形。先は急に細くなり尖る。基部は切形で1〜2対の腺体がある。縁は全縁。表は緑色でやや光沢があり、裏は淡緑色で微細毛がある。種子は脂分を含み、かつては食用油、灯油、塗料、整髪料などに利用した。秋の紅葉は黄色や赤になり美しい。枝葉を傷つけると、白い乳液が出る。

● 利用法

庭園樹、公園樹、雑木の庭の構成樹、器具材。

＊その他

和名は材が白いことにちなむ。

先は急に細くなり尖る

縁は全縁

裏面は微細毛がある

基部は切形で1〜2対の腺体がある

表 70%　裏 50%

キョウチクトウ 夾竹桃

Nerium indicum
キョウチクトウ科 キョウチクトウ属

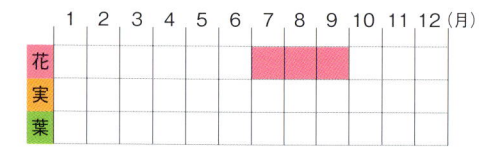

対生、輪生　常緑低木　10m

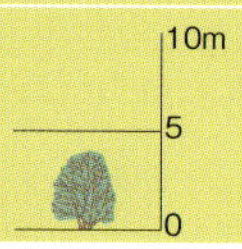

	1	2	3	4	5	6	7	8	9	10	11	12 (月)
花							■	■	■			
実												
葉												

● 自生地

インド

● 特徴・特性

公害に強く、都会や工場緑化などに利用される。江戸時代中期に渡来したと言われ、ピンク色のほか、白色やピンク八重、斑入りの品種がある。葉は6〜20cmの線状披針形で、先は鋭く尖り、基部は細いくさび形。質は厚い革質。縁は全縁。表は濃緑色、裏は緑色で、主脈が目立つ。花は7〜9月に開花する。花冠の付属物が4〜7深裂する。

類似種　**セイヨウキョウチクトウ**（以前は別種とされていたが、現在は基本種でキョウチクトウは変種）

◆見分け方……**セイヨウキョウチクトウ**は品種が多く、葉はほとんど変わらない。花はやや大きく、花冠の付属物が3〜4深裂し、芳香がない。

先は鋭く尖る
縁は全縁
基部は細いくさび形
表 50%
裏 50%

● 利用法

庭園樹、公園樹、街路樹、防潮樹。

オリーブ

Olea europaea
モクセイ科 オリーブ属

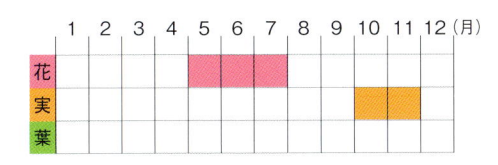

対生 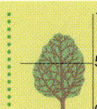　常緑高木 10m

●自生地
アフリカ

●特徴・特性
葉は長さ2.5〜6cmの披針形で、先は尖り、基部はくさび形。縁は全縁。厚い革質で硬い。表は灰緑色で、裏は淡灰緑色。両面に鱗状毛がある。樹皮は灰緑色。香川県小豆島の栽培が有名。品種が多い。地中海沿岸で古くから栽培されている。日本には文久年間（1861〜64年）に渡来した。果実を料理に使い、花には芳香がある。

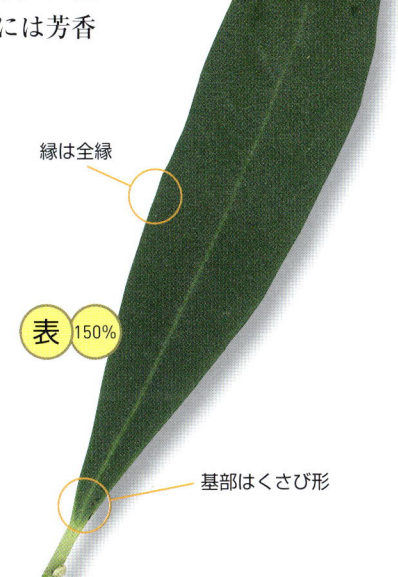

●利用法
庭園樹、公園樹、生垣、料理。

＊その他
果実は他家受粉で2品種が必要だが、1品種でなるものもある。

先は尖る
縁は全縁
表 150%
基部はくさび形
裏 130%

ギンモクセイ 銀木犀

Osmanthus fragrans
モクセイ科 モクセイ属

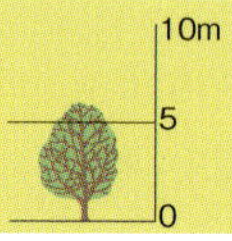

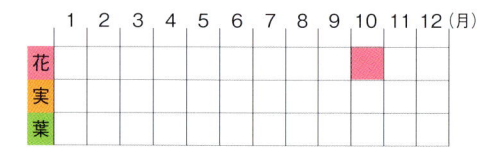

対生　常緑高木

● 自生地

中国

● 特徴・特性
10月に白く芳香のある花が咲くが、花数は少ない。葉は長さ8〜15cmの長楕円形または狭長楕円形で、先は急に尖り、基部は鈍形。縁にはまばらに細鋸歯があるが全縁のものもある。厚い革質。表は深緑色、裏は緑色で主脈が突出する。雌雄異株で近年まで日本には雄株のみしか見られなかった。四季咲き品種がある。

| 類似種 | キンモクセイ、ウスギモクセイ |

◆見分け方……**キンモクセイ**の葉はやや小さく、丸みがない。花は橙黄色。芳香が強い。**ウスギモクセイ**の葉はやや小さく、丸みがない。花は淡黄白色。芳香がやや弱い。

先は急に尖る
まばらに細鋸歯がありまれに全縁
裏は主脈が突出する
基部は鈍形
表 60%
裏 60%

● 利用法
庭園樹、公園樹。

＊その他
キンモクセイとまったく変わらない葉の個体がある。

キンモクセイ
金木犀

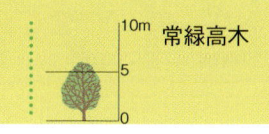

Osmanthus fragrans var. *aurantiacus*　モクセイ科 モクセイ属

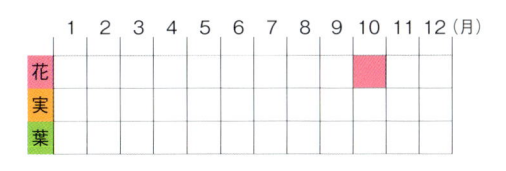

常緑高木

先は尖る

ほぼ全縁か細かい鋸歯があり、やや波状になる

表 60%

基部はくさび形

裏 60%

● 特徴・特性
秋に咲く香りの花木の代表。橙黄色の強い芳香のある花を10月に開花する。葉は長さ6〜12cmの広披針形または長楕円形で、先は尖り、基部はくさび形。縁はほぼ全縁またはごく細かい鋸歯が中央から先にあり、やや波状になる。質は革質。表は濃緑色で光沢があり、裏は緑色で葉脈が突出する。雌雄異株で、近年まで日本には雄株のみがあった。

● 利用法　庭園樹、公園樹、生垣。

ウスギモクセイ
薄黄木犀　●別名……シキザキモクセイ

Osmanthus fragrans var. *thunbergii*　モクセイ科 モクセイ属

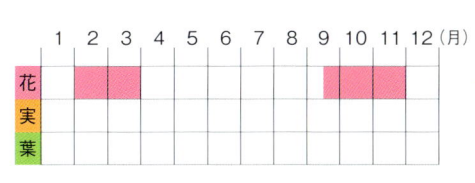

常緑高木

枝 20%

先は鋭く尖る

裏 55%

表 55%

細かい鋸歯か全縁

基部は鋭形

● 特徴・特性
9月末に淡黄白色で芳香がある花を開花する。花の大きさは小さい。花芽分化は20日くらいで起こる。四季咲きの性質があるので'四季咲きモクセイ'の名がある。真冬に咲く花は白に近い。葉は長さ8〜13cmの長楕円形または広披針形で、先は鋭く尖り、基部は鋭形。縁には細かい鋸歯があるか全縁。質は薄い革質。表は濃緑色、裏は緑色で主脈は突出する。

● 利用法　庭園樹、公園樹。

ヒイラギモクセイ 柊木犀

Osmanthus × fortunei
モクセイ科 モクセイ属

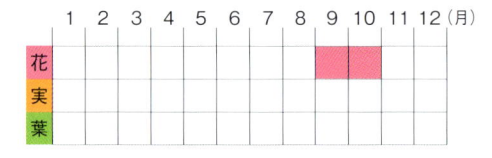

対生　常緑高木

	1	2	3	4	5	6	7	8	9	10	11	12 (月)
花									●	●		
実												
葉												

● 自生地　品種

● 特徴・特性
ギンモクセイとヒイラギの雑種。葉は長さ5～12cmの楕円形で、先は尖り、基部は鋭形。縁には刺状の鋭い鋸歯があるがときに全縁となる。厚い革質。表は濃緑色でやや光沢があり、裏は緑色で主脈が突出する。雌雄異株で雄株だけが知られている。樹皮にはコルク質のこぶがある。9～10月に白く芳香のある花が咲く。

類似種　**ヒイラギ、シナヒイラギ、アメリカヒイラギ、セイヨウヒイラギ**

◆見分け方……**ヒイラギ**は葉が小さく、表は光沢があり、花は少ない。**シナヒイラギ**は科・属が異なり、葉はやや小さく、角ばって亀甲状で波状にねじれる。縁の角の部分に鋭い刺があり、表は光沢がある。**アメリカヒイラギ**は科・属が異なり、葉はやや小さく、鋸歯は浅く粗く刺状。厚いが表に光沢は無い。**セイヨウヒイラギ**は科・属が異なり、葉はやや小さく、鋸歯は鋭く、表は光沢がある。

先は尖る

6～10対の刺状の鋭い鋸歯がある

表 80%

基部は鋭形

裏 70%

● 利用法
庭園樹、公園樹、生垣。

ヒイラギ 柊

Osmanthus heterophyllus
モクセイ科 モクセイ属

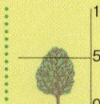

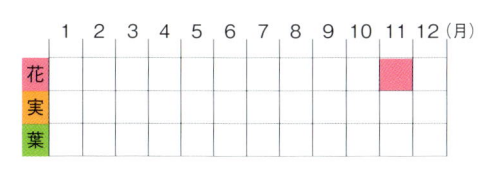

対生　常緑高木　10m

● 自生地

本州（福島県以南）、四国、九州、沖縄、台湾

● 特徴・特性

葉は長さ 4〜7cm の楕円形または倒卵状長楕円形で、先は刺状に尖り、基部はくさび形。縁には刺状の鋭い鋸歯があり、老木では全縁のものが多い。厚くて硬い。表は濃緑色で光沢があり、裏は緑色。雌雄異株。花は 11 月に咲き、白色で芳香がある。

類似種 ヒイラギモクセイ、シナヒイラギ、アメリカヒイラギ、セイヨウヒイラギ

◆見分け方……**ヒイラギモクセイ**は、葉が大きく、丸味があり、表の光沢が薄い。花が多い。**シナヒイラギ**は科・属が異なり、葉は角ばって亀甲状で波状にねじれる。縁の角の部分に鋭い刺がある。**アメリカヒイラギ**は科・属が異なり、葉はやや大きく、鋸歯は浅く粗い刺状。表には光沢が無い。**セイヨウヒイラギ**は科・属が異なり、葉はやや大きく、鋸歯は鋭い。

● 利用法

庭園樹、公園樹、縁起木。

＊その他

節分に鰯の頭をヒイラギの枝に刺して戸口に掲げる風習は広く行われる。

先は刺状に尖る
2〜5 対の刺状の鋭い鋸歯がある
基部はくさび形
表 100%
裏 80%

ボタン 牡丹

Paeonia suffruticosa
ボタン科 ボタン属

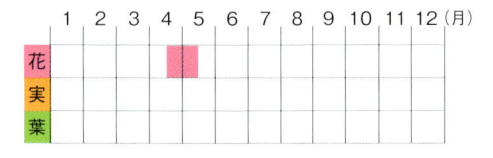

互生　落葉低木

	1	2	3	4	5	6	7	8	9	10	11	12 (月)
花												
実												
葉												

● 自生地

中国北西部

● 特徴・特性

葉は2回3出複葉で、小葉は長さ4〜10cmの卵形または卵状披針形で、ふつう先端が2〜3裂し、先は鋭く尖り、基部はくさび形または円形で左右非対称になることが多い。縁は全縁。表は緑色、裏は白っぽい淡緑色。根を薬用にする。

類似種　シャクヤク

◆見分け方……**シャクヤク**は草本で、冬に地上部がすべて枯れる。葉の表に光沢がある。ボタンとの種間雑種が作られている。

● 利用法

庭園樹、公園樹、鉢植え、薬用。

＊その他

百花の王といわれる花木で、はじめは薬用として栽培されていたが、6〜7世紀には園芸品種がつくられていた。日本には天平時代（729〜49年）に渡来したといわれている。品種が多く、江戸時代には160品種以上が知られ、現在では500品種ほどが栽培されている。

2〜3裂する
先は鋭く尖る
縁は全縁
表 40%
基部はくさび形または円形で左右非対称
裏 30%

アメリカヅタ

Parthenocissus quinquefolia
ブドウ科 ツタ属

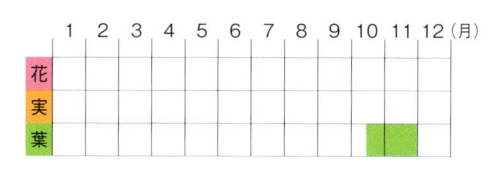

互生　10m 落葉つる

● 自生地

北米

● 特徴・特性
葉は掌状複葉で5小葉からなり、やや長い柄がある。小葉は長さ5〜12cmの長楕円形で、先は鋭く尖り、基部はくさび形。縁には中央から先に鈍鋸歯がある。枝、葉柄、葉脈は紫紅色を帯び、両面とも紅色を帯びた暗緑色。裏はやや淡い。巻きひげは先端が壁や樹木に吸着して這い上がる。吸着は先端からだけなのでナツヅタより吸着力は弱い。秋は紅葉が鮮やかな赤になる。

類似種　ヘンリーヅタ

◆見分け方……ヘンリーヅタは葉表の葉脈が銀白色に見える。葉柄が長い。

● 利用法
壁面緑化、法面、鉢植え。

ヘンリーヅタ
Parthenocissus henryana

● 特徴・特性
葉は掌状複葉で5小葉からなり、長い柄がある。小葉はアメリカヅタと同様だが、表が緑色で葉脈は銀白色に見える。裏は紅色を帯びた緑色。紅葉や巻きひげもアメリカヅタと同様。

先は鋭く尖る
中央から先に鈍鋸歯がある
基部はくさび形
表 50%
裏 40%
表 30%
ヘンリーヅタ

キハダ 黄膚

Phellodendron amurense
ミカン科 キハダ属

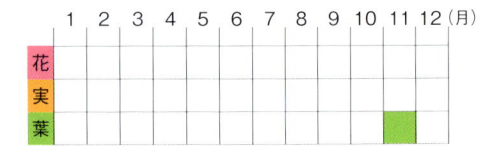

対生 / 落葉高木 20m

●自生地

北米

●特徴・特性
葉は長さ20〜45cmの奇数羽状複葉で、小葉は7〜15枚あり、長さ5〜10cmの長楕円形または卵状長楕円形。先は鋭く尖り、基部はくさび形または鈍形でゆがむことがある。縁には細かな鈍鋸歯がある。表は緑色、裏は帯白色。葉脈上に白い毛がある。樹皮はコルク層が発達し、縦に浅く裂ける。樹皮の内皮は鮮やかな黄色で、そこを薬用に利用する。

類似種 ゴンズイ、ノグルミ、ヤマハゼ

◆見分け方……**ゴンズイ**は科・属が異なり、葉は先が鋭く尖り、縁の鋸歯が芒状。表は無毛。**ノグルミ**は科・属が異なり、葉は小葉の数が多く、縁の鋸歯が大きい。**ヤマハゼ**は科・属が異なり、葉は小葉がやや大きく、縁は全縁。両面の葉脈以外にも毛が散生する。

●利用法
公園樹、薬用、染料、建築・家具・器具材。

＊その他
内皮は鮮黄色で、名の由来である。

- 先は鋭く尖る
- 基部はくさび形または鈍形でゆがむ
- 細かな鈍鋸歯がある

フィラデルファス 'ベル エトアール'

Philadelphus 'Belle Étoile'
ユキノシタ科 バイカウツギ属

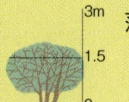

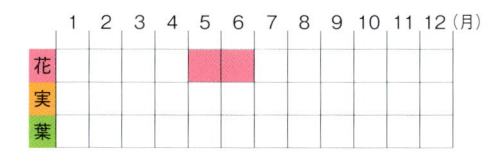

対生　落葉低木

	1	2	3	4	5	6	7	8	9	10	11	12 (月)
花					●	●						
実												
葉												

●**自生地**　なし（交雑種）

●**特徴・特性**

Phi. × purpureomaculatus のセルフの実生で3倍体の園芸品種。葉は長さ3〜8cmの広楕円形または長楕円形で先は鋭く尖り、基部はくさび形または円形。縁にはまばらに細鋸歯がある。表は緑色、裏は淡緑色。花は5cmほどの一重咲きの白花で中心が日の丸状に赤く、芳香がある。

類似種　バイカウツギ、セイヨウバイカウツギ

◆**見分け方**……**バイカウツギ**の葉は卵形または広卵形で、先は鋭く尖り、縁にはまばらに突起状の鋸歯がある。3〜6脈が目立つ。花は小さい。**セイヨウバイカウツギ**の葉は長さ4〜12cmの倒卵状楕円形または卵状楕円形で、裏の脈上にわずかに毛がある。芳香のない白の大輪の花が咲く。

先は鋭く尖る
まばらに細鋸歯がある
表 110%
基部はくさび形または円形
裏の脈上にはわずかに毛がある
裏 90%

●**利用法**
庭園樹、公園樹。

セイヨウカナメモチ 'レッド ロビン'

Photinia × *fraseri* 'Red Robin'
バラ科 カナメモチ属

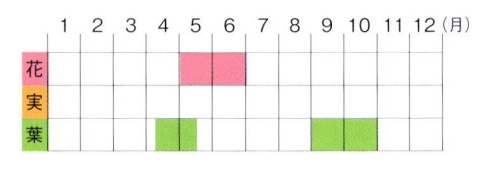

互生　常緑高木

	1	2	3	4	5	6	7	8	9	10	11	12 (月)
花					■	■						
実												
葉				■	■				■	■		

● 自生地　交雑種

● 特徴・特性
葉は長さ6～15cmの長楕円形または楕円形で、先は鋭く尖り、基部は広いくさび形。縁には鋭い鋸歯がある。革質。表は濃緑色で光沢があり、裏は淡緑色。新芽は暗紅色で美しく、秋にも再萌芽するので2度楽しめる。生垣として特に人気がある。ベニカナメとオオカナメモチの交雑種でニュージーランドで作られた。

類似種　ベニカナメ、オオカナメモチ

◆見分け方……**ベニカナメ**は、新芽と秋に伸びる芽は濃赤色になる。葉はやや小さく、やや細い。**オオカナメモチ**は、新芽、再萌芽ともに赤くならない。葉が出た後に古い葉は赤く紅葉して落ちる。葉は大きく、先は鈍頭。

● 利用法
生垣、庭園樹、公園樹。

＊その他
生垣等の場合、新芽の伸びる4月が最も美しいが、その後、剪定による再萌芽も同じように鮮やかな濃紅色が見られる。

先は鋭く尖る
鋭い鋸歯がある
表 80%
裏 70%
基部は広いくさび形

ベニカナメ 紅要

●別名……カナメモチ、アカメモチ、ソバノキ

Photinia glabra 'Benikaname'
バラ科 カナメモチ属

互生 / 常緑高木

	1	2	3	4	5	6	7	8	9	10	11	12 (月)
花					●	●						
実										●		
葉												

●自生地

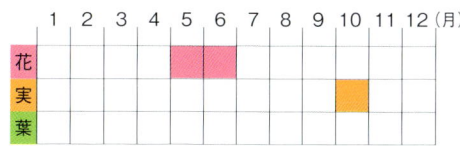

本州（東海以南）、四国、九州

●特徴・特性

葉は長さ6〜12cmの長楕円形または倒卵状楕円形または狭卵形で、先は尖り、基部はくさび形。縁には鋭く細かい鋸歯がある。革質。表は濃緑色で光沢があり、裏は淡緑白色。新芽が濃赤色で非常に美しい。秋の再萌芽も楽しめる。一時は生垣としての人気が非常に高かったが、最近はあまり使われていない。

類似種 **セイヨウベニカナメモチ'レッド ロビン'、オオカナメモチ**

◆見分け方……**'レッド ロビン'** の新芽は濃紅色で、葉はやや大きく、丸みがある。**オオカナメモチ**の新芽は緑色で赤くならず、葉は大きい。

●利用法

生垣、庭園樹、公園樹。

＊その他

基本種のカナメモチは新芽が赤橙色で美しいが、ベニカナメのように派手ではない。

先は尖る

鋭い細かい鋸歯がある

表 90%

裏 80%

基部はくさび形

オオカナメモチ 大要黐　●別名……テツリンジュ

Photinia serratifolia
バラ科 カナメモチ属

互生 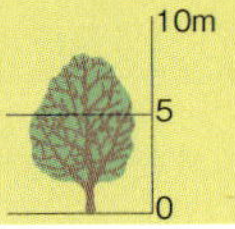　常緑高木　10m

	1	2	3	4	5	6	7	8	9	10	11	12 (月)
花					■	■						
実										■		
葉					■							

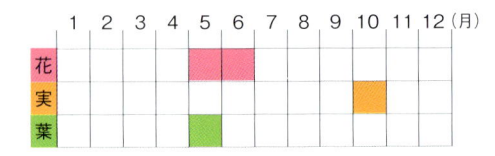

● 自生地

本州（岡山県）、四国（愛媛県）、九州（奄美大島）、沖縄、台湾、中国、フィリピン

● 特徴・特性

葉は大きく長さ 10 〜 20cm の長倒楕円形で、先は鈍頭、基部はくさび形または円形。縁には刺状の細かい鋸歯がある。厚い革質。表は暗緑色で光沢があり、裏は緑色。葉が出た後に古い葉は美しく紅葉して落ちる。冬芽の鱗片の縁は赤い。日本では暖地の山地にまれに生える。

| 類似種 | セイヨウベニカナメモチ'レッド ロビン'、ベニカナメ |

◆見分け方……'レッド ロビン' は、新芽が暗紅色で、葉は小さい。ベニカナメは、新芽が濃赤色で、葉は小さい。

先は鈍頭
刺状の細かい鋸歯がある
表 40%
裏 40%
基部はくさび形または円形

● 利用法

庭園樹、公園樹。

＊その他

別名のテツリンジュは蒸気機関車の動輪の車軸に使用されたことから名がついた。

アメリカテマリシモツケ'ディアボロ'

Physocarpus opulifolius 'Diabolo'
バラ科 テマリシモツケ属

互生　落葉低木

	1	2	3	4	5	6	7	8	9	10	11	12 (月)
花					■	■						
実												
葉					■	■	■	■	■			

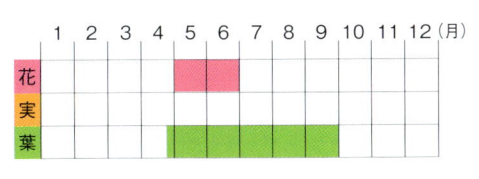

● 自生地

（基本種）北米東部

● 特徴・特性

葉は長さ5〜9cmの広卵形で、先は3裂するかまったく裂けない。先は鈍頭または鋭頭、基部は心形または切形。縁に不規則な鋸歯がある。表は濃紫紅色、裏は紫を帯びた緑色。新芽は暗緑色に出て、徐々に紅紫色を帯び、濃紫紅色になる。日当たりが悪かったり、肥料が多いと緑色が勝ってくる。樹形は株立ち状になる。5〜6月に枝先に散形花序で白花をつける。

● 利用法

庭園樹、公園樹、ガーデニング。

＊その他

朝鮮半島、中国原産のテマリシモツケがある。葉は3〜5の裂片に分かれ、鈍い鋸歯があり、表は濃緑色、裏はほとんど白く、細かい毛がある。

アメリカテマリシモツケ'ルテウス'

Physocarpus opulifolius 'Luteus'

● 特徴・特性

葉の形態は'ディアボロ'と同じ。新芽が黄金色から徐々に緑色を帯び、全体に黄緑色に変化する。裏は淡黄緑色になる。

先は鈍頭または鋭頭

不規則な鋸歯がある

表 80%

基部は心形または切形

裏 80%

表 40%
アメリカテマリシモツケ
'ルテウス'

ドイツトウヒ

• 別名……オウシュウトウヒ、ヨーロッパトウヒ

Picea abies
マツ科 トウヒ属

互生　常緑高木　20m

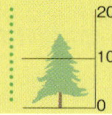

	1	2	3	4	5	6	7	8	9	10	11	12 (月)
花						●						
実									●	●	●	
葉												

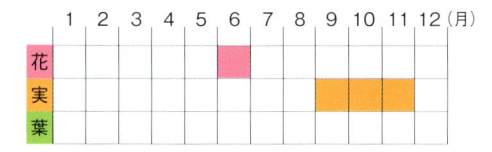

● 自生地

ヨーロッパ北中部

● 特徴・特性

葉は短い線形で光沢のある暗緑色、長さは1〜2cm。横断面が四角形で4面に白っぽい気孔帯がある。若枝は赤黄褐色で無毛。毬果はトウヒ属のなかで一番大きい。品種がある。

類似種 トウヒ、エゾマツ、アカエゾマツ

◆見分け方……**トウヒ**の葉は短い線形で長さ0.7〜1.5cm。色は濃緑色で裏に2条の白い気孔帯がある。横断面は扁平。**エゾマツ**の葉は短い線形、長さ1〜2cmで葉先が鋭い。色は光沢のある濃緑色で裏は白みを帯びる。**アカエゾマツ**の葉は長さ0.6〜1.2cmと短く、横断面は四角形で4面に気孔帯がある。若枝には赤褐色の毛がある。

● 利用法

庭園樹、公園樹、クリスマスツリー、建築・器具・楽器材。

＊その他

日本には明治時代中期に導入された。クリスマスツリーに利用される。ドイツで「黒い森」と呼ばれているのはドイツトウヒの森で、これが衰退し、環境問題がとりざたされた。

表 300% 　枝 70%

カナダトウヒ 'コニカ'

Picea glauca 'Conica'
マツ科 トウヒ属

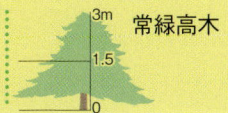

互生　常緑高木

	1	2	3	4	5	6	7	8	9	10	11	12 (月)
花												
実												
葉												

● 自生地

(基本種) カナダ、アメリカ北部

● 特徴・特性
葉は4稜で針状葉。葉先は上に向く。長さは1～1.5cmで、頂芽の部分は輪生状になる。樹形が円錐形になり、密でコンパクト。生長が遅くメンテナンスフリー。コニファーの中では世界でもっとも需要が多い。針葉は新梢時は鮮やかな緑色で青緑色になる。ブルー系や黄金系の品種がある。

● 利用法
庭園樹、公園樹、スパイラル、スタンダード。

アカエゾマツ　赤蝦夷松　●別名……シコタンマツ、シンコマツ

Picea glehnii

マツ科 トウヒ属

互生 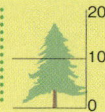　20m 常緑高木

●自生地
北海道、本州（早池峰山）、南千島、サハリン

●特徴・特性
葉は長さ0.5〜1.2cmの針状でトウヒ属の中では最も小さい。断面は四角形で、四面に白い気孔線がある。表は濃緑色、裏は緑白色になる。樹皮は赤褐色で不規則な鱗片状にはがれる。若枝には赤褐色の毛がある。品種がある。

類似種　ドイツトウヒ、トウヒ、エゾマツ

◆見分け方……**ドイツトウヒ**は葉が長く、4面に白っぽい気孔線がある。若枝は赤黄褐色で無毛。**トウヒ**は葉がやや湾曲して先は鈍く尖る。濃緑色で裏に2条の白い気孔線がある。**エゾマツ**は葉が短い線形でやや長く、やや湾曲して先は尖る。光沢のある濃緑色で、裏は白みを帯びる。樹皮は黒っぽい。

●利用法
庭園樹、公園樹、盆栽、クリスマスツリー、建築材、パルプ。

枝 70%　葉 340%

プンゲンストウヒ

Picea pungens
マツ科 トウヒ属

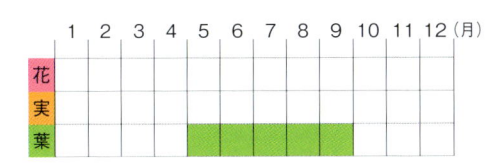

互生 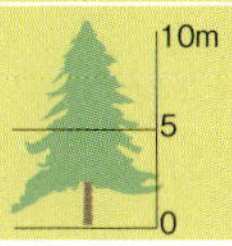 | 常緑高木

●自生地
アメリカ南西部

●特徴・特性
コニファーの王様と言われる。銀青色や黄色の葉の品種があり、特に銀青色の葉の品種が多い。基本種は葉は青緑色または灰青色で厚く、内曲し先は尖る。長さは3cmほどの針形で先は鋭く尖る。葉の横断面は四角形で4面に気孔帯がある。葉色の変化の多いものからの実生繁殖のため葉色の変化は多い。小枝は無毛、樹皮は灰褐色。

●利用法
庭園樹、公園樹、シンボルツリー。

プンゲンストウヒ'ホープシー'
Picea pungens 'hoopsy'

●特徴・特性
葉は硬く強健な針状葉で4稜をもつ。長さ1.5〜3cm。枝の上部は密に放射状につく。針葉は上方に弓状に曲がる。葉は白い粉をまぶしたような銀青色で新葉が最も美しく、風雨にさらされると白い粉が取れてくる。銀青色の葉をつける品種には'コースター''モヘミー'等があるが、'ホープシー'の葉色が最も銀青色である。

先は尖る
葉は厚く内曲し先は尖る
表 130%
表 200% プンゲンストウヒ 'ホープシー'
枝 90%

ニガキ 苦木

Picrasma quassioides
カンラン科 ニガキ属

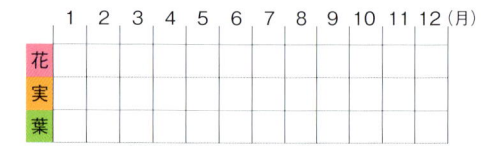

互生 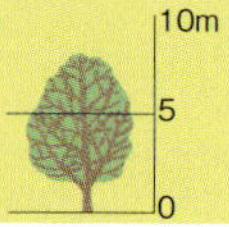　落葉高木

	1	2	3	4	5	6	7	8	9	10	11	12 (月)
花												
実												
葉												

● 自生地

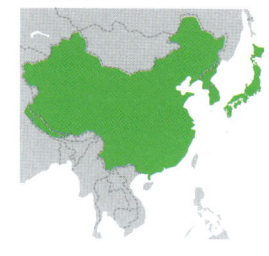

北海道、本州、四国、九州、朝鮮半島、中国、ヒマラヤ

● 特徴・特性

枝や葉には苦味があり、薬用にする。葉は長さ15〜25cmの奇数羽状複葉で、小葉は9〜13枚で、長さ4〜10cmの広披針形または卵状長楕円形で、先は尖り、基部は左右不ぞろいなくさび形。縁には浅い細鋸歯がある。表は濃緑色、裏は淡緑色で、はじめ主脈に褐色の毛があり後に無毛になる。小葉は元に行くに従い、葉の大きさは小さくなる。雌雄異株。

類似種　シオジ、チャンチン

◆見分け方……**シオジ**は科・属が異なり、羽状複葉の葉は小葉がやや細く、先が尾状に尖る。葉柄の基部は肥大して枝を抱く。**チャンチン**は科・属が異なり、葉は奇数または偶数羽状複葉で、かなり長い。小葉はやや細い。

先は尖る
浅い細鋸歯がある
表 50%
基部は左右不ぞろいなくさび形
裏 40%

● 利用法

公園樹、器具材、下駄、薪炭材、薬用。

アセビ 馬酔木　●別名……アセボ、アシビ

Pieris japonica
ツツジ科 アセビ属

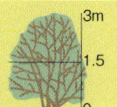

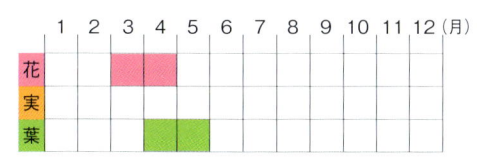

互生　常緑低木　3m / 1.5 / 0

自生地：本州（山形県以南）、四国、九州

●特徴・特性
葉は長さ3〜8cm、幅は1〜2cm。互生であるが、枝先につく葉は輪生状を呈する。広倒披針形の葉は、先端は尖り、革質。縁には鈍頭の鋸歯がある。表は濃緑色で光沢があり、裏は緑色。基部はくさび形、葉柄は0.3〜0.8cm。3月には枝先に円錐花序を出し、白い釣鐘状の花をつける。

類似種　**ヒマラヤアセビ**

◆見分け方……**ヒマラヤアセビ**は全体に大きく、葉は長さ6〜15cmになり、厚みもあって、先端は短く尖り、縁には密に尖った鋸歯がある。新芽はアセビより赤みが強く、自生地では全面が赤く見える。

●利用法
茶庭、日本庭園に多く利用される。高温乾燥ではハダニの発生が見られ、林床等の植栽に向く。

- 先は尖る
- 鈍頭の鋸歯がある
- 基部はくさび形
- 表 160%
- 裏 140%

アカマツ 赤松　●別名……メマツ

Pinus densiflora
マツ科 マツ属

束生　常緑高木

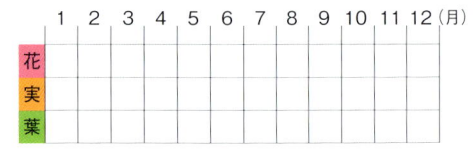

●自生地
北海道（南部）、本州、四国、九州（屋久島）

●特徴・特性
葉は細長く、7〜12cmの針状の2葉を束生し、断面は半円形、基部は膜状で褐色の莢におおわれている。樹皮は赤褐色または黄赤褐色であるが、若枝では赤みが少なく灰赤褐色、枝は若木のうちは車輪状に分枝する。

類似種 ウツクシマツ、タギョウショウ

◆見分け方……**ウツクシマツ**は、滋賀県湖南市（旧甲西町）に自生しているものは天然記念物として知られるが、小枝はアカマツと区別が難しく、樹形は学名の品種名 umbraculifera が示すように傘状になり、**タギョウショウ**も同系で学名も同じ。

葉の断面は半円形

基部は膜状で褐色の莢におおわれている

●利用法
庭園樹、景観樹、造形樹として利用され、庭の主木や門冠りの松としても名木が多い。

ダイオウショウ 大王松　●別名……ダイオウマツ

Pinus palustris
マツ科 マツ属

束生　常緑高木

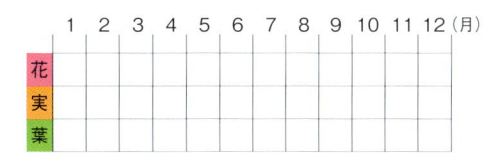

●自生地

北米南東部

●特徴・特性
葉は、マツ類の中では最も長くなり、老木の小枝の葉でも 20〜30cm、若い勢いのよい枝から出る葉は 50〜60cmにもなる。短枝の先端部の葉は、らせん状に互生する。基部は3cm内外の膜状で、中から3枚の葉が出る。頂生する毬果は 15〜25cmになり、毬果としては大きい方である。冬芽は長楕円形で尖頭。鱗片は銀白色の軟毛で覆われている。

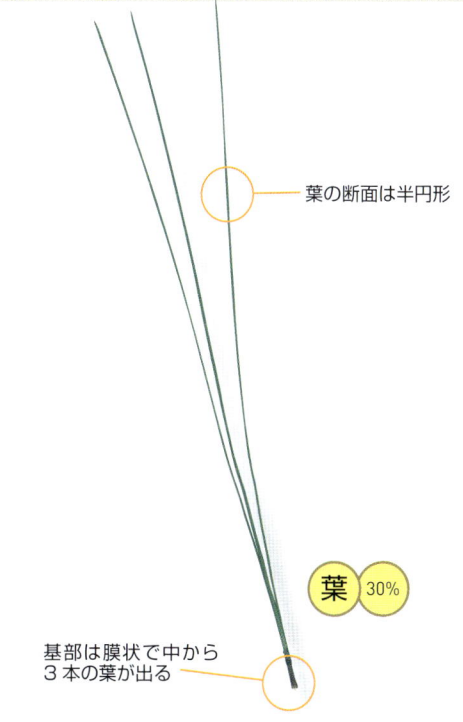

●利用法
記念樹、公園樹、シンボルツリー、ランドマーク、花材として利用される。

＊その他
萌芽力があまりないので、剪定時期に注意すると同時に、あまり大きくしたくない場合には「緑つみ」を行うとよい。

葉の断面は半円形

基部は膜状で中から3本の葉が出る

葉 30%

ゴヨウマツ 五葉松　●別名……ヒメコマツ

Pinus parviflora
マツ科 マツ属

束生　常緑高木

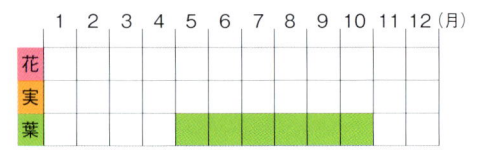

● 自生地
北海道（南部）、本州、四国、九州

● 特徴・特性
葉の数が5本であることから、ゴヨウマツと呼ばれる。葉は短枝に5本ずつ、長さが3〜6cmで束生する。針状でややねじれ、上部に少しだけ鋸歯がある。葉の断面は三角形、表裏ともに白色の気孔線がある。

類似種　キタゴヨウ

◆見分け方……**キタゴヨウ**の葉は長さが4〜8cmと、ゴヨウマツより長い。樹皮は、ゴヨウマツより大きくはがれる。

● 利用法
庭木、景観樹、盆栽によく利用されるが、庭園の主木や門冠りとしてもよい。

＊その他
数十年前の図鑑では、ヒメコマツの名で掲載されていた。盆栽として仕立てられるためにいくつかの園芸品種があり、現在はそれが主流になっている。

- 針状でややねじれる
- 上部に少しだけ鋸歯がある
- 葉の断面は三角形
- 葉は短枝に5本ずつ束生

葉 150%　枝 70%

クロマツ 黒松　●別名……オマツ

Pinus thunbergii
マツ科 マツ属

束生　20m 常緑高木

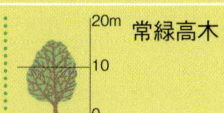

	1	2	3	4	5	6	7	8	9	10	11	12 (月)
花												
実												
葉												

●自生地

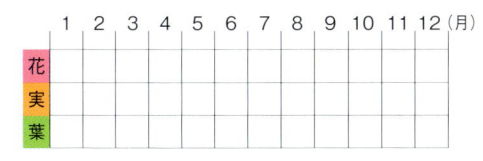

本州（青森県以南）、四国、九州、沖縄

●特徴・特性

葉は2本ずつ束生し、長さは5～16cmの針状になり、硬く、幅は1.5～2mmになる。基部は褐色の莢に包まれている。樹皮は亀甲状の割れ目ができ、灰黒色になり、成木でも若枝でも色はあまり変わらない。枝は車輪性に分枝し、若枝の鱗片は白っぽい。

類似種　**アカマツ**

◆見分け方……**アカマツ**よりクロマツの方が葉色の緑が濃く、針状葉も太くなる。

●利用法

景観樹、防風樹、防潮樹、高生垣、庭園樹、造形樹等の多くの目的に利用される。庭園には主木として利用され、各地の名園には必ずというほど使われる。

＊その他

耐性に最も強い樹木の代表格で、耐潮性はもちろんのこと、耐寒性にも強いことが最大の特性である。屋上等への利用も期待したい。

葉は2本ずつ束生し、先は針状

枝 40%　葉 110%

基部は褐色の莢に包まれる

カイノキ

● 別名……ランシンボク

Pistacia chinensis
ウルシ科 カイノキ属

互生　落葉高木

	1	2	3	4	5	6	7	8	9	10	11	12 (月)
花				■								
実												
葉										■	■	

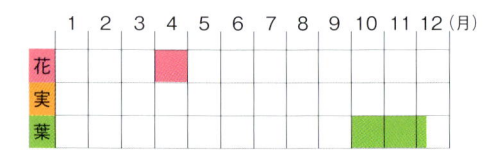

● 自生地

中国、台湾

● 特徴・特性

葉は、偶数または奇数羽状複葉で短柄。小葉は、披針形で長さは5～10cm、5～9対で先端は鋭く尖る。基部は、左右が不ぞろいの広いくさび形、葉は全縁で表は緑色、裏はやや薄い緑色。葉脈は裏側に隆起し、脈上にやや長い毛がまばらに生える。秋の紅葉が特に美しく、朱赤色になる。

類似種　ハゼノキ

◆見分け方……ハゼノキは、葉裏がしばしば粉白色となる。

● 利用法

公園樹、庭園樹、記念樹等に利用される。

＊その他

「学問の木」として知られ、岡山県の閑谷学校の敷地には2本の大木が植えられている。中国ではかつて進士（科挙の六科の一つ）に及第した者に授ける笏をつくった樹として有名で、杖や碁盤の材としても使われる。

先端は鋭く尖る

縁は全縁

基部は左右が不ぞろいの広いくさび形

表 30%

裏 20%

トベラ 扉　●別名……トビラ、トビラノキ

Pittosporum tobira
トベラ科 トベラ属

互生 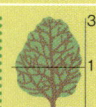　常緑高木

	1	2	3	4	5	6	7	8	9	10	11	12 (月)
花					■	■						
実										■	■	■
葉												

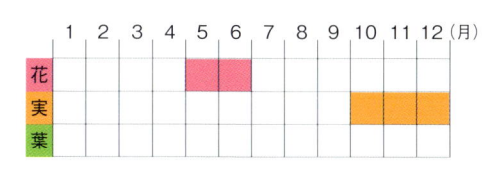

● 自生地

本州（関東以南）、四国、九州、沖縄、朝鮮半島南部、中国

● 特徴・特性

葉は長さ5〜10cm、幅は2.5〜3.5cmの倒披針形から長楕円形。先は丸く基部はくさび形で細くなり、葉柄に流れる。縁は全縁で裏面に巻くことが多い。表は深緑色で裏は淡緑色。若葉は微毛があるが後に無毛になり、革質で光沢がある。花には芳香があり、通りがかった時に香りで気づく。

● 利用法

庭園樹、公園樹、大刈り込みやボーダー植栽のほかに、屋上緑化用にも適した樹木。

＊その他

耐潮性に優れ、海岸線でも最前線に自生する代表的な樹木である。

先は丸い

縁は全縁で裏面に巻く

基部はくさび形で細くなり、葉柄に流れる

表 110%　裏 110%

コノテガシワ 児の手柏 ●別名……ハリギ

Platycladus orientalis
ヒノキ科 コノテガシワ属

対生　常緑高木　10m

	1	2	3	4	5	6	7	8	9	10	11	12 (月)
花												
実												
葉												

● 自生地

中国北西部

● 特徴・特性
葉は卵形で鋭頭、ほとんどの枝が直立し、横に伸びた枝も途中から直上するので、芯が何本も立つ。小枝も直上するので、葉の表裏の区別がつきにくい。葉色は両面ともにほぼ同じ色で濃緑色。高さ2m内外までは、放任でも卵形状に生育する。

類似種　ネズコ
◆見分け方……コノテガシワの枝葉は直上し、表裏が目立たないが、**ネズコ**の枝葉は横に伸びるため表裏がはっきりわかる。

● 利用法
庭園、公園樹、社寺、景観樹等に利用。中国では歴史的建造物の周辺にもよく利用されている。

＊その他
枝葉は線香や香料の材料となる。

枝 50%

先は鋭頭

裏 60%
枝先

表 70%
枝先

イヌマキ 犬槇　●別名……マキ、クサマキ

Podocarpus macrophyllus
マキ科 マキ属

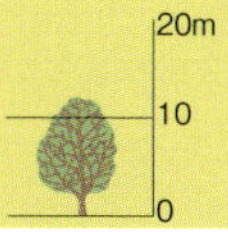

互生　常緑高木

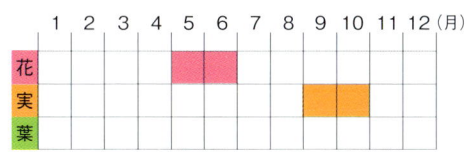

●自生地 
本州（南関東以南）、四国、九州、沖縄

●特徴・特性
葉は扁平な線形、密に互生する。広線形の葉は、長さ10〜15cm。幅は1cm内外になり、枝にらせん状につく。表は濃緑色、裏は淡緑色で中脈が顕著に隆起する。葉の先端は、鈍頭で全縁。革質。雌雄異株で、雄花は円柱穂状で有柄。雌花は葉腋に1個つけ、緑色の花托がある。果実はほぼ球形。9〜10月に白粉を帯びた緑色になり、花托は赤紫色になる。

| 類似種 | ラカンマキ |

◆見分け方……**ラカンマキ**はイヌマキより全体的にコンパクトで、葉の長さ5〜8cm、幅が0.4〜0.8cm、徒長枝もあまり伸びない。

●利用法
庭園樹、造形樹、防風垣、生垣、景観樹として利用されるが、造形されたものは庭園の主木や門冠りとしての利用も多い。耐潮性に優れることから、海岸近くの屋敷や果樹園の外周にもよく利用される。

先は鈍頭
縁は全縁
表 100%
裏は中脈が隆起する
裏 100%

ラカンマキ 羅漢槙

Podocarpus macrophyllus var. *maki*
マキ科 マキ属

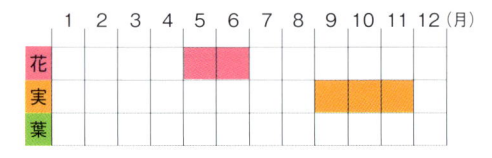

互生　常緑高木

●自生地

本州（南関東以南の太平洋側）、四国、九州

●特徴・特性
葉は長さ5〜8cm幅0.4〜0.8cmの広線形から線状披針形。先はやや丸味がありわずかに尖る。基部は細いくさび形で柄は短い。表は灰色を帯びた濃緑色で裏は淡緑色。ほぼらせん状に密に互生する。

| 類似種 | イヌマキ |

◆見分け方……**イヌマキ**の葉は長さが10〜15cmと長く幅も広い。また、革質でより光沢があり濃緑色。

先は丸味がありわずかに尖る

表 110%

裏 110%

基部は細いくさび形

●利用法
防風垣、庭園樹、生垣などのほか、耐潮性があり沿海部の防潮垣にも使われる。

＊その他
関西から九州方面ではラカンマキが主流で、関東ではイヌマキが多く利用されてきた歴史がある。

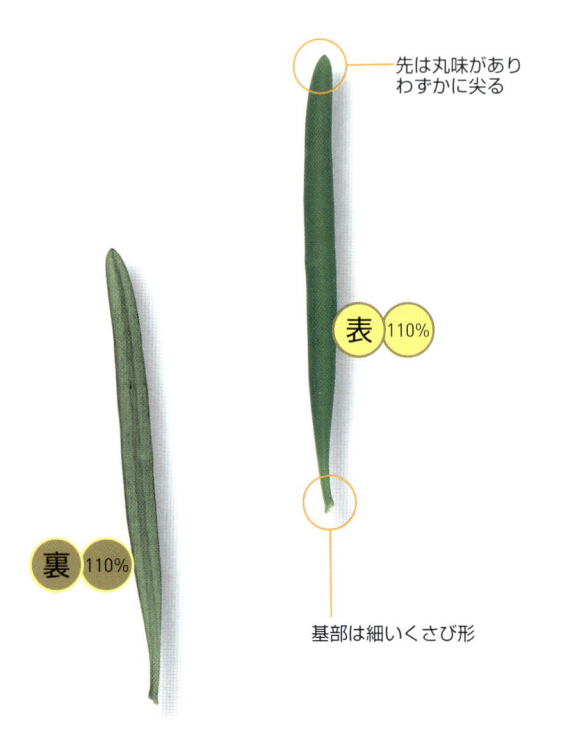

ギンドロ 銀泥

Populus alba
ヤナギ科 ハコヤナギ属

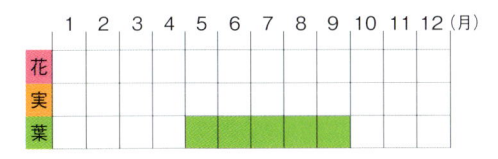

互生 / 落葉高木 20m

	1	2	3	4	5	6	7	8	9	10	11	12 (月)
花												
実												
葉					■	■	■	■	■			

● 自生地

（原産）ヨーロッパ中南部、北西アジア

● 特徴・特性

若木のうちは3〜5浅裂するが、成木に達すると広卵形の葉になる。葉は長さ4〜8cm。先端は鋭頭、縁は波状の欠刻状鋸歯があり、表は緑色で裏は銀白色の綿毛が密につき、白っぽく見え、風に吹かれると葉の表裏がキラキラと目立つ。

| 類似種 | ギンドロ'リチャーディー' |

◆ 見分け方……'リチャーディー'は形態的にはギンドロとほぼ同じであるが、葉色に特徴があり、春の葉の展開時から淡黄色で後に黄色味を増す。

● 利用法

公園樹、庭園樹、街路樹等に利用される。耐寒性もあり、北国での利用は効果的である。

＊その他

風対策として若木のうちは強剪定をくり返し、幹が太くなると強健になる。

- 先端は鋭頭
- 波状の欠刻状鋸歯がある
- 裏は銀白色の綿毛が密につく

表 70%
裏 60%

イタリアポプラ

● 別名……セイヨウハコヤナギ

Populus nigra var. *italica*
ヤナギ科 ハコヤナギ属

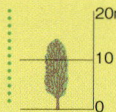

互生　落葉高木

● 自生地

（原産）ヨーロッパ、西アジア

● 特徴・特性
葉は長さ5〜12cmの卵形を帯びた菱形、先端は短鋭尖頭。基部は切形またはくさび形、縁には細かな鋸歯がある。表は緑色で裏は淡緑色。葉柄は4〜6cmあり、縦に扁平で風にヒラヒラとそよぐ。幹・枝ともに直上し、横枝が広がらず箒状になることから、ホウキポプラとも呼ばれる。

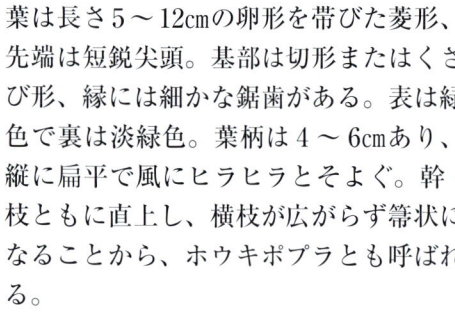

● 利用法
公園樹、街路樹、シンボルツリー等に利用される。

＊その他
イタリアポプラと呼ばれているが、原産はイタリアではなく、多量に生産されていたのがイタリアであったことから、italicaの変種名がついた。図鑑等では別名のセイヨウハコヤナギを標準和名としている場合が多いが、一般にはイタリアポプラの方が通用しやすい。

先端は短鋭尖頭
細かな鋸歯がある
基部は切形またはくさび形
表 90%
裏 70%

ベニバスモモ 紅葉李　●別名……ベニスモモ、アカハザクラ

Prunus cerasifera 'Atropurpurea'
バラ科 スモモ属

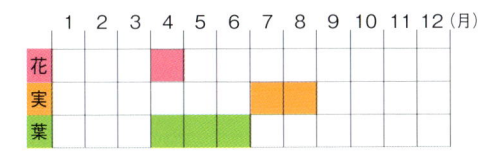

互生　落葉高木

●自生地

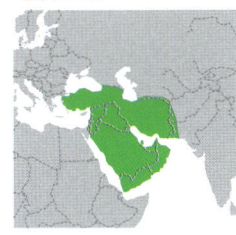

（基本種）西南アジア、コーカサス

●特徴・特性
新葉が紅色を帯び、紅紫色が強くなる。夏前には緑を帯びた色になる。果実は少ないが、暗紅色で小さく食べられる。花は淡紅色で、新葉の展開とともに開花する。葉は長さ8〜12cmの卵形または倒卵形で、先は鋭く尖り、基部は円形または広いくさび形。縁には細かい鋸歯がある。品種がある。

先は鋭く尖る

細かい鋸歯がある

表 80%

基部は円形または広いくさび形

裏 70%

●利用法
庭園樹、公園樹、シンボルツリー、街路樹、生け花。

＊その他
カラーリーフの樹木としては昔から知られ、ノムラモミジとともに庭園、公園等に植えられてきた。

341

ザクロ 石榴

Punica granatum
ザクロ科 ザクロ属

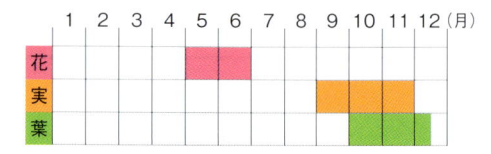

対生　落葉高木

● 自生地

小アジア

● 特徴・特性
葉は長さ2〜5cmの長楕円形で、先は鋭頭または鈍頭あるいは円頭、基部は細いくさび形またはくさび形。縁は全縁。表は緑色で光沢があり、裏は淡緑色で無毛またはわずかに毛がある。枝には刺がある。5〜6月に咲く朱赤色の花は「紅一点」の紅を指すものであり、秋に熟す果実は食べられる。品種が多く、花を観賞する花ザクロもあり、八重咲き、橙色、白、絞りなどがある。江戸時代には番付が作られたほど人気があった。

先は鋭頭または鈍頭
または円頭

縁は全縁

表 140%
裏 110%

基部は細いくさび形
またはくさび形

● 利用法
庭園樹、公園樹、記念樹、果樹。

トキワサンザシ（ピラカンサ）

Pyracantha spp.
バラ科 トキワサンザシ属

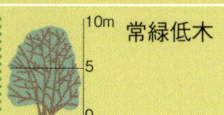

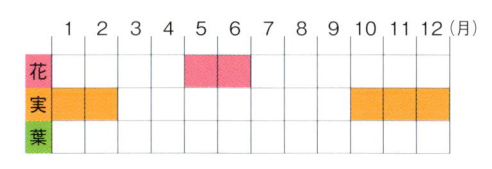

互生　常緑低木

● 自生地

西アジア

● 特徴・特性

葉は長さ2～4cmの倒披針形または狭倒卵形で、幅はヒマラヤトキワサンザシより広い。先は丸く、基部は左右非対称のくさび形。革質で、縁には細かい鋸歯がある。表は濃緑色で光沢があり、裏は緑色。真赤な実と枝の刺が特徴。

| 類似種 | タチバナモドキ、ヒマラヤトキワサンザシ |

◆見分け方……**タチバナモドキ**の葉は5～6cmの狭長楕円形または狭倒卵形で、先は丸く、基部はくさび形。縁は全縁または線状の鋸歯がある。革質で、表は濃緑色で光沢が少なく、裏は淡緑色で白毛が密生する。実は平たい球形で橙黄色。**ヒマラヤトキワサンザシ**の葉は2～5cmの長楕円形または披針形で、先は幅広く鈍頭、基部はくさび形。縁は細かい鋸歯がある。表は濃緑色で光沢があり、裏は淡緑色。実は球形で橙紅色または橙赤色。

● 利用法

庭園樹、公園樹、人止め。

＊その他

普通は類樹種の2種を含めた3種をピラカンサと呼ぶ。

先は丸い
細かい鋸歯がある
表 170%
裏 150%
基部は左右非対称のくさび形

クヌギ 椚、橡　●別名……ツルバミ

Quercus acutissima
ブナ科 コナラ属

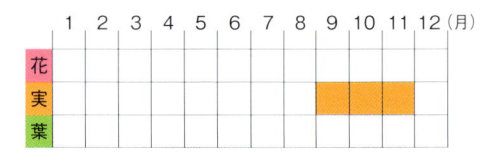

互生　落葉高木　20m

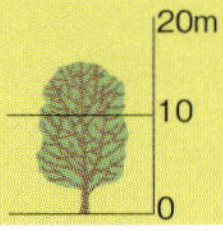

	1	2	3	4	5	6	7	8	9	10	11	12 (月)
花												
実									■	■	■	
葉												

● 自生地

本州、四国、九州、アジア北東部

● 特徴・特性

葉は長さ7〜20cmの長楕円状披針形で、先は鋭く尖るか鈍頭で、基部はくさび形か心形または円形で左右非対称。縁には波状鋸歯があり、先端は芒となる。質は洋紙質。表は濃緑色で光沢があり、初め軟毛があるがのちに無毛。裏は淡緑色で葉脈上に毛がある。樹皮は灰褐色で厚く、縦に不規則な裂け目がある。

類似種　**クリ、アベマキ**

◆見分け方……**クリ**の葉は薄い革質で、全体がややふっくらし、裏の葉脈が目立つ。**アベマキ**は西日本に多く幹にコルク層が発達する。葉の裏が白っぽく、全体にふっくらしている。

● 利用法

雑木の庭の構成樹、公園樹、薪炭材、シイタケの原木。

アベマキ
Quercus variabilis

● 特徴・特性

葉は長さ7〜15cmの狭長楕円形で、先は鋭形または鋭く尖り、基部はくさび形。縁には低い鋸歯がある。裏は粉白色で毛が密生する。

先は鋭く尖るか鈍頭

波状鋸歯の先端は芒状になる

表 50%

裏 50%

先は鋭形または鋭く尖る

低い鋸歯がある

表 30%　アベマキ

基部は左右非対称のくさび形か心形または円形

基部はくさび形

ナラガシワ 楢櫟　●別名……カシワナラ

Quercus aliena
ブナ科 コナラ属

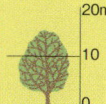

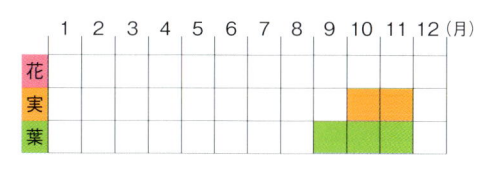

互生　落葉高木　20m

	1	2	3	4	5	6	7	8	9	10	11	12 (月)
花												
実										■	■	
葉									■	■	■	

● 自生地

本州、四国、九州、アジア東南部

● 特徴・特性

葉は長さ10〜25cmと大きく、倒卵状楕円形。先は短く尖り、基部は広いくさび形。縁には粗く大きな鋸歯がある。質はやや厚い革質。表は緑色、裏は灰緑色で細かい星状毛が密生する。樹皮は黒灰褐色で不規則に縦裂する。

類似種　ミズナラ、カシワ

◆見分け方……**ミズナラ**は葉がやや小さく、先はナラガシワほど尖らない。基部は耳状のくさび形。葉柄は極めて短い。**カシワ**は葉が大きく、縁に欠刻状の大きい鋸歯がある。基部はやや耳状のくさび形。葉柄は短い。

● 利用法

公園樹、薪炭材、器具材。

先は短く尖る
粗く大きな鋸歯がある

オウゴンガシワ
Quercus aliena 'Lutea'

● 特徴・特性

名前はカシワだが、ナラガシワの品種で、新葉が鮮やかな黄金色で極めて美しい。後に黄緑色から緑色に変わる。秋の紅葉は黄色くなり長く楽しめる。

表 30% オウゴンガシワ
表 90%
裏 80%

基部は広いくさび形

コナラ 小楢　●別名……ナラ、ハハソ

Quercus serrata
ブナ科 コナラ属

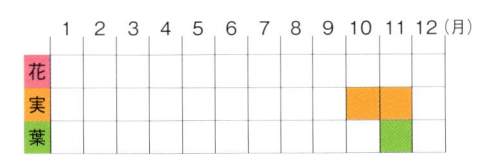

互生　落葉高木

	1	2	3	4	5	6	7	8	9	10	11	12 (月)
花												
実										■	■	
葉											■	

●自生地

北海道、本州、四国、九州、朝鮮半島

●特徴・特性
葉は長さ5〜15cmの倒卵形または倒卵状長楕円形で、先は鋭く尖り、基部はくさび形または円形。縁には尖った鋸歯がある。表は緑色で光沢があり、若葉には絹毛があり後に無毛。裏は灰緑色で星状毛と絹毛がある。山野に普通に生え、雑木林の代表樹。秋の紅葉は赤茶色になる。

類似種　ミズナラ

◆見分け方……ミズナラは葉がやや大きく、先は短い鋭形または鈍形。縁の鋸歯は大きい。光沢はない。

●利用法
雑木の庭の構成樹、公園樹、建築・器具材、薪炭材、シイタケの原木。

先は鋭く尖る

尖った鋸歯がある

表 80%

裏 70%

葉柄が長い

基部はくさび形または円形

ミズナラ 水楢　●別名……オオナラ

Quercus crispula
ブナ科 コナラ属

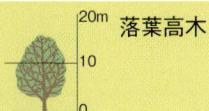

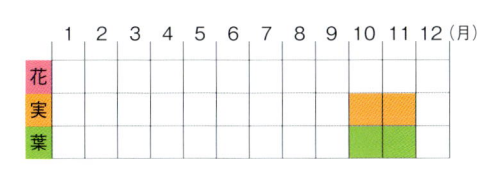

互生　落葉高木

● 自生地

北海道、本州、四国、九州、アジア北東部

● 特徴・特性

葉は長さ5〜20cmの倒卵状長楕円形または倒卵形で、先は短い鋭形または鈍形、基部は耳たぶ状のくさび形。縁には粗大な鋭頭または鈍頭の鋸歯がある。表は緑色ではじめ軟毛があるが後に無毛になり、裏は淡緑色で絹毛または微毛がある。樹皮は黒褐色を帯び、縦に不規則な裂け目がある。山地に生える。

類似種　ナラガシワ、カシワ、コナラ

◆見分け方……**ナラガシワ**は葉がやや大きく、基部は広いくさび形。縁の鋸歯はミズナラより小さい。葉柄は長い。**カシワ**は葉が大きく、縁に大きな欠刻状の鈍鋸歯がある。**コナラ**は葉が小さく細い。先は尖る。葉柄は長い。

- 先は短い鋭形または鈍形
- 粗大な鋭頭または鈍頭の鋸歯がある
- 基部は耳たぶ状のくさび形

枝 30%　表 60%　裏 60%

● 利用法

公園樹、建築・器具材。

カシワ 柏

Quercus dentata
ブナ科 コナラ属

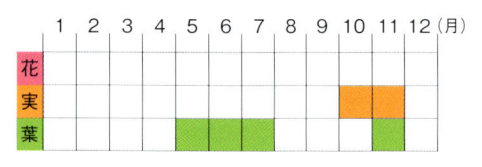

互生 | 20m 落葉高木

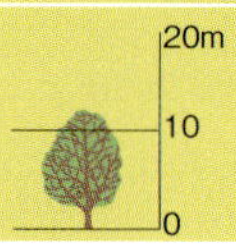

	1	2	3	4	5	6	7	8	9	10	11	12 (月)
花												
実												
葉												

● 自生地

北海道、本州、四国、九州、アジア東北部、中央アジア

● 特徴・特性

葉は長さ10〜30cmの倒卵形または広倒卵形で、先は鈍頭で、基部はくさび形でやや耳たぶ状となる。縁は大きな欠刻状の鈍鋸歯がある。表は緑色で若葉では短毛や星状毛を散生するが後に主脈以外は無毛になる。裏は緑白色で短毛と星状毛が密生する。冬の枯葉は新芽が出るまで残るものがあるので、代々続くという縁起木とされる。葉は柏餅に欠かせない。

類似種　ナラガシワ、ミズナラ

◆見分け方……**ナラガシワ**は葉がやや小さく細い。先は短く尖り、鋸歯は粗く大きい。**ミズナラ**は葉が小さく、先は短い鋭形または鈍形。鋸歯は粗く大きな鋭頭または鈍頭。

先は鈍頭

表 50%

裏 30%

大きな欠刻状の鈍鋸歯がある

基部はくさび形でやや耳たぶ状

● 利用法

庭園樹、公園樹、建築材、柏餅の葉。

イギリスナラ

●別名……ヨーロッパナラ

Quercus robur
ブナ科 コナラ属

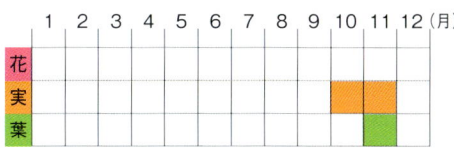

互生　落葉高木

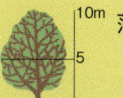

	1	2	3	4	5	6	7	8	9	10	11	12 (月)
花												
実										●	●	
葉											●	●

● 自生地

ヨーロッパ、北アフリカ

● 特徴・特性

葉は長さ5〜12cmの長楕円形で、先は鈍頭、基部はくさび形。縁には粗く大きな欠刻状の鈍鋸歯がある。表は緑色、裏は淡緑色で葉脈が目立つ。樹皮は淡灰色で縦に短い亀裂が密に入る。欧米の庭園でもっとも普通に見られる。品種が多く、'紫葉''黄金葉''枝垂れ''ファスティギアータ'などである。

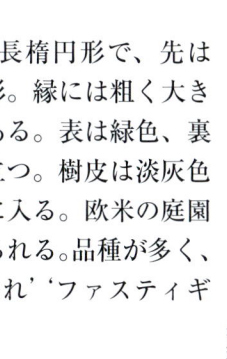

● 利用法

庭園樹、公園樹、景観樹、生垣。

＊その他

紫葉の'アトロプルプレア'は若葉が赤紫色で生長が遅い。黄金葉の'コンコルディア'は新梢が鮮やかな黄色で人気がある。

先は鈍頭

粗く大きな欠刻状の鈍鋸歯がある

表 110%

裏 80%

基部はくさび形

アカガシ 赤樫

Quercus acuta
ブナ科 コナラ属

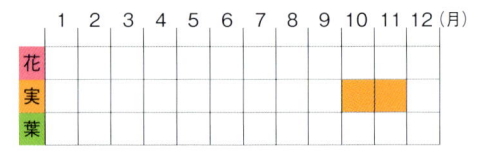

互生　常緑高木

	1	2	3	4	5	6	7	8	9	10	11	12 (月)
花												
実										■	■	
葉												

● 自生地

本州（宮城・新潟県以南）、四国、九州、朝鮮半島南部、中国

● 特徴・特性

葉は7～20cmの卵状楕円形で、先は尾状に鋭く尖り、基部はくさび形。縁は全縁でときには上半分がわずかに波状になる。やや硬い革質。表は濃緑色で光沢があり、裏は緑色。葉柄は2～4cm。樹皮は灰黒色で皮目は目立たないが、二年生枝などには楕円形の皮目が多い。山野に自生する。

類似種　ツクバネガシ

◆見分け方……**ツクバネガシ**は、葉が長さ5～12cmの長楕円状披針形で、先は鋭く尖り、基部はくさび形。縁は先端に鋸歯がある。硬い革質で主脈はへこむ。表は濃緑色で光沢があり、裏は淡緑色で主脈が突出する。若い葉は短毛があり、縁が内側に巻く。葉柄はアカガシより短い。

先は尾状に鋭く尖る

全縁でときに上半分がわずかに波状となる

基部はくさび形

表 70%　裏 50%

● 利用法

庭園樹、公園樹、建築・器具・船舶・楽器材。

＊その他
和名は材が赤みを帯びることから。

アラカシ 粗樫

Quercus glauca
ブナ科 コナラ属

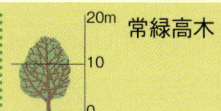

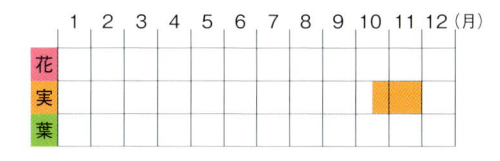

互生　常緑高木

● 自生地

本州（宮城・石川県以南）、四国、九州、沖縄、済州島、アジア南東部

● 特徴・特性

葉は長さ5〜13cmの長楕円形または倒卵状長楕円形で、先は急に鋭く尖り、基部は広いくさび形。縁には上半分にやや鋭く低い鋸歯がある。質は革質。表は暗緑色で光沢があり、はじめ軟毛があるが後に無毛になる。裏は灰白色で絹毛が密生する。関西で単にカシというと本種を指す。生垣や高垣、景観樹としてよく植栽される。

類似種　シラカシ

◆見分け方……シラカシは葉が細く、縁の鋸歯は全面にある。裏はほとんど無毛。

先は急に細く尖る
上半分にやや鋭く低い鋸歯がある
基部は広いくさび形
表110%
裏100%

● 利用法

庭園樹、公園樹、生垣、建築・器具材。

シラカシ 白樫

Quercus myrsinaefolia
ブナ科 コナラ属

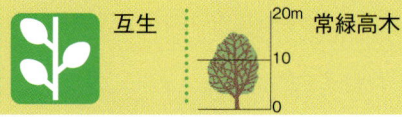

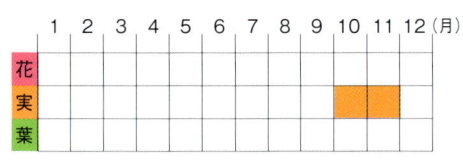

互生　常緑高木

● 自生地

本州（福島・新潟県以南）、四国、九州

● 特徴・特性
葉は長さ4〜13cmの長楕円状披針形で、先は鋭く尖り、基部はくさび形または広いくさび形で革質。縁には浅い鋸歯がある。表は緑色で光沢があり、裏は灰緑色ではじめ絹毛が生え、後にほとんど無毛になる。関東で単にカシというと本種を指す。本種の高垣は樫塀と言われ防風垣としても風物詩である。

類似種　ウラジロガシ

◆見分け方……**ウラジロガシ**の葉は裏が白く、縁が波打つ。

● 利用法
庭園樹、公園樹、街路樹、建築・器具・楽器材。

＊その他
材の色がアカガシに比べて淡いので名がついた。

先は鋭く尖る
浅い鋸歯がある
基部はくさび形または広いくさび形

表 100%　裏 80%

ウバメガシ 姥目樫　●別名……ウマメガシ

Quercus phillyraeoides
ブナ科 コナラ属

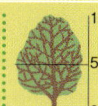

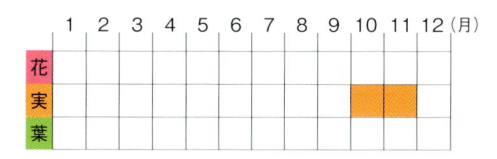

互生　常緑高木

● 自生地

本州（房総半島、三浦半島、伊豆半島以南の太平洋側）、四国、九州、沖縄、朝鮮半島、中国

● 特徴・特性

葉は長さ3〜6cmの広楕円形で、先は鈍頭または円形、基部は円形またはわずかに心形。縁には低い鋸歯がある。厚く硬い革質。表は濃緑色でやや光沢があり、裏は緑色。両面にはじめ主脈にそって毛があり、後に無毛。樹皮は黒褐色で老木では縦に浅い裂け目がある。材が硬く備長炭は本種から作られる。暖地の海岸沿いの山地に多い。

先は鈍頭または円形
低い鋸歯がある
表 110%
基部は円形またはわずかに心形
裏 110%

● 利用法

庭園樹、公園樹、生垣、薪炭材。

＊その他

葉の表に星状毛が密生し、黄白色に見えるケウバメガシには葉が長楕円形でしわの多いチリメンガシなどの変種・品種がある。耐潮性が最も強い一種。

ツクバネガシ 衝羽根樫

Quercus sessilifolia
ブナ科 コナラ属

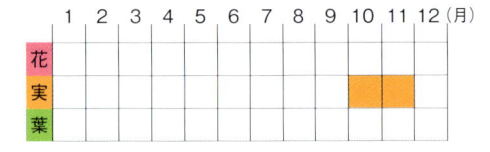

互生　常緑高木

● 自生地

本州（福島・石川県以南）、四国、九州、台湾

● 特徴・特性

葉は長さ5〜12cmの長楕円状倒披針形で、先は鋭く尖り、基部はくさび形。縁には先端部に鋸歯がある。硬い革質。表は濃緑色で光沢があり主脈がへこむ。裏は淡緑色で主脈が突出する。若葉は短毛があり、縁が内側に巻く。葉柄は0.4〜1.2cm。樹皮は黒褐色で縦に浅い裂け目がある。山地に生える。

類似種　**アカガシ**

◆見分け方……**アカガシ**は葉に鋸歯が無く、葉柄が長い。

● 利用法

公園樹、器具・楽器材。

＊その他

枝の先端部の葉が輪生状になっており、正月の羽根つきのツクバネに似ているところから名がついた。オオツクバネガシは、本種とアカガシの雑種で葉が大形で葉柄が1〜2cm。

先は鋭く尖る
先端部に鋸歯がある
表 90%
裏 70%
基部はくさび形

シャリンバイ

車輪梅　　●別名……タチシャリンバイ

Rhaphiolepis indica var. *umbellata*
バラ科 シャリンバイ属

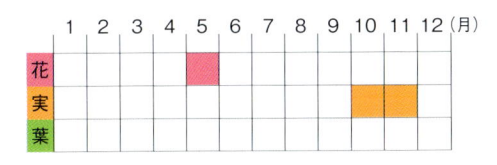

互生　　常緑高木

	1	2	3	4	5	6	7	8	9	10	11	12 (月)
花					■							
実										■	■	
葉												

● 自生地

本州、四国、九州、済州島

● 特徴・特性

葉は長さ4〜8cmの長楕円形または狭倒卵形。先は鋭頭または鈍頭で、基部はくさび形または切形。縁は全縁または鈍鋸歯がありやや外反する。革質で、表は濃緑色でやや光沢があり、裏は淡緑色。両面ともはじめは毛があるが後に無毛。暖地の海岸に自生する。

類似種　マルバシャリンバイ、ヒメシャリンバイ

◆見分け方……下記参照。

● 利用法

庭園樹、公園樹、海岸植栽、生垣、染料。

先は鋭頭
または鈍頭

縁は全縁
または鈍鋸歯があり
やや外反する

基部はくさび形
または切形

表 70%　裏 50%

マルバシャリンバイ

Rhaphiolepis indica var. *umbellata*

● 特徴・特性

葉は長さ3〜6cmの卵形または広卵形で、先は丸いか鈍く尖り、基部は広いくさび形でかなりゆがみ、丸味がある。縁は鈍い鋸歯か全縁で裏側にやや反り返る。厚い革質。表は暗緑色で光沢があり、裏は淡緑色で白っぽい。樹形は株状で樹高は高くならない。

表 80%
マルバシャリンバイ

ヒメシャリンバイ

Rhaphiolepis indica var. *umbellata* f. *minor*

● 特徴・特性

葉は長さ2〜4cmの卵状長楕円形または長楕円形でまばらに出る。先は鈍頭または鋭頭で、基部はくさび形。縁に鈍鋸歯があるか全縁。表は濃緑色で、裏は緑色。枝は分岐性。

表 80%
ヒメシャリンバイ

シュロチク 棕櫚竹

Rhapis humilis
ヤシ科 シュロチク属

互生　常緑低木

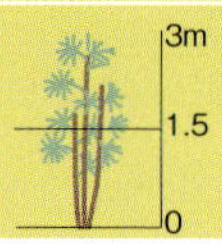

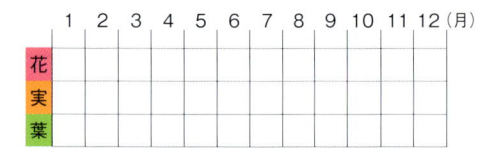

	1	2	3	4	5	6	7	8	9	10	11	12 (月)
花												
実												
葉												

● 自生地

中国南部

● 特徴・特性

葉は径約30cmで掌状に10～18裂し、裂片は狭長楕円形で、滑らかな革質で光沢がある。先は細くなり、2～3裂する。表は濃緑色で、裏は淡緑色。葉柄は細くて硬い。品種はあまり無く、斑入り品種が知られるだけである。江戸時代に渡来し、暖地では観賞用に植えられ、一般には鉢植えで観葉植物として楽しまれている。幹は細く株立ち状になり、幹は繊維に覆われている。

類似種　カンノンチク

◆見分け方……**カンノンチク**は葉が掌状に4～8裂し、裂片はシュロチクより幅が広く、縦ひだが目立つ。質は硬くて光沢があり表面がふくらむ。

● 利用法

庭園樹（南関東以南）、鉢植え（屋内）。

＊その他

小ぶりの雲南姫シュロチクが導入されている。

先は細くなり2～3裂する

掌状に10～18裂

葉柄は細くて硬い

表 20%

裏 10%

キリシマツツジ 霧島躑躅

Rhododendron × obtusum

ツツジ科 ツツジ属

互生 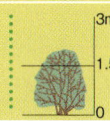　常緑低木

	1	2	3	4	5	6	7	8	9	10	11	12 (月)
花				■	■							
実												
葉												

● 自生地

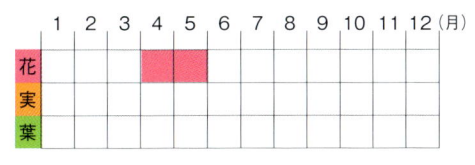

九州南部

● 特徴・特性

春の葉は長さ2〜3cmの長楕円形、夏の葉は楕円形。先は丸く基部はくさび形。縁は全縁で毛がある。両面とも緑色で毛が多い。

類似種　**サツキ、ミヤマキリシマ**

◆見分け方……**サツキ**の葉は長さ2〜3.5cmの披針形または広披針形で、先は尖る。**ミヤマキリシマ**の葉は長さ0.8〜2cmの長楕円形。両端は尖る。両面、特に裏の脈上に褐色の毛がある。樹高は1〜2mで、下から密に分枝する。花は紅紫色、淡紅色、朱紅色、紫色、白色などがある。

● 利用法

庭園樹、公園樹、寄せ植え。

＊その他

正保年間（1644〜48年）に霧島山から1本が下ろされ、大坂へ運んだ。取り木で5本に分け、京都に2本、明暦2年（1656）に江戸に3本が分けられた。京都のものが'御所'、江戸のものが'武江染井'に入った。クルメツツジは、幕末に久留米藩の坂本元蔵が江戸から持ち帰ったキリシマツツジを元に品種改良したものである。

先は丸い

全縁で毛がある

毛が多い

基部はくさび形

表 300%　裏 300%

ヒラドツツジ 平戸躑躅

Rhododendron × pulchrum cv.
ツツジ科 ツツジ属

互生 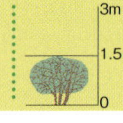　常緑低木　3m / 1.5 / 0

	1	2	3	4	5	6	7	8	9	10	11	12 (月)
花				●	●							
実												
葉												

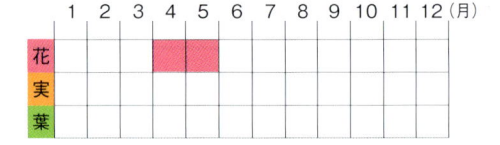

- ● **自生地**　複雑交配の品種で基本種は不明
- ● **特徴・特性**
葉は長さ5〜8cmの長楕円形。先は尖り、基部はくさび形。縁は全縁。両面とも緑色で、裏の主脈が目立つ。花は多彩で品種が多い。

類似種　オオムラサキツツジ

◆**見分け方**……オオムラサキツツジは細長く丸味を帯びた葉が混ざる。

- ● **利用法**
庭園樹、公園樹、寄せ植え、大刈り込み等。

先は尖る
縁は全縁
裏の主脈が目立つ
基部はくさび形

表 100%　リュウキュウツツジ
表 80%
裏 80%

リュウキュウツツジ

Rhododendron × mucronatum

- ● **特徴・特性**
葉は長さ2〜4cmの長楕円形。先は尖り、基部はくさび形。縁は全縁で巻きぎみになる。両面とも緑色で毛深い。裏の主脈は目立つ。花は白の大輪で花つきが良い。耐寒性に優れる。

オオムラサキツツジ

Rhododendron × pulchrum 'Speciosum'

- ● **特徴・特性**
葉は長さ5〜8cmの狭長楕円形で両端は尖り、縁は全縁で革質。両面とも緑色で毛がある。花、葉ともに大形で、紅紫色。耐寒性に優れる。

表 60%　オオムラサキツツジ

ヤクシマシャクナゲ 屋久島石楠花

Rhododendron metternichii var. *yakushimanum*
ツツジ科 ツツジ属

互生 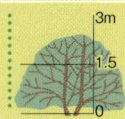　常緑低木

	1	2	3	4	5	6	7	8	9	10	11	12	(月)
花					■								
実													
葉													

● 自生地

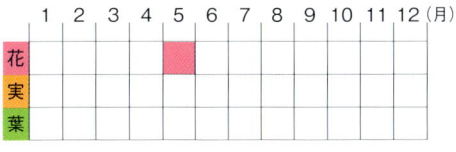

九州（屋久島）

● 特徴・特性
葉は長さ4〜13cmの狭倒披針形で、先は尖り、基部はくさび形。縁は全縁で厚い革質。全体が亀の子状に反り返る。表は濃緑色で光沢があり、裏は褐色の綿毛が厚く密生する。高所に自生するほど矮性化し、葉も小形で厚くなる。花は蕾の時は濃桃で、開花するにしたがって白くなる。

類似種　セイヨウシャクナゲ

◆見分け方……**セイヨウシャクナゲ**は、基本種と品種が多く、苗木は接木品がほとんどで、日本の気候でも丈夫で栽培が容易である。葉は革質で、表に光沢があり、裏は無毛。

● 利用法
庭園樹、公園樹。

セイヨウシャクナゲ
Rhododendron cv.

● 特徴・特性
葉は革質で、表に光沢があり、裏は無毛。花色が多く、大形で赤、黄色、ピンク色、紅紫色、紫色、覆輪など品種が非常に多い。

先は尖る
縁は全縁
裏は褐色の綿毛が密生する
基部はくさび形

表 40% セイヨウシャクナゲ
表 80%
裏 80%

エゾムラサキツツジ

蝦夷紫躑躅
●別名……トキワゲンカイ

Rhododendron dauricum
ツツジ科 ツツジ属

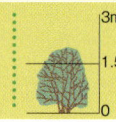

互生　常緑低木

● 自生地

北海道、アジア北東部

● 特徴・特性
葉は長さ2～6cmの楕円形または長楕円形。先は丸く、基部はくさび形。表は暗緑色、裏は緑色で、両面と若枝には腺状鱗片がある。常緑種であるが葉はすべてが越冬せず一部だけが残る。耐寒性に優れる反面、暑い所では樹勢が衰える。花は紅紫色で、枝葉には独特の香りがある。

類似種　ゲンカイツツジ

◆見分け方……ゲンカイツツジは落葉で、葉は長さ4～8cmの楕円状披針形。先は尖り、基部はくさび形。両面や縁に腺状鱗片と毛がある。

先は丸い

表 210%

基部はくさび形

裏 180%

● 利用法
庭園樹、公園樹。

ミツバツツジ 三葉躑躅

Rhododendron dilatatum
ツツジ科 ツツジ属

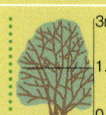

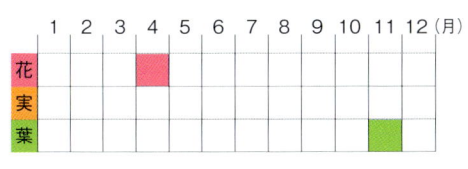

互生、輪生　落葉低木

本州（関東・東海・近畿地方）

●特徴・特性
葉は長さ4～7cmの菱形状広卵形。先は鋭頭で先端中央に腺状突起があり、基部は円形で短く葉柄に流れる。縁は波状となり全縁。下部は裏側に巻き込む。表は濃緑色で腺点が散生し、裏は淡緑色。雄しべは5個。

類似種	トウゴクミツバツツジ、コバノミツバツツジ、キヨスミミツバツツジ

◆見分け方……**トウゴクミツバツツジ**は、高地に自生し、葉は長さ3～6cmの広菱形または広卵形。中央よりやや下部が最も幅広い。基部は広いくさび形。表は緑色、裏は灰白緑色で毛があり、脈の基部には毛が密生する。雄しべは10個。**コバノミツバツツジ**の葉は長さ3～5cmの菱形状卵形。やや小さく、両面に褐色の軟毛があり、裏の脈上と葉柄には褐色の伏毛がある。雄しべは10個。**キヨスミミツバツツジ**の葉は長さ3～6cmの広卵形または広菱形。はじめは両面に軟毛があるが、のちには裏の主脈の縮れた白い毛だけが残る。花は紫色で雄しべは10個。雄しべの数で見分ける場合が多い。

●利用法
庭園樹、公園樹、雑木の庭の構成樹。

- 先は鋭頭で先端中央に腺状突起がある
- 縁は波状で全縁
- 基部は円形で葉柄に流れる
- 縁の下部は裏側に巻き込む

サツキ 皐・五月　●別名……サツキツツジ

Rhododendron indicum
ツツジ科 ツツジ属

互生 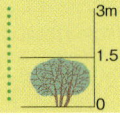　常緑低木

	1	2	3	4	5	6	7	8	9	10	11	12 (月)
花					■	■						
実												
葉												

●自生地

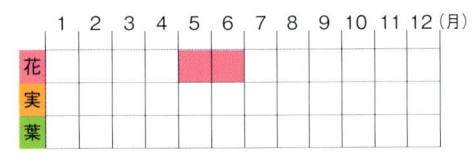

本州（富士山以南）、九州（屋久島以北）

●特徴・特性

葉は長さ2〜3.5cmの披針形または広披針形。質は厚い。先は尖り中央に腺状突起があり、基部はくさび形。縁は全縁または微鋸歯がある。表は緑色で裏は灰緑色。表と縁、裏の脈上に毛がある。

類似種　**マルバサツキ、キリシマツツジ**

◆見分け方……**マルバサツキ**の夏の葉は広楕円形で先は尖る。秋の葉は厚く、倒卵形で先は丸い。花は淡紫色か桜色。樹高は1〜1.5mになる。**キリシマツツジ**の葉は小形で厚い。春の葉は長倒卵形、夏の葉は楕円形で縁に毛がある。花は濃赤色。樹高は3〜4mになる。

●利用法

庭園樹、公園樹、寄せ植え、鉢植え。

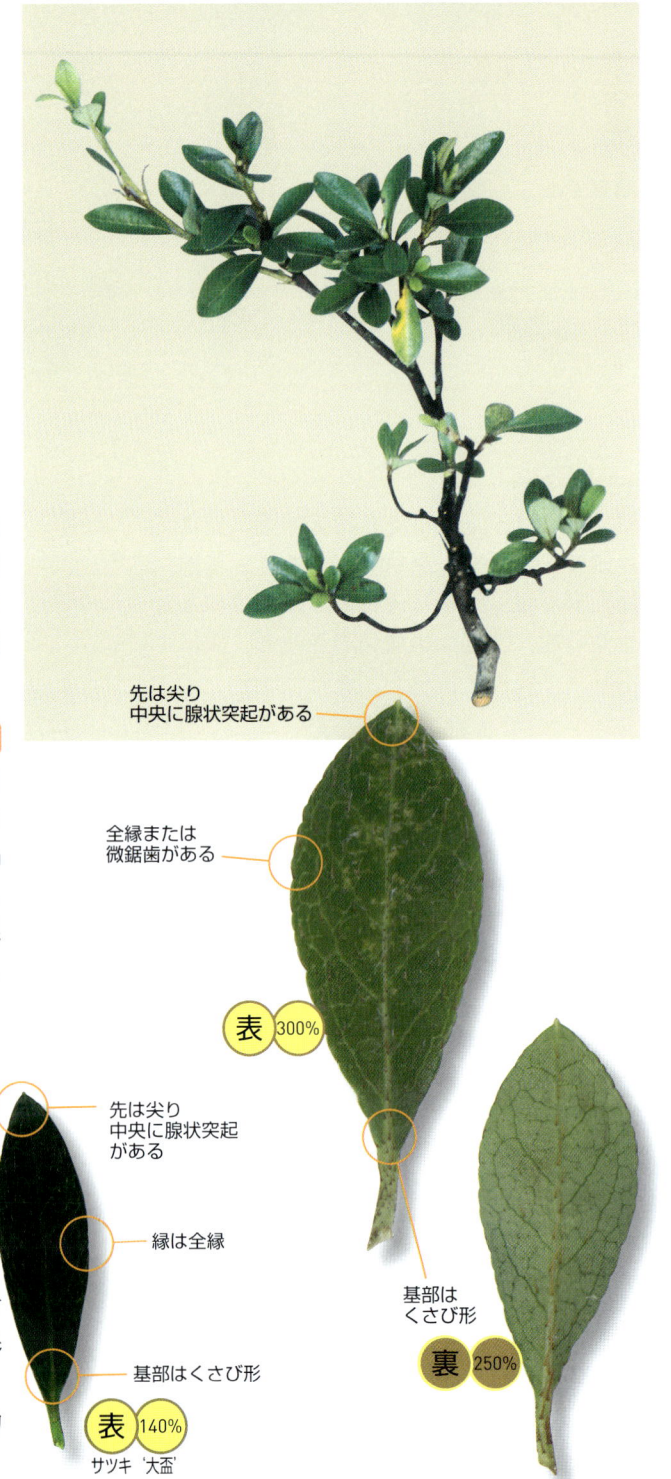

サツキ'大盃'
Rhododendron indicum 'Oosakazuki'

●特徴・特性

葉は長さ1〜3cmの披針形または狭披針形。先は尖り中央に腺状突起がある。基部はくさび形。縁は全縁。表は濃緑色。表と縁、裏の脈上に剛毛がある。一般的にサツキというと大盃を指す。

ヤマツツジ 山躑躅

Rhododendron kaempferi
ツツジ科 ツツジ属

互生　半常緑低木　3m / 1.5 / 0

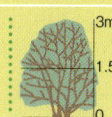

● 自生地

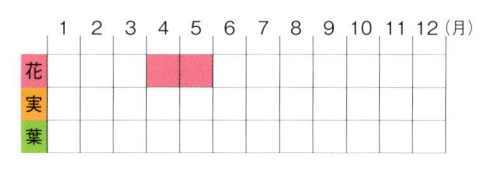

北海道、本州、四国、九州

● 特徴・特性

春の葉は長さ3～5cmの楕円形または卵状楕円形、卵形、長楕円形。先は尖り、先端に腺状突起がある。基部はくさび形。夏の葉は1～2cmの倒披針形または倒披針状長楕円形。先は鈍く先端に腺状突起があり、基部はくさび形。春の葉は冬に落葉し、夏の葉は一部越冬する。縁は全縁で毛がある。表は緑色、裏は灰緑色。両面に毛が多い。山野に生える。花は朱赤色、また赤、紅紫色などもある。品種は多い。

枝 80%

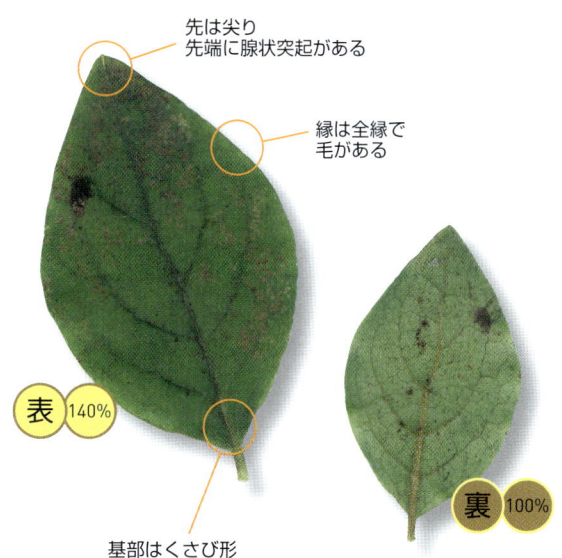

先は尖り先端に腺状突起がある
縁は全縁で毛がある
基部はくさび形

表 140%
裏 100%

● 利用法

庭園樹、公園樹、雑木林。

＊その他

春の葉は春に展開する葉で薄く、夏の葉より大きい。夏の葉は夏から初秋にかけて出る葉で小さく、越冬するが寒冷地では落葉する。

ヒカゲツツジ 日陰躑躅

Rhododendron keiskei
ツツジ科 ツツジ属

互生　常緑低木

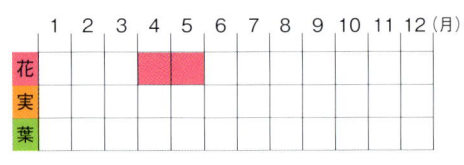

●自生地
本州（関東以南）、四国、九州

●特徴・特性
葉は長さ5〜10cmの広披針形。先は狭三角状に尖り、基部は円形または切形。質は厚い。表は緑色で光沢があり、そのため「サワテラシ」といわれる。裏は淡緑色。ツツジの名がついているがシャクナゲ類に入る。花は薄いクリーム色。ウラジロヒカゲツツジは関東に分布し、葉の裏が灰白色で、花色が淡い。

| 類似種 | ヤクシマハイヒカゲ |

◆見分け方……**ヤクシマハイヒカゲ**は、這い性で、葉はやや丸味があり、密につく。

先は狭三角状に尖る

表 120%　　裏 100%

基部は円形または切形

●利用法
庭園樹。

レンゲツツジ

蓮華躑躅 　●別名……オニツツジ

Rhododendron molle ssp. *japonicum*
ツツジ科 ツツジ属

互生 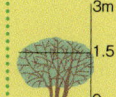　落葉低木　3m / 1.5 / 0

●自生地

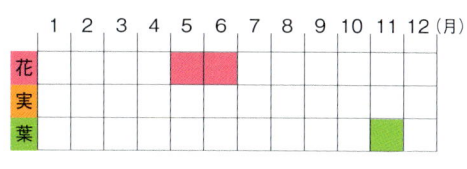

北海道（南西部）、本州、四国、九州

●特徴・特性

葉は長さ5～12cmの倒披針形。先はあまり尖らない。基部はくさび形。縁には微鋸歯と毛がある。両面とも緑色。裏の主脈が目立つ。高原に多い。涼しい地域に向く。花はカバ色で、黄色のものはキレンゲツツジ、葉裏が粉白色の品種をウラジロレンゲツツジという。

類似種　エクスバリーアザレア

◆見分け方……エクスバリーアザレアの葉は6～18cmの狭披針形で先が尖り、基部は鋭いくさび形。

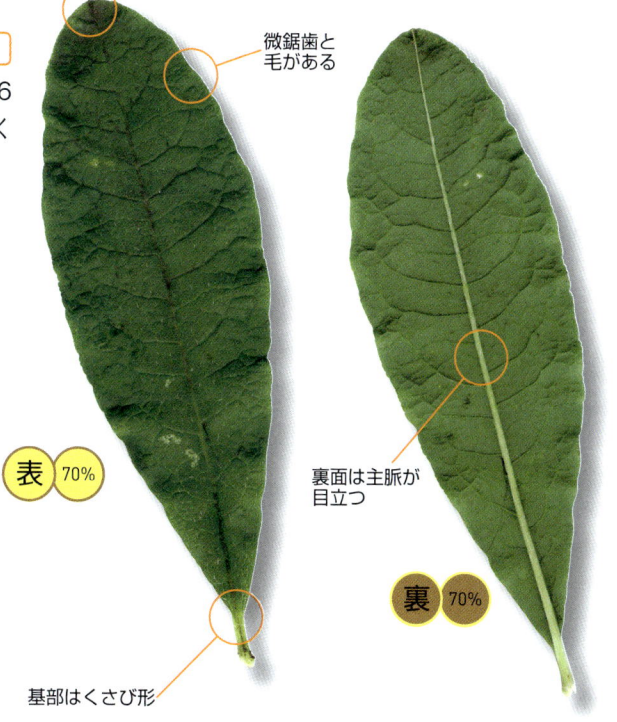

先はあまり尖らない
微鋸歯と毛がある
表 70%
裏面は主脈が目立つ
裏 70%
基部はくさび形

●利用法

庭園樹、公園樹。

エクスバリーアザレア

Rhododendron cv. (Exbury Azalea hybrids)
ツツジ科 ツツジ属

互生　落葉低木　3m／1.5／0

	1	2	3	4	5	6	7	8	9	10	11	12 (月)
花					■	■						
実												
葉												

● 自生地　品種

● 特徴・特性
葉は長さ6〜18cmの狭披針形で、先は尖り、基部はくさび形。縁には細鋸歯と細毛がある。両面とも緑色で、裏の主脈が目立つ。

類似種　**レンゲツツジ**

◆見分け方……**レンゲツツジ**は、葉は5〜12cmの倒披針形で先はあまり尖らない。

● 利用法
庭園樹、公園樹、雑木庭。白樺等と組み合わせて高原風の庭に利用。

＊その他
イギリスのエクスバリーナーセリーがレンゲツツジから交配してつくり出したもので、花色が赤、黄、白や中間色等多くあり、外国では人気がある。耐寒性に優れ品種が多い。

- 先は尖る
- 縁には細鋸歯と細毛がある
- 裏面は主脈が目立つ
- 基部はくさび形
- 表 40%
- 裏 40%

クロフネツツジ 黒船躑躅

Rhododendron schlippenbachii
ツツジ科 ツツジ属

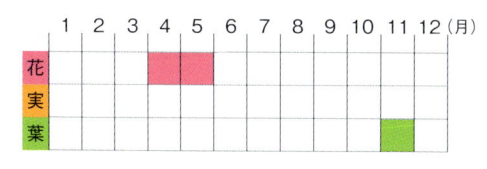

互生、輪生　落葉低木

● 自生地

朝鮮半島、済州島、アジア北東部

● 特徴・特性

葉は長さ5〜8cmの倒卵形。5枚輪生状に枝先につき、先は丸く先端はへこみ、基部はくさび形。縁には微鋸歯があり、わずかに波打つ。表は緑色で裏は淡緑色。

| 類似種 | シロヤシオ、アカヤシオ、ムラサキヤシオツツジ |

◆見分け方……**シロヤシオ**の葉は長さ2〜5cmの倒卵状楕円形または菱形状楕円形。先は鈍頭で、縁は全縁で細かい毛がある。表の主脈上に細かい毛が密生する。裏は主脈の元のほうにはじめ白い短毛があり、のちに無毛となる。**アカヤシオ**の葉は長さ3〜6cmの広楕円形。先は尖り、質は洋紙質。縁は全縁でまばらに毛がある。表は主脈に沿って剛毛と微毛があり、裏は主脈の基部に長毛がまばらに生え、軟毛が密生する。**ムラサキヤシオツツジ**の葉は長さ5〜10cmの倒卵形または広倒披針形。質は硬く、縁に細かい鋸歯があり、先は硬い毛となる。表に微毛があり、裏は主脈に沿って白い開出毛がある。

● 利用法

庭園樹、公園樹、シンボルツリー、大形のつつじとして利用できる。

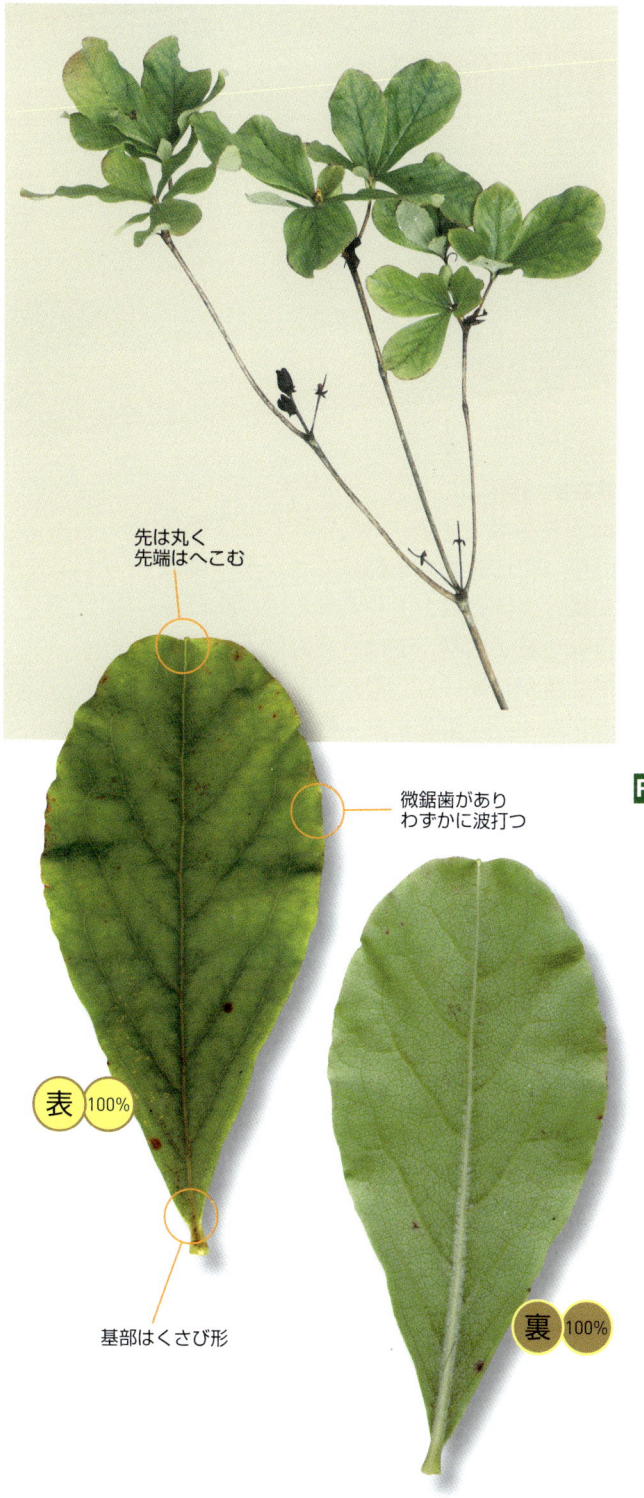

先は丸く先端はへこむ

微鋸歯がありわずかに波打つ

基部はくさび形

ロドレイア ヘンリー

●別名……シャクナゲモドキ

Rhodoleia henryi
マンサク科 ロドレイア属

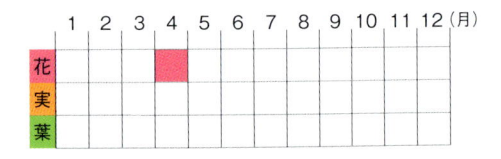

互生　常緑高木

●自生地
中国

●特徴・特性
葉は長さ8～13cmの卵円形または長楕円形。先は鈍頭、基部はくさび形。縁は全縁。表は光沢があり濃緑色で、裏は緑白色で脈が鮮明。冬は日当たりよい場所では葉が日焼けし、褐色を帯びる。紅色の花が4月に開花する。近年、花色が桃色の品種が作出されている。

| 類似種 | ロドレイア チャンピオニー |

◆見分け方……**ロドレイア チャンピオニー**は、暖地性で、一般には温室で栽培する。

先は鈍頭
縁は全縁
基部はくさび形
表 60%
裏 50%

●利用法
庭園樹、公園樹、シンボルツリー。

ヌルデ 白膠木　●別名……フシノキ

Rhus javanica
ウルシ科 ウルシ属

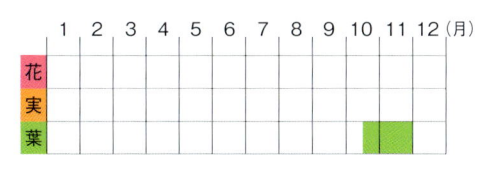

互生　落葉高木

●自生地
北海道、本州、四国、九州、台湾、朝鮮半島、中国

●特徴・特性
葉は長さ20〜40cmの奇数羽状複葉で葉軸に翼がある。小葉は7〜13枚あり、長さ5〜12cmの長楕円形。先は鋭く尖り、基部は広いくさび形または円形。縁にはやや尖る粗い鋸歯がある。表は緑色で細毛があり、裏は淡緑色で脈上に毛がある。雌雄異株。山野に生え、秋の紅葉が美しい。

類似種　ハゼノキ、ヤマハゼ

◆見分け方……**ハゼノキ**の葉は小葉が9〜15枚の披針状長楕円形。先は長い尾状鋭尖頭で、基部はくさび形。側小葉の基部は左右不同。縁は全縁。表は濃緑色、裏は緑白色。**ヤマハゼ**の葉は小葉が5〜11枚で、長さ4〜13cmの長楕円形または卵状長楕円形。先は鋭尖頭で縁は全縁。側小葉は基部が左右不同。両面とも毛が散生し、脈上に粗毛がある。

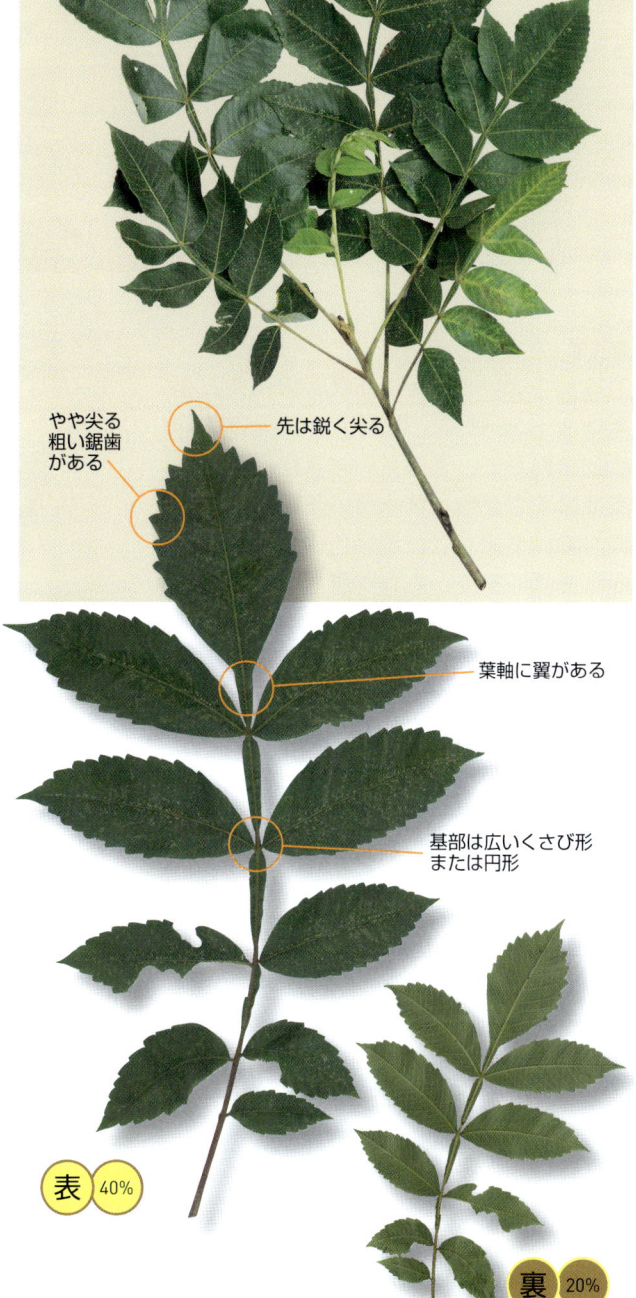

- やや尖る粗い鋸歯がある
- 先は鋭く尖る
- 葉軸に翼がある
- 基部は広いくさび形または円形

表 40%　裏 20%

●利用法
雑木の庭の構成樹。

ハゼノキ 黄櫨　●別名……リュウキュウハゼ

Rhus succedanea
ウルシ科 ウルシ属

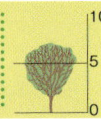

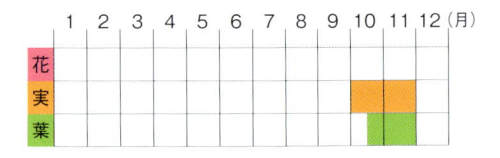

互生　落葉高木

● 自生地

本州（関東南部以南）、四国、九州、沖縄、小笠原、台湾、済州島、中国、東南アジア

● 特徴・特性

葉は長さ20～40cmの奇数羽状複葉。小葉は9～15枚で、長さ5～12cmの披針状長楕円形で、先は長い尾状鋭尖頭で、基部はくさび形。側小葉の基部は左右不同。縁は全縁。表は濃緑色、裏は緑白色。雌雄異株。果皮からロウをとる。秋の紅葉が美しい。

類似種　**ヌルデ、ヤマハゼ**

◆見分け方……**ヌルデ**の葉は葉軸に翼がある。小葉は7～13枚あり長楕円形。先は鋭く尖り、基部は広いくさび形または円形。縁にはやや尖る粗い鋸歯がある。表は緑色で細毛があり、裏は淡緑色で脈上に毛がある。**ヤマハゼ**の葉は小葉が5～11枚で、長さ4～13cmの長楕円形または卵状長楕円形。先は鋭尖頭で基部はくさび形または円形。表は緑色、裏は淡緑色。両面とも毛が散生し、脈上に粗毛がある。若枝、葉裏に毛がある。

● 利用法

雑木の庭の構成樹、公園樹、鉢植え、ロウの材料。

先は長い尾状鋭尖頭
縁は全縁
基部はくさび形

表 30%
裏 20%

ヤマハゼ 山黄櫨

Rhus sylvestris
ウルシ科 ウルシ属

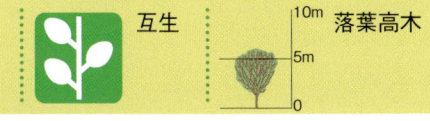

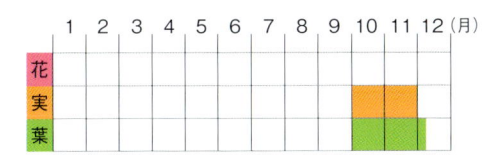

互生　落葉高木

● 自生地

本州（関東以南）、四国、九州、沖縄、台湾、中国

● 特徴・特性
葉は長さ20～40cmの奇数羽状複葉。小葉は5～11枚で、長さ4～13cmの長楕円形または卵状長楕円形。先は鋭尖頭で基部はくさび形または円形。縁は全縁で、側小葉は基部が左右不同。表は緑色、裏は淡緑色。両面とも毛が散生し、脈上に粗毛がある。雌雄異株。暖地の山野に生え、秋の紅葉が美しい。

類似種　**ヌルデ、ハゼノキ**

◆見分け方……**ヌルデ**の葉は葉軸に翼がある。小葉は7～13枚あり、長さ5～12cmの長楕円形。先は鋭く尖り、基部は広いくさび形または円形。縁にはやや尖る粗い鋸歯がある。表は緑色で細毛があり、裏は淡緑色で脈上に毛がある。**ハゼノキ**の葉は小葉が9～15枚で、長さ5～12cmの披針状長楕円形。先は長い尾状鋭尖頭で、基部はくさび形。表は濃緑色、裏は緑白色。若枝、裏に毛がない。

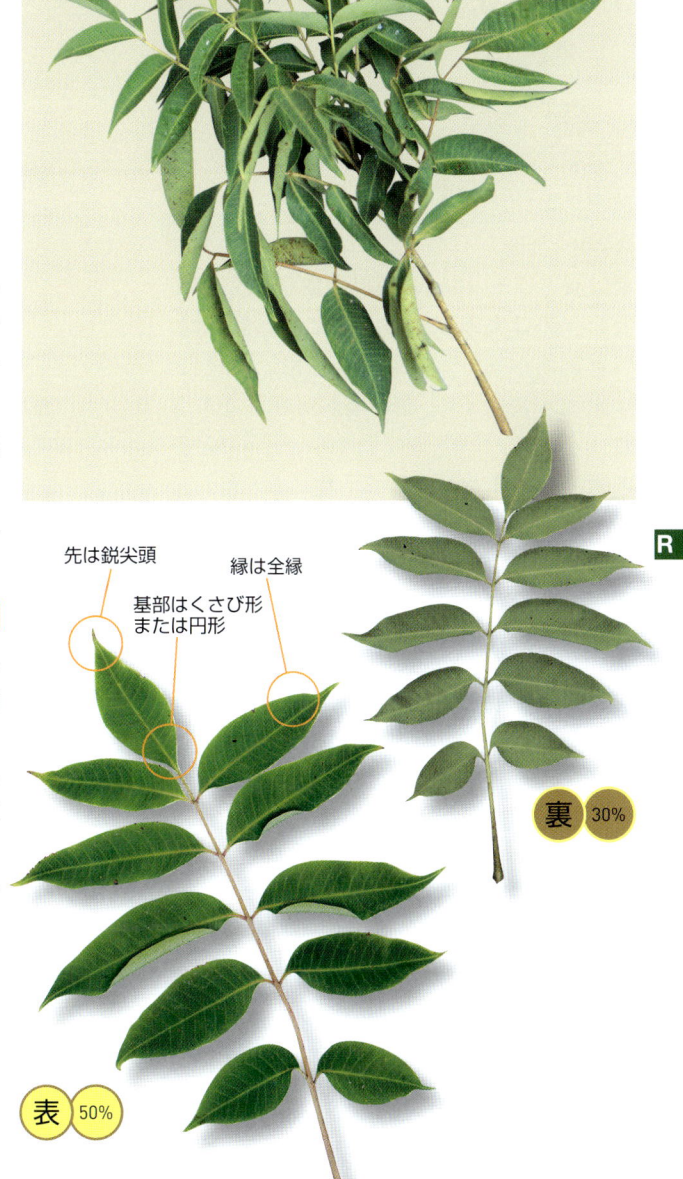

先は鋭尖頭
基部はくさび形または円形
縁は全縁

裏 30%
表 50%

● 利用法
公園樹、染料、器具材、ロウの材料。

フサスグリ 房酸塊　●別名……アカフサスグリ

Ribes rubrum
ユキノシタ科 スグリ属

互生　落葉低木

● 自生地 
ヨーロッパ西部、アジア北西部

● 特徴・特性
葉は長さ5～10cmの円形。掌状に3～5裂し、先は丸みがあり、基部は心形。縁に重鋸歯がある。両面とも緑色。若枝には腺毛が密生する。赤い実が房状になり、食べられる。冷涼地に向くが、その他でも栽培できる。

類似種　マルスグリ、クロフサスグリ

◆見分け方……**マルスグリ**の葉はやや小さい円形で3～5裂し、縁に鈍鋸歯がある。両面とも毛がある。枝に刺があり、若枝に軟毛が密生する。グーズベリーと呼ばれ、果実をよく利用する。**クロフサスグリ**の葉は3裂し、裏に油点がある。黒い果実が房につく。ユーラシアに分布し、カシスの原料になる。

● 利用法
庭園樹、果実酒。

＊その他
明治6年（1873）に導入された。日本の自生種にエゾスグリ、コマガタケスグリ、ヤブサンザシなどがあるが、ほとんど見ることはない。

先は丸味がある
重鋸歯がある
掌状に3～5裂する
基部は心形

表 80%
裏 60%

トゲナシニセアカシア

Robinia pseudoacacia f. *inermis*
マメ科 ハリエンジュ属

互生 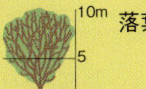 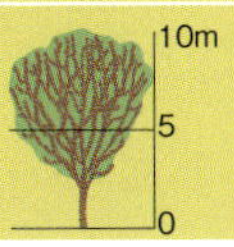　落葉高木

	1	2	3	4	5	6	7	8	9	10	11	12 (月)
花					●	●						
実												
葉												

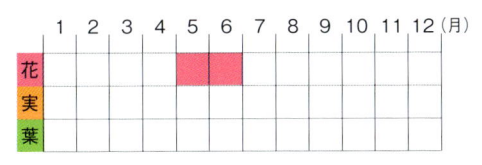

● 自生地　品種

● 特徴・特性

葉は長さ 12 〜 25cm の奇数羽状複葉。小葉は 9 〜 21 枚で、長さ 3 〜 6cm の狭卵形または楕円形でほっそりしている。先は尖り、基部は円形。縁は全縁。表は緑色、裏は淡緑色で、両面とも脈上にわずかに毛がある。葉柄の基部の刺はほぼ退化している。花は白色、ピンク色の品種がある。根伏せで増殖し、樹齢が短く、大木にならない。

類似種　**ハリエンジュ、エンジュ、イヌエンジュ**

◆見分け方……**ハリエンジュ**は下記参照。**エンジュ**は属が異なる。小葉は 9 〜 15 枚、先は鋭頭またはやや鈍頭で中央がやや尖る。**イヌエンジュ**は属が異なる。小葉は 7 〜 11 枚で葉軸と小葉の裏に細毛が密生する。

● 利用法
庭園樹、公園樹、街路樹、シンボルツリー。

先は尖る
基部は円形
脈上にわずかに毛がある
縁は全縁
表 40%
裏 30%

ハリエンジュ
Robinia pseudoacacia

● 特徴・特性

葉は長さ 12 〜 25cm の奇数羽状複葉。小葉は 9 〜 21 枚で、長さ 3 〜 6cm の狭卵形または楕円形。先は円頭または凹頭で、中央は小さな針状となり、基部は円形。縁は全縁。表は緑色、裏は淡緑色で、両面とも脈上にわずかに毛がある。葉柄の基部に托葉が変化した 1 対の刺がある。

表 20%
ハリエンジュ

モッコウバラ 木香茨

Rosa banksiae
バラ科 バラ属

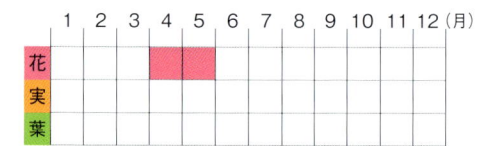

互生　常緑つる

	1	2	3	4	5	6	7	8	9	10	11	12 (月)
花				●	●							
実												
葉												

● 自生地

中国

● 特徴・特性
葉は3～5枚の小葉からなる奇数羽状複葉。小葉は1～3cmの長楕円形で先は尖り、基部はくさび形。縁には細かい鋸歯がある。両面とも暗緑色で、裏には脈上に毛がある。江戸時代から栽培される刺のないバラ。花は、白色のものは芳香があるが、黄花のキモッコウは香りがほとんどない。

● 利用法
アーチ、フェンス、トレリス、棚、鉢植え。

＊その他
黄花のキモッコウは秋篠宮眞子内親王のお印になったことで人気を呼び、広がった。流通しているものには刺がないが、原種には刺がある。

先は尖る
細かい鋸歯がある
基部はくさび形
脈上に毛がある

表 110%
裏 80%

ハマナス 浜梨、浜茄子、玫瑰　●別名……ハマナシ

Rosa rugosa
バラ科 バラ属

互生　3m 落葉低木　1.5

●自生地

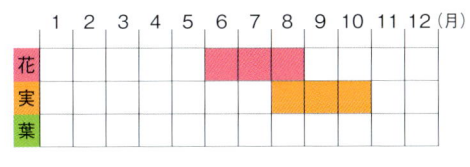

北海道、本州（太平洋側は茨城県以北、日本海側は島根県以北）

●特徴・特性
葉は奇数羽状複葉。小葉は7〜9枚、長さ3〜5cmの長楕円形または卵状楕円形。先はやや尖り、基部はくさび形。縁には鋸歯がある。表にはしわがあり、濃緑色でやや光沢がある。裏は緑白色で全面に毛がある。托葉は大きく下部は複葉の柄の基部に合着する。海岸に自生し、しばしば群生する。耐潮性に優れる。深紫紅色の花が咲くが、白花や八重咲きなど品種が多くある。果実は赤く熟し、生食、ジャム、果実酒にする。

●利用法
庭園樹、公園樹、寄せ植え、海岸植栽、食用。

＊その他
株立ち状になるが、古い幹は根元から切り取り、新しい幹を出させるように更新するとよい。

- 先はやや尖る
- しわがある
- 基部はくさび形
- 全面に毛がある
- 鋸歯がある
- 托葉は大きく複葉の柄の基部に合着する
- 表 70%
- 裏 60%

ローズマリー ●別名……マンネンロウ

Rosmarinus officinalis cv.
シソ科 マンネンロウ属

対生　常緑低木　3m / 1.5 / 0

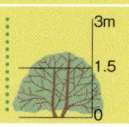

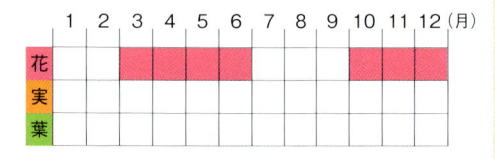

	1	2	3	4	5	6	7	8	9	10	11	12 (月)
花			■	■	■	■				■	■	
実												
葉												

● 自生地

南ヨーロッパ（地中海沿岸）

● 特徴・特性

葉は長さ1～1.5cmの線形。先は鈍頭。縁は全縁。表は灰緑色で、裏は緑白色。枝葉に芳香があり、代表的なハーブ。薬用や香辛料として利用されている。暑さや寒さに強く、乾燥地を好む。枝は下垂するが、立性の品種もある。花は淡紫色だが、白やピンク色などの多くの品種がある。

● 利用法

寄せ植え、生垣、ボーダー、グラウンドカバー、ハーブ。

＊その他

精油には老化防止の成分があるといわれ、若返りのハーブとして利用される。乾燥に強い特性を生かして屋上緑化等への利用も大いに期待される。

先は鈍頭
縁は全縁
裏は緑白色

裏 150%　表 150%　枝 60%

セイヨウヤブイチゴ

西洋藪苺子
●別名……ブラックベリー

Rubus fruticosus
バラ科 キイチゴ属

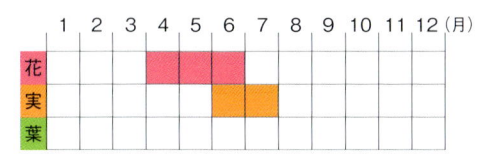

互生 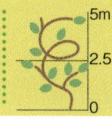　落葉低木

●自生地
アメリカ中部、カナダ

●特徴・特性
葉は3出または5出複葉。頂小葉は長さ5〜10cmの広卵形または卵形で先は尖り、基部は円形または鈍形。縁には粗い鋸歯がある。表は緑色、裏は淡緑色で脈上に毛がある。枝は直立またはつる性で、日本では幹に刺がないものが多い。果実は黒色、濃赤色、白色等があり、花床は柔軟な肉質で、果実は成熟すると花托をつけたまま花盤から離脱する。

| 類似種 | ラズベリー |

◆見分け方……下記参照。

●利用法
フェンス、アーチ、トレリス、果樹。

ラズベリー
Rubus idaeus

●特徴・特性
葉は複葉で、小葉は3〜5枚、卵形または長卵形。先は尖り、基部は心形。不整な鋸歯があり、表は緑色、裏に白毛が密生する。枝は直立性。日本では幹に刺があるものが多い。花床は乾燥質で、果実は熟すと花托から容易に離脱する。果実は主に赤色だが、黄色や黒色もある。

脈上に毛がある
先は尖る
粗い鋸歯がある
基部は円形または鈍形
不整な鋸歯がある
先は尖る
基部は心形

裏 30%
表 40%
表 30%
ラズベリー

カジイチゴ 構苺　●別名……トウイチゴ、エドイチゴ

Rubus trifidus
バラ科 キイチゴ属

互生 　3m 1.5 0　落葉低木

	1	2	3	4	5	6	7	8	9	10	11	12 (月)
花				■	■							
実					■	■						
葉												

● 自生地

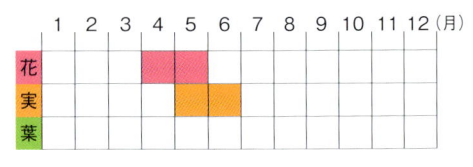

本州（太平洋側、伊豆諸島）

● 特徴・特性

葉は長さ6～18cmの広卵形。掌状に3～7中裂する。裂片は卵形で、先は尖り、基部は心形。縁には重鋸歯がある。表は緑色で光沢があり、裏は淡緑色で脈上に軟毛が散生する。葉柄に長さ1.5cmほどの長楕円形の托葉がある。海岸線に主に自生するが、庭にも植えられる。刺がなく、果実は橙黄色で食べられる。

● 利用法

庭園樹、切花、果樹。

先は尖る
重鋸歯がある
脈上に軟毛が散生
表 60%
基部は心形
長楕円形の托葉がある
裏 50%

モミジイチゴ

Rubus palmatus var. *coptophyllus*

● 特徴・特性

葉は6～10cmの狭卵形または広卵形。5中裂あるいは深裂し、裂片は鋭尖頭で基部は心形。中央の裂片は長く、各裂片の縁には粗い欠刻と鋸歯があり、鋸歯の先は尖る。表は緑色、裏は緑白色。両面に毛があり、脈上に長い毛があるか無毛。裏の脈上に刺がある。山野にごく普通に生え、黄色い果実がなり、食べられる。茎は刺が多い。

鋭尖頭
中央の裂片は長い
粗い欠刻と鋸歯がある
基部は心形
表 40%
モミジイチゴ

ナギイカダ 梛筏

Ruscus aculeatus
ユリ科 ナギイカダ属

互生（葉状枝） ／ 常緑低木

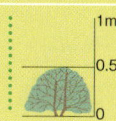

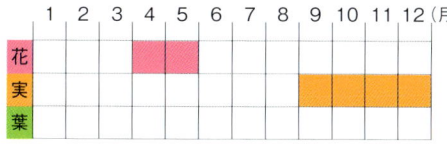

● 自生地

地中海沿岸

● 特徴・特性

葉のように見える刺状の葉状枝が特徴で葉はごく小さな鱗片状。退化したように目立たない。葉状枝は1.5〜3.5cmの卵形で、先は刺状で硬く尖り触れると痛い。基部は円形。縁は全縁。両面とも濃緑色。雌雄異株で雌株には赤い実がなる。

類似種 オオミナギイカダ

◆見分け方……**オオミナギイカダ**は、ナギイカダより幹が長く伸び、葉もまばらにつく。実は1〜1.5cmと大きい。

● 利用法

寄せ植え、動物の侵入を防ぐ植え込み。

* その他

1860年代に渡来した。葉状枝は葉ではなく、枝が葉のように変化したもの。針葉樹のナギの葉に似ていて、葉状枝の中央脈上にイカダに乗っているように花をつけ、実を結ぶところから名がついた。

先は刺状で硬く尖る

葉のように見えるが、枝が変化した

縁は全縁

基部は円形

表 220% 葉状枝

裏 220% 葉状枝

シダレヤナギ　垂柳、四垂柳　●別名……イトヤナギ

Salix babylonica
ヤナギ科 ヤナギ属

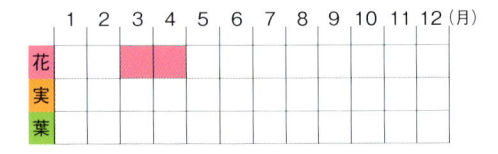

互生 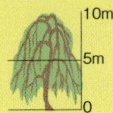　落葉高木

	1	2	3	4	5	6	7	8	9	10	11	12 (月)
花			■	■								
実												
葉												

● 自生地

（原産）中国

● 特徴・特性
葉は長さ8〜13cmの披針形または線状披針形。先は徐々に細くなり、鋭尖頭で基部は鋭形。縁には細かい鋸歯がある。表は濃緑色で裏は粉白色。托葉は小さく、斜卵形または半心形で鋭尖頭。若葉にははじめ毛があるが、のちに無毛になる。雌雄異株だが雌株は少ない。2月の後半から芽を出し、春の芽立ちが一番早い。

類似種　ロッカクヤナギ
◆見分け方……**ロッカクヤナギ**は品種で、枝が地面に着くほど長く垂れる。京都の六角堂の前にあったことから名がついた。

● 利用法
公園樹、街路樹。

＊その他
枝が細く、やや光沢があり垂れる。池や水路付近の植栽は風情がある。別名「イトヤナギ」は、枝が細く長く垂れることから名がついた。

鋭尖頭で先は徐々に細くなる

細かい鋸歯がある

基部は鋭形

裏 130%
表 130%

イヌコリヤナギ 犬行李柳

Salix integra
ヤナギ科 ヤナギ属

対生 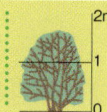　落葉低木

●自生地

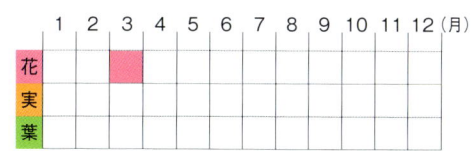

北海道、本州、四国、九州

先は鋭頭
または鈍円頭で
わずかに凸形

●特徴・特性
葉は長さ4～10cmの狭長楕円形または長楕円形。先は鋭頭または鈍円頭でわずかに凸形になり、基部は円形または浅い心形。縁には低い細鋸歯がある。表は緑色、裏は粉白色。対生だが時に互生する。川岸、湿地、湿った裸地などに生える。雌雄異株。

| 類似種 | コリヤナギ |

◆見分け方……**コリヤナギ**の葉は長さ6～12cmの線形または広線形。対生だが3輪生するものもある。

●利用法
護岸樹、生け花、細工物。

低い細鋸歯
がある

表 120%　基部は円形または浅い心形　裏 100%

イヌコリヤナギ'ハクロ ニシキ'
Salix integra 'Hakuro Nishiki'

●特徴・特性
新芽が緑に出るが、ピンク、白、クリーム色と葉色の変化が楽しめる。あまり大きくしないで刈り込みなどで仕立て直すとよい。大正時代にはすでにあった品種で、当時はあまり日の目を見なかった。近年のガーデニングブームで逆輸入されるほどの人気がでた。

表 210%
イヌコリヤナギ
'ハクロニシキ'

381

ニワトコ

●別名……セッコツボク（接骨木）、タズ、タズノキ

Sambucus racemosa ssp. *sieboldiana*
スイカズラ科 ニワトコ属

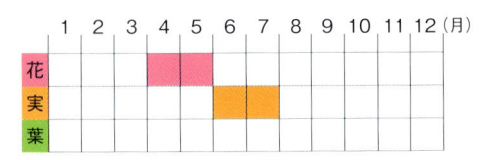

対生 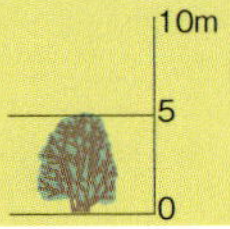　10m　落葉低木

●自生地
北海道、本州、四国、九州、朝鮮半島南部、中国

●特徴・特性
葉は奇数羽状複葉。小葉は5～13枚で長さ3～12cmの長楕円形または卵状披針形または広披針形。先は鋭尖頭または尾状にのびた鋭尖頭で、基部は円形または広いくさび形。縁には鋭い細鋸歯がある。表は濃緑色で脈上に毛があり、裏は帯緑白色。山野に生え、下部から分枝し、赤い実がなる。老木の樹皮はコルク質が発達する。

| 類似種 | セイヨウニワトコ、セイヨウアカミニワトコ |

◆見分け方……**セイヨウニワトコ**の小葉は3～7枚で長さ3～12cm。花は6月に開花し、黄白色で強い香りがあり、果実は黒く生食や果実酒にされる。薬用になる。品種が多い。**セイヨウアカミニワトコ**の小葉は5～7枚で長さ3～12cm。花は4～5月に開花し、黄白色。実は赤い。品種が多い。

●利用法
庭園樹、公園樹、雑木の庭の構成樹、薬用。

＊その他
骨折、打ち身などの薬になることから、別名「セッコツボク（接骨木）」という。

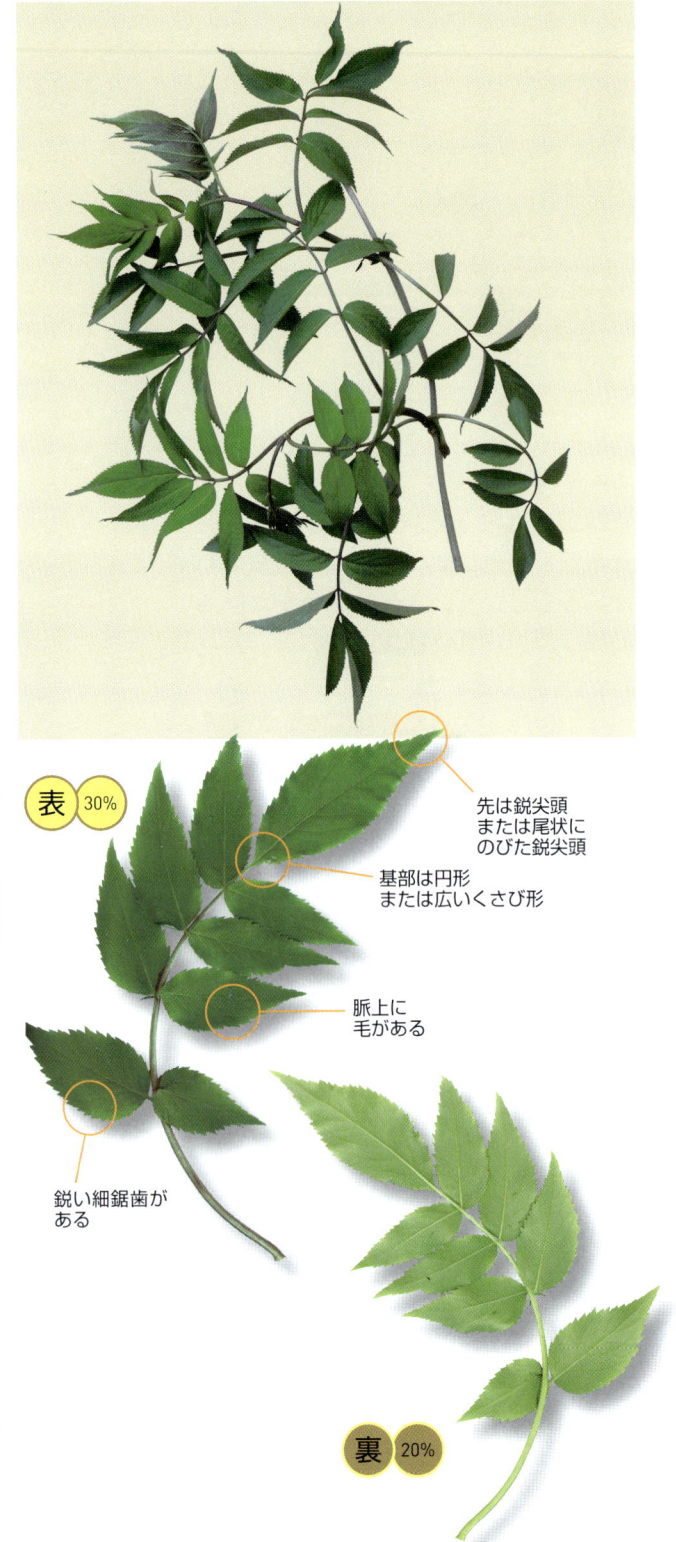

表 30%

先は鋭尖頭または尾状にのびた鋭尖頭

基部は円形または広いくさび形

脈上に毛がある

鋭い細鋸歯がある

裏 20%

ムクロジ 無患子

Sapindus mukorossi
ムクロジ科 ムクロジ属

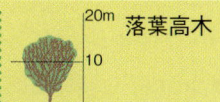

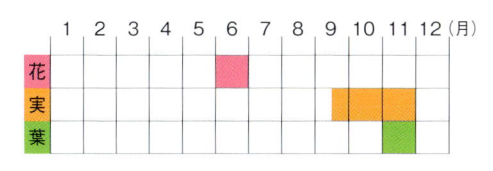

互生 / 落葉高木 20m

	1	2	3	4	5	6	7	8	9	10	11	12 (月)
花						■						
実									■	■	■	
葉										■		

● 自生地

本州（茨城・新潟県以南）、四国、九州、アジア南東部

● 特徴・特性

葉は偶数羽状複葉。小葉は8〜16枚で、長さ7〜15cmの長狭楕円形または広披針形。先は鋭尖頭で、基部はくさび形。縁は全縁で大きい波状になる。質は革質。表は濃緑色で無毛または脈上にやや毛があり、裏は淡緑色。幹肌はつるつるとしている。

| 類似種 | サイカチ、シナサワグルミ、ハゼノキ |

◆見分け方……**サイカチ**は科・属が異なり、小葉は数が多く、小さい。葉先が円頭または鈍頭。表に光沢がある。**シナサワグルミ**は科・属が異なり、小葉は数がやや多く、長さはやや小さい。葉柄はない。縁には鋸歯があり先端は内側に曲がる。**ハゼノキ**は科・属が異なり、葉は奇数羽状複葉でやや小さく、先は尾状に尖る。

● 利用法

公園樹、寺院、器具材。

＊その他

種子は羽根突きの羽根の玉や数珠として利用した。また、種子の周りの果皮は、古くは石鹸の代用として利用されてきた。秋の黄葉は美しい。

先は鋭尖頭
無毛または脈上に毛がある
基部はくさび形
縁は全縁で大きな波状

表 30%
裏 30%

センリョウ 千両

Sarcandra glabra
センリョウ科 センリョウ属

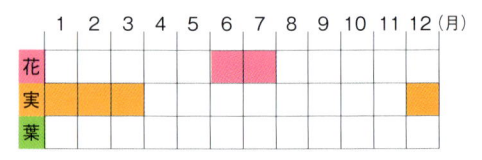

対生　常緑低木

●自生地

本州（東海地方・紀伊半島）、四国、九州、沖縄、アジア南東部

●特徴・特性

葉は長さ6～14cmの長楕円形で、先は尖り、基部はくさび形。縁には粗い鋸歯がある。薄い革質で、表は暗緑色で光沢があり、裏は濃緑色。一般には実は赤いが、黄色の品種もある。正月の縁起の良い飾りとして、生け花や寄せ植えに利用される。

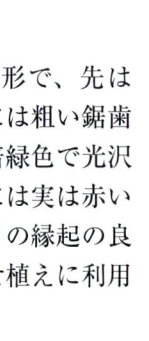

●利用法

庭園樹、公園樹、日陰の寄せ植え、生け花。

＊その他

マンリョウ（万両）やカラタチバナ（百両）と混同されがちだが、まったく別種で、形も似ていない。正月を控えた12月に縁起物としての需要が多いので、センリョウ（千両）だけのセリ市が開かれる。

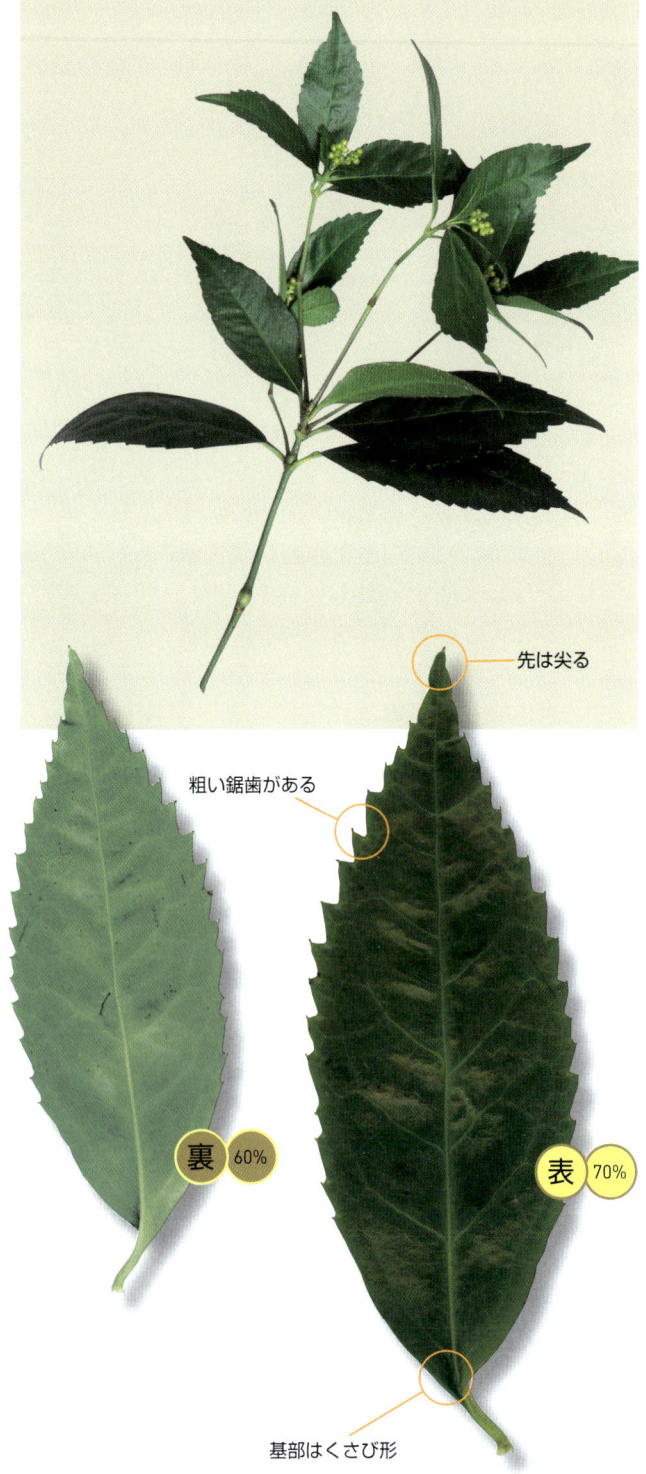

先は尖る
粗い鋸歯がある
裏 60%
表 70%
基部はくさび形

サルココッカ コンフューサ

Sarcococca confusa
ツゲ科 サルココッカ属

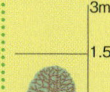

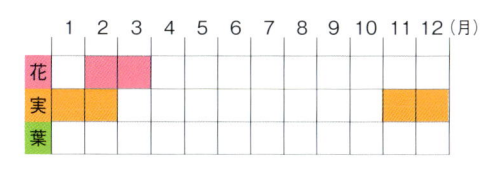

互生　常緑低木

	1	2	3	4	5	6	7	8	9	10	11	12 (月)
花		●	●									
実	●	●									●	●
葉												

● 自生地

（原産）中国南部、ヒマラヤ

● 特徴・特性

葉は長さ3〜7cmの倒卵状長楕円形または狭卵形。先は鋭く尖り、基部はくさび形。縁は全縁で革質。表は暗緑色で光沢があり、裏は濃緑色。実は黒く熟す。日陰に強く、芳香のある白色の花が咲く。

類似種　サルココッカ ルシフォリア

◆見分け方……**サルココッカ ルシフォリア**の葉は卵形。基部は円形で先は細く尖る。縁は全縁で革質。表は暗緑色で光沢があり、裏は淡緑色。乳白色の花は芳香があり、実は赤く熟す。

● 利用法

日陰の庭、公園樹、寄せ植え。

＊その他

花の最も少ない2月に咲く芳香の素晴らしい白い花が魅力で、耐陰性もあるため、今後の注目種の代表格である。

先は鋭く尖る

裏 120%

表 150%

縁は全縁

基部はくさび形

イジュ

Schima wallichii
ツバキ科 ヒメツバキ属

互生　常緑高木

● 自生地

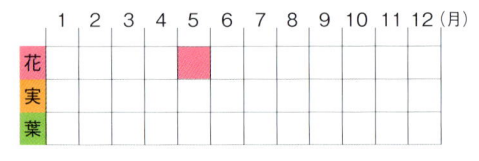

九州（奄美諸島）、沖縄

● 特徴・特性
葉は長さ9〜15cmの長楕円形。先は鋭く尖り、基部はくさび形。縁には粗い鋸歯があるが、まれに全縁のものもある。質は革質。表は濃緑色で光沢があり、裏は緑色。4〜5月に4〜5cmの白から淡黄色の花が咲く。

類似種　ヒメツバキ、タイワンツバキ、ゴードニア ラシアンサス

◆見分け方……**ヒメツバキ**は小笠原諸島の特産で、葉は全縁でイジュより厚く硬い。若枝、葉柄、葉裏の主脈上に白い軟毛がある。5〜6月に2.5〜4.5cmの白い花が咲く。**タイワンツバキ**は属が異なり、葉は長さ7〜15cmの楕円形または長楕円形。先は鈍頭、縁は全縁または浅い鋸歯がある。厚い革質。花は約10cmの乳白色で雄しべが目立ち、秋から春にかけて開花する。**ゴードニア ラシアンサス**は属が異なり、葉は楕円形または長楕円形。縁には鋸歯がある。厚い革質で、秋に一部の葉が赤く紅葉する。花は約8cmと小形で7〜8月に白花をつける。

● 利用法
庭園樹、公園樹、景観樹、建築材。

- 先は鋭く尖る
- 縁に粗い鋸歯がある、まれに全縁
- 基部はくさび形
- 表 80%
- 裏 70%

イワガラミ 岩絡み　●別名……ユキカズラ、ウリヅタ

Schizophragma hydrangeoides
ユキノシタ科 イワガラミ属

対生 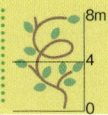　落葉つる

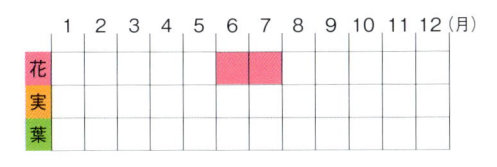

	1	2	3	4	5	6	7	8	9	10	11	12 (月)
花						●	●					
実												
葉												

●自生地

北海道、本州、四国、九州、朝鮮半島

●特徴・特性

葉は長さ5〜12cmの広卵形。先は尖り、基部は円形または心形。縁には粗く鋭い鋸歯がある。表は緑色で裏は緑白色。両面とも脈に沿って毛がある。山地に生え、吸着根を出して岩や樹に高く這い上がる。枝先にガクアジサイに似た白い花が咲くが、装飾花の形は1枚弁である。

類似種　ツルアジサイ

◆見分け方……**ツルアジサイ**は属が異なり、葉はやや小さく、縁は鋭い細鋸歯がある。白い花は額形で、装飾花の数は4枚。

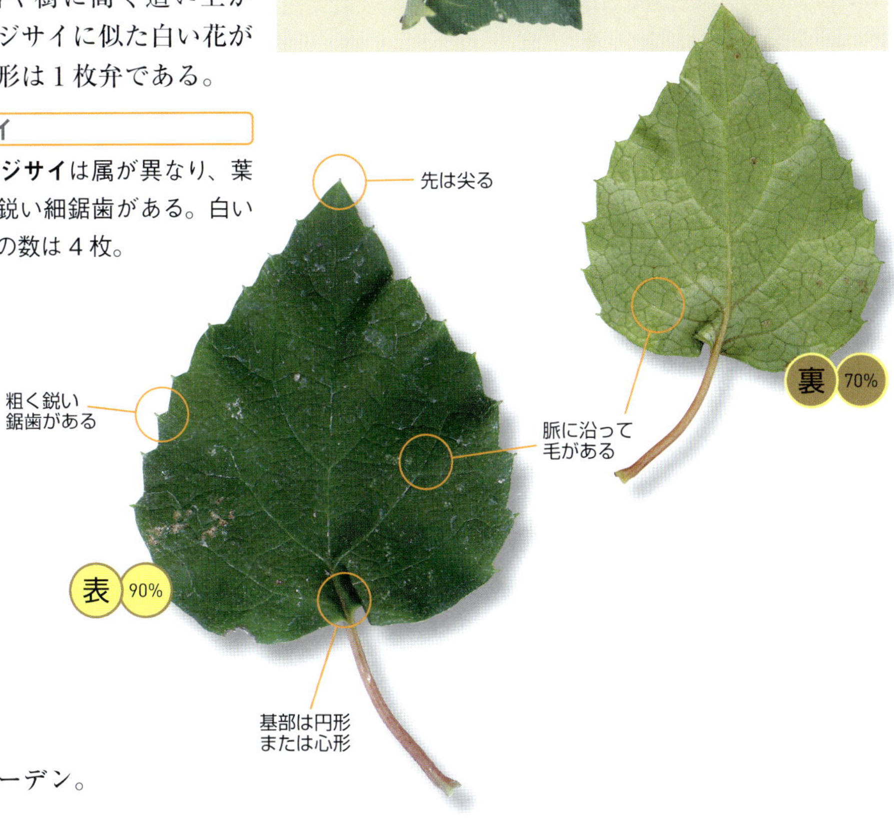

先は尖る

粗く鋭い鋸歯がある

脈に沿って毛がある

裏 70%

表 90%

基部は円形または心形

●利用法

庭園樹、ロックガーデン。

コウヤマキ 高野槇

Sciadopitys verticillata
コウヤマキ科 コウヤマキ属

互生、輪生　20m 常緑高木

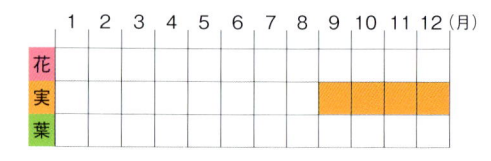

	1	2	3	4	5	6	7	8	9	10	11	12	(月)
花													
実													
葉													

● 自生地

本州（福島県以南）、四国、九州（宮崎県以北）

● 特徴・特性

葉は2つのタイプがあり、長枝には長さ0.2cmほどの卵状三角形で褐色の鱗片葉がらせん状につき、長枝の先端に輪生する短枝には長さ6〜13cmの線形の針状葉がつく。針状葉の裏には、中央に白い気孔線がある。しばしば毬果の先に葉が出る。日本特産で、世界3大美樹のひとつである。樹形は狭円錐形。

● 利用法

庭園樹、公園樹、シンボルツリー、建築・器具・船舶材。

＊その他

外国で人気が高く種子の注文が毎年多いため、需要に対応しきれない状態である。

表 80%
裏 80%
枝 60%

短枝には線形の針状葉がつく

裏には中央に白い気孔線がある

コバノセンナ

●別名……アンデスノオトメ

Senna alata
マメ科 センナ属

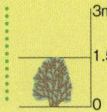

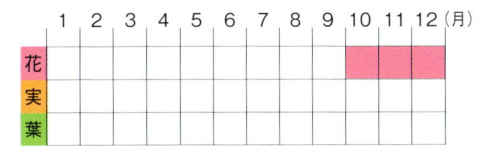

互生　常緑低木

● 自生地

アフリカ、東南アジア、太平洋諸島、熱帯アメリカ

● 特徴・特性
葉は偶数羽状複葉で、小葉は1～2.5cmの倒卵形または広卵形。先は円形。基部は広いくさび形。縁は全縁。両面とも緑色。秋に華やかな黄色い花が円錐花序をなす。暖地性で、低木だが放任するとつる状になる。

類似種　ハナセンナ

◆見分け方……ハナセンナの小葉は1～3cmの披針形または長楕円状卵形。先は尖り、基部は広いくさび形。縁は全縁。両面とも緑色。コバノセンナより耐寒性が強く、両種は容易に交雑する。黄色の花が春から秋にかけて総状花序をなす。

表 60%

裏 60%
小葉

● 利用法
鉢植え、暖地では庭園樹、公園樹。

センペルセコイア

・別名……セコイアメスギ、イチイモドキ、レッドウッド

Sequoia sempervirens
スギ科 セコイア属

互生 / 常緑高木 20m

	1	2	3	4	5	6	7	8	9	10	11	12 (月)
花												
実												
葉												

● 自生地

北米西部

● 特徴・特性

葉には2つのタイプがある。毬果をつける枝の先端部では、鱗片状の葉がらせん状につき、他の部分の葉は羽状に2列生する。鱗片状の葉は長さ0.6～1.2cmの卵形または長楕円形。先は尖る。2列生する葉は、長さ2.5cmほどの線形または線状披針形。表は濃緑色で、裏は2条の白い気孔線があり白っぽく見える。樹皮が赤くなることからレッドウッドと呼ばれるが、厚さが約15cm、縦に割れて、溝の深さが7～12cmほどになる。

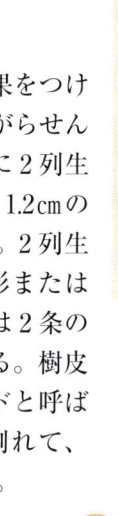

● 利用法

公園樹、風致木、シンボルツリー。

＊その他

100mを超す世界最高の樹高を持つことで知られ、樹齢は2000年ともいわれている。和名「セコイアメスギ」。「セコイアオスギ」の和名を持つセコイアデンドロンは別属で形はまったく異なる。

- 枝の先端部は鱗片状の葉がらせん状につく
- 他の葉は羽状に2列生する
- 先は尖る
- 表 190%
- 枝 50%
- 葉の裏には2条の白い気孔線がある
- 裏 190%

ハクチョウゲ'バリエガータ'

Serissa japonica 'Variegata'
アカネ科 ハクチョウゲ属

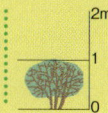

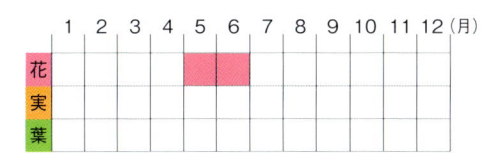

対生　半常緑低木

	1	2	3	4	5	6	7	8	9	10	11	12 (月)
花					●	●						
実												
葉												

● 自生地

(基本種) 台湾、中国、インドシナ、タイ

● 特徴・特性

葉は0.5～3cmの披針形または楕円形。先は尖り、基部はくさび形。縁は全縁。質はやや厚く、表は濃緑色で光沢があり、裏は粉白緑色。叢生して0.6～1mになる。寒冷地では落葉する。花は帯紫白色が多く、淡紅色を帯びたものや白色もある。黄白色の斑入りや、二重咲き、八重咲き等の品種がある。

類似種 ダンチョウゲ、シチョウゲ

◆見分け方……**ダンチョウゲ**の葉は長さ0.3～1cmの卵状披針形。枝は節間が短く、伸長は遅い。花は白。**シチョウゲ**は属が異なり、葉は長さ1.5～3.5cmの狭卵形。先は細く尖り、基部はくさび形。縁は全縁で、両面とも緑色で主脈に短毛がある。花は淡紫色。

● 利用法

刈り込みに耐えるので低い生垣や寄せ植え、公園樹に適している。

先は尖る
縁は全縁
表 260%
基部はくさび形
裏 260%

ミヤマシキミ 深山樒

Skimmia japonica var. *japonica*
ミカン科 ミヤマシキミ属

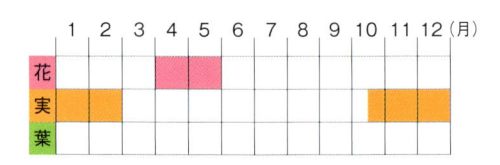

互生　常緑低木

● 自生地
本州（関東以南）、四国、九州、台湾（高地）

● 特徴・特性
葉は枝先に集まり、長さ4～9cmの長楕円状披針形または倒披針形。先は尖るか鈍頭で、基部はくさび形。革質。縁は全縁。表は濃緑色で光沢があり主脈が目立ち、裏は淡緑色。葉柄が赤みを帯びる。林床に生え、日陰に強い。雌雄異株で雌株には秋に赤い実が枝先につく。欧米での評価が高く、多くの品種が作られている。品種には、実つきのよいものや白実のもの、クリスマスの飾りつけに利用される雄株で蕾の赤い'ルベラ'などがある。

類似種 ツルシキミ、ウチダシミヤマシキミ

◆見分け方……**ツルシキミ**はミヤマシキミより小形で茎が短く、つる状に伸び広がる。**ウチダシミヤマシキミ**は変種で、葉が大きく葉脈がへこみ溝になる。

● 利用法
日陰の庭、庭園樹。

＊その他
葉柄が赤みを帯びるところがモッコクに似ており、「ミヤマモッコク」と呼ぶ地方もある。

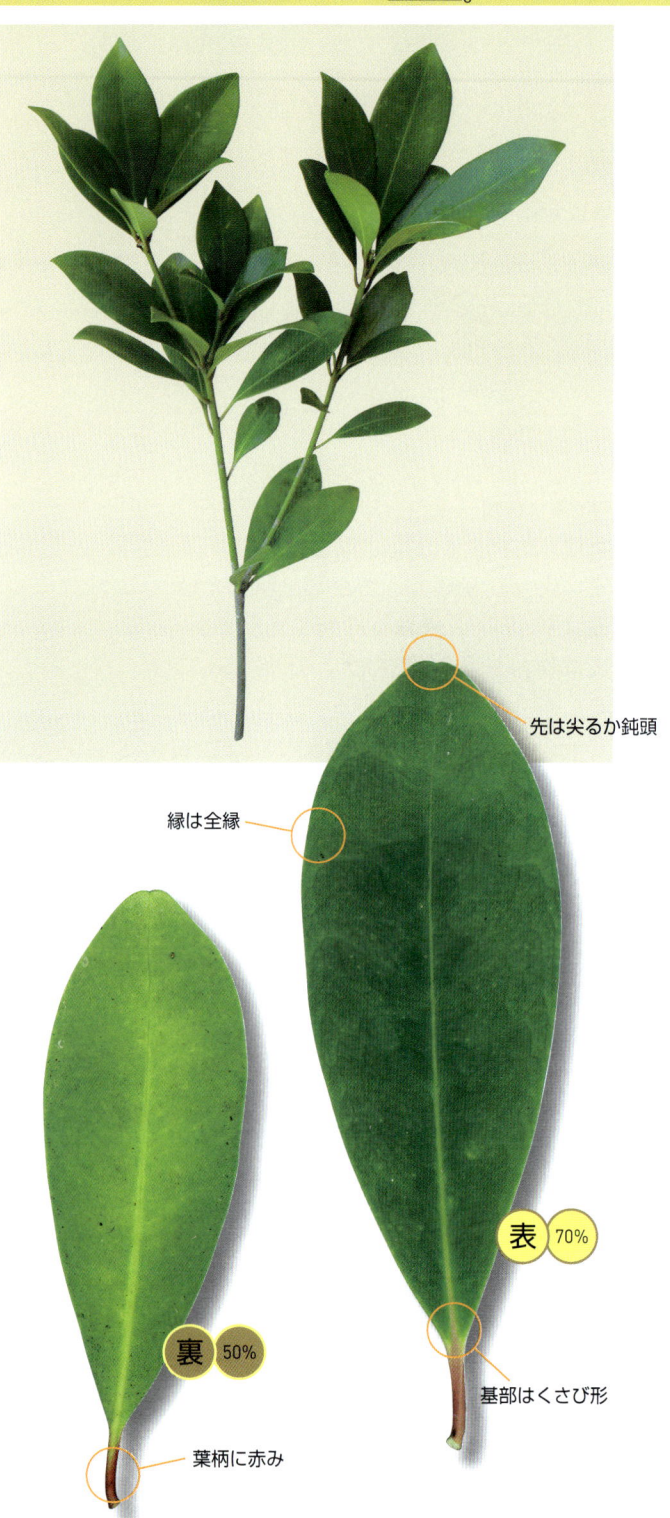

- 先は尖るか鈍頭
- 縁は全縁
- 表 70%
- 裏 50%
- 基部はくさび形
- 葉柄に赤み

ツルハナナス 蔓花茄子

Solanum jasminoides
ナス科 ナス属

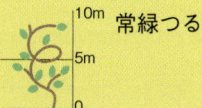

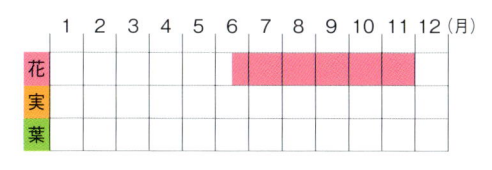

互生　常緑つる　10m / 5m / 0

	1	2	3	4	5	6	7	8	9	10	11	12 (月)
花						●	●	●	●	●	●	
実												
葉												

● 自生地

ブラジル

● 特徴・特性
葉は長さ3～6cmの披針形。先は尖り、基部は円形または切形。縁は全縁。両面ともは濃緑色で、裏の主脈が目立つ。基部からよく分枝して伸びるつる。葉柄が直角に出て引っかかりながら伸びる。花は星形で白または淡紫色。夏から晩秋まで次々に咲く。斑入りや'オーレア'等の品種がある。

● 利用法
パーゴラ、アーチ、トレリス、フェンス、棚、鉢植え。

＊その他
一般にヤマホロシの名で出回っているが、ヤマホロシは日本に自生する多年草で別種。花は淡紫色で目立たなく、花弁が細く後ろに反り返る。

ツルハナナス'オーレア'
Solanum jasminoides 'Aurea'

● 特徴・特性
葉が黄色の品種で、新芽が美しく、一年中黄色い。新芽は次から次に出るので長い間楽しめる。

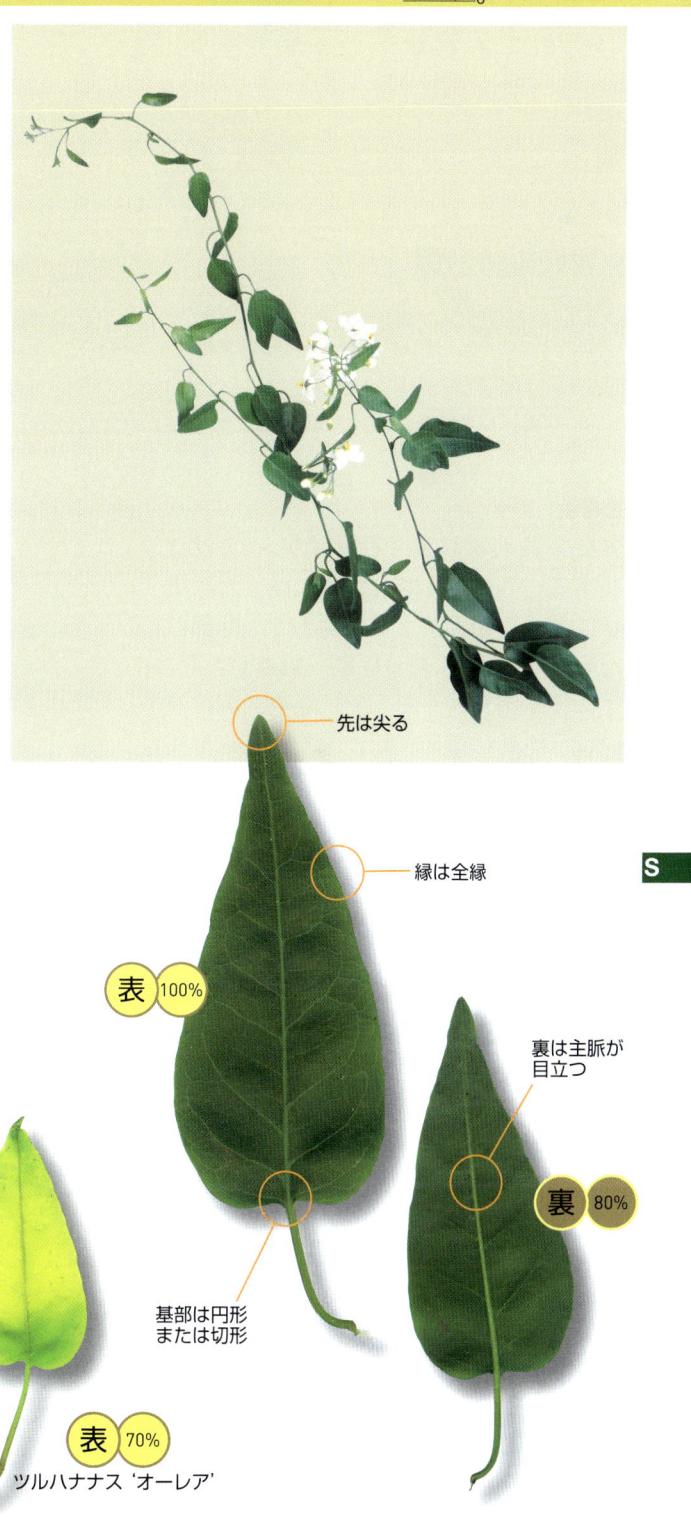

先は尖る
縁は全縁
裏は主脈が目立つ
表 100%
裏 80%
基部は円形または切形
表 70%
ツルハナナス'オーレア'

ナナカマド 七竈

Sorbus commixta var. *commixta*
バラ科 ナナカマド属

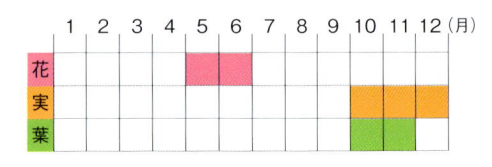

互生　落葉高木　10m

●自生地
北海道、本州、四国、九州、アジア北東部

●特徴・特性
葉は奇数羽状複葉。小葉は9～17枚で長さ3～8cmの長楕円状披針形。先は尾状に伸びる鋭尖頭または鋭頭で、基部は鋭形で左右不同。縁には鋭い鋸歯があり、まれに重鋸歯になる。表は緑色、裏は淡緑色。山地に生え、秋に赤く紅葉し、実も赤く熟す。冷涼な地域を好む。実は果実酒として利用できる。

類似種 ウラジロナナカマド、タカネナナカマド、セイヨウナナカマド

◆見分け方……**ウラジロナナカマド**の葉は先が鈍頭または円頭で裏が粉白色を帯び、小さな花序が直立する。**タカネナナカマド**の葉は表に光沢がある。花の数は少ない。**セイヨウナナカマド**の葉は羽状複葉になるものと一枚葉のものとがあり、小葉は長さ3～6cmの長楕円形。暗緑色かブロンズ色で、先は尖り、縁には粗い鋸歯がある。裏に灰白色の毛がある。品種が多い。

●利用法
庭園樹、公園樹、街路樹。

＊その他
七回かまどに入れてもなお燃えないほど、材が燃えにくいということから名がついた。

先は尾状に伸びる鋭尖頭または鋭頭
基部は鋭形で左右不同
鋭い鋸歯または重鋸歯がある

表 60%
裏 50%

コデマリ 小手毬

Spiraea cantoniensis
バラ科 シモツケ属

互生 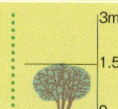　落葉低木

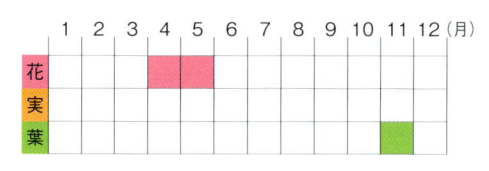

● 自生地

中国

● 特徴・特性

葉は長さ 2.5～4cmの菱形状披針形または菱形状長楕円形で、先は尖り、基部はくさび形。基部の少し上から側脈が左右に出る。上部の縁には欠刻状の鋸歯がある。表は濃緑色、裏は粉白色。幹は叢生して枝先は垂れ下がる。花は枝先に散房花序に白花を 20 個ほどつける。

| 類似種 | シジミバナ、ユキヤナギ、トサシモツケ |

◆見分け方……**シジミバナ**の葉は卵状楕円形。細かい鋸歯があり、両面に毛がある。花は白の八重で散形花序につく。**ユキヤナギ**の葉は狭披針形。鋭い鋸歯がある。花は白く細かく散形花序につく。**トサシモツケ**の葉は長さ 1.5～5cmの倒披針形。縁に鋸歯がなく、洋紙質。表は青味がかった緑色、裏は粉白色。5 月頃、枝先の散房花序に小さな白花をつける。

先は尖る
上部の縁に欠刻状の鋸歯がある
基部はくさび形

裏 110%
表 150%

● 利用法

庭園樹、公園樹、生け花。

シモツケ

下野　●別名……キシモツケ

Spiraea japonica
バラ科 シモツケ属

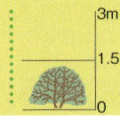

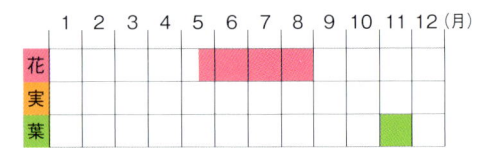

互生　3m 1.5 0　落葉低木

●自生地
本州、四国、九州、朝鮮半島、中国

●特徴・特性
葉は長さ1〜8cmの披針形または卵形か広卵形。先は鋭く尖り、基部はくさび形。縁は不ぞろいの鋭鋸歯または欠刻状の鋸歯がまばらにある。表は緑色、裏は緑白色で短毛が脈上に密生し、長毛がわずかに散生する。日当たりの良い草地や礫地などに生える。枝先には複散房花序で細かい花が多数つく。色は濃紅色、紅色、淡紅色、白色などがある。外国で改良された品種が多い。

類似種　ホザキシモツケ
◆見分け方……ホザキシモツケの葉は楕円状披針形で、花は枝先に円錐花序でつく。

●利用法
庭園樹、公園樹、生垣、ボーダー。

先は鋭く尖る
不ぞろいの鋭鋸歯または欠刻状の鋸歯がまばらにある
表 110%
基部はくさび形
裏 90%

ホザキシモツケ
Spiraea salicifolia

●特徴・特性
葉は長さ5〜8cmの楕円状披針形。先は円形で基部はくさび形。縁には先まで鋭い鋸歯がある。表は緑色、裏は淡緑色。日当たりの良い山地の水湿地に生え、枝先に淡紅色の花が円錐花序で多数つく。

表 60%
ホザキシモツケ

シジミバナ 蜆花

Spiraea prunifolia
バラ科 シモツケ属

互生　落葉低木

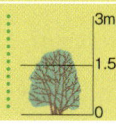

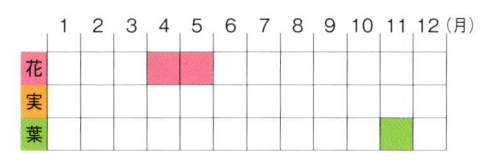

●自生地

中国

●特徴・特性

葉は長さ2〜2.5cmの卵形または卵状楕円形。先は鈍形または丸く裏に反り返る。基部はくさび形または広いくさび形。縁には基部を除いて細かい鋸歯がある。表は濃緑色で脈上にはじめ毛が散生し、裏は緑色で全体に伏毛がある。幹は叢生し、花は散形花序で白の八重咲き。

類似種　コデマリ、ユキヤナギ

◆見分け方……**コデマリ**の葉は菱形状披針形または菱形状長楕円形。先は尖り、縁の上部には欠刻状の鋸歯がある。裏は緑白色。枝先が垂れ下がり、花は枝先に散房花序で白花を20個ほどつける。**ユキヤナギ**の葉は狭披針形で先は鋭く尖る。枝先は弓状に枝垂れ、花は多数の散形花序を出し、白の一重。

●利用法

庭園樹、公園樹。

＊その他

名前は、花をシジミの内臓に見立てたところからついた。

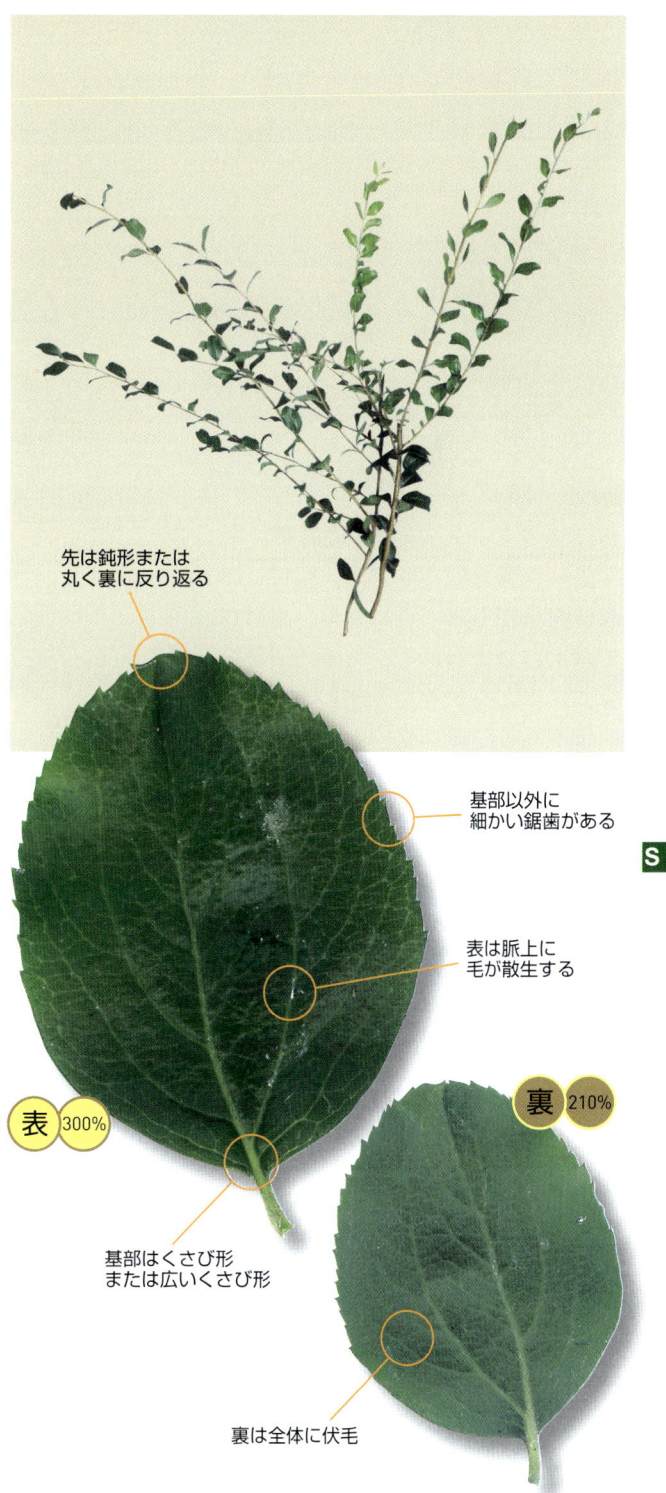

- 先は鈍形または丸く裏に反り返る
- 基部以外に細かい鋸歯がある
- 表は脈上に毛が散生する
- 基部はくさび形または広いくさび形
- 裏は全体に伏毛

表 300%　裏 210%

ユキヤナギ 雪柳

Spiraea thunbergii
バラ科 シモツケ属

互生　落葉低木 3m / 1.5 / 0

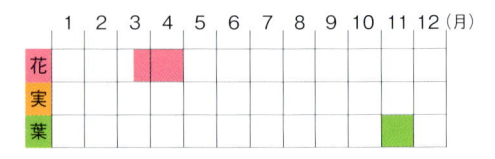

	1	2	3	4	5	6	7	8	9	10	11	12 (月)
花			■	■								
実												
葉											■	

● 自生地

本州（関東以南）、四国、九州、中国

● 特徴・特性

葉は長さ2～4.5cmの狭披針形。先は鋭く尖り、基部はくさび形。縁には細かく鋭い鋸歯がある。表は緑色、裏は淡緑色で脈上にわずかに毛がある。川岸の岩場などに生える。幹は叢生し、枝先は弓状に枝垂れる。花は白の一重で散形花序を多数つける。オーレアや斑入り、ピンク花などの品種がある。

類似種　**コデマリ、シジミバナ**

◆見分け方……**コデマリ**の葉は長さ2.5～4cmの菱形状披針形または菱形状長楕円形。基部の少し上から側脈が左右に出る。上部の縁には欠刻状の鋸歯がある。表は濃緑色、裏は粉白色。花は枝に散房花序で白花を20個ほどつける。**シジミバナ**の葉は長さ2～2.5cmの卵形または卵状楕円形。先は鈍形または丸く裏に反り返る。基部はくさび形または広いくさび形。縁には基部を除いて細かい鋸歯がある。表は濃緑色で脈上にはじめ毛が散生し、裏は緑色で全体に伏毛がある。花は散形花序で白の八重咲き。

● 利用法

庭園樹、公園樹、生垣。

先は鋭く尖る

細かく鋭い鋸歯がある

脈上にわずかに毛がある

表 210%

裏 160%

基部はくさび形

キブシ 木五倍子　●別名……マメブシ

Stachyurus praecox
キブシ科 キブシ属

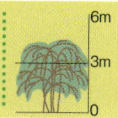

互生　落葉低木

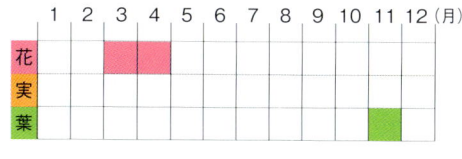

●自生地
北海道（渡島半島）、本州、四国、九州

●特徴・特性
葉は長さ5〜13cmの楕円状卵形か長楕円形または卵形。先は長く鋭く尖り、基部は円形または切形か浅い心形。縁には鋭い鋸歯がある。表は濃緑色でほぼ無毛でやや光沢がある。裏は淡緑色で脈上に毛がある。山地に生え、花は黄色で、葉の出る前に長さ6〜12cmの穂状花序を垂らす。雌雄異株。紅花の品種がある。

類似種　**ハチジョウキブシ**

◆見分け方……**ハチジョウキブシ**の葉は大きくて硬い。花はやや大きく花序が長い。海岸近くの山地に生え、枝が太い。

●利用法
庭園樹、公園樹、雑木の庭の構成樹。

＊その他
実を、ヌルデの葉にできる虫こぶのフシ（五倍子）の代用として黒色の染料にするので、この名がある。

- 先は長く鋭く尖る
- 鋭い鋸歯がある
- 裏には脈上に毛がある
- 基部は円形または切形か浅い心形

表 60%　裏 50%

ムベ 郁子　●別名……トキワアケビ

Stauntonia hexaphylla
アケビ科 ムベ属

互生　常緑つる　10m

●自生地

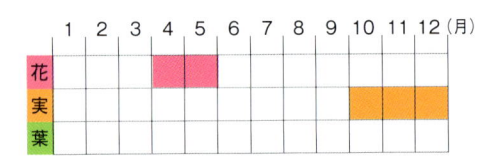

本州（関東以南）、四国、九州、沖縄

●特徴・特性
葉は掌状複葉。小葉は3～7枚で長さは6～12cmになり、楕円形または卵形で革質、先端は細く尖り全縁で少し波打つ。表は光沢のある濃緑色、裏は淡緑色。雌雄同株であるが他家受粉の方が果つきがよい。果実は長さ6～12cmで暗紫色に熟すが裂開しない。果実は甘く食べられる。耐性に優れ暑さや海岸部の潮風にも強い。

類似種　アケビ

◆見分け方……**アケビ**は落葉性であるため冬期は区別しやすい。アケビの小葉の先端部はわずかに窪み、中央にわずかな突起がある。小葉はムベより薄く、葉脈はムベの方が目立つ。

●利用法
棚や生垣としての利用が多いが、補助資材を使うことによりビルや壁面での利用も今後期待できる。

＊その他
小葉が3～7枚になるため、七五三の祝いとかけてめでたい植物として、古くから庭に植えられてきた。

先は細く尖る
縁は全縁で少し波打つ
表 90%
裏 60%

コゴメウツギ 小米空木

Stephanandra incisa
バラ科 コゴメウツギ属

互生 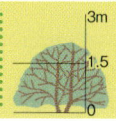　落葉低木

	1	2	3	4	5	6	7	8	9	10	11	12 (月)
花					■	■						
実												
葉											■	

● 自生地

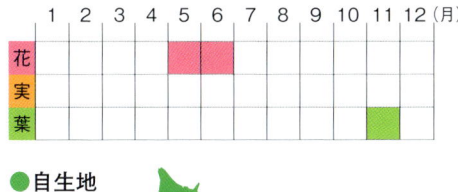

北海道、本州、四国、九州

● 特徴・特性

葉は長さ3～6cmの卵形または三角状の広卵形。先は尾状に伸びて尖る。縁は羽状に中裂または深裂し、重鋸歯がある。表は緑色で、裏は淡緑白色。総状花序の花は白く0.4cm内外。雑木林の林縁部や斜面地等に生え、幹は叢生し小枝もよく分枝する。

類似種　**カナウツギ**

◆見分け方……**カナウツギ**の葉は長さ5～10cmと大きく、広卵形で切れ込みが浅く3～5裂し、重鋸歯も小さい。

先は尾状に伸びて尖る

重鋸歯がある

羽状に中裂または深裂

表 160%　裏 120%

● 利用法

雑木の庭、庭園、芝庭の点景。

ヒメシャラ 姫沙羅　●別名……サルタノキ、ヤマチャ

Stewartia monadelpha
ツバキ科 ナツツバキ属

互生 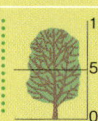　落葉高木

●自生地

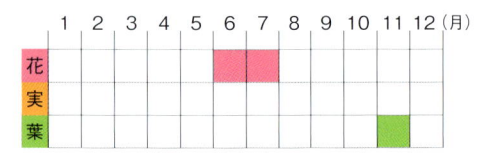

本州（神奈川県以南）、四国、九州（屋久島）

●特徴・特性
葉は長さ3〜8cm、幅2〜3cmの長楕円形で洋紙質。先は細く尖り、基部は細いくさび形、表は緑色で主脈は有毛、裏は淡緑色で脈腋に毛がある。縁には浅い鋸歯がある。6〜7月に2cmほどのかわいい白花をつける。朝夕に霧の発生するような場所に自生するために、各地に点在して分布している。自生地では樹高が15m以上にもなる。幹の色は赤褐色で薄く剥がれる。

類似種　**ナツツバキ、ヒコサンヒメシャラ**

◆見分け方……**ナツツバキ**は葉が大きく、丸みのあるものもある。先は尖るがヒメシャラほど細くない。花は5〜6cmと大きい。**ヒコサンヒメシャラ**の葉はやや大きく無毛。幹の色はヒメシャラのように赤くない。花は3.5〜4cm内外。

●利用法
玄関先や雑木の庭、庭園の主役として利用される。自生のものは単木が多いが庭園には株立ちを多く使う。

先は細く尖る

浅い鋸歯がある

表 130%

主脈は有毛

裏 130%

脈腋に毛がある

基部は細いくさび形

ナツツバキ

夏椿　●別名……シャラ、シャラノキ

Stewartia pseudocamellia
ツバキ科 ナツツバキ属

互生 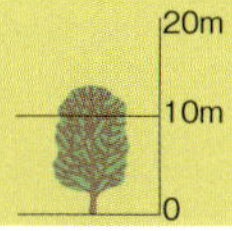　　落葉高木

●自生地

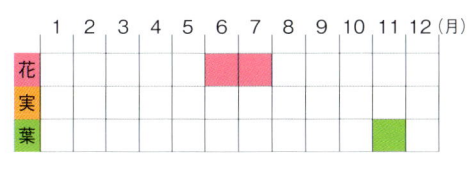

本州（宮城・新潟県以南）、四国、九州

●特徴・特性
葉は長さ5〜15cmの倒卵形または楕円形、長楕円形で、やや厚みがあり膜質。先は尖り、基部はくさび形。表は緑色で裏は白色を帯び毛が残る。縁に丸味のある小鋸歯がある。6〜7月に5〜6cmほどの白花をつける。雑木林等に自生するが分布域は限定される。樹皮は帯黒赤褐色で鹿の子状に剥がれ、表面がなめらかになる。ナツツバキの仲間は核が硬化するため発芽に2年かかる場合が多いが、早目に収穫して播種すれば翌年発芽する。

類似種　ヒメシャラ、ヒコサンヒメシャラ、シナナツツバキ

◆見分け方……**ヒメシャラ**の葉は長さ3〜8cmの長楕円形で、花は早く咲き2cm内外と最小。**ヒコサンヒメシャラ**の葉は長さ4〜9cmの卵状楕円形または楕円形で無毛。幹はヒメシャラのように赤くない。花は3.5〜4cm内外。**シナナツツバキ**は形、大きさとも最もよくナツツバキに似るが、新芽や蕾は赤みを帯びる。

●利用法
雑木の庭や庭園、玄関前などによく植えられる他、寺院では三大霊樹の沙羅双樹として植えることもある。

先は尖る
表 100%
裏は毛が残る
裏 100%
丸味のある小鋸歯がある
基部はくさび形

ヒコサンヒメシャラ 英彦山姫沙羅

Stewartia serrata
ツバキ科 ナツツバキ属

互生　落葉高木

● 自生地

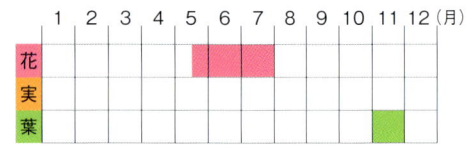

本州（関東以南）、四国、九州（福岡県）

● 特徴・特性

葉は長さ4〜9cm、幅2〜4cmの卵状楕円形または楕円形でやや厚い洋紙質。先端は細く尖り、基部は鋭形。縁には内曲するやや浅い鋸歯がある。表は緑色で裏は淡緑色。花は6〜7月で3.5〜4cmの白い花をつける。樹皮は暗赤褐色で薄く剥がれて暗色の斑紋ができる。

| 類似種 | ナツツバキ、ヒメシャラ、シナナツツバキ |

◆見分け方……**ナツツバキ**は葉が大きく、丸味のあるものもある。先は尖るがヒコサンヒメシャラより鈍い。花は5〜6cmと最も大きい。**ヒメシャラ**は葉が3〜8cm、花は2cm内外と最も小さい。**シナナツツバキ**はナツツバキによく似ているが、新芽や蕾は赤味を帯びる。

● 利用法

住宅の玄関前や雑木庭に多く利用。

＊その他

トウゴクヒメシャラは、栃木、群馬、神奈川、静岡に分布し、葉の表面は無毛だが、裏の主脈に毛が多い。

- 先は細く尖る
- 内曲するやや浅い鋸歯がある
- 基部は鋭形
- 表 100%
- 裏 80%

エンジュ 槐

Styphonolobium japonicum
マメ科 エンジュ属

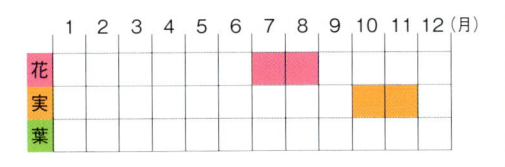

互生 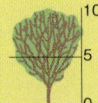　落葉高木

	1	2	3	4	5	6	7	8	9	10	11	12 (月)
花							■	■				
実										■	■	
葉												

● 自生地

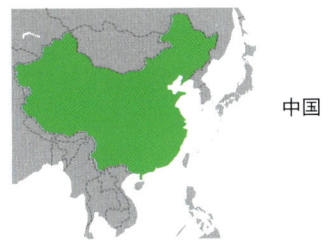

中国

● 特徴・特性

葉は長さ15～25cmの奇数羽状複葉。小葉は9～15枚で長さ2.5～5cmの卵形または倒卵形。先は鋭頭またはやや鈍頭で、基部は円形またはくさび形。縁は全縁。表は濃緑色で脈上に毛があり、裏は灰緑色で全面に毛があるが脈上にやや多い。花は淡黄白色で、7～8月ころ円錐花序に咲く。鬼門に植える縁起木として知られ、高級建築材としても利用されている。

類似種　イヌエンジュ、ハリエンジュ

◆見分け方……**イヌエンジュ**は属が異なり、葉は長さ20～30cm、小葉は7～11枚。先はやや尖り、葉軸と葉の裏に細毛が密生する。**ハリエンジュ**は属が異なり、小葉は9～21枚、円頭または凹頭で中央は小さな針状となる。

● 利用法

庭園樹、公園樹、街路樹、器具材。

シダレエンジュ

Styphonolobium japonicum 'Pendula'

● 特徴・特性

中国にあった品種で、中国名を「竜爪樹」という。枝はよく下垂し、樹形はまとまる。出世木としてよく植えられている。

先は鋭頭またはやや鈍頭
基部は円形またはくさび形
縁は全縁
脈上に毛がある

表 50%
表 30%　シダレエンジュ
裏 30%

エゴノキ

Styrax japonica
エゴノキ科 エゴノキ属

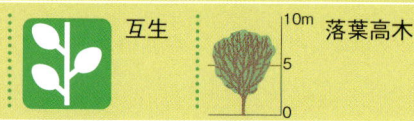

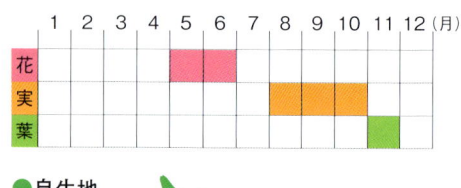

互生　落葉高木

	1	2	3	4	5	6	7	8	9	10	11	12 (月)
花					■	■						
実								■	■	■		
葉											■	

● 自生地

北海道、本州、四国、九州

● 特徴・特性

葉は長さ4～8cmの卵形から長楕円形で、先は尖り基部はくさび形。表は緑色で裏は淡緑色、若葉は星状毛を散生するが成葉では無毛となる。縁は波状で低い鈍鋸歯がある。当年枝の短枝に3～6個の純白の花をつける。武蔵野の雑木林を構成する代表的樹種のひとつで、全国的に広く分布する。単木ではあまり太くならず直径10～15cmで、株立ちになりやすい。小枝は細い。

類似種　エゴノキ'エメラルドパゴダ'

◆見分け方……'**エメラルドパゴダ**'は、基本種に比べ花が大きく花つきがよい。樹形は立ち性。

● 利用法

株立ち状の姿を活かした雑木庭の主役のひとつで、北海道から九州まで利用できる。

＊その他

果皮にはエゴサポニンを含み、洗剤の代わりに利用した歴史がある。秋にできる果皮の内側の実は、コーヒー豆に似た姿をしている。

先は尖る

波状で低い鈍鋸歯がある

表 90%

基部はくさび形

裏 80%

ハクウンボク 白雲木

Styrax obassia
エゴノキ科 エゴノキ属

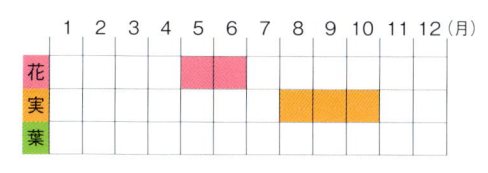

互生　落葉高木　10m

	1	2	3	4	5	6	7	8	9	10	11	12 (月)
花					■	■						
実								■	■	■		
葉												

● 自生地

北海道、本州、四国、九州、朝鮮半島

● 特徴・特性

葉は大きく長さ 15～20cm、幅 10～15cm の円形または広倒卵形、先は短い急尖頭で基部は円形、表は緑色で裏は星状毛が密生し白く見える。縁の上部に低い細鋸歯がある。樹皮は灰白色で、若枝の表皮は縦に剝がれる。花は充実した短枝の枝先に 15～20cm の総状花序をつける。花冠は約 2cm で 5 深裂する。

類似種　コハクウンボク

◆見分け方……**コハクウンボク**の葉は長さ 6～12cm の広倒卵形で、縁の上半分から先に粗い鋸歯がある。幹は灰褐色または紫褐色。花数は少ない。樹高 4～8 m と小形。

● 利用法

街路樹、公園樹、庭園樹等。

＊その他

漢字表記は「白雲木」で、5～6 月に花がついた状態を遠くから見ると雲のように見えることからこの名がついた。

- 先は短い急尖頭
- 上部に低い細鋸歯がある
- 基部は円形
- 表 40%
- 裏 40%

シラタマミズキ 'エレガンティシマ'

●別名……サンゴミズキ

Swida alba 'Elegantissima'
ミズキ科 ミズキ属

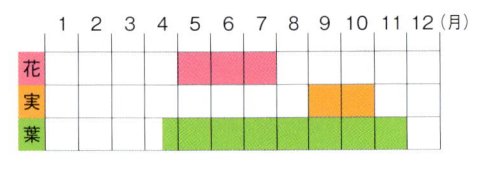

対生　落葉低木　3m / 1.5 / 0

	1	2	3	4	5	6	7	8	9	10	11	12 (月)
花					●	●	●					
実									●	●		
葉				●	●	●	●	●	●	●	●	

● 自生地

(基本種) シベリア、中国北部

● 特徴・特性

葉は長さ4〜9cmの楕円形または広楕円形。先は急に尖り、基部は円形。縁は全縁。表には短毛が散生し、裏には白い軟毛が密生する。側脈は約6対。白の覆輪の斑が入る。枝と幹は赤く、特に冬の落葉期には鮮やかになる。樹形は株立ち状になる。耐寒性が強い。

類似種　シラタマミズキ、ミズキ、ハナミズキ、ヤマボウシ、サンシュユ

◆見分け方……**シラタマミズキ**は基本種で、樹高2〜3m。枝や葉柄は赤みを帯びる。葉は卵形または楕円形で、表は緑色、裏は青白色。実は白く熟す。**ミズキ**は葉が大きく、やや丸い。斑の具合は右ページ右下のミズキ 'バリエガータ' によく似る。**ハナミズキ**は裏の毛が全面にない。**ヤマボウシ**は脈が目立ち、裏の毛は全面にない。**サンシュユ**は脈が目立ち、裏の脈腋に毛のかたまりがある。

● 利用法

寄せ植え、花壇、切花。

裏 80%　表 90%

先は急に尖る
縁は全縁
表には短毛がある
裏には白い軟毛がある
白い外覆輪の斑が入る
基部は円形

クマノミズキ 熊野水木

Swida macrophylla
ミズキ科 ミズキ属

対生 / 15m 落葉高木

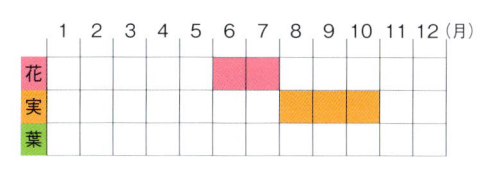

	1	2	3	4	5	6	7	8	9	10	11	12 (月)
花						■	■					
実								■	■	■		
葉												

● 自生地

本州、四国、九州、アジア南東部

● 特徴・特性

葉は6〜15cmの卵状長楕円形で、先は鋭く尖り、基部はくさび形。表は緑色、裏は帯白色。花は6月頃咲き、実の核には孔がない。若枝は赤褐色を帯びる。

類似種 シラタマミズキ、ハナミズキ、ヤマボウシ、サンシュユ、ミズキ

◆見分け方……**シラタマミズキ**の葉は小さく、やや細い。枝はシラタマミズキはより赤い。**ハナミズキ**は、葉は裏の毛は全面にない。**ヤマボウシ**は、葉は脈が目立つ。裏の毛は全面にない。**サンシュユ**は、葉はやや細く、脈は目立つ。裏は脈腋に毛のかたまりがある。**ミズキ**の葉は広卵形または広楕円形で、クマノミズキより幅が広く、互生する。実の核の先端に孔がある。

● 利用法

公園樹、景観樹。

先は鋭く尖る

全縁または小さく低い波状の鋸歯がある

基部はくさび形

表 35%　裏 35%

ミズキ 'バリエガータ'
Swida controversa 'Variegata'

● 特徴・特性

葉は長さ6〜15cmの広卵形または広楕円形で、先は鋭く尖り、基部は広いくさび形。縁は全縁。葉に白い外覆輪の斑が入る。非常に鮮やかで退色せず、外国でも評価が高い。

白い外覆輪の斑が入る

表 30%
ミズキ'バリエガータ'

ハイノキ 灰の木　●別名……イノコシバ

Symplocos myrtacea
ハイノキ科 ハイノキ属

互生　常緑高木

	1	2	3	4	5	6	7	8	9	10	11	12 (月)
花				■	■							
実												
葉												

●自生地

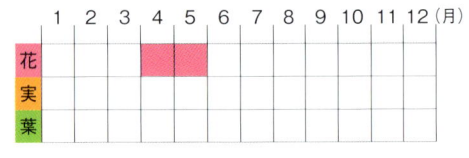

本州（近畿以南）、四国、九州

●特徴・特性
葉は薄い革質で長さ4～7cmの狭卵形または卵形。先は長く尾状に尖り、基部は広いくさび形またはやや円形、縁には低い鈍鋸歯がある。花は白色で総状花序、前年枝の葉腋につく。花冠は直径1.2cm内外で5深裂する。

類似種　ミミズバイ、クロバイ

◆見分け方……**ミミズバイ**の葉は長さ7～15cmで、狭長楕円形の厚い革質。**クロバイ**の樹皮が灰黒褐色なのに対して、ハイノキは暗紫褐色。葉は、比較するとハイノキが小さく、ミミズバイが大きく、クロバイは中くらいである。

●利用法
常緑広葉樹としては、樹冠の外側に花をつける数少ない種類で、葉が小さく、最近よく利用される。料亭の玄関周りをはじめ、和洋を問わず広く利用できる。山採りが多く、株立ち状のものに人気がある。

＊その他
漢字表記は「灰の木」で、焼いた後に残る木灰を染色の媒染に使うところからこの名前がついた。

先は長く尾状に尖る
低い鈍鋸歯がある
基部は広いくさび形またはやや円形
裏 140%
表 180%

ライラック

●別名……ムラサキハシドイ、リラ

Syringa vulgaris
モクセイ科 ハシドイ属

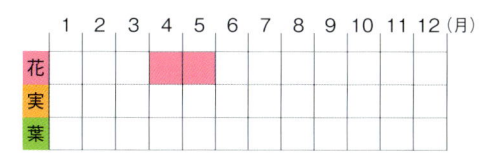

対生　10m 落葉高木

●自生地

ヨーロッパ南東部、コーカサス、アフガニスタン

●特徴・特性

葉は6～12cmの卵形または広卵形でやや革質。先は尖り基部は切形または心形。縁は全縁。幹や枝は灰褐色。枝数は少ないが、太い。4～5月に枝先の葉腋に10～20cmの円錐花序を直立し、淡紫色の花を密につける。花冠は1cm内外の筒形で、先は4裂する。花には強い芳香があり、香水の原料にもされる。

| 類似種 | ハシドイ |

◆見分け方……**ハシドイ**の白花に対して、ライラックは別名ムラサキハシドイにある紫色の他に、園芸品種が多く花色も豊富。葉はほぼ同じ大きさだがライラックの方が幅広。

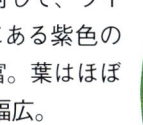

先は尖る
縁は全縁
表 100%
基部は切形または心形
裏 100%

●利用法

北国の春の花木の代表格で北海道でも人気がある。ヨーロッパではリラの花と呼ばれ、この花が咲くと春であるとまでいわれる。庭木の他に街路樹や公園樹として利用される。

ギョリュウ 御柳

Tamarix tenuissima
ギョリュウ科 ギョリュウ属

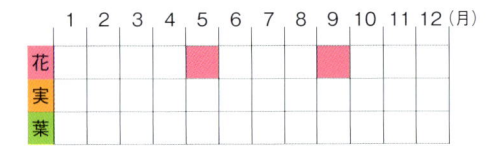

互生 / 落葉高木

● 自生地 
中国

● 特徴・特性
葉は、0.1～0.3cmの針状の鱗片葉で、先は細く尖り、枝に密着して互生する。5月と9月に総状花序の淡紅色の小花を多数開く。春5月に咲く花の方がやや大きく、花色は濃い。充実した枝は越冬するが、細い小枝は秋の紅葉後に枯れるので、落葉後には枝数は少なくなる。

● 利用法
耐塩性に強いのが特徴とされるが、沿海部ではあまり利用されていない。寒さにも強く、北国での庭木としても利用。

＊その他
寛保年間（1741～44年）に渡来した。薬用としても知られ、利尿や解毒剤に使われている。

先は細く尖る

針状の鱗片葉

枝 200%

ラクウショウ 落羽松　●別名……ヌマスギ

Taxodium distichum
スギ科 ヌマスギ属

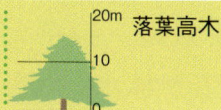

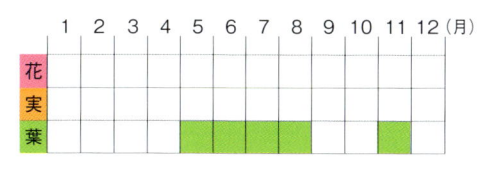

互生　落葉高木

●自生地

アメリカ南東部、メキシコ

●特徴・特性

葉は長さ1〜2cmの線状披針形で柔らかく、先端は尖り、1〜2cmの長さ。5〜10cmの脱落性の短枝に互生し、2列生する。自生地では樹高が30〜50mにも達する。若枝は緑色で、2年目には光沢のある褐色になる。雌雄異株。湿地には強く、沼地周辺では地表に気根を出す特徴がある。

| 類似種 | メタセコイア、ポンドサイプレス、スイショウ |

◆見分け方……**メタセコイア**は属が異なり、葉は羽状に対生し、樹形が狭円錐形になる。**ポンドサイプレス**は、羽状の葉が鱗片状にとじた状態で、ヒモ状に見える。**スイショウ**は属が異なり、葉は3形あり、幼木の葉は鋭頭の扁平線形葉、成木の短枝につく葉は鎌形の針状葉、長枝につく葉は鱗片葉となる。

●利用法

湿潤で肥沃な場所や、石灰岩地域に自生する。乾燥地にも耐えるので、公園樹等の広い用途に向く。

＊その他

漢字表記は「落羽松」で、羽状複葉のように見える葉が、秋に側枝ごと落ちることから名づけられた。別名は「ヌマスギ」。

2列生する
先端は尖る
表 200%
裏 200%
枝 70%

イチイ 一位　●別名……アララギ、オンコ

Taxus cuspidata
イチイ科 イチイ属

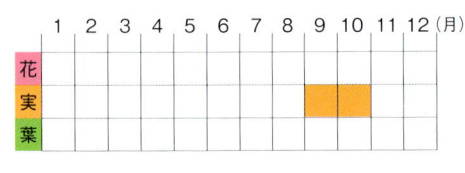

互生　常緑高木

●自生地
北海道、本州、四国、九州

●特徴・特性
葉は長さ1.5～2cmの扁平な線形、2列で水平につく。先は急尖頭。表は深緑色、裏は淡緑色になり、主脈の両側に2条の気孔線がある。雌雄異株。3～4月に前年枝の葉のつけ根に花をつける。秋に熟した肉質の赤い仮種皮は、甘く食べられる。

| 類似種 | キャラボク |

◆見分け方……**キャラボク**の葉は、2列にならずらせん状または輪生状に並ぶ。樹形はイチイが通直な主幹を持った幹立ちとなるが、キャラボクでは地面を這うように低木状の株立ちとなり、ガーデン盆栽や生垣として利用する。

●利用法
長野県ではアララギと呼び、庭園の主木や生垣に利用する。北海道ではオンコと呼ばれ、造形樹や庭園樹として利用する。

＊その他
材の白い木質部は太い幹になっても形成層と同じくらいの厚みで、中はすべて赤みの材になる。朝廷の官吏が正装をした時に持つ笏をイチイで作ったため、位階の正一位、従一位にちなみ、この名前がついた。

先は急尖頭
2列で水平につく
表 110%
裏 110%
裏は主脈の両側に2条の気孔線がある
枝 40%

キャラボク 伽羅木

Taxus cuspidata var. *nana*
イチイ科 イチイ属

互生 / 常緑低木

	1	2	3	4	5	6	7	8	9	10	11	12 (月)
花												
実									■	■		
葉												

●自生地

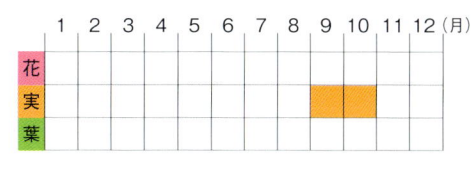

本州（秋田～鳥取の日本海側）

●特徴・特性
葉は長さ1.5～2cmの線形で、枝にらせん状につく。先端は鋭く尖る。表は深緑色で、裏は緑色。気孔線は2条ある。雌雄異株。葉が黄金色のキンキャラは矮性品種。

類似種 **イチイ**

◆見分け方……小枝につく葉のつき方が区別ポイントで、**イチイ**は横枝の葉が水平に2列につき、キャラボクはらせん状に互生し、先端部では輪生する。

先は鋭く尖る
表 220%
裏 220%
気孔線は2条ある

●利用法
造形樹に仕立てられる樹種で、生垣やボーダー植栽にも利用される。

＊その他
鳥取県大山の8合目周辺の群生地は天然記念物に指定されている。和名は材がキャラに似た香りをもつことからつけられた。

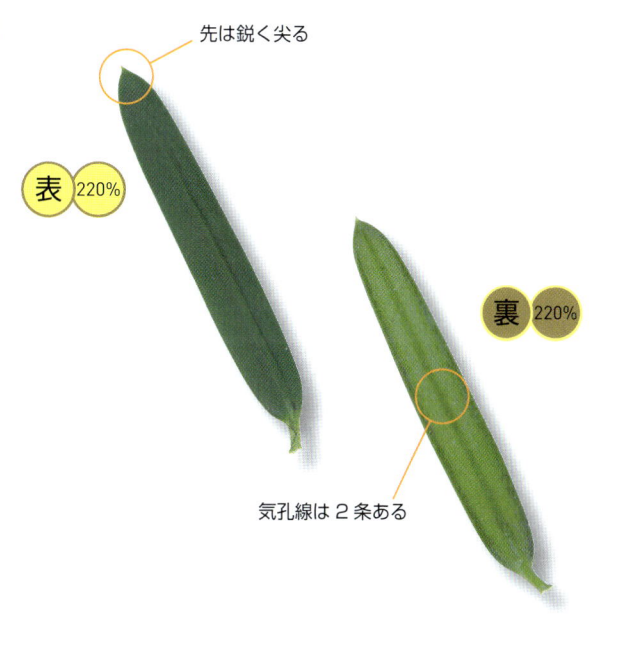

モッコク 木斛

Ternstroemia gymnanthera
ツバキ科 モッコク属

互生　常緑高木

● 自生地

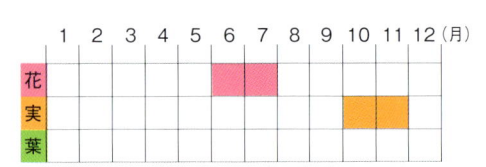

本州（関東以南）、四国、九州、沖縄

● 特徴・特性

葉は長さ4〜7cmの長楕円状倒卵形、革質で光沢があり無毛。先は丸く基部は鋭いくさび形。表は濃緑色、裏は淡緑色。縁は全縁。枝先につく葉は輪生する。6〜7月頃に小枝の上部に柄のある白い花をつける。自生地では樹高が13〜15mにもなるが、庭木として利用する場合にはそれほど高くならない。

先は丸い
両面とも無毛
縁は全縁
基部は鋭いくさび形
表 110%
裏 90%

● 利用法

庭園の主要な構成樹種であり、主木としても利用する他、公園の修景用に用いる。耐潮性に優れ、強い光にも耐えるので、屋上緑化等にも利用する。

アメリカネズコ

●別名……ベイスギ、ウエスタンレッドシーダー

Thuja plicata
ヒノキ科 クロベ属

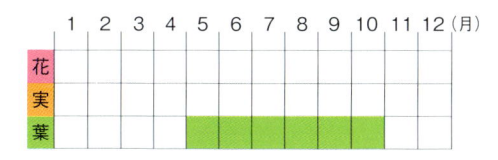

互生　常緑高木

自生地

（原産）アメリカ西海岸、ロッキー山脈北部

●特徴・特性

ヒノキとアスナロの中間くらいの葉は、卵形鱗片状で鋭頭。小枝は長く伸び、上枝より下枝の方が少し長い。表は濃緑色で光沢があるが、冬の寒さにあうと黄褐色に変化する。直立する幹は10m以上になり、樹皮は赤褐色で薄く鱗片状に剥がれる。

類似種　**ネズコ**

◆見分け方……アメリカネズコの葉は互生するが、**ネズコ**は交互に対生する。アメリカネズコの香りはニオイヒバの香りより好まれることが多く、ネズコの香りはヒノキ等の香りに近い。

●利用法

庭園樹、公園樹、防風垣、芳香剤。

アメリカネズコ 'ゼブリナ'

Thuja plicata 'Zebrina'

●特徴・特性

形態的には基本種と同じであるが、春の新梢が伸びる時に淡黄色になり、その後伸びる葉は黄緑色になる。そのため葉がシマウマのように黄色く縞状になり、'Zebrina' の品種名がついた。

先は鋭頭
葉は鱗片状

表 220% 枝先

裏 220% 枝先

枝 30%
アメリカネズコ 'ゼブリナ'

ニオイヒバ 匂い檜葉

Thuja occidentalis

ヒノキ科 クロベ属

十字対生 / 常緑高木 10m

	1	2	3	4	5	6	7	8	9	10	11	12 (月)
花												
実												
葉												

● 自生地

北米東部、カナダ

● 特徴・特性

葉は鱗片状の卵形で鋭尖頭、表は暗緑色になり裏は青緑色、背腹面に腺体がある。葉は精油を含み、もむと芳香を発する。樹皮は赤褐色または灰褐緑色になる。老木になると、樹皮は薄く長く剥離する。

類似種 **アメリカネズコ**

◆見分け方……ニオイヒバより**アメリカネズコ**の方が、大柄で葉の光沢もある。ニオイヒバの香りのよいのは知られているが、アメリカネズコの香りの方が強く、樹が風に揺られただけでも甘い香りが広がる。

● 利用法

庭木、公園樹、生垣。耐寒性に優れ、オホーツク海沿岸に近い所では、防風垣や防風林としても利用されている。

＊その他

造園樹として優れており、改良された品種が多くあり、コニファーガーデンの重要な構成種である。

葉は鱗片状で鋭尖

表 110% 枝先

葉の背腹面に腺体がある

裏 110% 枝先

ニオイヒバ 'ヨーロッパ ゴールド'

Thuja occidentalis 'Europe Gold'　ヒノキ科 クロベ属

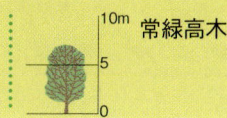

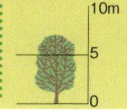

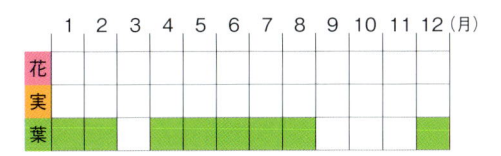

常緑高木

● 特徴・特性
葉の形状等の本質的なものは、基本種とあまり異なることはない。色は新芽の伸び始めから黄緑または淡黄色。夏には黄色が濃くなり、強い光を受けた部分は鮮黄色になり、そのまま冬を越す。基本種より、徒長しない分だけ枝葉が密になり生長は遅く、大きくならない。

● 利用法
コニファーガーデンの主役としての利用や、庭園にシンボルツリーとして利用、生垣としてもよく利用されている。

表 60% 枝先
裏 60% 枝先
枝 20%

ニオイヒバ 'グリーン コーン'

Thuja occidentalis 'Green Corn'　ヒノキ科 クロベ属

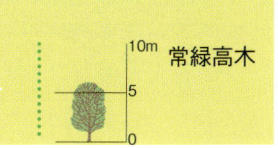

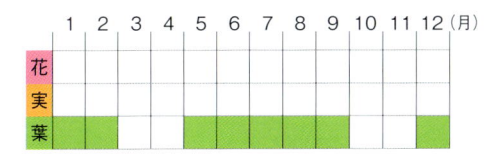

常緑高木

● 特徴・特性
日本国内で作出された品種で、この仲間では最も端正な樹形になる。主幹の先端以外は、伸長量は小さく枝は斜上するので、刈り込みの必要もほとんどない。独特の芳香は基本種よりやや弱いが、手でもむとよい香りがする。

● 利用法
庭木、コニファーガーデン、生垣等に利用。

表 80% 枝先
裏 60% 枝先

アスナロ 翌檜　●別名……アテ

Thujopsis dolabrata
ヒノキ科 アスナロ属

対生　常緑高木 20m

	1	2	3	4	5	6	7	8	9	10	11	12	(月)
花													
実													
葉													

● 自生地

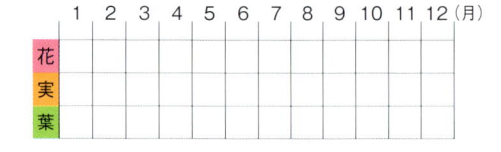

本州、四国、九州

● 特徴・特性
葉は厚く長さ4〜6mmの鱗片状になり鈍頭。小枝や細い枝に十字対生する。小枝につく葉の表は濃緑で光沢があり、裏は白色の幅広い気孔線がある。葉は卵状披針形あるいは舟形になり、ヒノキ科の中では最も大形の葉になる。

類似種　ヒノキアスナロ、ヒメアスナロ

◆見分け方……ヒノキアスナロはアスナロの変種で、種鱗の上背部が角状に突出しない。また、アスナロより全体に小形である。ヒメアスナロは幹があまり立ち上がらず、低木状になるため、日陰地の植栽によく使われる。

● 利用法
明日はヒノキになろうというところから「アスナロ」になり、出世を見込む希望の木として記念樹によく利用される他、景観樹等にも利用される。

＊その他
自然株では下枝が地面に接し、そこから芯を立ち上げて子苗を育てる場所もある。

先は鱗片状で鈍頭

白色の幅広い気孔線がある

表 60% 枝先

裏 40% 枝先

シナノキ 科の木、級の木

Tilia japonica
シナノキ科 シナノキ属

互生 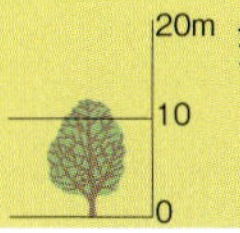　20m 落葉高木

	1	2	3	4	5	6	7	8	9	10	11	12 (月)
花						■	■					
実									■	■	■	
葉												

● 自生地

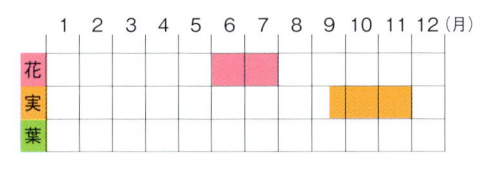

北海道、本州、四国、九州

● 特徴・特性

葉は互生につき、柄は長く4～10cmになるが、若木のうちは15cm以上になる場合もある。葉は心円形で、縁には浅くて鋭い鋸歯がある。裏の脈の基部以外は無毛、葉身は4～10cmで、先端部は尾状になる。樹皮は灰褐色で縦裂する。若枝は茶褐色を帯びることもあり、通常無毛でジグザグに伸長する。

類似種　セイヨウボダイジュ、オオバボダイジュ、ボダイジュ

◆見分け方……セイヨウボダイジュは裏に毛が多い。オオバボダイジュは裏に淡灰褐色の星状毛が密生する。ボダイジュは中国原産であるためシナボダイジュとも呼ばれ、若枝は黄緑色で灰白色の星状毛が密生する。

● 利用法

公園樹、街路樹、建築・器具材等。

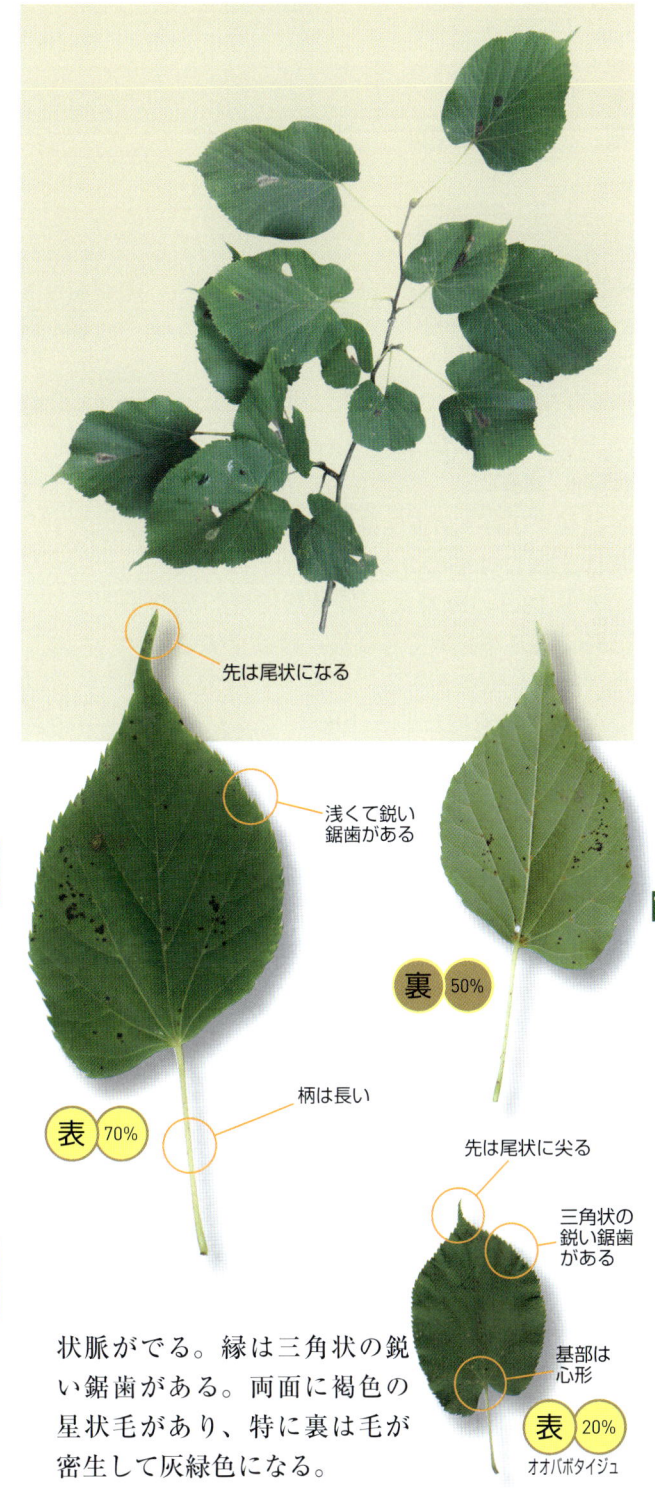

オオバボタイジュ

Tilia maximowicziana

● 特徴・特性

葉は長さ7～18cm、幅は7～15cmとこの仲間としては大形の葉で心円形。先は尾状に尖り、基部は心形で5～7本の掌状脈がでる。縁は三角状の鋭い鋸歯がある。両面に褐色の星状毛があり、特に裏は毛が密生して灰緑色になる。

先は尾状になる
浅くて鋭い鋸歯がある
裏 50%
表 70%
柄は長い
先は尾状に尖る
三角状の鋭い鋸歯がある
基部は心形
表 20%
オオバボタイジュ

チャンチン 香椿

Toona sinensis
センダン科 チャンチン属

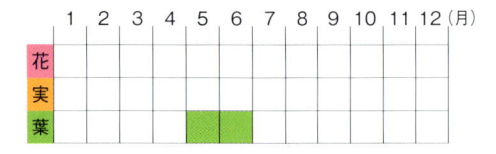

互生　落葉高木 10m

	1	2	3	4	5	6	7	8	9	10	11	12 (月)
花												
実												
葉					■	■						

● 自生地

中国北中部

● 特徴・特性

葉は長さ15〜30cmの奇数羽状複葉。小葉は葉軸に対生につき、11〜17枚で長さ8〜12cmの卵形または長楕円形。先は鋭く尖り基部はくさび形。縁は全縁または小さい鋸歯がある。表裏とも無毛、主軸は太く葉柄は5〜10cmになる。幹は通直となり横にあまり広がらない。

類似種　ニワウルシ

◆見分け方……ニワウルシの葉は長さ40〜80cmと大きく、小葉は基部近くに1〜2対の鈍鋸歯がある。枝は横に開く。

● 利用法

地際から複数の幹が立ち上がり、株立ち状になったものがシンボルツリーになり、庭園樹、記念樹としても利用される。

＊その他

芽立ちが鮮やかなピンクになる'フラミンゴ'と呼ばれる品種に人気がある。サラダツリーとも呼ばれ、新葉はサラダ等に使われる。

- 先は鋭く尖る
- 全縁または小さい鋸歯がある
- 基部はくさび形
- 両面とも無毛

表 40%
裏 30%

カヤ 榧　●別名……カヤノキ、ホンガヤ

Torreya nucifera
イチイ科 カヤ属

互生 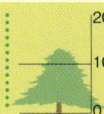　20m 常緑高木

	1	2	3	4	5	6	7	8	9	10	11	12 (月)
花												
実									■	■		
葉												

●自生地

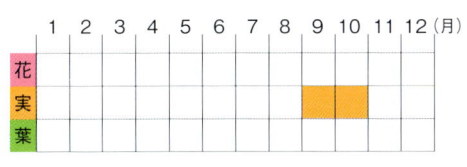

本州（宮城県以南）、四国、九州、屋久島

●特徴・特性
葉は長さ2〜3cm、幅2〜3mmの線形。革質で光沢がある。先は鋭く尖り、さわると痛い。表は濃緑色、裏は淡緑色で中央に細い2条の淡黄色の気孔線がある。2列に互生し葉柄は短く枝につく。

類似種　イヌガヤ

◆見分け方……**イヌガヤ**は科・属が異なり、葉は2列に水平に並び、基部の幅が広く、先は急に細くなる。先は細く尖るがカヤのように鋭くないので触っても痛くない。

●利用法
庭園樹、景観樹として利用するが、樹齢が長いこともあり記念樹としてもよい。建築・器具・彫刻材になり、囲碁や将棋の盤としては最高級の材とされる。

＊その他
雌雄異株で、雌木につく実は煎って食べられる。

先は鋭く尖る
表 110%

裏は中央に細い2条の気孔線がある
裏 110%

枝 40%

ハツユキカズラ 初雪蔓

Trachelospermum asiaticum 'Hatuyukikazura'
キョウチクトウ科 テイカカズラ属

対生 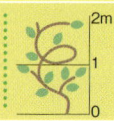　常緑つる性

●自生地

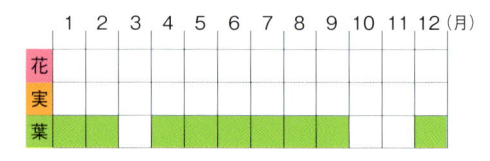

(基本種)本州(秋田県以南)、四国、九州

●特徴・特性

葉は長さ2～4cm、幅2cm内外の卵形または楕円形。先は鈍頭で基部は円形。縁は全縁。春一番の生長は直立枝に十字対生の葉をつけるが、後に伸長する枝は葡萄枝になり葉は対生につく。芽立ちの初期は鮮赤色の葉で、次にピンクから白色になり時間が経つと緑葉になる。

| 類似種 | ニシキテイカ |

◆見分け方……ニシキテイカは完全な斑入りで葉色の変化とは異なる。つるの伸長力が大きく広い面でのグラウンドカバーとしてよい。

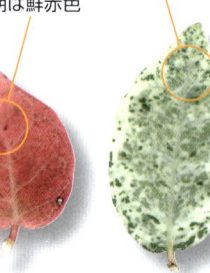

先は鈍頭
縁は全縁
次第に白くなりやがて緑色になる
初期は鮮赤色
基部は円形

表 110%
裏 100%

●利用法

グラウンドカバープランツとしての利用に優れ、メンテナンスもほとんど必要としない。

＊その他

つる性ではあるがあまり長く伸長せず、登攀力は弱いので壁面等への利用は難しい。

ナンキンハゼ 南京櫨

Triadica sebifera
トウダイグサ科 ナンキンハゼ属

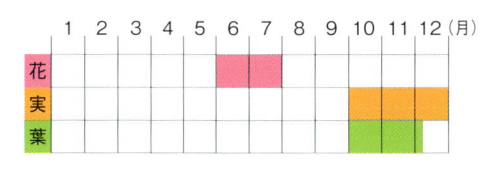

互生　10m 落葉高木

● 自生地

中国

● 特徴・特性
葉は長さ4～9cmの菱形状広卵形。先は尾状になり急に尖り、基部は広いくさび形または切形。縁は全縁。表は灰緑色で微細な毛がある。裏は淡緑白色。6～7月に芳香のある黄色い花をつける。白いロウ質に包まれた種子からロウや油をとる。暖地性で、秋の紅葉は黄色から赤に色づいて美しい。

● 利用法
公園樹、街路樹、器具材。

＊その他
江戸時代に渡来したといわれる。名前は、南京から渡来したハゼノキという意味。

ナンキンハゼ 'メトロ キャンドル'
Triadica sebifera 'Metro Candle'

● 特徴・特性
葉は新葉が黄色で美しく、のちにクリーム色の斑に変化する。夏でも葉焼けをおこさない。秋には暖地でも美しく紅葉する。

縁は全縁　先は尾状に急に尖る
表面に微細な毛がある
表 110%
基部は広いくさび形または切形
クリーム色の斑がある
表 60%
ナンキンハゼ 'メトロ キャンドル'
裏 90%

ヤマグルマ 山車　●別名……トリモチノキ

Trochodendron aralioides
ヤマグルマ科 ヤマグルマ属

互生　常緑高木 20m

●自生地

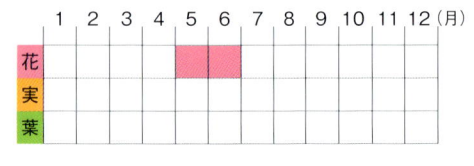

本州（山形県以南）、四国、九州、沖縄

●特徴・特性
葉は長さ5〜15cm、幅3〜7cmの長卵形または広倒卵形。葉柄は長く3〜10cmにもなる。先は尖り、基部はくさび形になる。縁は鈍鋸歯があり、厚い革質で光沢がある。小枝の先端部に車輪状につく。冬芽は開葉前には大形の紡錘形となる。果実は袋果で広倒卵形、心皮の上端が宿存して星形となる。種子は極めて小さく、風で飛ぶ。

●利用法
公園樹、景観樹、記念樹に利用される。

＊その他
常緑広葉樹の高木としては耐寒性に優れる。幼苗期の生育は遅いが、1m内外になると普通に生長する。樹皮をつぶして「トリモチ」をつくることからトリモチノキの別名がある。

先は尖る
鈍鋸歯がある
基部はくさび形
葉柄は長い
表 40%
裏 40%

カナダツガ

Tsuga canadensis
マツ科 ツガ属

互生　常緑高木 20m

	1	2	3	4	5	6	7	8	9	10	11	12 (月)
花												
実												
葉												

● 自生地

アメリカ（アラスカ南部、カリフォルニア北部）、カナダ

● 特徴・特性

葉は長さ0.5～1.5cm、幅0.15～0.25cmの扁平な線形で互生につく。先はわずかに尖り、基部は丸く葉柄はほとんどない。縁は全縁。表は濃緑色、裏は白い気孔線があり枝の裏から見ると緑白色に見える。

類似種　**ツガ、コメツガ**

◆見分け方……**ツガ**の葉はやや大きく、先は丸みがあり、わずかに光沢がある。若い枝は無毛。**コメツガ**の葉はやや大きく、先は丸みがあり、わずかに光沢がある。若い枝には短毛がある。

● 利用法

庭園樹、公園樹、修景樹として利用する。日本産のツガやコメツガより樹勢が強く萌芽力があり利用しやすい。建築材としても多く利用されている。

＊その他

カナダツガにはいくつかの品種があり、枝垂れタイプのものは外国で人気がありよく使われている。

枝 50%

先はわずかに尖る
基部は丸い
表 300%

裏には白い気孔線がある
裏 300%

コメツガ

Tsuga diversifolia
マツ科 ツガ属

互生　常緑高木 15m

	1	2	3	4	5	6	7	8	9	10	11	12 (月)
花												
実												
葉												

●自生地

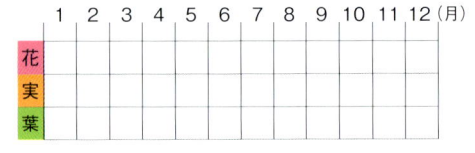

本州（中部・北部の亜高山帯・紀伊半島）、四国、九州（一部）

●特徴・特性

葉は線形で長さ0.4〜1.4cm、幅は0.15cm。先端は円形または微凹形。表は暗緑色で光沢があり革質。葉裏は2条の狭い白色の気孔線がある。葉は小枝にらせん状につき、小形で、長短の2形がある。

類似種　ツガ

◆見分け方……**コメツガ**はツガより小さいという意味で米ツガ（＝コメツガ）となっている。ツガの葉身は1.5cm内外に対して、コメツガは1cm内外と小さい。コメツガは標高1500〜1600mの亜高山帯に多く自生する。

先は円形または微凹形

表 240%

裏には2条の狭い気孔線がある

裏 240%

枝 40%

●利用法

庭園樹として京都の庭でも利用される他、公園樹、庭園樹として利用される。

ハルニレ 春楡

●別名……アカダモ、コブニレ、ヤニレ

Ulmus davidiana var. *japonica*
ニレ科 ニレ属

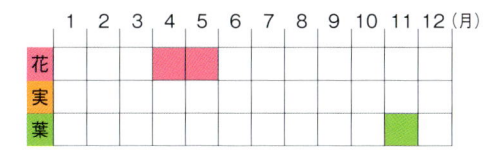

互生 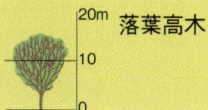　落葉高木　20m

●自生地

北海道、本州、四国、九州、朝鮮半島、中国北部

●特徴・特性

葉は長さ5〜15cm、幅2〜8cmの倒卵形または倒卵状楕円形。先は急に鋭く尖り、基部はくさび形。左右非対称の葉は主脈に対し枝側の方が大きくなる。縁には重鋸歯がある。表は微毛が散生してざらつき、裏は淡緑色で脈沿いに短毛が密生する。

類似種　オヒョウ

◆見分け方……**オヒョウ**は葉の上部の方が特有な形に裂けることが多く、先端は急鋭尖頭で尾状に伸びる。

- 先は急に鋭く尖る
- 重鋸歯がある
- 葉は左右非対称で枝側が大きくなる
- 基部はくさび形
- 脈沿いに短毛がある

表 60%　裏 50%

●利用法

北国の公園樹の代表格であり、街路樹、記念樹などにも利用する。建築・器具・楽器材などに利用。

オヒョウ 於瓢　●別名……オヒョウニレ、アツシ、ネバリジナ

Ulmus laciniata
ニレ科 ニレ属

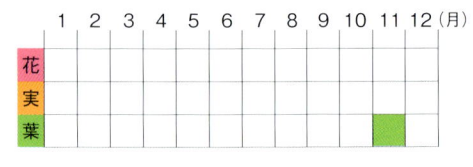

互生 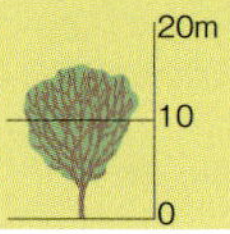　落葉高木　20m

●自生地 
北海道、本州、四国、九州
（鹿児島以外）

●特徴・特性
葉は長さ7～15cm、幅5～7cmの倒卵形か広卵形、または長楕円形で2列に互生する。大きい葉は特有な形に3～5裂し、先は裂片とともに長く急鋭尖頭になる。基部は左右非対称の広いくさび形または浅い心形。洋紙質で両面に短毛がありざらつく。0.3～0.7cmの葉柄がつく。

類似種 **ハルニレ**

◆見分け方……**ハルニレ**とは葉の大きさが同じくらいで似ているが、葉先が特有な形に3～5裂することにより区別できる。

●利用法
修景樹、公園樹等に利用される。

＊その他
樹皮の繊維を水にさらし、糸に紡いでから布地（アツシ）を織った歴史がある。アイヌ語で樹皮や繊維をオビウと呼び、そこからオヒョウになったとされる。

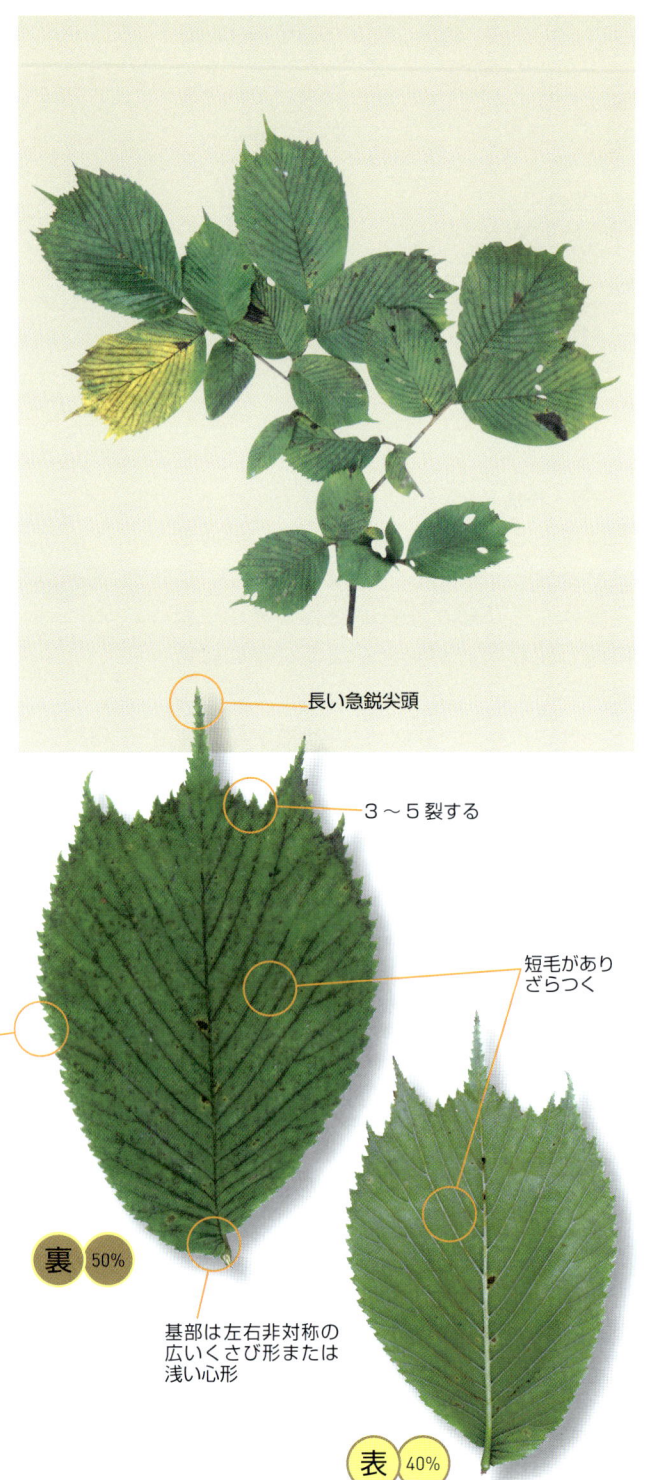

長い急鋭尖頭
3～5裂する
短毛がありざらつく
重鋸歯がある
裏 50%
基部は左右非対称の広いくさび形または浅い心形
表 40%

アキニレ 秋楡　●別名……イシゲヤキ、カワラゲヤキ

Ulmus parvifolia
ニレ科 ニレ属

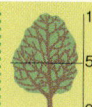

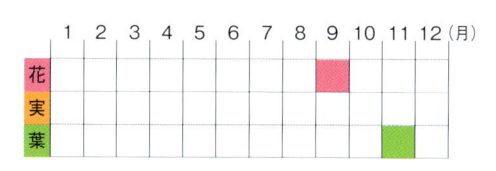

互生　落葉高木

●自生地

本州（関東以南）、四国、九州、沖縄、済州島、台湾、中国

●特徴・特性

葉は長さ2〜6cm、幅1〜3cmの長卵形または倒卵形。先は鈍頭で基部はくさび形で左右非対称。縁には鈍鋸歯がある。表は光沢があり主脈の上面のみ細毛があり側脈は7〜15対、裏は脈腋に密毛がある。秋に淡黄色の小さい花が密につく。斑入り品種がある。

先は鈍頭
鈍鋸歯がある
主脈の上面のみ細毛がある
表 170%
基部はくさび形で左右非対称
裏は脈腋に密毛がある
裏 150%

●利用法

庭園樹や公園樹、生垣、街路樹などに利用。耐潮性に優れるため沿海部の高木植栽にも向いている。

＊その他

花が春に咲くハルニレに対し、9月に咲くことからアキニレの名前がある。

シャシャンボ 小小ん坊

Vaccinium bracteatum
ツツジ科 スノキ属

互生 　常緑高木

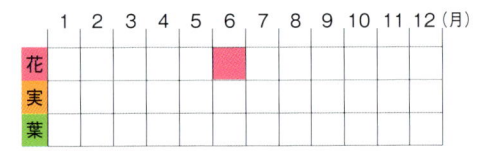

	1	2	3	4	5	6	7	8	9	10	11	12 (月)
花						■						
実												
葉												

● 自生地

本州（関東南部・石川県以南）、四国、九州、沖縄、台湾、朝鮮半島南部、中国

● 特徴・特性

葉は長さ2.5～6cmの卵形または楕円状卵形。先は鋭く尖り、基部はくさび形。縁には粗く浅い鋸歯がある。厚い革質。両面とも暗緑色で表は光沢がある。暖地に生え、果実は黒く熟す。

類似種　**ナツハゼ、スノキ**

◆見分け方……**ナツハゼ**の葉は長さ4～8cmの卵状長楕円形または卵状楕円形。縁と両面に粗い毛がある。落葉し、秋の紅葉は美しい。果実は黒褐色に熟す。**スノキ**の葉は長さ2～4cmの卵状楕円形。縁には細かい鋸歯がある。落葉し、秋の紅葉は美しい。果実は黒紫色に熟す。

● 利用法

庭園樹、公園樹。

＊その他

照葉で比較的葉が小さいので、苗木から仕立てたものを生垣等に使うとよい。新芽の葉色は光沢があり、鮮紅、赤、ピンク、淡黄緑とあって美しい。

先は鋭く尖る
粗く浅い鋸歯がある
基部はくさび形

表 160%
裏 130%

ブルーベリー

●別名……ヌマスノキ

Vaccinium corymbosum
ツツジ科 スノキ属

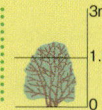

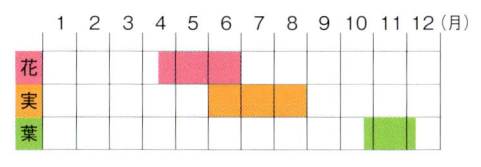

互生　落葉低木

● 自生地

北米北東部

● 特徴・特性

葉は長さ3〜8cmの卵状楕円形または楕円形。先は尖り、基部はくさび形。縁は全縁または細鋸歯がある。両面とも淡緑色。秋の紅葉は美しい赤色になる。刈り込みに耐えるので生垣としても利用される。

先は尖る
全縁または細鋸歯がある

● 利用法

庭園樹、公園樹、生垣、果樹。

＊その他

別名のヌマスノキは、沼沢地に生えることからついた。人気の高い果樹。果実は藍黒色に熟し、生食、ジャム、果実酒等にできる。秋に赤く紅葉する。日本ではラビットアイ系、ハイブッシュ系が植栽される。品種が多く、現在60品種ほど生産されている。果実は薬用としても利用される。日本へは昭和26年頃に導入されたといわれている。ラビットアイ系は耐寒性があり、暖地でも栽培が可能。ハイブッシュ系は大実である。

表120%
基部はくさび形
裏100%

ナツハゼ 夏櫨

Vaccinium oldhamii
ツツジ科 スノキ属

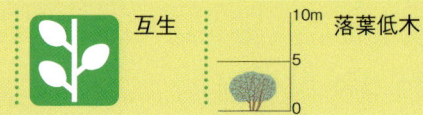

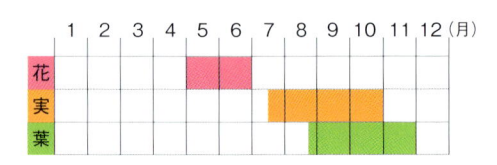

互生　落葉低木

	1	2	3	4	5	6	7	8	9	10	11	12 (月)
花					●	●						
実							●	●	●	●	●	
葉									●	●	●	

● 自生地

北海道、本州、四国、九州、朝鮮半島南部、中国

● 特徴・特性

葉は長さ4〜8cmの卵状長楕円形または卵状楕円形。先は尖り、基部は丸味を帯びたくさび形。縁は全縁で多数の腺毛がある。両面とも緑色で粗い毛や繊毛がある。山地や丘陵地に多く、夏から紅葉が見られ秋の紅葉は非常に美しい。果実は黒褐色に熟し、酸味があり食べられる。

類似種 ホナガナツハゼ、スノキ、オオバスノキ、シャシャンボ

◆見分け方……**ホナガナツハゼ**（別名ナガボナツハゼ）の葉は先が急に尖り、縁は全縁で質はやや硬い。果実は黒色で白粉をかぶる。**スノキ**の葉はやや小さく、縁には細かい鋸歯がある。**オオバスノキ**の葉はやや大きく、縁には細かい鋸歯がある。表の脈上に毛がある。**シャシャンボ**の葉は常緑で、縁には粗く浅い鋸歯がある。厚い革質。

先は尖る
全縁で多数の腺毛がある
両面に粗い毛や繊毛がある
基部は丸味を帯びたくさび形
表 90%
裏 70%

● 利用法

庭園樹、公園樹、果実酒。

ビブルナム ティヌス

Vibrunum tinus
スイカズラ科 ガマズミ属

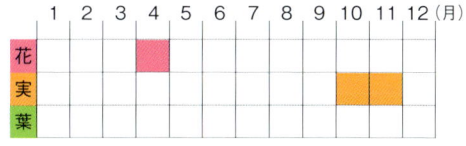

対生　常緑低木　3m / 1.5 / 0

	1	2	3	4	5	6	7	8	9	10	11	12 (月)
花				●								
実										●	●	
葉												

● 自生地

地中海沿岸、ヨーロッパ南東部

● 特徴・特性

葉は4～8cmの長楕円形。先は尖り基部はくさび形。縁は全縁で毛がある。質はやや革質。表は濃緑色で裏は緑色。葉柄は赤みを帯び、毛がある。品種が多い。常緑低木で、枝葉は密に茂る。白、ピンク等の芳香のある花が咲く。実はコバルト色。刈り込みに耐え、生垣に使われる。耐陰、耐潮性が強く、乾燥にも耐える。矮性や斑入りの品種がある。

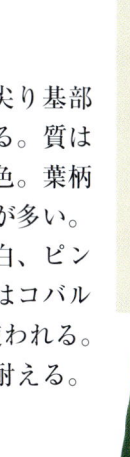

● 利用法

庭園樹、公園樹、生垣。

＊その他

花・実の楽しめる常緑種として人気がある。ビブルナムは今後も人気が続く樹種だと思われ、特にティヌスは人気が高い。

- 先は尖る
- 縁は全縁で毛がある
- 基部はくさび形
- 葉柄は赤味を帯び、毛がある

表 130%　裏 110%

オオチョウジガマズミ 大丁字莢迷

Viburnum carlesii
スイカズラ科 ガマズミ属

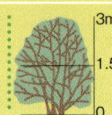

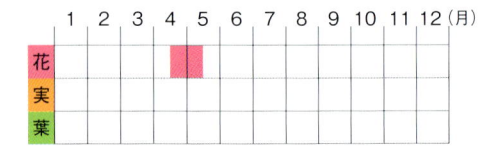

対生　落葉低木

	1	2	3	4	5	6	7	8	9	10	11	12 (月)
花					■							
実												
葉												

● 自生地

対馬、朝鮮半島、済州島

● 特徴・特性
葉は長さ5〜7cmの広卵形または楕円形。先は尖り、基部は円形または広いくさび形。縁には明瞭な鋸歯がある。表は濃緑色、裏は淡緑色で両面に毛がある。石灰岩地帯にまれに生える。花は芳香があり、蕾はピンク色。開花するにしたがって白くなる。

類似種　チョウジガマズミ

◆見分け方……**チョウジガマズミ**は、全体に小さく、葉は長卵形で丸味がなく、縁には低い鋸歯がある。花は淡桃色で芳香がある。

● 利用法
庭園樹、公園樹、雑木の庭の構成樹。

＊その他
花筒が長く、丁字に咲くガマズミということから名がつけられた。

先は尖る
明瞭な鋸歯がある
両面に毛がある
基部は円形または広いくさび形

表 70%
裏 60%

ビブルナム ダビディー

Viburnum davidii
スイカズラ科 ガマズミ属

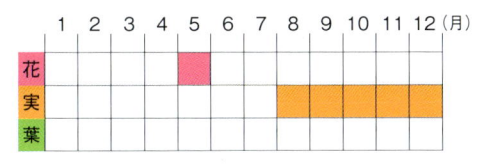

対生 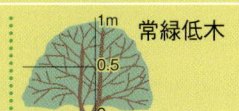　常緑低木

	1	2	3	4	5	6	7	8	9	10	11	12 (月)
花					■							
実								■	■	■	■	■
葉												

● 自生地

中国西部

● 特徴・特性
葉は長さ8～20cmの楕円形または披針形。先は細く尖り、基部はくさび形。縁には中央から上に細鋸歯がある。厚い革質。表は暗緑色で光沢があり、裏は淡緑色で3本の脈がはっきりと目立つ。

先は細く尖る

縁には中央より上に細鋸歯がある

● 利用法
庭園樹、公園樹、グラウンドカバー。

＊その他
常緑で金属的な輝きのあるコバルトブルーの実がなる。果柄も赤く、実との色合いがよく目立つ。雌雄同株だが株により雌花、雄花が偏っているので実を楽しむには異なる系統を植えると良い。耐寒性がある程度ある。低い刈り込み等で利用するとよい。

表 50%　裏 40%

基部はくさび形

3本の脈が目立つ

ガマズミ 莢迷　●別名……ヨソゾメ、ヨツヅミ

Viburnum dilatatum
スイカズラ科 ガマズミ属

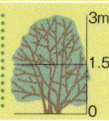

対生　落葉低木

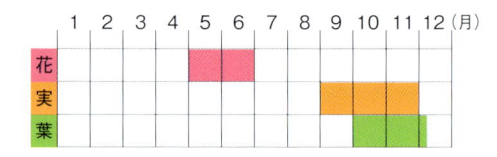

	1	2	3	4	5	6	7	8	9	10	11	12 (月)
花					■	■						
実									■	■	■	
葉										■	■	■

● 自生地

北海道、本州、四国、九州、朝鮮半島、中国

● 特徴・特性

葉は長さ6〜15cmの広卵形か円形または倒卵形。先は鈍頭または鋭頭。基部は広いくさび形または円形、ときに浅い心形。縁に粗い鋸歯がある。表は濃緑色で脈に毛があり、裏は緑白色で腺点が密生し、星状毛や短毛がある。山野に叢生し、秋に赤い実を散房花序につける。

類似種　ミヤマガマズミ、ハクサンボク

◆見分け方……**ミヤマガマズミ**の葉は無毛でやや光沢がある。**ハクサンボク**の葉は質が厚く光沢がある。常緑で暖地の海岸線に生える。

● 利用法

雑木の庭の構成樹、公園樹、果実酒。

- 先は鈍頭または鋭頭
- 表面は脈にも毛がある
- 粗い鋸歯がある
- 基部は広いくさび形または円形、ときに浅心形

表 40%　裏 30%

オトコヨウゾメ

Viburnum phlebotrichum

● 特徴・特性

葉は長さ4〜8cmの卵形または楕円状披針形。先は細長く尖り、基部はくさび形または円形。縁に鋭い鋸歯がある。表は濃緑色、裏は帯緑白色で主脈に沿って長い絹毛がある。山野に生え、樹高は2mほどになる。枝先に散房花序の白い花をつけ、実は赤く熟し垂れ下がる。

- 先は細長く尖る
- 鋭い鋸歯がある
- 基部はくさび形または円形

表 50%　オトコヨウゾメ

ムシカリ 虫狩　●別名……オオカメノキ

Viburnum furcatum
スイカズラ科 ガマズミ属

対生　10m 落葉高木

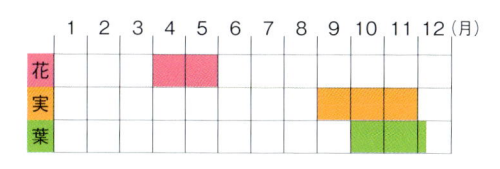

	1	2	3	4	5	6	7	8	9	10	11	12 (月)
花				■	■							
実									■	■	■	
葉										■	■	

●自生地

北海道、本州、四国、九州、南千島、朝鮮半島、サハリン

●特徴・特性

葉は長さ8〜20cmの円形または広卵形。先は短く尖るかまれに円頭。基部は心形。縁には重鋸歯がある。表は濃緑色で脈上に星状毛があり、脈は窪む。裏は淡緑色で脈上に毛があり、側脈が突出している。山地に生え、額咲きの白い花と秋の赤い紅葉が美しい。ピンク色の花の品種がある。

●利用法

庭園樹、公園樹、雑木の庭の構成樹、茶庭。

＊その他

葉が虫に食われやすいことからこの名がついた。別名の「オオカメノキ」は葉の形を亀の甲羅に見立てたところから。

- 先は短く尖るかまれに円頭
- 重鋸歯がある
- 表は脈上に星状毛があり脈は窪む
- 裏は脈上に毛がある
- 基部は心形

表 60%　裏 50%

ハクサンボク 白山木　●別名……ヤマテラシ

Viburnum japonicum
スイカズラ科 ガマズミ属

対生　10m 常緑低木

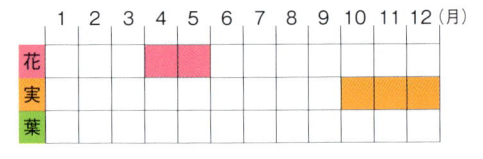

	1	2	3	4	5	6	7	8	9	10	11	12 (月)
花				■	■							
実										■	■	■
葉												

●自生地

本州（山口県）、九州、沖縄、台湾

●特徴・特性

葉は長さ7～15cmの卵円形または広倒卵形。先は短く尖り、基部は広いくさび形。縁には中央から上に浅く粗い鋸歯があり、波状になる。質は革質。表は緑色で光沢があり、裏は灰緑色で細かい腺点があり、基部近くには大きい腺点が2～3個ある。暖地の海岸地帯に多い。枝先に集散花序の白い花をつけ、秋が深まるころに赤い実がなる。

類似種　シマガマズミ、ゴモジュ

◆見分け方……シマガマズミは落葉で、鋸歯が目立つ。ゴモジュの葉は小さくてやや細い。実は6月に熟す。

●利用法
庭園樹、公園樹。

先は短く尖る
中央から上に浅く粗い鋸歯があり波状になる
裏 40%
表 50%
基部は広いくさび形

ハクサンボク'バリエガータ'
Viburnum japonicum 'Variegata'

●特徴・特性
葉に黄色の斑が入る品種で、大変美しい。光沢のある葉は緑と黄色がマッチし、日陰の庭を明るく変える。

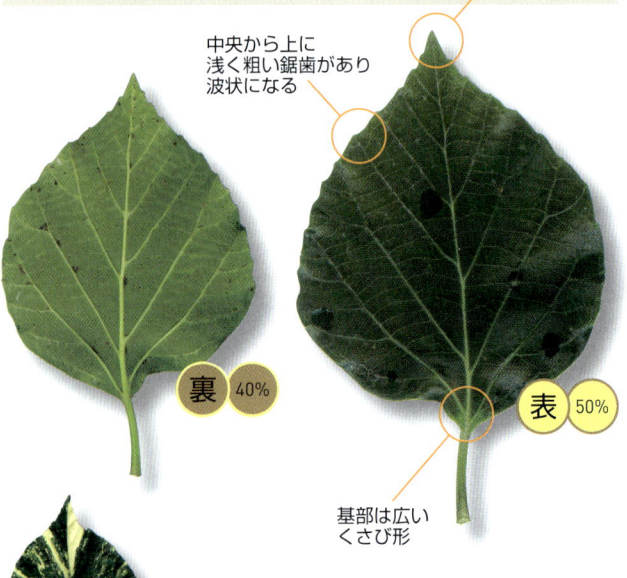

表 20%
ハクサンボク'バリエガータ'

サンゴジュ 珊瑚樹

Viburnum odoratissimum var. *awabuki*
スイカズラ科 ガマズミ属

対生 　10m 常緑高木

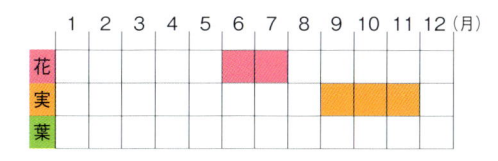

	1	2	3	4	5	6	7	8	9	10	11	12 (月)
花						■	■					
実									■	■	■	
葉												

● 自生地

本州（関東以南）、四国、九州、沖縄、台湾、朝鮮半島南部

● 特徴・特性

葉は長さ8〜20cmの楕円形または長楕円形まれに広楕円形。先は鋭頭または円頭で、基部はくさび形。縁は全縁で、先端近くに低い鋸歯があることもある。質は厚い。表は濃緑色で光沢があり、裏は暗淡緑色で脈腋に毛がある。海岸線の山地に生える。常緑で実は赤く熟す。材に多くの水分を含み燃えにくい。葉に丸味のあるアジサイバのものや美しい白斑の品種がある。

先は鋭頭または円頭
裏は脈腋に毛がある
全縁で先端近くに低い鋸歯があることも
基部はくさび形
表 50%
裏 50%

● 利用法

庭園樹、公園樹、生垣、防火樹、器具材。

＊その他

赤い実を珊瑚に見立てたところから「珊瑚樹」とも書く。

カンボク 肝木

Viburnum opulus var. *sargentii*
スイカズラ科 ガマズミ属

対生 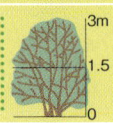　落葉低木　3m / 1.5 / 0

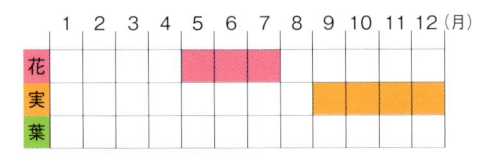

	1	2	3	4	5	6	7	8	9	10	11	12（月）
花					■	■	■					
実									■	■	■	■
葉												

● 自生地

北海道、本州、四国、九州、アジア北東部

● 特徴・特性

葉は長さ5〜11cmの広卵形。3中裂し、裂片の先は鋭尖頭または尾状鋭尖頭で、基部は切形または円形で脈が3分岐する。縁には粗く大きな鋸歯がある。表は緑色で、裏は淡緑色、脈上に毛がある。樹皮は不ぞろいに剥がれて落ち、皮目が散生し、コルク層が発達する。山地に生え、散房花序の白い花をつけ、秋には赤く熟す実がなる。両性花は萼が濃紫色のため紫色を帯びて見え、白い装飾花との対比がより美しい。品種に両性花が装飾花に変化したテマリカンボクがある。

類似種　セイヨウカンボク

◆ 見分け方……**セイヨウカンボク**は、樹皮は薄くて割れ目が少ない。両性花の葯は黄色。品種が多い。

● 利用法

庭園樹、公園樹、雑木の庭の構成樹、薬用。

先は鋭尖頭または尾状鋭尖頭
3中裂する
粗く大きな鋸歯がある
表 40%
基部は切形または円形で脈が3分岐する
裏は脈上に毛がある
裏 30%

ヤブデマリ 藪手毬

Viburnum plicatum var. *tomentosum*
スイカズラ科 ガマズミ属

対生　10m 落葉低木

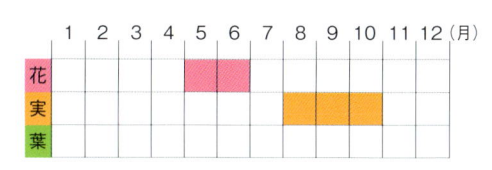

	1	2	3	4	5	6	7	8	9	10	11	12 (月)
花					●	●						
実								●	●	●		
葉												

● 自生地

本州（関東以南）、四国、九州、台湾、朝鮮半島南部、中国

● 特徴・特性

葉は長さ5〜16cmの倒卵形か長楕円形または広楕円形。先は尾状に鋭く尖り、基部は円形または広いくさび形。明瞭な鈍い鋸歯がある。表は緑色、裏は灰緑色で、両面に毛がある。山野の谷沿いや川沿いに多い。枝先に散生花序の白い花をつけ、8月頃に実が赤く熟す。

類似種　オオデマリ

◆見分け方……**オオデマリ**の葉は丸味がある。先はやや短い。側脈はヤブデマリより多い。

先は尾状に鋭く尖る
明瞭な鈍い鋸歯がある
基部は円形または広いくさび形

裏 90%
表 120%

● 利用法

庭園樹、公園樹、雑木の庭の構成樹。

オオデマリ 大手毬

Viburnum plicatum var. *plicatum*
スイカズラ科 ガマズミ属

対生 　落葉高木

	1	2	3	4	5	6	7	8	9	10	11	12 (月)
花				●	●							
実												
葉												

● 自生地

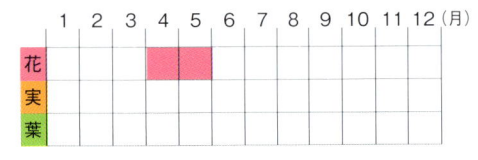

本州

● 特徴・特性

葉は10〜16cmの円形または広楕円形。先は鋭く尖り、基部は円形。縁には鋭い鋸歯がある。質は厚く軟らかい。表は濃緑色で、裏は灰緑色で毛がまばらにある。表は葉脈がへこみ、裏で突出してしわ状となる。表の脈は紅色を帯びることが多い。ピンク色のテマリ咲きなどの品種がある。

類似種　ヤブデマリ

◆見分け方……ヤブデマリの葉はやや小さく、先は細長く尖る。両面に毛がある。側脈はオオデマリのほうが多い。花は額咲き。

● 利用法

庭園樹、公園樹。

＊その他

ヤブデマリの品種であるが、学名上は母種になっている。まれに山野で見られる。花は両性花が装飾花に変化してテマリ咲きになったもの。花つきがよく、花房は12cmほどになる。本品種は、ケナシヤブデマリを親とする品種という見方もある。

先は鋭く尖る
鋭い鋸歯がある
基部は円形

表 60%
裏 50%

ゴモジュ 御門樹、胡麻樹

Viburnum suspensum
スイカズラ科 ガマズミ属

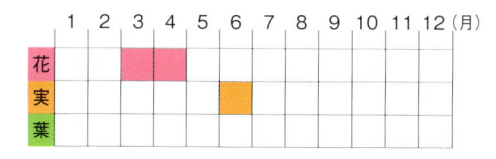

対生　常緑低木　3m / 1.5 / 0

	1	2	3	4	5	6	7	8	9	10	11	12 (月)
花			●	●								
実						●						
葉												

● 自生地

九州（奄美大島）、沖縄、台湾

● 特徴・特性

葉は長さ4〜8cmの楕円形または倒卵形。先は丸味があり、基部はくさび形。縁には鈍鋸歯がある。質は厚い革質。表は濃緑色で光沢があり、裏は淡緑色。3〜4月に枝先に円錐花序を出し、白い小さな花を多数つける。実は6月に赤く熟す。亜熱帯に生え、常緑で、枝は灰褐色で赤褐色の皮目が多くてざらつく。

類似種　ハクサンボク

◆見分け方……ハクサンボクは、葉が大きくやや丸い。実は秋遅くに熟す。

● 利用法

庭園樹、公園樹、鉢植え。

＊その他

亜熱帯に生えるが、比較的耐寒性があり、関東南部以南の暖地では屋外で利用できる。

先は丸味がある
鈍鋸歯がある
基部はくさび形
表 90%
裏 90%

セイヨウニンジンボク 西洋人参木

Vitex agnus-castus

クマツヅラ科 ハマゴウ属

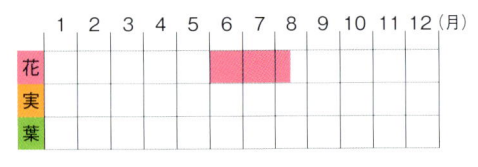

対生　落葉低木　3m／1.5

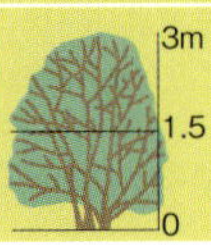

	1	2	3	4	5	6	7	8	9	10	11	12 (月)
花						●	●	●				
実												
葉												

● 自生地

南ヨーロッパ

● 特徴・特性

葉は掌状複葉。小葉は5～7枚、頂小葉は長さ5～10cmの広披針形。先は鋭尖頭。基部は細いくさび形。縁は全縁。表は緑色、裏は白い短毛があり灰緑色。7～8月に枝先に円錐花序を出し、淡紫色または白色の花をつける。全株に香気があり、実を香料とする。樹皮は灰白色で縦に粗く裂けて短冊状に剥がれ落ちる。

類似種　ニンジンボク

◆見分け方……ニンジンボクの葉はやや太く、先は長く尖り、基部は鋭形または鈍形。縁には粗い鋸歯がある。表は緑色、裏は淡緑色で短毛が散生する。樹皮は灰褐色で浅い不規則な割れ目がある。花は淡紫色で目立たない。

先は鋭尖頭
縁は全縁
表 70%
裏には白い短毛がある
基部は細いくさび形
裏 40%

● 利用法

公園樹、庭園樹。

ハコネウツギ 箱根空木

Weigela coraeensis
スイカズラ科 タニウツギ属

対生　10m 落葉低木

	1	2	3	4	5	6	7	8	9	10	11	12 (月)
花												
実												
葉												

●自生地

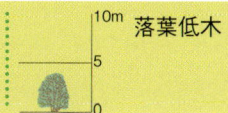

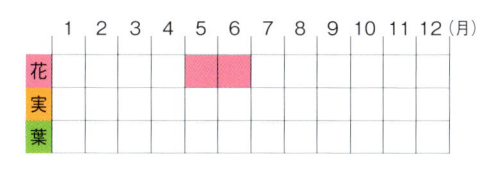

北海道（南部）、本州、四国、九州

●特徴・特性

葉は長さ7～16cmの広楕円形または広倒卵形。先は尾状になる鋭尖頭で、基部はくさび形または広いくさび形。縁には微細な鋸歯がある。表は緑色でやや光沢があり、裏は淡緑色で脈上に毛が散生することもある。海岸線に自生する。白から赤に変化する花がつき、変化の過程で同時に両方が見られる。箱根には自生がないといわれている。

類似種　**ニシキウツギ**

◆見分け方……**ニシキウツギ**の葉は長さ5～10cmの楕円形または広楕円形。先は尖り、基部は広いくさび形または円形。縁には細かい鋸歯がある。表は緑色で、裏は淡緑色で脈沿いに曲がった白毛が密生する。主に太平洋側の山地に生え、淡黄白色から紅色に変わり、2つの色が同時に見られる。

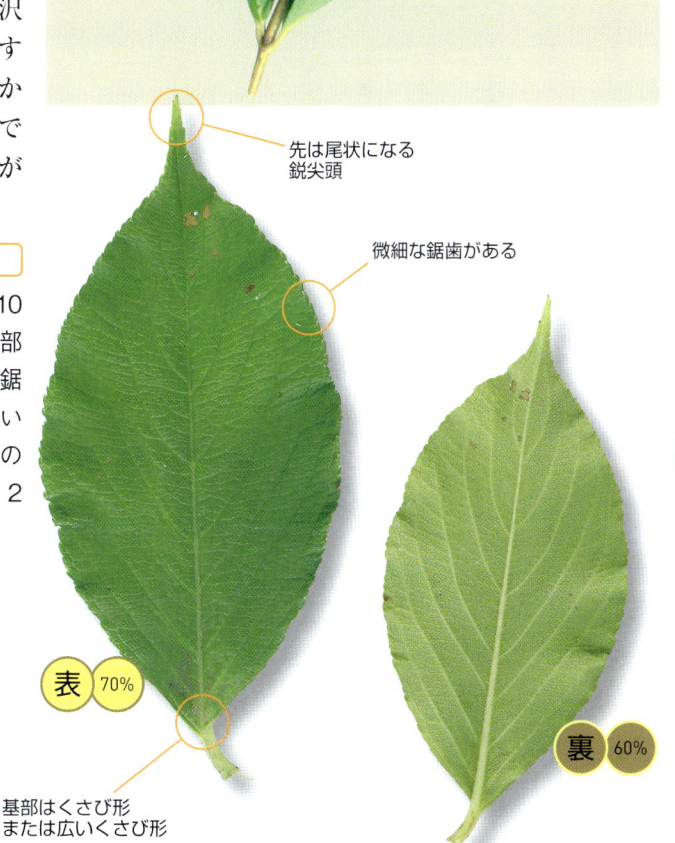

●利用法

庭園樹、公園樹。

先は尾状になる鋭尖頭
微細な鋸歯がある
基部はくさび形または広いくさび形

表 70%
裏 60%

オオベニウツギ 'バリエガータ'

Weigela florida 'Variegata'
スイカズラ科 タニウツギ属

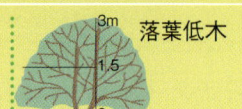

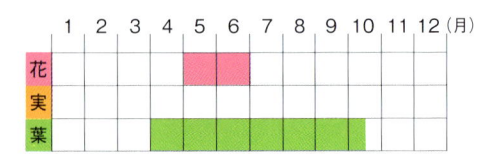

対生　落葉低木　3m

● 自生地

（基本種）九州（福岡県の古処山頂）、朝鮮半島、中国北部、モンゴル

● 特徴・特性

葉は長さ5〜10cmの楕円形または長楕円形または倒卵形。先は短く尖り、基部は広いくさび形。縁には細鋸歯がある。斑入りで外に白覆輪斑が入り、表は濃緑色で中央脈上に短毛が密生する。裏は淡緑色で脈上には短い軟毛がある。基本種は山地にまれに生え、濃紫紅色の花をつける。品種が多い。

類似種　タニウツギ

◆見分け方……**タニウツギ**の葉は長さ4〜11cmの楕円形または卵状楕円形。先は鋭く尖る。表には短毛がまばらにあり、裏には白い毛が密生し白っぽく見えるが、主脈上はほとんど無毛。花はピンク色。北海道から山陰地方の主に日本海側の山地に生える。

先は短く尖る
細鋸歯がある
脈上に短い軟毛がある
外に白覆輪斑が入る
基部は広いくさび形
表 100%
裏 100%

● 利用法

庭園樹、公園樹。

＊その他

基本種と花は同じであるが、斑入り葉が長い期間楽しめるので、近年斑入り品種の方に人気がある。

タニウツギ 谷空木　●別名……ベニウツギ

Weigela hortensis
スイカズラ科 タニウツギ属

対生　10m 落葉低木

	1	2	3	4	5	6	7	8	9	10	11	12 (月)
花					■	■						
実												
葉												

●自生地

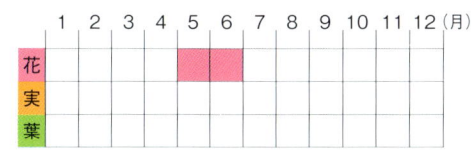

北海道（西部）、本州（主に日本海側）

●特徴・特性
葉は長さ4～11cmの楕円形または卵状楕円形。先は急に尾状に伸びた鋭尖頭、基部はくさび形または円形。縁には微細鋸歯がある。表は緑色で短毛がまばらにあり、裏は灰緑色で、全体に白い毛が密生するが主脈上はほとんど無毛。山地に生え、ピンク色の花をつける。白花もある。

類似種　**オオベニウツギ**

◆見分け方……**オオベニウツギ**の葉は先が短く尖り、両面の脈上に毛がある。花は紅色。福岡県、朝鮮半島、中国に自生。

●利用法
庭園樹、公園樹。

＊その他
この仲間は種類が多く、自生している主なものはニシキウツギ、ハコネウツギ、ヤブウツギ、ウコンウツギ等である。

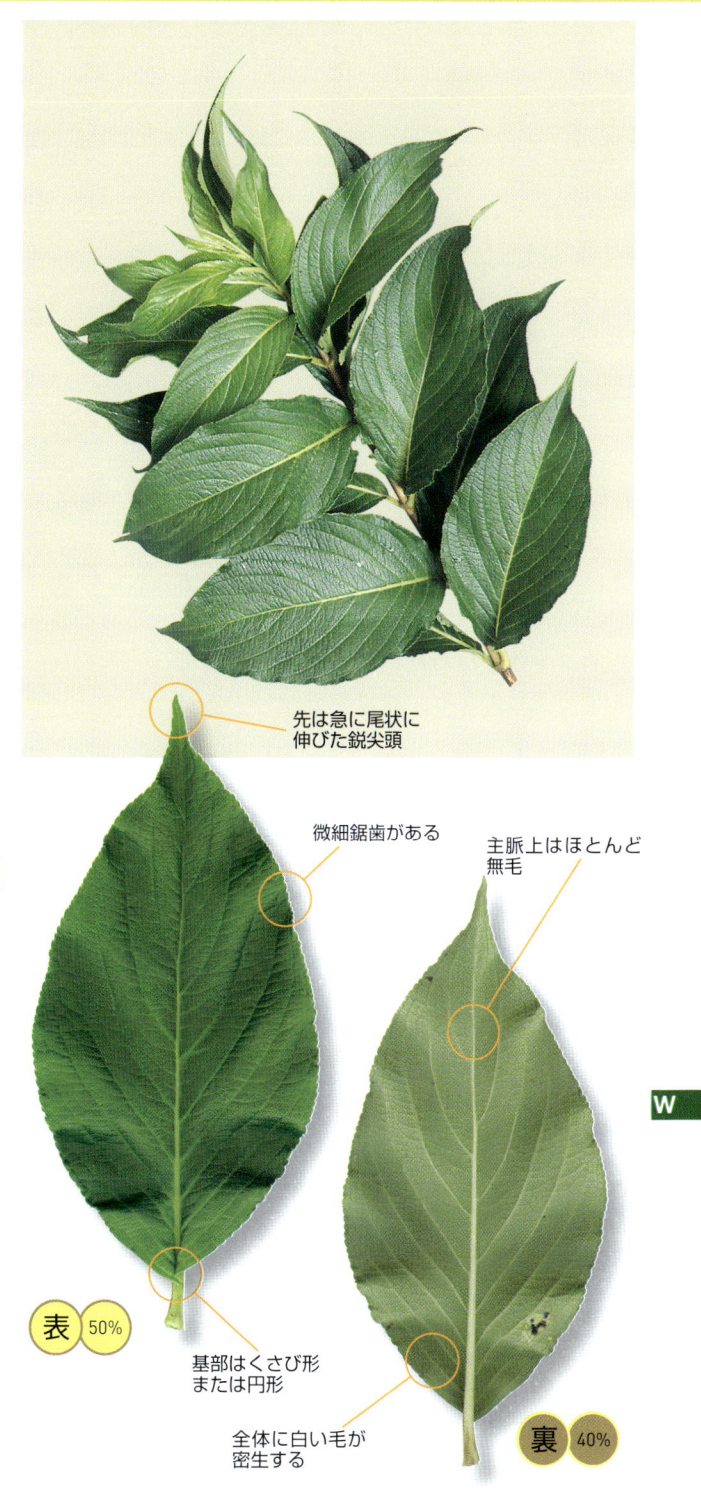

先は急に尾状に伸びた鋭尖頭
微細鋸歯がある
主脈上はほとんど無毛
基部はくさび形または円形
全体に白い毛が密生する
表 50%
裏 40%

ヤマフジ　山藤　●別名……ダルマフジ、花美短（カビタン、カピタン）

Wisteria brachybotrys
マメ科 フジ属

互生　落葉つる

● 自生地

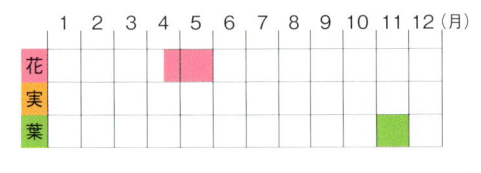

本州（中部地方以南）、四国、九州

● 特徴・特性
葉は長さ20～30cmの奇数羽状複葉。小葉は11～19枚で長さ4～8cmの卵形または卵状長楕円形。先はやや尾状に尖り、基部はくさび形または円形。縁は全縁で大きな波状になる。質はやや厚い。表は緑色で、裏は淡緑色。両面に毛がある。花は総状花序につき、花序は20～30cmと短く、花の大きさは大きい。つるは左巻きに巻きつく。

類似種　**ノダフジ、シナフジ**

◆見分け方……**ノダフジ**の葉の質はヤマフジより薄い。両面ともはじめは毛があるが、後に無毛またはわずかに残る。花序は20～90cmと長く、一つの花の大きさは小さい。つるは右巻きに巻きつく。ヤマフジに比べて品種がある。**シナフジ**の葉は小葉が7～13枚、幼葉には白い軟毛が生えており、葉柄に短い軟毛が残る。花序は15～30cm。品種は多いが日本ではあまり栽培されない。

● 利用法
棚、エスパリエ、フェンス、アーチ、鉢植え。

先はやや尾状に尖る
基部はくさび形または円形
全縁で大きな波形状になる
毛がある
表 40%
裏 30%

フジ 藤　●別名……ノダフジ

Wisteria floribunda
マメ科 フジ属

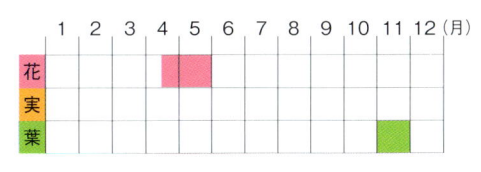

互生 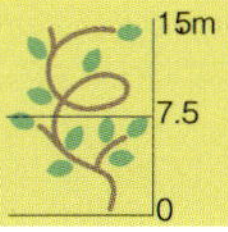　落葉つる　15m / 7.5 / 0

●自生地 
本州、四国、九州

●特徴・特性
葉は長さ20〜30cmの奇数羽状複葉。小葉は11〜19枚で長さ4〜8cmの卵形か卵状長楕円形または狭卵形。先はやや尾状に尖り、基部はくさび形または円形。縁は全縁で大きな波状になる。質は薄い。表は緑色で、裏は淡緑色。両面ともはじめは毛があるが、のちに無毛またはわずかに残る。花は総状花序につくが、花序は20〜90cmと長く、一つの花は小さい。紫色の花で香りがよく、動きのある花は現代的でもある。山野に生え、縁起木として庭に植えられる。つるは右巻き。

類似種　ヤマフジ、シナフジ

◆見分け方……**ヤマフジ**の葉は、質がやや厚く、両面に毛がある。花序は20〜30cmと短く、花は大きい。つるは左巻きに巻きつく。品種はノダフジより少ない。**シナフジ**の葉は小葉が7〜13枚、幼葉には白い軟毛が生えており、葉柄に短い軟毛が残る。花序は15〜30cm。つるは左巻きに巻きつく。品種は多いが日本ではあまり栽培されない。

●利用法
棚、エスパリエ、フェンス、アーチ、鉢植え。

- 先はやや尾状に尖る
- 基部はくさび形または円形
- 全縁で大きな波状になる

表 30%　　裏 20%

ナツフジ 夏藤　●別名……ドヨウフジ

Wisteria japonica
マメ科 フジ属

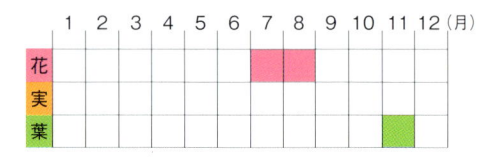

互生　落葉つる　3m / 1.5 / 0

●自生地
本州（関東以南）、四国、九州、朝鮮半島南部

●特徴・特性
葉は長さ30cmほどの奇数羽状複葉。小葉は9〜17枚で、長さ2.5〜4cm、幅1〜2cmの卵形または狭卵形。先はやや鈍頭で基部は鋭形または円形で短い柄がある。質は薄く縁は全縁、表裏ともほとんど無毛。表は緑色で、裏はやや薄い緑色で、主脈が目立つ。つるは右巻き。花はフジに似た小ぶりの白花。ごくまれにピンクの品種がある。

類似種　サッコウフジ（ムラサキナツフジ）、サツマサッコウフジ

◆見分け方……**サッコウフジ**（ムラサキナツフジ）は小葉5〜9枚と少なく、長さ3〜9cmと大きい。先は尖り、質はかなり薄い。わずかに毛があり、表の色が薄く、光沢がない。花は花房が短く、上向きに咲き、濃い暗紫色。
サツマサッコウフジは、小葉の数が少なく、先は丸く、質は厚い。わずかに毛があり、表の色は薄い。花房は短く、上向きに咲き、薄い桃紫色。

●利用法
藤棚、トレリス、フェンス、アーチ、パーゴラ、庭園樹として利用。

先はやや鈍頭
縁は全縁
基部は鋭形または円形で短い柄がある
主脈が目立つ

表 80%
裏 50%

サンショウ 山椒　●別名……ハジカミ

Zanthoxylum piperitum
ミカン科 サンショウ属

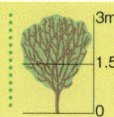

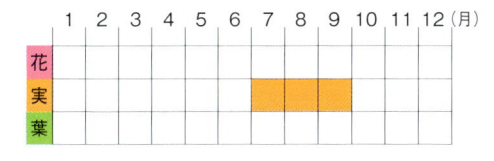

互生　落葉高木　3m / 1.5 / 0

	1	2	3	4	5	6	7	8	9	10	11	12 (月)
花												
実							■	■	■			
葉												

● 自生地

北海道、本州、四国、九州、朝鮮半島南部、中国

● 特徴・特性

葉は長さ5〜10cmの奇数羽状複葉。小葉は11〜15枚で長さ1〜3.5cmの卵状長楕円形。先は尖り浅く2裂し、基部はくさび形。縁には低い鈍鋸歯があり、鋸歯の基部には腺点がある。表は緑色、裏は緑白色で、両面とも脈上に毛が散生する。独特の良い香りがある。枝や葉柄の基部に対生する刺がある。花に花弁はない。雌雄異株。刺のない品種や、紫葉、斑入り等の品種がある。

類似種　イヌザンショウ

◆見分け方……**イヌザンショウ**の小葉は長楕円形または広披針形で数は多く、やや大きい。枝に互生する刺がある。葉の香りはあまり好まれない。花の数が多く、花に花弁がある。

● 利用法

庭園樹、香辛料、すりこぎ。

＊その他

山地に生え、葉や実を香辛料にする。春先の新芽や若葉を「木の芽」といい、料理に使う。太い幹はすりこぎにする。

- 先は尖り浅く2裂する
- 低い鋸歯があり、鋸歯の基部には腺点がみられる
- 基部はくさび形
- 脈の上に毛が散生する

表 80%　裏 50%

ケヤキ 欅

Zelkova serrata
ニレ科 ケヤキ属

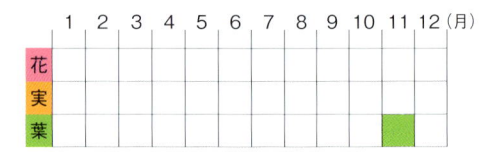

互生 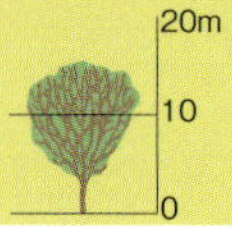　落葉高木

● 自生地
本州、四国、九州、台湾、朝鮮半島、中国

● 特徴・特性
葉は3〜10cmの狭卵形、卵状披針形または卵状楕円形。先は鋭く尖り、基部は円形またはやや心形で左右が不ぞろい。縁には鋭い鋸歯がある。表は濃緑色でやや光沢があり、はじめは微毛があるがのちに無毛になり、ざらつく。裏は灰緑色で脈沿いに毛がある。斑入り、黄金葉、赤葉、枝垂れ、ファスティギアータなどの品種がある。

類似種 ムクノキ、エノキ、ハルニレ、アキニレ

◆見分け方……**ムクノキ**は属が異なり、葉はやや丸味があり、基部は広いくさび形。質はやや薄く、表面はざらつく。**エノキ**は属が異なり、縁の鋸歯は上部だけ。裏の葉脈がはっきりしている。**ハルニレ**は属が異なり、葉はやや大きく、丸味がある。基部はくさび形で縁に重鋸歯がある。**アキニレ**は属が異なり、葉は小さく、やや細長い。基部は広いくさび形で革質。

● 利用法
公園樹、街路樹、景観樹、防風樹、材。

- 先は鋭く尖る
- 鋭い鋸歯がある
- 脈沿いに毛がある
- 基部は円形または心形で左右が不ぞろい

スズランノキ 鈴蘭の木　●別名……ゼノビア

Zenobia pulverulenta
ツツジ科 ゼノビア属

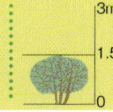

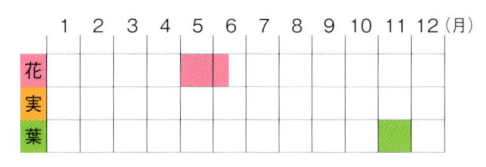

互生　落葉低木

● 自生地

アメリカ南西部

● 特徴・特性
葉は長さ4〜8cmの狭長楕円形。先は鈍頭。基部はくさび形。縁には低い鋸歯がある。両面とも青みを帯びた粉に覆われている。表は明るい緑色で、裏はやや淡い緑色。秋には赤く紅葉する。花は、釣鐘形で大きな総状花序につき、白く芳香がある。

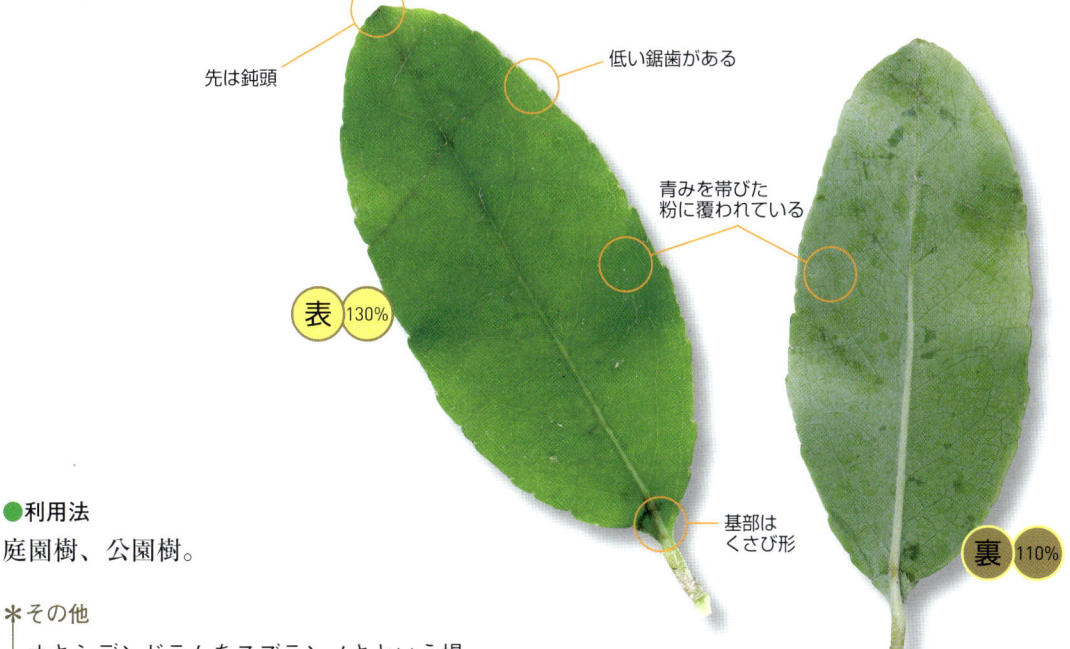

先は鈍頭　低い鋸歯がある　青みを帯びた粉に覆われている　基部はくさび形

表 130%　裏 110%

● 利用法
庭園樹、公園樹。

＊その他
オキシデンドラムをスズランノキという場合があるが、間違いである。

ナツメ 棗

Ziziphus jujuba
クロウメモドキ科 ナツメ属

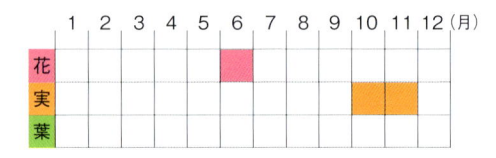

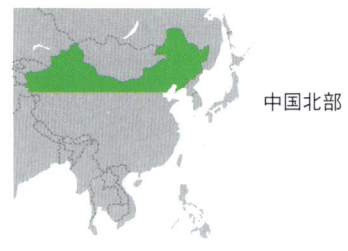

互生　落葉高木 10m

	1	2	3	4	5	6	7	8	9	10	11	12 (月)
花						●						
実										●	●	
葉												

● 自生地
中国北部

● 特徴・特性
葉は2〜5cmの卵形または長卵形。先は尖り、基部は円形。主脈を中心に左右にゆがむ。縁には細かい鈍鋸歯がある。表は濃緑色で光沢があり、3本の脈が目立つ。裏は緑色で、まれに脈上に少し毛がある。長枝には托葉が変化した2本の刺がある。果実は茶褐色で、食用や薬用にする。中国には品種が多い。

類似種 サネブトナツメ

◆見分け方……**サネブトナツメ**は、托葉の変化した刺が多い。

先は尖る
細かい鈍鋸歯がある
表 180%
基部は円形で主脈を中心に左右にゆがむ
裏 160%

● 利用法
庭園樹、果樹、薬用。

＊その他
初夏に芽を出すことから「夏芽」と名づけられた。落葉樹としてはネムノキとともに最も芽立ちが遅い樹種の一つ。

樹木用語辞典

あ

亜種　あしゅ　生物分類の基本的な単位である種より下位で、変種より上位の分類階級。種とはいくつかの形質や分布している地域などに違いがある場合に用いられることが多い。

陰樹　いんじゅ　常緑広葉樹林の林床や建物の北側など、直射光の当たらないような暗い場所でも生育できる性質をもつ樹木。幼木のうちは光の強い場所では生育できないが、生長すると明るい所でもよく育つようになる。

羽状　うじょう　鳥の羽のように、一本の軸に対し左右に小葉や脈が並んでいる状態を指し、羽状複葉や羽状脈などと形態を示す。

液果　えきか　ブドウのように熟したときに、中果皮や内果皮に水分が多く軟らかい多肉質の果実をいう。漿果（しょうか）ともいう。

腋生　えきせい　花などが葉腋に生じることをいう。

か

開出毛　かいしゅつもう　枝葉などに生える毛の一つで、一般には表面に対し直角に生えている場合が多いが、必ずしも直角とは限らない。

花冠　かかん　一つの花にあるすべての花弁をまとめたもの（集合体）を花冠と呼び、一つ一つの花弁がそれぞれ独立しているものを離弁花冠、花弁同士が互いに一つに合着しているものを合弁花冠と呼ぶ。

萼　がく　花を構成する部位の一つで、一般にはもっとも外側に位置し、緑色の場合が多い。

核果　かくか　モモの果実ように外果皮は薄く、中果皮は多肉質で中心に硬い内果皮をもつ果実をいう。石果ともよぶ。

革質　かくしつ　ツバキの葉のように、厚くてしなやかで弾力のあるようす。

隔離分布　かくりぶんぷ　ある一つの生物が隔たって分布している状況をいい、広い分布域をもっていた種が、環境の変化や地殻変動などによって取り残されたり、一部の分布域が喪失したりすることなどにより起こる。

果軸　かじく　果実は枝（茎）の先につく。この果実のついた枝（茎）を果軸といい、ふつう二個以上の果実をつける。一つの果実の柄は果柄（かへい）という。

仮種皮　かしゅひ　ニシキギやイチイなどに見られるもので、種子を覆う種皮の外側をさらに覆う肉質で膜状のもの。胚珠の柄や胎座の一部が特殊な発達をしたもの。

花序　かじょ　複数の花が集まって形づくっている形態を呼ぶ。

花托（花床）　かたく（かしょう）　花のついている枝（花柄）の先端部分をいい、ふつうは目立たないが、イヌマキの果実の基部にある肉質の赤紫色部分はその例としてよく知られている。

花被　かひ　ユリの花のように花弁と萼が区別できない場合、二つをまとめて花被と呼び、花弁に当たる部位を内花被、萼に当る部位を外花被と呼ぶ。

花被片　かひへん　花被を構成する個々の花弁や萼をいい、両方備わっている場合、花弁を内花被片、萼を外花被片と呼ぶ。

花柄　かへい　先端に一つの花をつける茎をいい、複数の花をつける場合の茎を花軸と呼ぶ。

芽鱗　がりん　冬芽などを包んでいる鱗片状の葉のこと。

乾果　かんか　成熟すると乾燥する果実。裂けて種子を放出するものを裂開果、割れないものを不裂開果（閉果）という。

偽果　ぎか　子房が生長してできた果実を真果といい、子房以外の花托、萼、総苞などが子房とともに生長・肥大してできた果実を偽果という。

気孔帯　きこうたい　光合成や蒸散のときに空気や水蒸気の通路である気孔が並ぶ白い帯。針葉樹の葉の裏面に見られることが多い。

気根　きこん　キヅタやナツヅタの付着根のように空気中に伸び出している根をいう。

毬果　きゅうか　松笠のように木化した鱗片状のものが多数集まって球形や円錐形になったもの。裸子植物に多く見られる。球果とも書く。

吸枝　きゅうし　根元に生じ、地中を横に伸び地上に出て新しい個体として生長する枝。匍匐茎の一種でサッカーとも呼ばれる。

堅果　けんか　クヌギやコナラなどのドングリのように、硬く成熟し乾燥しても裂開しない果実。果皮と種子は離れやすい。

原産地　げんさんち　栽培植物や外来植物などが本来生えていた場所。

原種　げんしゅ　品種改良などによってつくられた栽培植物のもとになった野生の植物。

交雑　こうざつ　遺伝的に異なる個体間の交配をいう。

合弁花　ごうべんか　花びらの一部または全部が合着している花をいう。

固有種　こゆうしゅ　ある特定の限定された地域にのみ分布している種をいう。

コルク層　こるくそう　コルク形成層の活動によってつくられたコルク質の組織。厚い死細胞からできている。アベマキやコルクガシがその例としてよく知られている。

さ

朔果　さくか　裂開果の一種。子房が複数の心皮からなり、成熟し乾燥すると裂開し種子を放出する。

雑種　ざっしゅ　遺伝的に異なる個体間の交配（交雑）により生じた個体をいい、種の異なる種類同士の交配によって生まれた雑種を種間雑種と呼び、種小名の前に×印をつけ、属の異なる種類同士の交配によって生まれた雑種を属間雑種と呼び、属名の前に×印をつけて表す。

刺毛　しもう　イラクサに生えている毛のように、刺状で触れると刺さって痛みや痒みなどを引き起こす毛をいう。

雌雄異株　しゆういしゆ　個体によって雌花のみをつける株と雄花のみをつける株に分かれている種類をいう。

集合果　しゅうごうか　結実した複数の花の子房が集まって一個の果実のように見える果実をいう。

樹冠　じゅかん　一つの樹木の枝葉が茂っている部分を指す。

種鱗　しゅりん　マツの毬果の鱗片のように、内側に種子をつけている鱗片をいう。

星状毛　せいじょうもう　放射状に分岐して生え、星のような形に見える毛をいう。

先駆植物　せんくしょくぶつ　崩壊地や開発などでできた裸地にまっ先に侵入し生育する植物。陽樹で乾燥や痩せた土地に耐え生育する。樹木ではハギの仲間やシラカバなど。

腺毛　せんもう　先端が球状にふくらみ、その部分から粘液などの物質を分泌する毛。

痩果　そうか　タンポポのように果皮が薄く成熟しても割れず、乾燥して全体が種子のように見える一個の種子からなる小形の果実をいう。

装飾花　そうしょくか　ガクアジサイの花のように、周囲に見られる大きく目立つ花。雄しべも雌しべもなく生殖器官としての機能をもたない中性花をいう。

側生　そくせい　花などが枝の途中（側面）につくものをいう。

た

袋果　たいか　シキミのように成熟すると心皮の合わせ目に沿って裂ける乾果をいい、裂開果の一つ。

短枝　たんし　枝の一つの形で、節と節の間があまり伸びず、葉が枝先に集まってつく枝をいう。

長枝　ちょうし　枝の一つの形で、節と節の間が長く伸び、葉がまばらにつく枝をいう。

頂生　ちょうせい　花などが枝の先端につくことをいう。

徒長枝　とちょうし　枝の一つの形で、普通の枝に比べ著しく勢い良く長くまっすぐに伸び、節と節の間も長くなる。

突然変異　とつぜんへんい　生物に見られる変異の一つで、親やその系統と異なった形質が突然現れたり無くなったりする変異が生じ、これが遺伝する現象をいう。

な

二次林　にじりん　山火事や人による伐採などで自然の林が失われた後などにできる林をいう。

は

皮目　ひもく　幹や枝の樹皮に見られる呼吸をするための組織をいい、樹種により独特の模様となる。

品種　ひんしゅ　生物の分類階級のもっとも低い階級で、花の色など一つの形質だけが異なる場合などに用いられる。自然状態で見られるものに用いられ、学名では種小名のあとに（亜種・変種などがある場合はそのあとに）、「品種」を意味するforma、またはその略号のf.を書いてから、品種形容語を記入する。人為的につくり出された園芸品種にはcv.を用いる。

斑入り　ふいり　葉や花などに基本となる色以外の異なる色が混じったり、葉緑素が失われて模様となる現象をいう。

フィトンチッド　樹木などが発散する揮発性の化学物質の一つで、微生物の活動を抑制し、殺菌作用を持つ。

伏毛　ふしげ　枝葉などに生える毛の一つで、表面に沿って寝たように伏して生えている毛をいう。

変種　へんしゅ　生物の分類階級で、亜種と品種の間に置かれる階級。基本となる種に比べ、地域的な差で花や葉などの形質に違いが見られる場合に変種とすることが多い。学名では種小名のあとに「変種」を意味するvarietas、またはその略号のvar.と記し、そのあとに変種形容語を記入する。

ま

実生　みしょう　種子から発芽して生育すること。または生育した植物をいう。

蜜腺　みつせん　花蜜などを分泌する組織をいい、一般には花の内部に見られるが、サクラの仲間などでは葉柄の上部や葉の基部などに見られる。

脈腋　みゃくえき　葉の主脈と側脈との交わった部分の上側を指す。

や

油点　ゆてん　葉などの細胞内部に油滴を含んだもの。光に透かしてみると明るい点として見える。

葉腋　ようえき　枝などで葉がついている部分のすぐ上を指し、花や芽はその部分から出ることが多い。

葉縁　ようえん　葉の縁（周り）を指す。鋸歯の有無やその形が植物の名を調べるときの手がかりとなる。

陽樹　ようじゅ　光のよく当たる明るい場所を好む樹木をいい、一般に生長は早いが寿命は短い種類が多い。

翼　よく　果実や枝などに見られる薄い板状の突起をいい、カエデの果実やニシキギの枝などに見られる。

ら

離弁花　りべんか　一つ一つの花びらが互いに離れて独立している花をいう。

鱗状毛　りんじょうもう　グミの仲間の枝葉に見られるような、浅い切れ込みのある鱗状の形をした毛をいう。

鱗片葉　りんぺんよう　ふつうの葉より著しく小さい鱗状の葉をいう。一般にはいくつも重なってつくことが多い。

裂開果　れっかいか　乾果の一つで、成熟すると果皮が自然に裂けて種子を放出する果実をいう。

葉のつき方

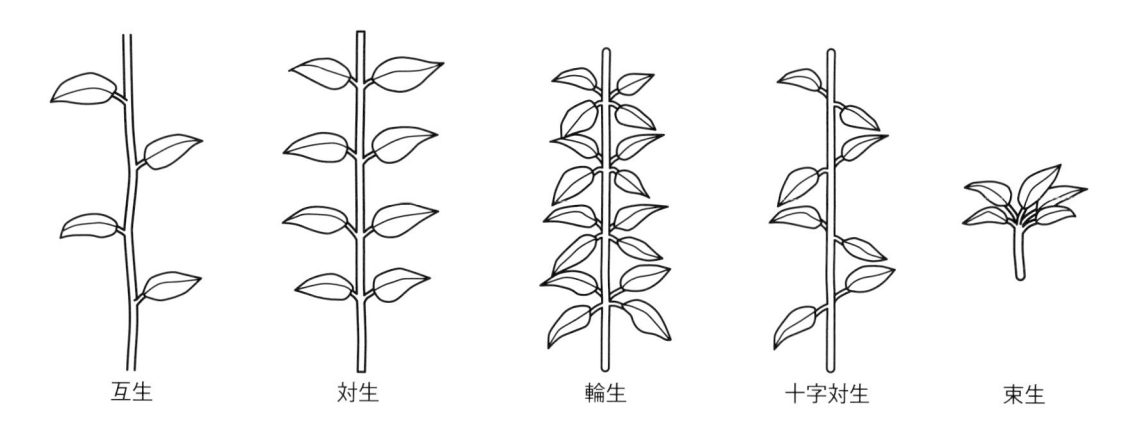

互生　　対生　　輪生　　十字対生　　束生

葉の部位名

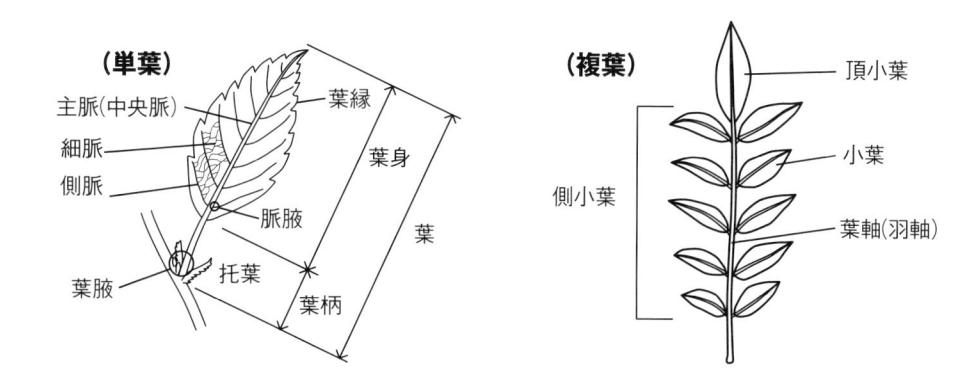

（単葉）
主脈(中央脈)
細脈
側脈
葉縁
葉身
脈腋
葉
托葉
葉腋
葉柄

（複葉）
頂小葉
小葉
側小葉
葉軸(羽軸)

複葉の形

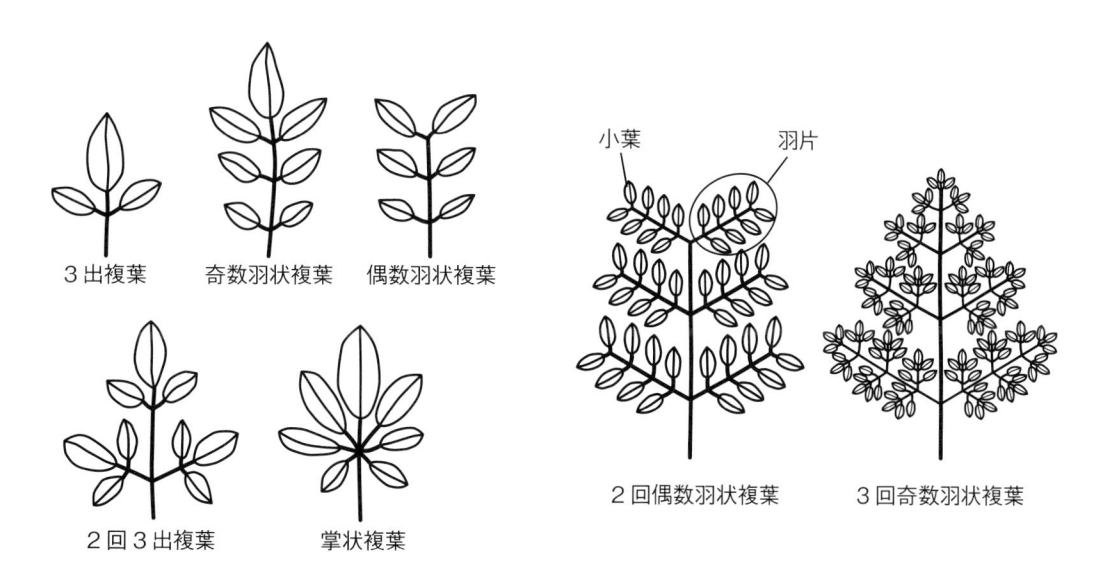

3出複葉　　奇数羽状複葉　　偶数羽状複葉

2回3出複葉　　掌状複葉

小葉　　羽片

2回偶数羽状複葉　　3回奇数羽状複葉

葉の先端の形

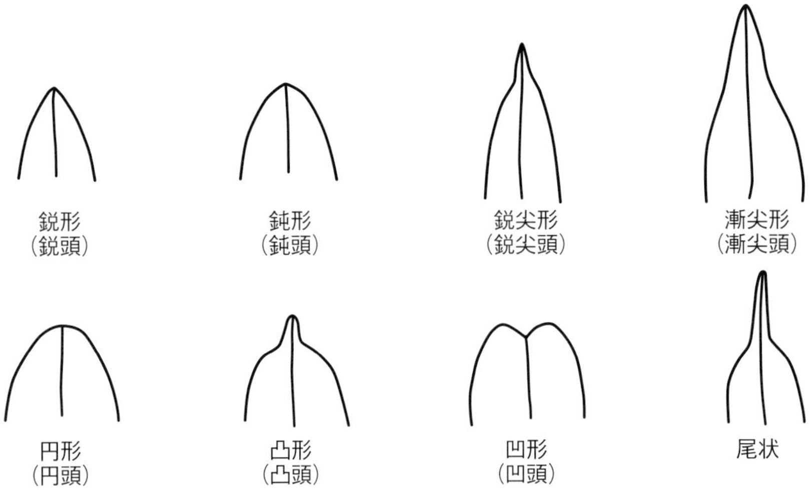

鋭形
(鋭頭)

鈍形
(鈍頭)

鋭尖形
(鋭尖頭)

漸尖形
(漸尖頭)

円形
(円頭)

凸形
(凸頭)

凹形
(凹頭)

尾状

葉の基部の形

鋭形
(くさび形)

鈍形

円形

切形

心形

葉の切れ込み方

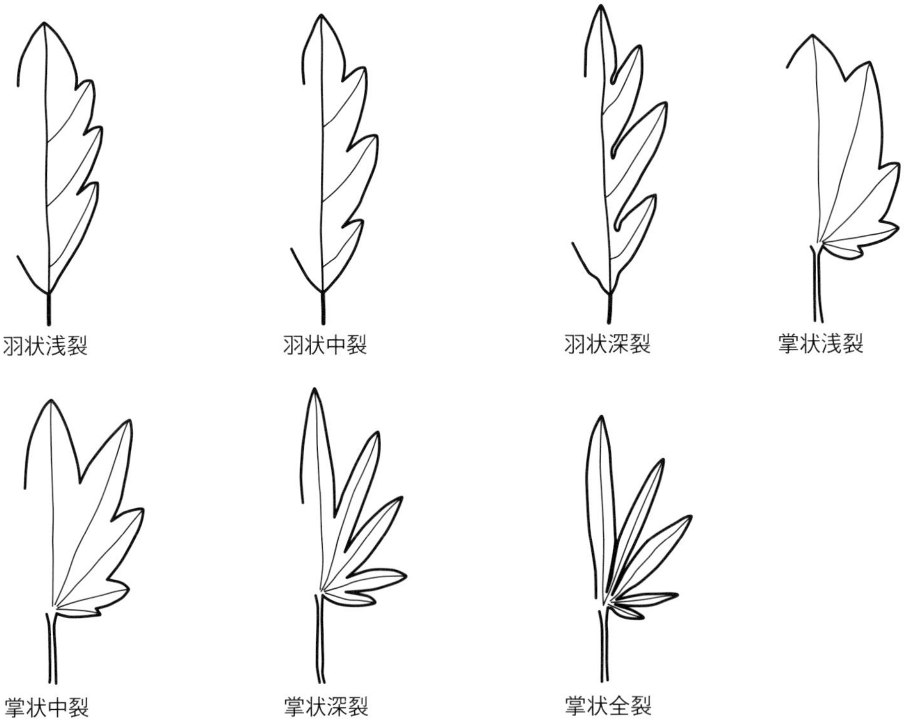

羽状浅裂

羽状中裂

羽状深裂

掌状浅裂

掌状中裂

掌状深裂

掌状全裂

葉縁（鋸歯）の形

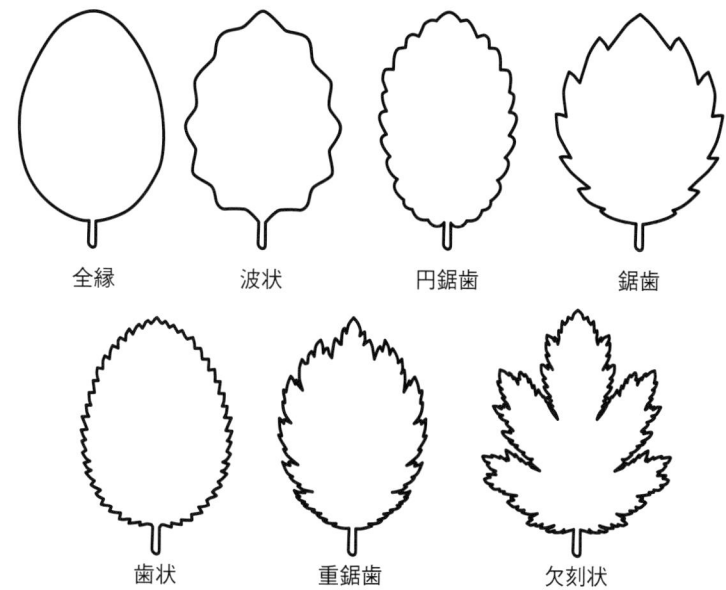

全縁　波状　円鋸歯　鋸歯

歯状　重鋸歯　欠刻状

葉の形

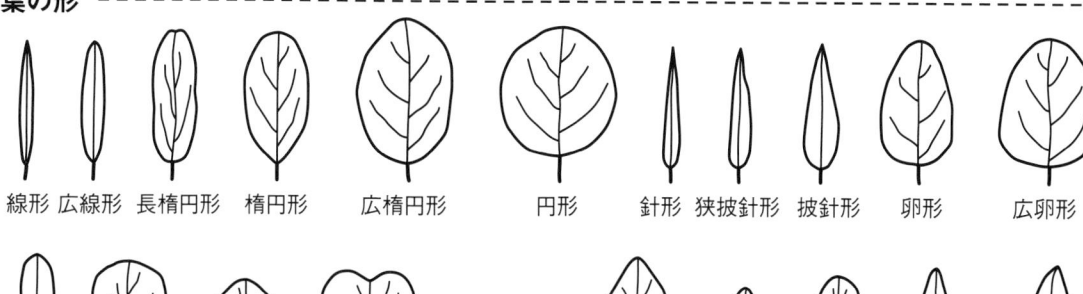

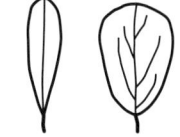

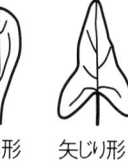

線形　広線形　長楕円形　楕円形　広楕円形　円形　針形　狭披針形　披針形　卵形　広卵形

倒披針形　倒卵形　心形　倒心形　腎臓形　菱形　三角状　へら形　矢じり形　矛形

花のつき方（花序）

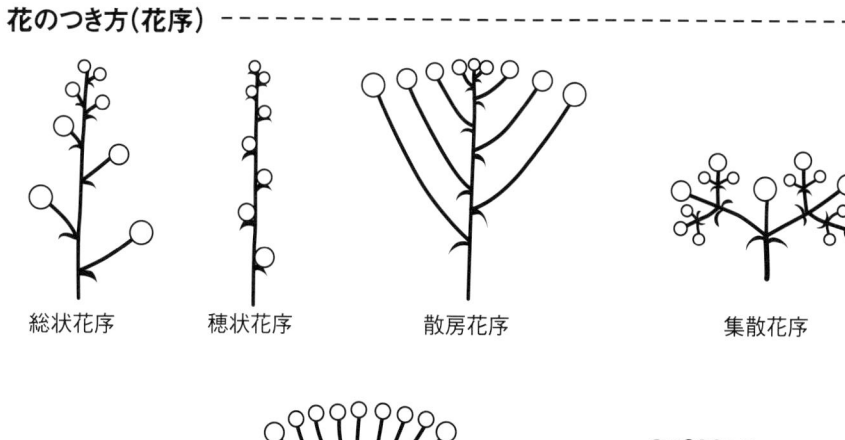

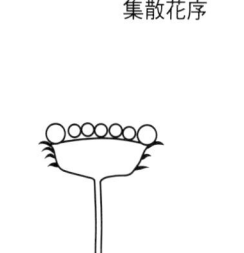

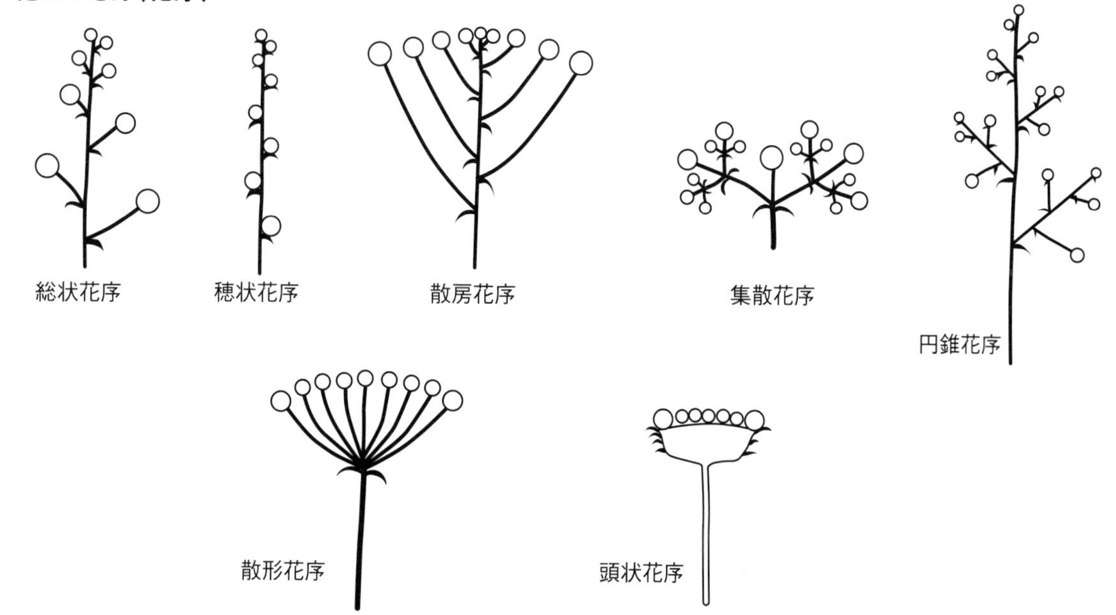

総状花序　穂状花序　散房花序　集散花序　円錐花序

散形花序　頭状花序

学名索引

太い数字は見出しとしてあげた項目のページ数です。

A

Abelia chinensis ······ 1, 2
Abelia dielsii 'Edward Goucher' ····· 1, **2**
Abelia × *grandiflora* ······ **1**, 2
Abelia × *grandiflora* 'Francis Mason' ······ **1**
Abelia × *grandiflora* 'Hopleys' ······ **1**
Abelia × *grandiflora* 'Sunrise' ······ 1
Abelia serrata ······ 1, **3**
Abelia spathulata ······ **3**, 242
Abelia spathulata var. *sanguinea* ······ 3
Abeliophyllum distichum ······ **4**
Abies concolor ······ **5**
Abies firma ······ 5, **6**, 8
Abies homolepis ······ 5, **6**, 8
Abies koreana 'Silberlocke' ······ **7**
Abies mariesii ······ 6, **8**
Abies sachalinensis ······ 6, **8**
Abies veitchii ······ 6, **8**
Acacia baileyana ······ **10**
Acacia baileyana 'Purpurea' ······ 10
Acacia cultriformis ······ **11**
Acacia dealbata ······ 10
Acacia mearnsii ······ **11**
Acanthopanax senticosus ······ 156, 157
Acer amoenum ······ **9**, 12, 24
Acer amoenum 'Amagi shigure' ······ 12
Acer amoenum 'Fujinami nishiki' ······ 9
Acer amoenum 'Kin shi' ······ 9
Acer amoenum 'Nomurasaki' ······ 9, 341
Acer amoenum 'Oo sakazuki' ······ 9
Acer amoenum 'Shoujou' ······ **9**
Acer amoenum var. *matsumurae* ······ 9, **12**, 13, 24
Acer amoenum var. *matsumurae* 'Kirenishiki' ······ **13**
Acer amoenum var. *matsumurae* 'Oushuu shidare' ······ **13**
Acer amoenum var. *matsumurae* 'Tamuke yama' ······ **13**
Acer buergerianum ······ **14**, 27, 28
Acer buergerianum 'Hanachirusato' ······ **14**
Acer campestre ······ **15**
Acer carpinifolium ······ **16**, 82–85
Acer cissifolium ······ **17**, 18, 20, 22
Acer griseum ······ 17, **18**, 22
Acer japonicum ······ **19**
Acer japonicum 'Parsonsii' ······ **19**
Acer matsumurae 'Benishidare group' ······ 12
Acer matsumurae 'Hana matoi' ······ 13
Acer matsumurae 'Inaba shidare' ······ 13
Acer matsumurae 'Kirenishiki' ······ 12
Acer matsumurae 'Seiryuu' ······ 12
Acer matsumurae 'Shoujou shidare' ······ 13
Acer matsumurae 'Washi no o' ······ 13
Acer miyabei ······ 25
Acer mono var. *ambiguum* ······ 25
Acer mono var. *glaucum* ······ 25
Acer mono var. *mayrii* ······ 25
Acer mono var. *trichobasis* ······ 25
Acer negundo ······ **20**
Acer negundo 'Flamingo' ······ **21**
Acer negundo 'Kelly's Gold' ······ 21
Acer negundo 'Variegata' ······ **21**
Acer nikoense ······ 17, 18, **22**
Acer oblongum ssp. *itoanum* ······ **23**
Acer palmatum ······ 9, 12, **24**
Acer palmatum 'Akane' ······ 24
Acer palmatum 'De shoujou' ······ 24
Acer palmatum 'Katsura' ······ 24
Acer palmatum 'Mai mori' ······ 24
Acer palmatum 'Ryuu sen' ······ 24
Acer palmatum 'Shishigashira' ······ **24**
Acer pictum ······ **25**
Acer platanoides 'Crimson King' ······ **26**
Acer platanoides 'Princeton Gold' ······ **26**
Acer platanoides 'Royal Red' ······ 26
Acer pycnanthum ······ 14, **27**, 28, 225
Acer rubrum ······ 14, 27, **28**
Acer saccharinum ······ **29**
Acer saccharum ······ 29
Acer shirasawanum ······ 19, 31
Acer shirasawanum 'Kin kakure' ······ **30**
Acer sieboldianum ······ 19, 30, **31**
Acer tenuifolium ······ 30, 31
Acer triflorum ······ 17, 18, 22
Actinidia arguta ······ 32
Actinidia kolomikta ······ **32**
Actinidia polygama ······ 32
Actinidia rufa ······ 32
Aesculus × *carnea* ······ **33**, 34–36
Aesculus hippocastanum ······ 33, **34**, 35, 36
Aesculus indica ······ 33–36
Aesculus parviflora ······ 33–36
Aesculus pavia ······ 33, 34, **35**, 36
Aesculus turbinata ······ 33–35, **36**
Ailanthus altissima ······ **37**, 422
Akebia × *pentaphylla* ······ 38, 39
Akebia quinata ······ **38**, 39, 400
Akebia trifoliata ······ 38, **39**
Albizia julibrissin ······ **40**, 456
Albizia julibrissin 'Summer Chocolate' ······ **40**, 189
Alchornea davidii ······ 212, 297

Aleurites fordii ······ 212
Amelanchier asiatica ······ 41
Amelanchier canadensis ······ **41**
Amygdalus persica ······ **42**
Amygdalus persica 'Albo-plena' ······ 42
Amygdalus persica 'Genpei-shidare' ······ 42
Amygdalus persica 'Hakuhou' ······ 42
Amygdalus persica 'Kanpaku' ······ 42
Amygdalus persica 'Kurakatawase' ······ 42
Amygdalus persica 'Ookubo' ······ 42
Amygdalus persica 'Sagami-shidare' ······ 42
Amygdalus persica 'Stelata' ······ 42
Amygdalus persica 'Versicolor' ······ 42
Amygdalus persica 'Yaguchi' ······ 42
Aphananthe aspera ······ **43**, 93, 454
Araucaria angustifolia ······ 44
Araucaria araucana ······ **44**
Arbutus unedo ······ 45
Arbutus unedo 'Compacta' ······ **45**
Ardisia crenata ······ **46**, 384
Ardisia crispa ······ **47**, 384
Ardisia japonica ······ 47
Armeniaca × 'Bungo' ······ **48**, 50
Armeniaca mume ······ **49**, 50
Armeniaca mume 'Gyokuei' ······ 48
Armeniaca mume 'Kousyuusaisyou' ······ 48
Armeniaca mume 'Nankou' ······ 48
Armeniaca mume 'Oushuku' ······ 48
Armeniaca mume 'Shirokaga' ······ 48
Armeniaca mume 'Umesato' ······ 48
Armeniaca vulgaris ······ 48, 49, **50**
Aronia arbutifolia ······ 51
Aronia melanocarpa ······ **51**
Asimina triloba ······ **54**
Aucuba japonica ······ **52**
Aucuba japonica 'Picturata' ······ **53**
Aucuba japonica 'Sulphurea Marginata' ······ **53**
Aucuba japonica var. *borealis* ······ 52

B

Benthamidia florida ······ **55**, 57, 128, 408, 409
Benthamidia hongkongensis ······ **56**
Benthamidia japonica ······ 55, 56, **57**, 58, 128, 408, 409
Benthamidia japonica var. *chinensis* 'Milky Way' ······ **58**
Berberis thunbergii 'Atropurpurea'

....**59**
Berberis thunbergii 'Aurea' **59**
Berberis thunbergii 'Rose Glow' **59**
Berchemia racemosa **60**
Betula ermanii 61, 62
Betula grossa **61**, 62
Betula platyphylla var. *japonica* 61, **62**
Betula utilis jacquemontii 62
Betula verrucosa 62
Broussonetia kazinoki × *B.papyrifera*
....**63**, 64
Broussonetia papyrifera 63, **64**
Buddleja davidii **65**
Buddleja japonica 65
Buxus microphylla **66**, 67, 68
Buxus microphylla 'Boxwood'
....66, **67**, 68
Buxus microphylla var. *insularis*
....**66**, 67, 68
Buxus microphylla var. *japonica*
................................66, 67, **68**, 216

C

Callicarpa dichotoma **69**, 70
Callicarpa dichotoma f. 69
Callicarpa japonica 69, **70**
Callicarpa japonica var. *luxurians*
....69, 70
Callicarpa mollis 69, 70
Callistemon cittrinus **71**
Callistemon rigidus 71
Callistemon speciosus 71
Calycanthus fertilis 72
Calycanthus floridus **72**, 115
Calycanthus occidentalis 72
Camellia × *hiemalis* 73, **74**
Camellia × *hiemalis* 'Kanjirou'
....73, **74**
Camellia japonica **75**, 77, 78
Camellia japonica 'Akawabisuke'
....78, 79
Camellia japonica 'Kô-otome' **76**, 77
Camellia japonica 'Kurowabisuke' 79
Camellia japonica ssp. *rusticana* 75
Camellia rusticana 'Otometsubaki'
....75, 76, **77**
Camellia sasanqua **73**, 74
Camellia sinensis **80**
Camellia sinensis f. *macrophylla* 80
Camellia sinensis 'Yabukita' 80
Camellia uraku 79
Camellia × *vernalis* 73, 74
Camellia wabisuke 79
Camellia wabisuke 'Beni-wabisuke'
....75, 77, **78**, 79
Camellia wabisuke 'Hatsukari' 78, 79

Camellia wabisuke 'Hinawabisuke' 79
Camellia wabisuke 'Sukiya' 78, 79
Camellia wabisuke 'Wabisuke'
................................75, 77, 78, **79**
Campsis grandiflora **81**
Campsis radicans 81
Campsis × *tagliabuana*
'Madame Galen' 81
Carpinus betulus 83–85
Carpinus betulus 'Fastigiata' **82**
Carpinus cordata 16, 83–85
Carpinus japonica 16, 82, **83**, 84, 85
Carpinus laxiflora 82, 83, **84**, 85
Carpinus tschonoskii 82–84, **85**
Castanea crenata **86**, 344
Castanea crenata var. *pendula* 86
Castanopsis cuspidata **87**, 88
Castanopsis sieboldii 87, **88**
Catalpa bignonioides **89**, 118
Catalpa ovata 89
Catalpa speciosa 89
Cedrus atlantica 90, 91
Cedrus atlantica 'Glauca' **91**
Cedrus deodara **90**, 91
Cedrus libani 90, **91**
Celastrus orbiculatus **92**
Celastrus orbiculatus var. *strigillosus*
....92
Celastrus punctatus 92
Celtis jessoensis 93
Celtis sinensis var. *japonica*
................................43, **93**, 454
Celtis sinensis var. *pendula* 93
Cephalotaxus harringtonia **94**, 423
Cephalotaxus harringtonia 'Fastigiata'
....**94**
Cephalotaxus harringtonia var. *nana*
....94
Cerasus campanulata 95, 96
Cerasus glandulosa **100**
Cerasus jamasakura 95, **96**, 98
Cerasus jamasakura 'Pendula' 99
Cerasus japonica 100
Cerasus lannesiana 'Alborosae' 97
Cerasus lannesiana 'Contorta' 97
Cerasus lannesiana 'Erecta' 97
Cerasus lannesiana 'Gioiko' 97
Cerasus lannesiana 'Hisakura' 97
Cerasus lannesiana 'Sirayuki' 97
Cerasus lannesiana 'Sphaerantha' 97
Cerasus lannesiana 'Surugadai-odora'
....97
Cerasus lannesiana cv. **97**
Cerasus leveilleana 96
Cerasus sargentii 96, **98**
Cerasus serrulata 'Plena-pendula' 99
Cerasus spachiana f. *spachiana* **99**

Cerasus speciosa 95–97
Cerasus tomentosa **100**
Cerasus × *yedoensis* **95**, 96
Cercidiphyllum japonicum **101**
Cercidiphyllum magnificum 101
Cercis canadensis **102**, 104
Cercis canadensis 'Forest Pansy' ..**103**
Cercis canadensis 'Silver Cloud' ..**103**
Cercis chinensis 102, **104**, 151
Chaenomeles japonica **105**, 107
Chaenomeles sinensis **106**
Chaenomeles speciosa 105, **107**
Chaenomeles speciosa 'Chojuraku' ..107
Chaenomeles speciosa 'Fujinomine'
....107
Chaenomeles speciosa 'Kuroshio' 107
Chaenomeles speciosa 'Ooyashima'
....107
Chaenomeles speciosa 'Ouka' 107
Chaenomeles speciosa 'Toyonishiki'
....107
Chamaecyparis nootkatensis 136
Chamaecyparis obtusa **108**, 110, 111
Chamaecyparis obtusa 'Chabohiba'
....**109**, 110
Chamaecyparis obtusa 'Crippsii' **108**
Chamaecyparis obtusa
'Kamakurahiba' 110
Chamaecyparis obtusa
'Ougonchabohiba' **109**
Chamaecyparis pisifera 108, **111**
Chamaecyparis pisifera 'Boulevard'
....**112**
Chamaecyparis pisifera
'Filifera Aurea' **113**
Chamaecyparis pisifera
'Gold Spangle' 113
Chamaecyparis pisifera
'Golden Mop' 113
Chamaecyparis pisifera
'Plumosa Aurea' **114**
Chamaecyparis pisifera 'Plumosa' ..114
Chamaecyparis pisifera 'Squarrosa'
....112
Chilopsis linearis 118
Chimonanthus praecox **115**
Chimonanthus praecox
'Mangetsu' 115
Chimonanthus praecox f. *concolor* ..115
Chionanthus retusus **116**, 117
Chionanthus virginicus 116, **117**
Chitalpa tashkentensis
'Pink Dawn' **118**
Cinnamomum camphora
................................23, **119**, 120, 121
Cinnamomum camphora
'Red Monroe' 119

Cinnamomum cassia ……… 121
Cinnamomum japonicum
 ……… 119, **120**, 121, 308
Cinnamomum sieboldii ……… 119, 120, **121**
Cinnamomum verum ……… 121
Citrus aurantiifolia 'Tahiti' ……… **123**
Citrus aurantium ……… 122
Citrus hanayu ……… 122
Citrus junos ……… **122**
Citrus limon ……… **123**
Citrus natsudaidai ……… 123
Citrus sphaerocarpa ……… 122
Citrus sudachi ……… 122
Citrus tachibana ……… 122
Citrus unshiu ……… 123
Clerodendrum bungei ……… **124**
Clerodendrum trichotomum ……… 124
Clethra alnifolia ……… **125**, 126
Clethra barbinervis ……… 125, **126**
Cleyera japonica ……… **127**, 170
Cleyera japonica 'Variegata' ……… **127**
Cornus officinalis
 ……… 55, 57, **128**, 408, 409
Corylopsis glabrescens ……… 129, 130
Corylopsis gotoana ……… 129, 130
Corylopsis pauciflora ……… **129**, 130
Corylopsis spicata ……… 129, **130**
Corylus avellana ……… 131
Corylus heterophylla var. *thunbergii*
 ……… 131
Corylus sieboldiana ……… **131**
Cotinus coggygria ……… **132**
Crataegus cuneata ……… 133
Crataegus laevigata ……… **133**
Crataegus monogyna ……… 133
Cryptomeria japonica ……… **134**
Cryptomeria japonica var. *radicans*
 ……… 134
Cunninghamia lanceolata ……… **135**
Cunninghamia lanceolata 'Glauca'
 ……… 135
Cunninghamia lanceolata var. *konisii*
 ……… 135
× *Cupressocyparis leylandii* ……… **136**
Cupressocyparis leylandii
 'Gold Rider' ……… **136**
Cupressocyparis leylandii
 'Silver Dust' ……… **136**
Cupressus arizonica var. *glabra*
 'Blue Ice' ……… **137**
Cupressus cashmeriana 'Glauca' ……… **138**
Cupressus funebris ……… 138
Cupressus macrocarpa ……… 136
Cupressus macrocarpa 'Goldcrest'
 ……… **139**
Cupressus sempervirens ……… **140**
Cupressus sempervirens

'Swane's Gold' ……… **140**
Cydonia oblonga ……… 106
Cytisus albus ……… 141
Cytisus scoparius ……… **141**

D

Damnacanthus indicus ……… 46
Daphne jezoensis var. *jezoensis* ……… 142
Daphne kiusiana ……… 142, 274
Daphne odora ……… **142**
Daphne psudomezereum ……… 142
Daphniphyllum macropodum
 ……… **143**, 144, 145
Daphniphyllum macropodum ssp.
 humile ……… 143, **144**, 145
Daphniphyllum teijsmannii
 ……… 143, 144, **145**
Davidia involucrata ……… **146**
Dendropanax trifidus ……… **147**
Deutzia crenata ……… **148**
Deutzia gracilis ……… 148
Deutzia maximowicziana ……… 148
Deutzia scabra ……… 148
Diospyros cathayensis ……… **149**
Diospyros kaki ……… **150**
Diospyros kaki var. *sylvestris* ……… 150
Diospyros lotus ……… 150
Diospyros morrisiana ……… 149
Diospyros rhombifolia ……… 149
Disanthus cercidifolius ……… 102, 104, **151**
Distylium racemosum ……… **152**, 218

E

Edgeworthia chrysantha ……… **153**
Edgeworthia chrysantha 'Akabana'
 ……… 153
Edgeworthia sp. ……… 153
Elaeagnus × *ebbingei* 'Gilt Edge' ……… **154**
Elaeagnus × *ebbingei* 'Limelight' ……… **154**
Elaeagnus pungens ……… **154**
Elaeocarpus japonicus ……… 155
Elaeocarpus sylvestris var. *ellipticus*
 ……… **155**, 304
Eleutherococcus sieboldianus ……… **156**, 157
Eleutherococcus spinosus ……… 156, **157**
Enkianthus campanulatus
 ……… **158**, 159, 160
Enkianthus cernuus f. *rubens*
 ……… 158, **159**, 160
Enkianthus perulatus ……… 158, 159, **160**
Enkianthus subsessilis ……… 158–160
Eriobotrya japonica ……… **161**
Erythrina × *bidwillii* ……… 162
Erythrina crista-galli ……… **162**
Eucalyptus spp. ……… **163**

Eucalyptus viminalis ……… **163**
Eucommia ulmoides ……… **164**
Euonymus alatus ……… **165**
Euonymus alatus f. *striatus* ……… **165**
Euonymus japonicus ……… **166**
Euonymus japonicus
 'Albomarginatus' ……… **166**
Euonymus japonicus
 'Aureovariegatus' ……… **166**
Euonymus japonicus 'Aureus' ……… 166
Euonymus japonicus
 'Oosakabekkou' ……… **166**
Euonymus macropterus ……… 167
Euonymus oxyphyllus ……… **167**
Euonymus planipes ……… 167
Euonymus sieboldianus ……… **168**
Euonymus tricarpus ……… 167
Eurya emarginata ……… **169**, 170
Eurya japonica ……… 127, 169, **170**
Euscaphis japonica ……… 318
Exochorda racemosa ……… **171**

F

Fagus crenata ……… **172**, 173
Fagus japonica ……… 172, 173
Fagus sylvatica ……… 172
Fagus sylvatica purple-leaved group
 ……… **173**
Fatsia japonica ……… **174**
Fatsia oligocarpella ……… 174
Feijoa sellowiana ……… **175**
Ficus benjamina ……… **176**
Ficus carica ……… **177**
Ficus microcarpa ……… 176
Firmiana simplex ……… **178**
Firmiana simplex var. *glabra* ……… 178
Forsythia × *intermedia* ……… 179, 180
Forsythia suspensa ……… **179**, 180
Forsythia viridissima ……… 179, **180**
Forsythia viridissima var. *koreana*
 ……… 179, 180
Fortunella japonica ……… **181**
Fortunella margarita ……… 181
Fothergilla gardenii ……… 182
Fothergilla major ……… **182**, 192
Fraxinus apertisquamifera ……… 184
Fraxinus floribunda ……… 183
Fraxinus griffithii ……… **183**
Fraxinus lanuginosa ……… 20, **184**
Fraxinus platypoda ……… 328
Fraxinus sieboldiana ……… 184

G

Gardenia jasminoides ……… **185**, 186
Gardenia jasminoides f. *ovalifolia*

Gardenia jasminoides **185**, 186
Gardenia jasminoides var. *ovalifolia*
.... **185**, 186
Gardenia jasminoides var. *radicans*
.... 185, **186**
Ginkgo biloba 101, **187**
Gleditsia japonica **188**, 383
Gleditsia triacanthos 188
Gleditsia triacanthos 'Rubylace' **189**
Gleditsia triacanthos 'Sunburst' **189**
Glyptostrobus pensilis **190**, 413
Gordonia axillaris 386
Gordonia lasianthus 386

H

Halesia carolina 191
Halesia monticola **191**
Hamamelis japonica 151, **192**
Hamamelis japonica var. *discolor* f.
    obtusata 192
Hamamelis japonica var. *megaphylla*
.... 192
Hamamelis mollis 192
Hedera helix 193
Hedera nepalensis 193
Hedera rhombea **193**
Helwingia japonica **194**
Hibiscus glaber 195
Hibiscus hamabo **195**
Hibiscus mutabilis **196**
Hibiscus syriacus **197**, 199
Hibiscus tiliaceus 195
Hovenia dulcis **198**
Hydrahgea arborescens 'Annabelle'
.... **199**
Hydrangea hirta **200**
Hydrangea hirta f. *albiflora* 200
Hydrangea hirta f. *laminalis* 200
Hydrangea involucrata
.... **201**, 203, 207, 208
Hydrangea involucrata f. *sterilis* 208
Hydrangea luteo-venosa **202**, 206
Hydrangea macrophylla f. *hortensia*
.... 203
Hydrangea macrophylla f. *macrophylla*
.... 199, 201, **203**
Hydrangea macrophylla f. *normalis*
.... 201, 203, 207, 208, 387
Hydrangea paniculata **204**
Hydrangea petiolaris 387
Hydrangea quercifolia **205**
Hydrangea scandens 148, 202, **206**
Hydrangea serrata 201, 203, **207**, 208
Hydrangea serrata f. *cuspidata* 208
Hydrangea serrata var. *yesoensis*
.... 201, 203, 207, **208**

Hypericum 'Hidcote' **209**, 210, 211
Hypericum calycinum **209**, 210, 211
Hypericum monogynum .. 209, **210**, 211
Hypericum patulum 209, 210, **211**

I

Idesia polycarpa **212**
Ilex aquifolium 215, 314, 315
Ilex × attenuate 'Sunny Foster' **213**
Ilex buergeri 214, 218, 221, 222
Ilex chinensis **214**
Ilex cornuta **215**, 314, 315
Ilex crenata 66-68, **216**, 224
Ilex crenata 'Kinmetsuge' 216, **217**
Ilex crenata 'Mametsuge' **217**
Ilex crenata 'Sky Pencil' **217**
Ilex geniculata 220, 223
Ilex integra
.... 152, 214, **218**, 221, 222, 257
Ilex latifolia **219**, 249
Ilex macropoda **220**, 223
Ilex opaca 215, 314, 315
Ilex pedunculosa 214, 218, **221**, 222
Ilex rotunda 214, 218, 221, **222**
Ilex serrata 220, **223**
Ilex serrata 'Dainagon' 223
Ilex serrata f. *leucocarpa* 223
Ilex sugerokii var. *sugerokii* 221
Ilex vomitoria 216, **224**
Ilex vomitoria 'Fastigiata' 224
Ilex vomitoria 'Pendula' 224
Ilex vomitoria 'Weeping' 224
Illicium anisatum **225**
Illicium floridanum 225
Illicium henryi 225
Itea ilicifolia 226
Itea japonica 226
Itea virginia **226**

J

Jasminum humile var. *revolutum* .. 228
Jasminum nudiflorum **227**, 229
Jasminum polyanthum **228**
Jasminum primulinum 227, **229**
Juglans mandshurica ssp. *sieboldiana*
.... **230**
Juglans regia 230
Juniperus chinensis 231
Juniperus chinensis 'Kaizuka' **231**
Juniperus chinensis var. *procumbens*
.... 234
Juniperus chinensis var. *sargentii* **231**
Juniperus communis 'Compressa' ... 232
Juniperus communis 'Sentinel' 232
Juniperus communis 'Suecica' **232**

Juniperus conferta 233
Juniperus conferta 'Blue Pacific' .. **233**
Juniperus horizontalis 'Bar Harbor'
.... **234**
Juniperus horizontalis 'Blue Chip' .. 234
Juniperus horizontalis 'Mother lode'
.... 234
Juniperus horizontalis 'Wiltonii' 234
Juniperus rigida 233
Juniperus scopulorum 'Blue Heaven'
.... **235**
Juniperus scopulorum 'Moonglow'
.... 235
Juniperus scopulorum 'Skyrocket'
.... **235**
Juniperus scopulorum 'Wichita Blue'
.... 235
Juniperus squamata 'Blue Carpet'
.... **236**
Juniperus squamata 'Blue Star' ... **236**

K

Kadsura japonica **237**
Kalmia latifolia **238**
Kalmia latifolia 'Ostbo Red' 238
Kalopanax septemlobus **239**
Kerria japonica **240**
Koelreuteria bipinnata 241
Koelreuteria formosana 241
Koelreuteria paniculata **241**
Kolkwitzia amabilis 4, **242**

L

Laburnum × watereri **243**
Lagerstroemia indica
.... 199, **244**, 245, 403
Lagerstroemia subcostata 244, **245**
Lantana camara **246**
Lantana montevidensis 246
Larix kaempferi **247**
Laurocerasus lusitanica **248**
Laurocerasus officinalis 219, 248
Laurocerasus officinalis
    'Otto Luyken' **249**
Laurocerasus zippeliana 248, 249
Laurus nobilis **250**, 305
Leptodermis pulchella 391
Lespedeza bicolor **251**, 252-254
Lespedeza buergeri 251, **252**, 253, 254
Lespedeza cyrtobotrya 251-254
Lespedeza homoloba 251-254
Lespedeza japonica 'Japonica' **253**
Lespedeza japonica 'Nipponica' 253
Lespedeza thunbergii 251-253, **254**
Leucothoe axillaris **255**, 256

Leucothoe fontanesiana 'Rainbow'
··255, **256**
Ligustrum 'Vicaryi'································**261**
Ligustrum japonicum··········218, **257**, 258
Ligustrum lucidum·······················257, **258**
Ligustrum obtusifolium·············**259**, 262
Ligustrum ovalifolium··········257–259, 261
Ligustrum sinense 'Variegatum'··········**260**
Ligustrum vulgare···············259, 261, **262**
Lindera glauca·····································**264**
Lindera obtusiloba·························**265**, 267
Lindera praecox···································**266**
Lindera sericea·······································268
Lindera strychnifolia···························**263**
Lindera triloba···························265, **267**
Lindera umbellata······················**268**, 274
Lindera umbellata var. *membranacea*
···268
Liquidambar formosana
··························14, 27, 28, **269**, 270
Liquidambar styraciflua···········269, **270**
Liquidambar styraciflua 'Rotundiloba'·······································**270**
Liriodendron chinense························271
Liriodendron tulipifera·······················**271**
Lithocarpus edulis······························**272**
Litsea acuminata··································273
Litsea coreana····································**273**
Litsea cubeba·····································**274**
Litsea japonica···································**275**
Lonicera gracilipes····························**276**
Lonicera gracilipes var. *glandulosa*
···276
Lonicera morrowii······························**277**
Lonicera nitida··································**278**
Loropetalum chinense·······················**279**
Loropetalum chinense 'Ryokko'········**279**
Loropetalum chinense var. *rubrum*
···**279**
Lycium chinense·································**280**

M

Maackia amurensis··········**281**, 373, 405
Machilus thunbergii···························**282**
Macrodiervilla middendorffiana·······449
Magnolia 'Wada's Memory'···············**292**
Magnolia denudata···················**283**, 287
Magnolia grandiflora························**284**
Magnolia grandiflora 'Little Gem'·····**285**
Magnolia grandiflora var. *lanceolata*
···284, **285**
Magnolia hypoleuca··························**286**
Magnolia kobus···········283, **287**, 288, 292
Magnolia liliflora·······························**283**
Magnolia salicifolia············287, **288**, 292
Magnolia sieboldii ssp. *japonica*······**289**

Magnolia sieboldii ssp. *sieboldii*·······289
Magnolia stellata······························**290**
Magnolia virginiana··························**291**
Magnolia × *wieseneri*·························289
Mahonia confuse 'Narihira'·····**294**, 295
Mahonia fortunei······················**294**, **295**
Mahonia japonica···················293, **296**
Mahonia × *media* 'Charity'·····**293**, 296
Mahonia × *media* 'Winter Sun'·······**293**
Mallotus japonicus···························**297**
Malus halliana···································**298**
Malus micromalus······························298
Melia azedarach································**299**
Metasequoia glyptostroboides
··135, **300**, 413
Metasequoia glyptostroboides 'Gold Rush'·································**300**
Michelia compressa···················**301**, 302
Michelia figo·······························301, **302**
Michelia figo 'Portwine'·····················**302**
Millettia reticulata f.···························452
Morus alba································63, 64, **303**
Morus australis·····················63, 64, 303
Myrica rubra····························155, **304**
Myrtus communis······························**305**

N

Nageia nagi··**306**
Nandina domestica····························**307**
Nandina domestica 'Firepower'········**307**
Nandina domestica 'Sasabananten'
···307
Neolitsea aciculata····················119–121
Neolitsea sericea················119–121, **308**
Neoshirakia japonica························**309**
Nerium indicum·································**310**
Nerium oleander·································310

O

Olea europaea·······························155, **311**
Osmanthus × *fortunei*·······215, **314**, 315
Osmanthus fragrans·························**312**
Osmanthus fragrans var. *aurantiacus*
···**312**, 313
Osmanthus fragrans var. *thunbergii*
···312, **313**
Osmanthus heterophyllus
···215, 314, **315**
Oxydendrum arboreum·······················455

P

Paeonia lactiflora·······························316
Paeonia suffruticosa·························**316**
Parthenocissus henryana···················317

Parthenocissus quinquefolia············**317**
Parthenocissus tricuspidata···············193
Phellodendron amurense··················**318**
Philadelphus 'Belle Étoile'·················**319**
Philadelphus grandiflorus··················319
Philadelphus satsumi··············148, 319
Photinia × *fraseri* 'Red Robin'
···**320**, 321, 322
Photinia glabra 'Benikaname'
···320, **321**, 322
Photinia serratifolia···········320, 321, **322**
Physocarpus amurensis······················323
Physocarpus opulifolius 'Diabolo'···**323**
Physocarpus opulifolius 'Luteus'·····**323**
Picea abies·····································**324**, 326
Picea glauca 'Conica'··························**325**
Picea glehnii····························324, **326**
Picea jezoensis··························324, **326**
Picea jezoensis var. *hondoensis*
···324, **326**
Picea pungens·····································**327**
Picea pungens 'hoopsy'······················**327**
Picrasma quassioides·························**328**
Pieris formosa·····································**329**
Pieris japonica···································**329**
Pinus densiflora·······················**330**, 333
Pinus densiflora·································330
Pinus palustris···································**331**
Pinus parviflora·································**332**
Pinus parviflora var. *pentaphylla*·····332
Pinus thunbergii································**333**
Pistacia chinensis······························**334**
Pittosporum tobira····························**335**
Platycarya strobilacea···············230, 318
Platycladus orientalis························**336**
Podocarpus macrophyllus·······**337**, 338
Podocarpus macrophyllus var. *maki*
···337, **338**
Populus alba······································**339**
Populus alba 'Richardii'······················339
Populus nigra var. *italica*················**340**
Prunus cerasifera 'Atropurpurea'
···**341**
Prunus mume f. *pendula*·····················**49**
Pseudolarix kaempferi·························247
Pterocarya rhoifolia····························230
Pterocarya stenoptera·························383
Pterostyrax corymbosa························191
Punica granatum······························**342**
Pyracantha angustifolia······················343
Pyracantha crenulata·························343
Pyracantha spp.··································**343**

Q

Quercus acuta························**350**, 352, 354
Quercus acutissima························86, **344**

Quercus aliena ⋯⋯⋯⋯⋯ **345**, 347, 348
Quercus aliena 'Lutea' ⋯⋯⋯⋯ **345**
Quercus crispula ⋯⋯ 345, 346, **347**, 348
Quercus dentata ⋯⋯⋯ 345, 347, **348**
Quercus glauca ⋯⋯⋯⋯⋯⋯⋯ **351**
Quercus myrsinaefolia ⋯⋯⋯ 351, **352**
Quercus phillyraeoides ⋯⋯⋯⋯ **353**
Quercus phillyraeoides f. *crispa* ⋯ 353
Quercus phillyraeoides f. *wrightii* ⋯ 353
Quercus robur ⋯⋯⋯⋯⋯⋯⋯ **349**
Quercus robur 'Atropurpurea' ⋯⋯ 349
Quercus robur 'Concordia' ⋯⋯⋯ 349
Quercus robur 'Fastigiata' ⋯⋯⋯ 349
Quercus robur 'Pendula' ⋯⋯⋯⋯ 349
Quercus salicina ⋯⋯⋯⋯⋯⋯ 352
Quercus serrata ⋯⋯⋯⋯⋯ **346**, 347
Quercus sessilifolia ⋯⋯⋯⋯ 350, **354**
Quercus takaoyamensis ⋯⋯⋯⋯ 354
Quercus variabilis ⋯⋯⋯⋯⋯ 86, **344**

R

Raphiolepis indica var. *umbellata*
⋯⋯⋯⋯⋯⋯⋯⋯⋯⋯⋯⋯ **355**
Raphiolepis indica var. *umbellata* f.
 minor ⋯⋯⋯⋯⋯⋯⋯⋯⋯⋯ **355**
Rhapis excelsa ⋯⋯⋯⋯⋯⋯⋯ 356
Rhapis humilis ⋯⋯⋯⋯⋯⋯⋯ **356**
Rhododendron albrechtii ⋯⋯⋯⋯ 367
Rhododendron cv. ⋯⋯⋯⋯⋯⋯ **359**
Rhododendron cv. (Exbury Azalea
 hybrids) ⋯⋯⋯⋯⋯⋯⋯ 365, **366**
Rhododendron dauricum ⋯⋯⋯⋯ **360**
Rhododendron dilatatum ⋯⋯⋯⋯ **361**
Rhododendron eriocarpum ⋯⋯⋯ 362
Rhododendron indicum ⋯⋯⋯ 357, **362**
Rhododendron indicum 'Oosakazuki'
⋯⋯⋯⋯⋯⋯⋯⋯⋯⋯⋯⋯ 362
Rhododendron kaempferi ⋯⋯⋯⋯ **363**
Rhododendron keiskei ⋯⋯⋯⋯⋯ **364**
Rhododendron keiskei var.
 hypoglaucum ⋯⋯⋯⋯⋯⋯⋯ 364
Rhododendron keiskei var. *ozawae*
⋯⋯⋯⋯⋯⋯⋯⋯⋯⋯⋯⋯ 364
Rhododendron kiusianum ⋯⋯⋯⋯ 357
Rhododendron kiyosumense ⋯⋯⋯ 361
Rhododendron metternichii var.
 yakushimanum ⋯⋯⋯⋯⋯⋯ **359**
Rhododendron molle ssp. *japonicum*
⋯⋯⋯⋯⋯⋯⋯⋯⋯⋯⋯ **365**, 366
Rhododendron molle ssp. *japonicum* f.
⋯⋯⋯⋯⋯⋯⋯⋯⋯⋯⋯⋯ 365
Rhododendron molle ssp. *japonicum*
 f. *flavum* ⋯⋯⋯⋯⋯⋯⋯⋯ 365
Rhododendron × *mucronatum* ⋯⋯ **358**
Rhododendron mucronulatum var.
 ciliatum ⋯⋯⋯⋯⋯⋯⋯⋯ 360

Rhododendron × *obtusum* ⋯⋯ **357**, 362
Rhododendron pentaphyllum var.
 nikoense ⋯⋯⋯⋯⋯⋯⋯⋯ 367
Rhododendron × *pulchrum*
 'Speciosum' ⋯⋯⋯⋯⋯⋯⋯ **358**
Rhododendron × *pulchrum* cv. ⋯⋯ **358**
Rhododendron quinquefolium ⋯⋯ 367
Rhododendron reticulatum ⋯⋯⋯ 361
Rhododendron schlippenbachii ⋯ **367**
Rhododendron wadanum ⋯⋯⋯⋯ 361
Rhodoleia championii ⋯⋯⋯⋯⋯ 368
Rhodoleia henryi ⋯⋯⋯⋯⋯⋯ **368**
Rhodotypos scandens ⋯⋯⋯⋯⋯ 240
Rhus javanica ⋯⋯⋯⋯ **369**, 370, 371, 399
Rhus succedanea
⋯⋯⋯⋯⋯ 334, 369, **370**, 371, 383, 425
Rhus sylvestris ⋯⋯⋯ 318, 369, 370, **371**
Ribes fasciculatum ⋯⋯⋯⋯⋯⋯ 372
Ribes japonicum ⋯⋯⋯⋯⋯⋯ 372
Ribes latifolium ⋯⋯⋯⋯⋯⋯ 372
Ribes nigrum ⋯⋯⋯⋯⋯⋯⋯ 372
Ribes rubrum ⋯⋯⋯⋯⋯⋯⋯ **372**
Ribes sinanense ⋯⋯⋯⋯⋯⋯ 372
Robinia pseudoacacia ⋯⋯⋯⋯ **373**, 405
Robinia pseudoacacia f. *inermis* **373**
Rosa banksiae ⋯⋯⋯⋯⋯⋯⋯ **374**
Rosa rugosa ⋯⋯⋯⋯⋯⋯⋯ **375**
Rosmarinus officinalis cv. ⋯⋯⋯⋯ **376**
Rubus fruticosus ⋯⋯⋯⋯⋯⋯ **377**
Rubus idaeus ⋯⋯⋯⋯⋯⋯⋯ **377**
Rubus palmatus var. *coptophyllus* 378
Rubus trifidus ⋯⋯⋯⋯⋯⋯⋯ **378**
Ruscus aculeatus ⋯⋯⋯⋯⋯⋯ **379**
Ruscus sp. ⋯⋯⋯⋯⋯⋯⋯⋯ 379

S

Salix babylonica ⋯⋯⋯⋯⋯⋯⋯ **380**
Salix babylonica f. *rokkaku* ⋯⋯⋯ 380
Salix integra ⋯⋯⋯⋯⋯⋯⋯ **381**
Salix integra 'Hakuro Nishiki' ⋯⋯ **381**
Salix koriyanagi ⋯⋯⋯⋯⋯⋯ 381
Sambucus nigra ⋯⋯⋯⋯⋯⋯ 382
Sambucus racemosa ⋯⋯⋯⋯⋯ 382
Sambucus racemosa ssp. *sieboldiana*
⋯⋯⋯⋯⋯⋯⋯⋯⋯⋯⋯⋯ **382**
Sapindus mukorossi ⋯⋯⋯⋯⋯ **383**
Sarcandra glabra ⋯⋯⋯⋯⋯ 46, **384**
Sarcococca confusa ⋯⋯⋯⋯⋯ **385**
Sarcococca ruscifolia ⋯⋯⋯⋯⋯ 385
Schima wallichii ⋯⋯⋯⋯⋯⋯ **386**
Schisandra chinensis ⋯⋯⋯⋯⋯ 237
Schisandra repanda ⋯⋯⋯⋯⋯ 237
Schizophragma hydrangeoides ⋯⋯ **387**
Sciadopitys verticillata ⋯⋯⋯⋯ **388**
Senna alata ⋯⋯⋯⋯⋯⋯⋯⋯ **389**
Senna corymbosa ⋯⋯⋯⋯⋯⋯ 389

Sequoia sempervirens ⋯⋯⋯⋯⋯ **390**
Sequoiadendron giganteum ⋯⋯⋯ 390
Serissa japonica 'Dancyouge' ⋯⋯ 391
Serissa japonica 'Variegata' ⋯⋯ **391**
Sinocalycanthus chinensis ⋯⋯⋯ 115
Skimmia japonica 'Rubella' ⋯⋯⋯ **392**
Skimmia japonica var. *intermedia* f.
 repens ⋯⋯⋯⋯⋯⋯⋯⋯⋯ 392
Skimmia japonica var. *japonica* ⋯ **392**
Solanum jasminoides ⋯⋯⋯⋯ **393**
Solanum jasminoides 'Aurea' ⋯⋯ **393**
Sorbus aucuparia ⋯⋯⋯⋯⋯⋯ 394
Sorbus commixta var. *commixta* ⋯ **394**
Sorbus matsumurana ⋯⋯⋯⋯⋯ 394
Sorbus sambucifolia ⋯⋯⋯⋯⋯ 394
Spartium junceum ⋯⋯⋯⋯⋯⋯ 141
Spiraea cantoniensis ⋯⋯⋯ **395**, 397, 398
Spiraea japonica ⋯⋯⋯⋯⋯⋯ **396**
Spiraea nipponica var. *tosaensis* ⋯ 395
Spiraea prunifoliora ⋯⋯⋯⋯ 395, **397**, 398
Spiraea salicifolia ⋯⋯⋯⋯⋯⋯ **396**
Spiraea thunbergii ⋯⋯⋯ 395, 397, **398**
Stachyurus praecox ⋯⋯⋯⋯⋯ **399**
Stachyurus praecox var. *matsuzakii*
⋯⋯⋯⋯⋯⋯⋯⋯⋯⋯⋯⋯ 399
Staphylea bumalda ⋯⋯⋯⋯⋯ 148
Stauntonia hexaphylla ⋯⋯⋯ 38, **400**
Stephanandra incisa ⋯⋯⋯⋯ 148, **401**
Stephanandra tanakae ⋯⋯⋯⋯ 401
Stewartia monadelpha ⋯⋯ **402**, 403, 404
Stewartia pseudocamellia
⋯⋯⋯⋯⋯⋯⋯⋯⋯⋯ 402, **403**, 404
Stewartia serrata ⋯⋯⋯ 402, 403, **404**
Stewartia serrata f. *sericea* ⋯⋯⋯ 404
Stewartia sinensis ⋯⋯⋯⋯⋯ 403, 404
Styphonolobium japonicum
⋯⋯⋯⋯⋯⋯⋯⋯⋯⋯ 281, 373, **405**
Styphonolobium japonicum 'Pendula'
⋯⋯⋯⋯⋯⋯⋯⋯⋯⋯⋯⋯ **405**
Styrax japonica ⋯⋯⋯⋯⋯⋯ **406**
Styrax japonica var. *kotoensis*
 'Emerald Pagoda' ⋯⋯⋯⋯⋯ 406
Styrax obassia ⋯⋯⋯⋯⋯⋯⋯ **407**
Styrax shiraiana ⋯⋯⋯⋯⋯⋯ 407
Swida alba ⋯⋯⋯⋯ 55, 57, 128, 408, 409
Swida alba 'Elegantissima' ⋯⋯⋯ **408**
Swida controversa
⋯⋯⋯⋯⋯⋯⋯ 55, 57, 128, 408, 409
Swida controversa 'Variegata'
⋯⋯⋯⋯⋯⋯⋯⋯⋯⋯⋯ 408, **409**
Swida macrophylla ⋯⋯⋯⋯⋯ **409**
Symplocos glauca ⋯⋯⋯⋯⋯⋯ 410
Symplocos myrtacea ⋯⋯⋯⋯⋯ **410**
Symplocos prunifolia ⋯⋯⋯⋯⋯ 410
Syringa reticulata ssp. *reticulata* ⋯ 411
Syringa vulgaris ⋯⋯⋯ 102, 104, 151, **411**

T

Tamarix tenuissima **412**
Taxodium distichum 190, 300, **413**
Taxodium distichum var. *imbricatum* 413
Taxus cuspidata **414**, 415
Taxus cuspidata var. *nana* **414**, 415
Taxus cuspidata var. *nana* 'Nana Aurea' 415
Ternstroemia gymnanthera ... 392, **416**
Thuja occidentalis 111, **418**
Thuja occidentalis 'Europe Gold' ...**419**
Thuja occidentalis 'Green Corn' **419**
Thuja plicata **417**, 418
Thuja plicata 'Zebrina' **417**
Thuja standishii 108, 111, 336, 417
Thujopsis dolabrata 108, 111, **420**
Thujopsis dolabrata var. *hondai* 420
Thujopsis dolabrata var. *nana* 420
Tilia japonica **421**
Tilia maximowicziana **421**
Tilia miqueliana 421
Tilia × *vulgaris* 421
Toona sinensis 328, **422**
Toona sinensis 'Flamingo' **422**
Torreya nucifera 94, **423**
Trachelospermum asiaticum 'Hatuyukikazura' **424**
Trachelospermum jasminoides f. *variegatum* 424
Triadica sebifera **425**
Triadica sebifera 'Metro Candle' ...**425**
Trochodendron aralioides **426**

U

Ulmus davidiana var. *japonica* **429**, 430, 431, 454
Ulmus laciniata 429, **430**
Ulmus parvifolia **431**, 454

V

Vaccinium bracteatum **432**, 434
Vaccinium corymbosum **433**
Vaccinium oldhamii 432, **434**
Vaccinium sieboldii 434
Vaccinium smallii 434
Vaccinium smallii var. *glabrum* **432**, 434
Vernicia cordata 212
Vibrunum tinus **435**
Viburnum brachyandrum 440
Viburnum carlesii **436**
Viburnum carlesii var. *bitchiuense* 436
Viburnum davidii **437**
Viburnum dilatatum 436, **438**
Viburnum furcatum **439**
Viburnum japonicum 438, **440**, 445
Viburnum japonicum 'Variegata' ... **440**
Viburnum odoratissimum var. *awabuki* **441**
Viburnum opulus 442

Viburnum opulus var. *calvescens* f. *hydrangeoides* 442
Viburnum opulus var. *sargentii* **442**
Viburnum phlebotrichum **438**
Viburnum plicatum var. *plicatum* 443, **444**
Viburnum plicatum var. *tomentosum* **443**, 444
Viburnum suspensum 440, **445**
Viburnum wrightii **438**
Vitex agnus-castus **446**
Vitex negundo var. *cannabifolia* 446

W

Weigela coraeensis **447**, 449
Weigela decora **447**, 449
Weigela floribunda **449**
Weigela florida **449**
Weigela florida 'Variegata' **448**
Weigela hortensis 148, 448, **449**
Wisteria brachybotrys **450**, 451
Wisteria floribunda 450, **451**
Wisteria japonica **452**
Wisteria sinensis 450, 451

Z

Zanthoxylum piperitum **453**
Zanthoxylum schinifolium **453**
Zelkova serrata 43, **454**
Zenobia pulverulenta **455**
Ziziphus jujuba **456**
Ziziphus jujuba var. *spinosa* 456

和名索引

太い数字は見出しとしてあげた項目のページ数です。

あ

アエスクルス パービフローラ 33-36
アオキ **52**
アオキ 'サルフレア マルギナータ' **53**
アオキ 'ピクチュラータ' **53**
アオキバ 52
アオギリ **178**
アオシダレ '切錦' 13
アオシダレ '鶯の尾' 13
アオダモ 20, **184**
アオハダ **220**, 223
アオモジ **274**
アカイタヤ 25
アカエゾマツ 324, **326**
アカガシ **350**, 352, 354
アカシデ 82, 83, **84**, 85
アカダモ 429

アカトドマツ 8
アカハザクラ 341
アカバナトチノキ 35
アカバナミツマタ 153
アカフサスグリ 372
アカブラ 245
アカマツ **330**, 333
アカメガシワ **297**
アカメソロ 84
アカメモチ 321
アカヤシオ 367
赤侘介 78, 79
アキサンゴ 128
アキニレ **431**, 454
アケビ **38**, 39, 400
アケビガキ 54
アケビカズラ 38
アケボノスギ 300

アーサー グリセウム 17, **18**, 22
アサガラ 191
アサマツゲ 68
アシウスギ 134
アジサイ 199, 201, **203**
アシビ 329
アズサ 61
アスナロ 108, 111, **420**
アセビ **329**
アセボ 329
アツシ 430
アテ 420
アトラスシーダー 90, 91
アトラスシーダー 'グラウカ' **91**
アブラギリ 212
アブラチャン **266**
アブラツツジ 158-160
アベマキ 86, **344**

アベリア ……………………………… **1**, 2	イギリスナラ‘ファスティギアータ’……349	ウコギ ………………………………156, **157**
アベリア‘エドワード ゴーチャー’ … **1**, **2**	イシゲヤキ ……………………………431	ウコンウツギ ………………………449
アベリア‘サンライズ’ ………………… **1**	イシソネ ………………………………83	ウスギモクセイ …………………312, **313**
アベリア シネンシス …………………**1**, 2	イジュ …………………………………**386**	ウチダシミヤマシキミ ………………392
アベリア‘フランシス メイソン’……… **1**	イスノキ ……………………………**152**, 218	ウチワカエデ ………………………19
アベリア‘ホープレイズ’ …………… **1**	イタジイ ………………………………88	ウチワノキ …………………………**4**
アメリカアカバナトチノキ ……33, 34, **35**, 36	イタヤカエデ …………………………**25**	ウツギ ………………………………**148**
アメリカアサガラ ……………………191	イタヤメイゲツ ………………………31	ウツクシマツ ………………………330
アメリカアジサイ‘アナベル’ ………**199**	イタリアポプラ ………………………**340**	ウノハナ ……………………………148
アメリカイワナンテン‘レインボー’…255, **256**	イタリアンサイプレス ………………**140**	ウバメガシ …………………………**353**
アメリカキササゲ ………………**89**, 118	イタリアンサイプレス‘スウェンズ ゴールド’	ウマグリ ……………………………34
アメリカサイカチ ……………………188	…………………………………**140**	ウマメガシ …………………………353
アメリカサイカチ‘サンバースト’ …**189**	イチイ ……………………………**414**, 415	ウメ …………………………………**49**, 50
アメリカサイカチ‘ルビーレース’ …**189**	イチイヒノキ …………………………300	ウメ‘梅郷’ …………………………48
アメリカザイフリボク ………………**41**	イチイモドキ …………………………390	ウメ‘鶯宿’ …………………………48
アメリカシャクナゲ …………………238	イチゴノキ ……………………………45	ウメ‘玉英’ …………………………48
アメリカヅタ …………………………**317**	イチジク ………………………………**177**	ウメ‘甲州最小’ ……………………48
アメリカデイゴ ………………………162	イチョウ ……………………………101, **187**	ウメ‘白加賀’ ………………………48
アメリカテマリシモツケ‘ディアボロ’ …**323**	イトザクラ ……………………………99	ウメ‘南高’ …………………………48
アメリカテマリシモツケ‘ルテウス’ …**323**	イトスギ ………………………………140	ウメザキウツギ ……………………171
アメリカネズコ ……………………**417**, 418	イトマキイタヤ ………………………25	ウメモドキ ………………………220, **223**
アメリカネズコ‘ゼブリナ’ ………**417**	イトヤナギ ……………………………380	ウメモドキ‘大納言’ ………………223
アメリカノウゼンカズラ ………………81	イヌエンジュ ……………**281**, 373, 405	ウヤク ………………………………263
アメリカハイビャクシン‘ウィルトニー’…234	イヌガシ ……………………………119-121	ウラジロイタヤ ………………………25
アメリカハイビャクシン‘バー ハーバー’	イヌガヤ ……………………………**94**, 423	ウラジロウツギ ……………………148
…………………………………**234**	イヌカラマツ …………………………247	ウラジロガシ ………………………352
アメリカハイビャクシン‘ブルー チップ’…234	イヌコリヤナギ ………………………**381**	ウラジロタイサンボク ………………291
アメリカハイビャクシン‘マザー ローデ’	イヌコリヤナギ‘ハクロ ニシキ’ ……**381**	ウラジロナナカマド …………………394
…………………………………234	イヌザンショウ ………………………453	ウラジロヒカゲツツジ ………………364
アメリカハナズオウ ………………**102**, 104	イヌシデ ………………………82-84, **85**	ウラジロモミ …………………………**5**, **6**, 8
アメリカハナズオウ‘シルバー クラウド’	イヌツゲ ……………………66-68, **216**, 224	ウラジロレンゲツツジ ………………365
…………………………………**103**	イヌツゲ‘スカイペンシル’ …………**217**	ウラスギ ……………………………134
アメリカハナズオウ‘フォレスト パンシー’	イヌブナ ……………………………172, 173	ウリヅタ ……………………………387
…………………………………**103**	イヌマキ ……………………………**337**, 338	ウンシュウミカン ……………………123
アメリカハナノキ …………………27, **28**	イノコシバ ……………………………410	ウンナンオウバイ ………………227, **229**
アメリカヒイラギ ………………215, 314, 315	イボタノキ …………………………**259**, 262	エクスバリーアザレア ……………365, **366**
アメリカヒトツバタゴ ……………116, **117**	イヨミズキ ……………………………129	エゴノキ ……………………………**406**
アメリカフウ …………………………270	イリシウム フロリダナム ……………225	エゴノキ‘エメラルドパゴダ’ ………406
アメリカフウ‘ロタンディローバ’ …**270**	イリシウム ヘンリー …………………225	エゾアジサイ …………201, 203, 207, **208**
アメリカヤマボウシ …………………55	イリシバ ………………………………169	エゾイタヤ ……………………………25
アメリカリョウブ …………………**125**, 126	イリヒサカキ …………………………169	エゾウコギ …………………………157
アメリカロウバイ ……………………72	イレックス‘サニー フォスター’ ……**213**	エゾウツギ …………………………156
アラカシ ……………………………**351**	イロハカエデ …………………………24	エゾエノキ …………………………93
アラゲアオダモ ………………………184	イロハモミジ ……………………9, 12, **24**	エゾスグリ …………………………372
アラスカヒノキ ………………………136	イロハモミジ‘茜’ ……………………24	エゾマツ …………………………324, 326
アララギ ……………………………414	イロハモミジ‘桂’ ……………………24	エゾムラサキツツジ …………………**360**
アリゾナイトスギ‘ブルー アイス’ …**137**	イロハモミジ‘獅子頭’ ……………**24**	エゾヤマザクラ ………………………98
アリドオシ ……………………………46	イロハモミジ‘出猩々’ ………………24	エゾユズリハ ……………………143, **144**, 145
アローカリア アローカーナ …………**44**	イロハモミジ‘舞森’ …………………24	エドイチゴ …………………………378
アロニア アルプティフィオリア ………51	イロハモミジ‘流泉’ …………………24	エニシダ ……………………………**141**
アロニア メラノカルパ ………………**51**	イワイノキ ……………………………305	エニシダ ……………………………141
アンズ ………………………48, 49, **50**	イワガラミ ……………………………**387**	エノキ ………………………………43, **93**, 454
イイギリ ……………………………212	イワナンテン アキシラリス …………**255**, 256	エンジュ …………………281, 373, **405**
イギリスナラ …………………………**349**	インドトチノキ ………………………33-36	オウゴンイトヒバ ……………………113
イギリスナラ‘アトロプルプレア’ ……349	ウエスタンレッドシーダー ……………417	オウゴンガシワ ……………………**345**
イギリスナラ‘コンコルディア’ ……349	ウグイスカグラ ………………………**276**	オウゴンシノブヒバ …………………114
イギリスナラ‘枝垂れ’ ………………349	ウケザキオオヤマレンゲ ……………289	オウゴンチャボヒバ …………………**109**

オウゴンモチ……218	オランダモミ……135	カンボク……**442**
オウシュウトウヒ……324	オリーブ……155, **311**	キクシダレ……99
オウバイ……**227**, 229	オンコ……414	キサザゲ……89
オオイタヤメイゲツ……19, 31		キシモツケ……**396**
オオイタヤメイゲツ '金隠れ'……**30**	**か**	キソケイ……228
オオカナメモチ……320, 321, **322**	カイコウズ……162	キタゴヨウ……332
オオカメノキ……**439**	カイヅカイブキ……**231**	キヅタ……**193**
オオギリ……146	カイヅカビャクシン……231	キハギ……251, **252**, 253, 254
オオシマザクラ……95-97	カイドウ……**298**	キハダ……**318**
オオシラビソ……6, 8	カイノキ……**334**	キバナハウチワカエデ……31
オオチョウジガマズミ……**436**	カキ……150	キバナフジ……243
オオツクバネガシ……354	カキノキ……**150**	キブシ……**399**
オオツリバナ……167	ガクアジサイ……201, 203, 207, 208, 387	キムケゲ……195
オオデマリ……443, **444**	ガクウツギ……148, 202, **206**	キモッコウ……374
オオナラ……347	カクレミノ……**147**	キャラボク……414, **415**
オオバイボタ……257-259, 261	カゴノキ……**273**	キャラボク 'キンキャラ'……415
オオバオオヤマレンゲ……**289**	カジイチゴ……**378**	キョウチクトウ……**310**
オオバクロモジ……268	カジノキ……63, **64**	キヨスミミツバツツジ……361
オオバスノキ……**434**	カシミールイトスギ 'グラウカ'……**138**	ギョリュウ……**412**
オオバブナ……172	ガジュマル……176	キリシマツツジ……**357**, 362
オオバベニガシワ……212, 297	カシワ……345, 347, **348**	キリシマミズキ……129, 130
オオバボダイジュ……**421**	カシワナラ……345	キレンゲツツジ……365
オオバマサキ……166	カシワバアジサイ……**205**	ギンカエデ……**29**
オオハマボウ……195	カスミザクラ……**96**	キンカン……**181**
オオバマンサク……192	カスミノキ……132	キンギンボク……277
オオベニウツギ……449	カツラ……**101**	キングサリ……**243**
オオベニウツギ 'バリエガータ'……**448**	カナウツギ……401	ギンコウバイ……305
オオミナギイカダ……379	カナシデ……83	キンシバイ……209, 210, **211**
オオムラサキシキブ……69, 70	カナツガ……**427**	ギンドロ……**339**
オオムラサキツツジ……**358**	カナダトウヒ 'コニカ'……**325**	ギンドロ 'リチャーディー'……339
オオモクゲンジ……241	カナメモチ……321	ギンナンノキ……187
オオモミジ……**9**, 12, 24	カボス……122	ギンバイカ……**305**
オオモミジ '大盃'……9	カマクラヒバ……**110**	キンポウジュ……**71**
オオモミジ '錦糸'……9	ガマズミ……436, **438**	キンメツゲ……216, **217**
オオモミジ '猩々'……9	カヤ……94, **423**	キンモクセイ……312, **313**
オオモミジ '濃紫'……9, 341	カヤノキ……423	ギンモクセイ……**312**
オオモミジ '藤波錦'……9	カラウメ……115	ギョウアカシア……**10**
オオヤエクチナシ……**185**, 186	カラタチバナ……47, **384**	ギョウアカシア 'プルプレア'……10
オオヤマザクラ……96, **98**	カラタネオガタマ……301, **302**	クコ……**280**
オオヤマレンゲ……**289**	カラタネオガタマ 'ポートワイン'……**302**	クサギ……124
オガタマノキ……**301**, 302	カラボケ……107	クサツゲ……**66**, 67, 68
オカメナンテン……**307**	カラマツ……**247**	クサボケ……**105**, 107
オキシデンドルム……455	カリン……**106**	クサマキ……337
オタフクナンテン……307	カルミア……**238**	クスノキ……23, **119**, 120, 121
オトコヨウゾメ……**438**	カルミア 'オスボ レッド'……238	クスノキ 'レッド モンロー'……119
オトメツバキ……75, 76, **77**	カワラゲヤキ……431	クスノハカエデ……23
オニイタヤ……25	カワラフジノキ……188	クチナシ……**185**, 186
オニウコギ……157	カンサイマユミ……168	クヌギ……86, **344**
オニグルミ……**230**	カンツバキ……73, **74**	クマシデ……16, 82, **83**, 84, 85
オニシバリ……142	カンツバキ '勘治朗'……**74**	クマノミズキ……**409**, 409
オニツツジ……365	カントウマユミ……168	クマヤナギ……**60**
オニツルウメモドキ……92	カントウスギ……135	グミ……276
オニメグスリ……17, 18, 22	カンノンチク……356	グミ 'ギルト エッジ'……**154**
オヒョウ……429, **430**	カンヒザクラ……95, 96	グミ 'ライムライト'……**154**
オヒョウニレ……430	カンプシス タグリアブアナ 'マダム ガレン'	クラモチ……222
オマツ……333	……81	クリ……86, **344**
オモテスギ……134		クルメツツジ……357

470

クロエンジュ……281	コマユミ……165	サンゴミズキ……408
クロガネモチ……214, 218, 221, **222**	コムラサキ……**69**, 70	サンザシ……133
クロソヨゴ……221	コメツガ……427, **428**	サンシュユ……55, 57, **128**, 408, 409
クロツリバナ……167	ゴモジュ……440, **445**	サンショウ……**453**
クロバイ……410	ゴヨウアケビ……38, 39	シイ……87, 88
クロバナロウバイ……72, 115	ゴヨウマツ……**332**	シイノキ……88
クロフサスグリ……372	コリヤナギ……381	シイモチ……214, 218, 221, 222
クロフネツツジ……**367**	コルクウィッチア……4, **242**	シオジ……328
クロマツ……**333**	コンコロールモミ……**5**	シキザキモクセイ……313
クロモジ……**268**, 274	ゴンズイ……318	シキミ……**225**
黒佗介……79	コンテリギ……206	シコタンマツ……326
クワ……303		シシガシラ……74
ケウバメガシ……353	**さ**	シジミバナ……395, **397**, 398
ケクロモジ……268	サイカチ……**188**, 383	シセントキワガキ……**149**
ゲッケイジュ……**250**, 305	ザイフリボク……41	シダレイトスギ……138
ケナシアオギリ……178	サカキ……**127**, 170	シダレウメ ペンデュラグループ……**49**
ケムリノキ……132	ザクロ……**342**	シダレエノキ……93
ケヤキ……43, **454**	ササバナンテン……307	シダレエンジュ……**405**
ゲンカイツツジ……360	サザンカ……**73**, 74	シダレガジュマル……176
ケンポナシ……**198**	サツキ……357, **362**	シダレカツラ……101
コアジサイ……**200**	サツキ'大盃'……**362**	シダレグリ……86
コウオウカ……246	サツキツツジ……362	シダレザクラ……**99**
コウオトメ……**76**, 77	サッコウフジ……452	シダレヤナギ……**380**
コウゾ……**63**, 64	サツマサッコウフジ……452	シタワレ……166
コウノキ……101	サトウカエデ……29	シチヘンゲ……246
コウヤマキ……**388**	サトザクラ……**97**	シチョウゲ……391
コウヤミズキ……129, 130	サトザクラ'天の川'……97	シデコブシ……**290**
コウヨウザン……**135**	サトザクラ'一葉'……97	シデザクラ……41
コウヨウザン'グラウカ'……135	サトザクラ'御衣黄'……97	シデノキ……84
コガクウツギ……**202**, 206	サトザクラ'兼六園菊桜'……97	シドミ……105
コガノキ……273	サトザクラ'白雪'……97	シナアブラギリ……212
コクチナシ……185, **186**	サトザクラ'駿河台匂'……97	シナサワグルミ……383
コゴメウツギ……148, **401**	サトザクラ'福禄寿'……97	シナズイナ……226
ゴサイバ……297	サトザクラ'普賢像'……97	シナナツツバキ……**403**, 404
コジイ……87	サネカズラ……**237**	シナノキ……**421**
コシキブ……69	サネブトナツメ……456	シナヒイラギ……**215**, 314, 315
コショウノキ……142, 274	サビタ……204	シナフジ……**450**, 451
コツクバネ……3	サラサドウダン……**158**, 159, 160	シナボダイジュ……421
コツクバネウツギ……1, 3	サルココッカ コンフューサ……**385**	シナマンサク……192
コデマリ……**395**, 397, 398	サルココッカ ルシフォリア……385	シナユリノキ……271
ゴードニア ラシアンサス……386	サルスベリ……199, **244**, 245, 403	シナレンギョウ……179, **180**
コナラ……**346**, 347	サルタノキ……402	シノブヒバ……114
コノテガシワ……**336**	サルナシ……32	シバアジサイ……**200**
コハウチワカエデ……19, 30, **31**	サルナメリ……244	シバグリ……86
コハクウンボク……407	サワアジサイ……207	シマガマズミ……440
コバノズイナ……**226**	サワグルミ……230	シマサルスベリ……244, **245**
コバノセンナ……**389**	サワシバ……16, 83-85	シマサルナシ……32
コバノトネリコ……184	サワラ……108, **111**	シマタゴ……183
コバノミツバツツジ……361	サワラ'ゴールデン モップ'……113	シマトネリコ……**183**
コバノランタナ……246	サワラ'ゴールド スパンゲル'……113	シモツケ……**396**
コバブナ……172	サワラ'フィリフェラ オーレア'……**113**	シャクナゲモドキ……368
コバンモチ……155	サワラ'ボールバード'……112	シャクヤク……316
コブカエデ……**15**	サンカクカエデ……14	シャシャンボ……**432**, 434
コブシ……283, **287**, 288, 292	サンカクバアカシア……**11**	シャラ……403
コブシハジカミ……287	サンゴシトウ……162	シャラノキ……403
コブニレ……429	サンゴジュ……**441**	シャリンバイ……**355**
コマガタケスグリ……372		ジュウリョウ……47

471

ジュニペルス スカマタ'ブルー カーペット'……236	セイヨウイボタ……259, 261, **262**	タイワンツバキ……386
ジュニペルス スカマタ'ブルー スター'……236	セイヨウカナメモチ'レッド ロビン'……**320**	タイワンフウ……14, **269**, 270
ジュニペルス スコプロラム'ウィチタ ブルー'……235	セイヨウカンボク……442	タイワンモクゲンジ……241
	セイヨウキヅタ……193	タカオモミジ……24
ジュニペルス スコプロラム'スカイロケット'……235	セイヨウキョウチクトウ……310	タカネナナカマド……394
	セイヨウサンザシ……**133**	タギョウショウ……330
ジュニペルス スコプロラム'ブルー ヘブン'……235	セイヨウサンシュユ……128	ダケカンバ……**61**, 62
	セイヨウシデ……83-85	タズ……382
ジュニペルス スコプロラム'ムーングロー'……235	セイヨウシデ'ファスティギアータ'……**82**	タズノキ……382
	セイヨウシャクナゲ……**359**	タチカンツバキ……**73**, 74
シュロチク……**356**	セイヨウトチノキ……33, **34**, 35, 36	タチシャリンバイ……355
ジューンベリー……41	セイヨウナナカマド……394	タチバナ……122
ショウキウツギ……242	セイヨウニワトコ……382	タチバナモドキ……343
ショウジョウノムラ……9	セイヨウニンジンボク……**446**	タニウツギ……148, 448, **449**
昭和侘介……**78**, 79	セイヨウネズ'コンプレッサ'……232	タヒチライム……**123**
シラカシ……351, **352**	セイヨウネズ'スエシカ'……**232**	タブノキ……**282**
シラカバ……62	セイヨウネズ'センチネル'……232	タマアジサイ……**201**, 203, 207, 208
シラカンバ……**61**, 62	セイヨウバイカウツギ……319	タマイブキ……231
シラキ……**309**	セイヨウバクチノキ……219, 248	タムシバ……287, **288**, 292
シラタマミズキ……55, 57, 128, 408, 409	セイヨウバクチノキ'オットー ライケン'……**249**	タラヨウ……**219**, 249
シラタマミズキ'エレガンティシマ'……**408**	セイヨウバクチノキ ルシタニカ……248	ダルマフジ……450
シラハギ……253	セイヨウハコヤナギ……340	ダンコウバイ……**265**, 267
シラビソ……6, **8**	セイヨウハシバミ……131	ダンチョウゲ……391
シルバーチェーン……**7**	セイヨウヒイラギ……215, 314, 315	チカラシバ……306
シルバープリベット……**260**	セイヨウベニカナメモチ'レッド ロビン'……321, 322	チタルパ'ピンク ドーン'……**118**
シロウメモドキ……223	セイヨウボダイジュ……421	チチブドウダン……158, **159**, 160
シロエニシダ……141	セイヨウヤブイチゴ……**377**	チドリノキ……**16**, 82-85
シロシデ……85	セイヨウレンギョウ……179, 180	チプロシス リネアリス……118
シロダモ……119-121, **308**	セイロンニッケイ……121	チャイニーズホーリー……215
シロバナコアジサイ……200	セコイアオスギ……390	チャノキ……**80**
シロバナハギ……253	セコイアデンドロン……390	チャノキ'ヤブキタ'……80
シロバナマンサク……182	セコイアメスギ……390	チャボヒバ……**109**, 110
シロバナレンギョウ……**4**	セッコツボク……382	チャンチン……328, **422**
シロミノコシキブ……69	ゼノビア……455	チャンチン'フラミンゴ'……422
シロモジ……265, **267**	センダン……**299**	チューリップツリー……271
シロヤシオ……367	センダンバノボダイジュ……241	チョウジ……142
シロヤマブキ……240	センノキ……239	チョウジガマズミ……436
シロワビスケ……75, 77, 78, **79**	センペルセコイア……**390**	チョウジャノキ……22
シンコマツ……326	センリョウ……46, **384**	チョウセンゴミシ……237
シンジュ……37	ソシンロウバイ……115	チョウセンシラベ'シルバーロック'……**7**
ジンチョウゲ……**142**	ソバノキ……321	チョウセンヒメツゲ……**66**, 67, 68
シンパク……**231**	ソメイヨシノ……**95**, 96	チョウセンマキ……**94**
スイシカイドウ……298	ソヨゴ……214, 218, **221**, 222	チョウセンレンギョウ……179, 180
スイショウ……**190**, 413	ソロ……84, 85	チリマツ……44
ズイナ……226	ソロノキ……84, 85	チリメンガシ……353
スイフヨウ……196		ツガ……427, 428
スギ……**134**	**た**	ツクシハギ……251-254
数寄屋……78, 79	ダイオウショウ……**331**	ツクバネウツギ……**3**, 242
スズランノキ……**455**	ダイオウマツ……331	ツクバネガシ……350, **354**
スダジイ……87, **88**	タイサンボク……**284**	ツゲ……66, 67, **68**, 216
スダチ……122	タイサンボク'リトル ジェム'……**285**	ツノハシバミ……**131**
スノキ……432, 434	ダイダイ……122	ツブラジイ……**87**, 88
スモークツリー……**132**	タイリンミツマタ……153	ツリバナ……**167**
セイヨウアカミニワトコ……382	タイワンサルスベリ……245	ツルアジサイ……387
セイヨウアジサイ……203	タイワンシオジ……183	ツルウメモドキ……**92**
		ツルシキミ……392
		ツルハナナス……**393**

ツルハナナス'オーレア'	393	
ツルバミ	344	
テウチグルミ	230	
テツリンジュ	322	
テマリアジサイ	208	
テマリカンボク	442	
テマリシモツケ	323	
テリハツルウメモドキ	92	
テリハハマボウ	195	
テングノウチワ	174	
テンダイウヤク	263	
ドイツトウヒ	324, 326	
トウイチゴ	378	
トウオガタマ	302	
トウカエデ	**14**, **27**, 28	
トウカエデ'花散里'	**14**	
トウゴクヒメシャラ	404	
トウゴクミツバツツジ	361	
ドウダンツツジ	158, 159, **160**	
トウチャ	80	
トウナンテン	296	
トウネズミモチ	257, **258**	
トウヒ	324, 326	
トキワアケビ	400	
トキワガキ	149	
トキワゲンカイ	360	
トキワサンザシ	**343**	
トキワマンサク	279	
トゲナシニセアカシア	373	
トサシモツケ	395	
トサミズキ	129, **130**	
トチノキ	33–35, **36**	
トチュウ	164	
トドマツ	6, **8**	
トネリコバノカエデ	20	
トビラ	335	
トビラノキ	335	
トベラ	**335**	
ドヨウフジ	452	
トリモチノキ	426	
トンキンニッケイ	121	

な

ナガキンカン	181	
ナガボナツハゼ	434	
ナギ	**306**	
ナギイカダ	379	
ナツヅタ	193	
ナツツバキ	402, **403**, 404	
ナツハギ	254	
ナツハゼ	432, **434**	
ナツフジ	**452**	
ナツミカン	123	
ナツメ	**456**	
ナツロウバイ	115	
ナナカマド	**394**	

ナナミノキ	**214**	
ナナメノキ	**214**	
ナニワズ	142	
ナラ	346	
ナラガシワ	**345**, 347, 348	
ナワシログミ	**154**	
ナンキンハゼ	**425**	
ナンキンハゼ'メトロ キャンドル'	**425**	
ナンジャモンジャ	116, 198	
ナンテン	**307**	
ニオイコブシ	288	
ニオイヒバ	111, **418**	
ニオイヒバ'グリーン コーン'	**419**	
ニオイヒバ'ヨーロッパ ゴールド'	**419**	
ニオイロウバイ	**72**	
ニガキ	**328**	
ニシキウツギ	447, **449**	
ニシキギ	**165**	
ニシキテイカ	424	
ニシキハギ	253	
ニセツゲ	216	
ニッケイ	119, 120, **121**	
ニッコウヒバ	114	
ニッコウマツ	247	
ニワウメ	**100**	
ニワウルシ	**37**, 422	
ニワザクラ	**100**	
ニワトコ	**382**	
ニンジンボク	446	
ヌマスギ	413	
ヌマスギモドキ	300	
ヌマスノキ	433	
ヌルデ	**369**, 370, 371, 399	
ネグンドカエデ	**20**	
ネグンドカエデ'ケリーズ ゴールド'	21	
ネグンドカエデ'バリエガータ'	**21**	
ネグンドカエデ'フラミンゴ'	**21**	
ネズ	**233**	
ネズコ	108, 111, 336, 417	
ネズミモチ	218, **257**, 258	
ネバリジナ	430	
ネブ	40	
ネム	40	
ネムノキ	**40**, 456	
ネムノキ'サマー チョコレート'	**40**, 189	
ノウゼンカズラ	**81**	
ノグルミ	230, 318	
ノダフジ	450, 451	
ノハギ	252	
ノリウツギ	**204**	
ノルウェーカエデ'プリンストン ゴールド'	26	
ノルウェーカエデ'ロイヤル レッド'	26	
ノルウェーカエデ'クリムソン キング'	26	

は

ハイイヌガヤ	94	
バイカウツギ	148, 319	
バイカシモツケ	171	
ハイネズ	233	
ハイネズ'ブルー パシフィック'	**233**	
ハイノキ	**410**	
ハイビャクシン	234	
ハウチワカエデ	**19**	
ハウチワカエデ'舞孔雀'	**19**	
ハギ	251	
ハクウンボク	**407**	
ハクサンボク	438, **440**, 445	
ハクサンボク'バリエガータ'	**440**	
バクチノキ	248, 249	
ハクチョウゲ'バリエガータ'	**391**	
ハグマノキ	132	
ハクモクレン	**283**, 287	
ハクレン	283	
ハコネウツギ	**447**, 449	
ハゴロモジャスミン	**228**	
ハジカミ	453	
ハシドイ	411	
バージニアモクレン	291	
ハシバミ	131	
ハゼノキ	334, 369, **370**, 371, 383, 425	
バタフライブッシュ	65	
ハチジョウキブシ	399	
ハチス	197	
初雁	78, 79	
ハツユキカズラ	**424**	
ハトノキ	146	
ハナイカダ	**194**	
ハナカイドウ	**298**	
ハナカエデ	27	
ハナガサシャクナゲ	238	
ハナキササゲ	89	
ハナズオウ	102, **104**, 151	
ハナズホウ	104	
ハナセンナ	389	
ハナゾノツクバネウツギ	1	
バナナノキ	302	
ハナノキ	14, **27**, 28, 225	
ハナマキ	71	
ハナミズキ	**55**, 57, 128, 408, 409	
ハナユ	122	
ハナロウバイ	72	
ハハソ	346	
ハマナシ	375	
ハマナス	**375**	
ハマヒサカキ	**169**, 170	
ハマビワ	**275**	
ハマボウ	**195**	
パラソルツリー	299	
ハリエンジュ	**373**, 405	
ハリギ	336	

ハリギリ……239	ヒラドツツジ……358	ホオガシワ……286
バリバリノキ……273	ヒロハカツラ……101	ホオガシワノキ……286
ハルコガネバナ……128	ヒロハツリバナ……167	ホオノキ……**286**
ハルサザンカ……73, 74	ビワ……**161**	ボケ……105, **107**
ハルニレ……**429**, 430, 431, 454	フィラデルファス 'ベル エトアール'……**319**	ボケ '黄華'……107
ハレーシア モンテイコラ……**191**	フイリサカキ……**127**	ボケ '大八州'……107
ハンカチノキ……**146**	フウ……14, 27, 28, **269**, 270	ボケ '黒潮'……107
ハンテンボク……**271**	フウリンウメモドキ……220, 223	ボケ '長寿楽'……107
ヒイラギ……215, 314, **315**	フウリンツツジ……158	ボケ '東洋錦'……107
ヒイラギナンテン……293, **296**	フェイジョア……**175**	ボケ '富士の嶺'……107
ヒイラギモクセイ……215, **314**, 315	フォサギラ ガーデニー……**182**	ホザキシモツケ……**396**
ヒイラギモチ……215	フォサギラ マヨール……**182**, 192	ホソイトスギ……140
ヒイラギモドキ……215	フクラシバ……221, 222	ホソバイヌグス……**282**
ヒカゲツツジ……**364**	フサアカシア……10	ホソバタイサンボク……284, **285**
ヒコサンヒメシャラ……402, 403, **404**	フサスグリ……**372**	ホソバタブ……**282**
ヒサカキ……127, 169, **170**	フサフジウツギ……65	ホソバヒイラギナンテン……294, **295**
ヒトエノニワザクラ……**100**	フジ……**451**	ボダイジュ……**421**
ヒトツバタゴ……**116**, 117	フジウツギ……65	ホタルヒバ……**114**
ヒナウチワカエデ……30, **31**	フシノキ……**369**	ボタン……**316**
ヒナワビスケ……79	フジマツ……247	ボタンクサギ……**124**
ビナンカズラ……237	ブッドレア ダビディ……65	ボックスウッド……66, **67**, 68
ヒネム……40	ブナ……**172**, 173	ホナガナツハゼ……**434**
ヒノキ……**108**, 110, 111	フユシバ……166	ポーポー……**54**
ヒノキ 'クリプシー'……**108**	フユヅタ……193	ポポー……**54**
ヒノキアスナロ……**420**	フヨウ……**196**	ホルトノキ……**155**, 304
ビブルナム ダビディー……**437**	ブラシノキ……71	ホンガヤ……**423**
ビブルナム ティヌス……**435**	ブラジルマツ……44	ホンサカキ……127
ヒペリカム カリシナム……**209**, 210, 211	ブラックベリー……**377**	ポンドサイプレス……**413**
ヒペリカム 'ヒデコート'……**209**, 210, 211	プリペット……262	
ヒマラヤアセビ……**329**	ブルーベリー……**433**	**ま**
ヒマラヤシーダー……90	プンゲンストウヒ……**327**	
ヒマラヤシラカンバ ジャクモンティ……62	プンゲンストウヒ 'ホープシー'……**327**	マキ……**337**
ヒマラヤスギ……**90**, 91	ブンゴウメ……**48**, 50	マキバブラシノキ……71
ヒマラヤトキワサンザシ……**343**	ベイスギ……**417**	マグノリア 'ワダス メモリー'……**292**
ヒムロ……**112**	ヘデラ ネパレンシス……**193**	マグワ……63, 64, **303**
ヒメアオキ……**52**	ベニウツギ……**449**	マサカキ……127
ヒメアジサイ……**208**	ベニカエデ……14, 27, **28**	マサキ……**166**
ヒメアスナロ……**420**	ベニカナメ……320, **321**, 322	マサキ 'オオサカベッコウ'……**166**
ヒメイチゴノキ……**45**	ベニシダレ '稲葉枝垂'……13	マサキ 'オーレア'……**166**
ヒメウコギ……**156**, 157	ベニシダレ '奥州枝垂'……13	マサキ 'キンマサキ'……**166**
ヒメウツギ……**148**	ベニシダレ '猩々枝垂'……13	マサキ 'ギンマサキ'……**166**
ヒメクチナシ……**186**	ベニシダレ '手向山'……13	マタタビ……32
ヒメコブシ……**290**	ベニシダレ '花纏'……13	マッコ……101
ヒメコマツ……**332**	ベニスモモ……**341**	マッコノキ……101
ヒメシャラ……**402**, 403, 404	ベニドウダン……158–160	マツブサ……237
ヒメシャリンバイ……**355**	ベニバスモモ……**341**	マテバシイ……**272**
ヒメタイサンボク……**291**	ベニバナトキワマンサク……**279**	マホニア 'ウィンター サン'……**293**
ヒメツゲ……66	ベニバナトキワマンサク 'リョッコウ'……**279**	マホニア コンフューサ 'ナリヒラ'……**294**, 295
ヒメツバキ……**386**	ベニバナトチノキ……**33**, 34–36	マホニア 'チャリティー'……**293**, 296
ヒメユズリハ……143, 144, **145**	ベニバナノツクバネウツギ……3	ママッコ……194
ビャクシン……**231**	ベニマンサク……151	マメガキ……150
ヒャクリョウ……47	ベニヤマザクラ……98	マメツゲ……**217**
ヒュウガミズキ……**129**, 130	ベニワビスケ……75, 77, **78**, 79	マメヒサカキ……169
ヒョウタンボク……**277**	ペーパー バーク メープル……18	マメブシ……**399**
ビヨウヤナギ……209, **210**, 211	ベンジャミン……**176**	マユミ……**168**
ヒョンノキ……152	ヘンリーヅタ……**317**	マルキンカン……181
ピラカンサ……**343**	ホウキポプラ……340	マルスグリ……**372**

マルバアオダモ……184	メグスリノキ……17, 18, **22**	ヤマグワ……63, 64, 303
マルバウツギ……148	メタセコイア……135, **300**, 413	ヤマコウバシ……**264**
マルバサツキ……362	メタセコイア'ゴールド ラッシュ'……**300**	ヤマコショウ……264
マルバシャリンバイ……**355**	メマツ……330	ヤマザクラ……95, **96**, 98
マルバノキ……102, 104, **151**	モガシ……155	ヤマシバカエデ……16
マルバハギ……251-254	モク……43	ヤマチャ……402
マルバマンサク……192	モクゲンジ……**241**	ヤマツゲ……216
マルメロ……106	モクレン……**283**	ヤマツツジ……**363**
マロニエ……34	モチノキ……152, 214, **218**, 221, 222, 257	ヤマツバキ……75
マンゲツロウバイ……115	モッコウバラ……**374**	ヤマテラシ……440
マンサク……**151**, 192	モッコク……392, **416**	ヤマニシキギ……165
マンネンロウ……376	モミ……5, **6**, 8	ヤマハギ……**251**, 252-254
マンリョウ……**46**, 384	モミジ……24	ヤマハゼ……318, 369, 370, **371**
マンルソウ……376	モミジイチゴ……**378**	ヤマブキ……**240**
ミカイドウ……298	モミジバフウ……269, **270**	ヤマフジ……**450**, 451
ミズキ……55, 57, 128, 408, 409	モモ……**42**	ヤマボウシ……55, 56, **57**, 58, 128, 408, 409
ミズキ'バリエガータ'……408, **409**	モモ'大久保'……42	ヤマボウシ ホンコンエンシス……**56**
ミズナラ……345, 346, **347**, 348	モモ'関白'……42	ヤマボウシ'ミルキーウェイ'……**58**
ミズマツ……190	モモ'菊桃'……42	ヤマホロシ……393
ミズメ……**61**, 62	モモ'倉片早生'……42	ヤマモミジ……9, **12**, 13, 24
ミズメザクラ……61	モモ'源平'……42	ヤマモミジ'天城時雨'……12
ミツデカエデ……**17**, 18, 20, 22	モモ'源平枝垂れ'……42	ヤマモミジ'切錦'……12
ミツバアケビ……38, **39**	モモ'相模枝垂れ'……42	ヤマモミジ'青竜'……12
ミツバウツギ……148	モモ'白桃'……42	ヤマモミジ 紅枝垂グループ……12
ミツバツツジ……**361**	モモ'白鳳'……42	ヤマモモ……155, **304**
ミツマタ……**153**	モモ'矢口'……42	ユーカリ(丸葉系)……**163**
ミドリコアジサイ……200	モリシマアカシア……**11**	ユーカリ ビミナリス……**163**
ミミズバイ……410	モンキーパズルツリー……44	ユキカズラ……387
ミモザ……10	モントレーイトスギ……136	ユキツバキ……75
ミヤギノハギ……251-253, **254**	モントレーサイプレス'ゴールドクレスト'……139	ユキヤナギ……395, 397, **398**
ミヤマアオダモ……184		ユズ……**122**
ミヤマウグイスカグラ……276	**や**	ユスラウメ……**100**
ミヤマガマズミ……438	ヤエクチナシ……**185**, 186	ユズリハ……**143**, 144, 145
ミヤマキリシマ……357	ヤクシマシャクナゲ……**359**	ユリノキ……**271**
ミヤマシキミ……**392**	ヤクシマハイヒカゲ……364	ヨグソミネバリ……61
ミヤマシキミ'ルベラ'……392	ヤツデ……**174**	ヨシノシダレ……99
ミヤママタタビ……**32**	ヤニレ……429	ヨソゾメ……438
ミヤマモッコク……392	ヤブウツギ……449	ヨツズミ……438
ミヤマレンゲ……289	ヤブコウジ……47	ヨメノナミダ……194
ムク……43	ヤブサンザシ……372	ヨーロッパシラカンバ……62
ムクエノキ……43	ヤブツバキ……**75**, 77, 78	ヨーロッパトウヒ……324
ムクゲ……**197**, 199	ヤブデマリ……**443**, 444	ヨーロッパナラ……349
ムクノキ……**43**, 93, 454	ヤブニッケイ……119, **120**, 121, 308	ヨーロッパブナ……172
ムクロジ……**383**	ヤブムラサキ……69, 70	ヨーロッパブナ'プルプレア グループ'……**173**
ムシカリ……**439**	ヤポノキ……216, **224**	
ムツアジサイ……208	ヤポノキ'ウィーピング'……224	**ら**
ムニンヤツデ……174	ヤポノキ'ファスティギアータ'……224	ライラック……151, **411**
ムベ……38, **400**	ヤポノキ'ペンデュラ'……224	ラカンマキ……337, **338**
ムラサキシキブ……69, **70**	ヤマアジサイ……201, 203, **207**, 208	ラクウショウ……190, 300, **413**
ムラサキナツフジ……452	ヤマアララギ……287	ラズベリー……**377**
ムラサキハシドイ……411	ヤマウグイスカグラ……276	ランシンボク……334
ムラサキヤシオツツジ……367	ヤマウコギ……156, **157**	ランダイスギ……135
ムラダチ……266	ヤマガキ……150	ランタナ……**246**
メイゲツカエデ……19	ヤマグリ……86	リガストラム'ビカリー'……**261**
メギ'アトロプルプレア'……**59**	ヤマグルマ……**426**	リキュウバイ……**171**
メギ'オーレア'……**59**		リュウキュウツツジ……**358**
メギ'ローズ グロー'……**59**		

リュウキュウハゼ……………370	レモン………………………**123**	ロドレイア ヘンリー…………**368**
リョウブ………………**125**, **126**	レンギョウ……………**179**, 180	ロニセラ ニチダ………………**278**
リラ…………………………411	レンギョウウツギ………………179	ローレル………………………250
レイランドサイプレス…………**136**	レンゲツツジ……………**365**, 366	
レイランドサイプレス'ゴールド ライダー'	ロウバイ………………………**115**	
……………………………**136**	ロウヤガキ……………………149	**わ**
レイランドサイプレス'シルバー ダスト'..**136**	ローズマリー…………………**376**	ワビスケ………………………79
レダマ…………………………141	ロッカクヤナギ…………………380	ワビスケ'太郎冠者'……………79
レバノンシーダー………………90, **91**	ロドレイア チャンピオニー………368	

参考文献

『アジサイ』（山本武臣著、ニュー・サイエンス社、1979）
『A-Z 園芸植物百科事典』（横井政人監修・翻訳、誠文堂新光社、2003）
『園芸植物大事典』（全6巻、塚本洋太郎監修、小学館、1988〜90）
『カエデの本』（矢野正善著、日本槭刊行会、2003）
『神奈川県植物誌 2001』（神奈川県植物誌調査会編、神奈川県立生命の星・地球博物館、2001）
『カラーリーフプランツ』（横井政人著、誠文堂新光社、1997）
『観葉植物』（高林成年著、山と渓谷社、1991）
『木の写真図鑑』（アレン・コーンビス著、浜名稔夫訳、日本ヴォーグ社、1994）
『検索入門 針葉樹』（中川重年著、保育社、1994）
『原色樹木検索図鑑』（矢野佐・石戸忠著、北隆館、1964）
『原寸図鑑 葉っぱでおぼえる樹木』（濱野周泰監修、柏書房、2005）
『原寸図鑑 葉っぱでおぼえる樹木2』（濱野周泰・石井英美監修、柏書房、2007）
『樹木大図説』（全4巻、上原敬二著、有明書房、1975-76）
『新樹種ガイドブック』（日本植木協会編、建設物価調査会、2000）
『新訂 原色樹木大図鑑』（邑田仁監修、北隆館、2004）
『新日本植物誌 顕花篇 改訂版』（大井次三郎著・北川政夫改訂、至文堂、1983）
『図説 花と樹の事典 普及版』（木村陽二郎監修、柏書房、2005）
『日本ツバキ・サザンカ名鑑』（日本ツバキ協会編、誠文堂新光社、1998）
『日本のサクラの種・品種マニュアル』（日本花の会、1983）
『日本の樹木』（林弥栄著、山と渓谷社、1985）
『日本の野生植物 木本Ⅰ・Ⅱ』（佐竹義輔ほか著、平凡社、1989）
『フローラ』（トニー・ロードほか著、井口智子ほか訳、産調出版、2005）
『目で見る植物用語集』（石戸忠著、研成社、1985）
『緑化樹木ガイドブック』（日本緑化センター・日本植木協会編、建設物価調査会、1999）
『RHS PLANT FINDER 2007-2008』（Dorling Kindersley, 2007）

著者

三上常夫　㈱緑創 代表取締役　東京学芸大学客員教授
川原田邦彦　㈲確実園園芸場 取締役
吉澤信行　㈱小金井園 代表取締役

執筆協力

若林芳樹　㈱アスコット 代表取締役

鑑定図鑑　日本の樹木
――枝・葉で見分ける540種

2009年5月25日　第1刷発行

著　者　三上常夫・川原田邦彦・吉澤信行
編集協力　社団法人日本植木協会
発行者　富澤凡子
発行所　柏書房株式会社
　　　〒113-0021東京都文京区本駒込1-13-14
　　　電話03（3947）8251　［営業］
　　　　　03（3947）8254　［編集］
装　丁　森　裕昌
組　版　株式会社アスコット
印　刷　壯光舎印刷株式会社
製　本　株式会社ブックアート

©Tsuneo Mikami, Kunihiko Kawarada, Nobuyuki Yoshizawa 2009, Printed in Japan
ISBN978-4-7601-3555-4

原寸図鑑　葉っぱでおぼえる樹木

濱野周泰 ［監修］　B5判336頁　3,400円

山野に自生する日本の代表的な樹木はもちろん、庭や公園・街路に植えられる外国産樹木まで、日本に広く分布し身近に見る機会の多い樹木約300種を網羅。樹木図鑑の項目としては必要にして十分な種数。

原寸図鑑　葉っぱでおぼえる樹木・2

濱野周泰・石井英美 ［監修］　B5判292頁　3,400円

山野に自生する国産樹木から庭や公園、街路に植えられる外国産樹木まで、北海道から沖縄まで日本全国に分布する樹木約235種を収録。精密かつリアルな原寸写真に実際の葉を重ね合わせて比較もできる、植物愛好家必携の一冊。

自分で採れる　薬になる植物図鑑

増田和夫 ［著］　B5判320頁　3,400円

薬になる身近な植物約300種の成分や健康効果を写真とともに解説。毒草やよく似た植物との見分け方、家庭栽培の方法など、類書では得られない情報が満載。症状や薬効、生薬名から検索可能なマルチインデックス付き。

食べられる野生植物大事典──草本・木本・シダ《新装版》

橋本郁三 ［著］　B5判496頁　3,400円

北は礼文島から南は与那国島まで、著者が実際に手に取り、食べ、調理した日本全国1150種の野生植物を、その生態、採取法から味、調理法まで紹介する異色の事典。撮影地付き植物写真などカラー写真も750点収録。

〈価格税別〉

柏書房